“十二五”职业教育国家规划教材
经全国职业教育教材审定委员会审定

高等职业院校
机电类“十二五”规划教材

塑料成型工艺与模具设计

（第3版）

The Process and Mold Design
of Plastic Molding (3rd Edition)

U0305151

◎ 刘彦国 主编
◎ 孙先明 聂福荣 副主编

人民邮电出版社
北 京

精品系列

图书在版编目（CIP）数据

塑料成型工艺与模具设计 / 刘彦国　主编. -- 3版
. -- 北京：人民邮电出版社，2014.9
高等职业院校机电类"十二五"规划教材
ISBN 978-7-115-35645-1

Ⅰ．①塑… Ⅱ．①刘… Ⅲ．①塑料成型－工艺－高等
职业教育－教材②塑料模具－设计－高等职业教育－教材
Ⅳ．①TQ320.66

中国版本图书馆CIP数据核字（2014）第148989号

内 容 提 要

本书以培养学生塑料成型工艺的确定与模具结构设计能力为核心，融入最新塑料模有关国家标准和《模具设计师》职业标准所要求的知识技能，以现代模具设计规范为导向，按照模具设计实际工作流程序化教学内容，建构工作过程知识结构体系，培养学生模具设计的基本技能。

全书共安排 5 个项目 17 个任务。项目一为认识塑料及塑料成型，为后续项目设计打好基础；项目二通过选择与分析塑料原料、确定塑料成型方式及工艺过程、分析塑件结构工艺性、成型设备的选择、编制塑件成型工艺参数等 5 个任务的训练，培养学生塑料成型工艺设计的能力；项目三通过确定分型面和设计浇注系统、设计成型零件设计、选用模具结构类型及模架，设计调温系统、推出机构、侧向分型抽芯机构和模具工程图绘制等 7 个任务的训练，培养学生注射模具结构设计、优化的能力，完成注射模的设计工作过程并进行完整训练；项目四对压缩、压注成型工艺的确定及模具结构设计进行了较为详细的介绍，同时对于其他塑料成型方法及模具设计也做了相应介绍；项目五通过塑料模具课程设计对全书学习内容进行综合运用，完成一整套模具的设计训练，与企业实际工作实现无缝对接。

本书主要作为高等职业技术教育、高等专科教育及本科院校的二级职业技术学院模具设计与制造专业、机械类、近机械类各专业塑料模具设计课程的教学用书，也可作为成人高等专科教育的教材，并可供从事模具设计与制造的工程技术人员参考。

◆ 主　　编　刘彦国

　　副 主 编　孙先明　聂福荣

　　责任编辑　李育民

　　责任印制　杨林杰

◆ 人民邮电出版社出版发行　　北京市丰台区成寿寺路 11 号

　　邮编　100164　　电子邮件　315@ptpress.com.cn

　　网址　http://www.ptpress.com.cn

　　三河市海波印务有限公司印刷

◆ 开本：787×1092　1/16

　　印张：21.75　　　　　　　　2014 年 9 月第 3 版

　　字数：513 千字　　　　　　 2014 年 9 月河北第 1 次印刷

定价：44.00 元

读者服务热线：**(010)81055256**　印装质量热线：**(010)81055316**
反盗版热线：**(010)81055315**

Forward 第 3 版 前 言

塑料成型工艺设计与模具设计是模具设计师、模具制造工等职业工种的基本要求，是模具行业高技能人才必须掌握的技能，也是高职模具设计与制造专业最为重要的专业核心课程之一。

2011年，《塑料成型工艺与模具设计（第2版）》教材出版以来，受到了众多高职高专院校的欢迎。为了更好地满足广大高职高专院校的学生对塑料模具技术学习的需要，编者根据《教育部关于"十二五"职业教育教材建设的若干意见》文件的精神，按照模具设计实际工作流程重构教材内容，融入《模具设计师》职业标准所要求的知识技能，结合近几年的教学改革实践和广大读者的反馈意见，在保留原书特色的基础上，对本书进行了全面的修订，这次修订的主要内容如下。

1. 融入最新塑料模具国家标准、《模具设计师》职业标准所要求的知识技能，将《模具设计师》职业鉴定要点中与塑料模具设计有关的内容细化分解到各项目、任务中，同时引入模具行业新技术、新工艺，拓展教学内容的深度和广度，培养优秀高端技能型人才。

2. 随着模具设计3D软件的广泛应用、模具加工手段转型升级，传统模具设计方法和模具结构也随之发生变化，本次修订对书中大量模具结构及相应内容进行修改、替换和完善，与行业发展紧密接轨。

3. 补充完善各种教学资源，教材引入企业典型案例，制作丰富的动画、视频资源库——融入配套的教学课件中，使复杂问题简单化、抽象内容形象化、动态内容可视化，并建设数字化网络教学平台，提供丰富的教学资源。

在本书的修订过程中，始终贯彻标准优先、校企合作、工学结合的理念。采用项目教学的方式组织内容，通过5个项目中的多个任务，将各类模具的成型工艺设计与模具结构设计的内容按照现代模具设计实际工作流程重新梳理组合，突出解决问题能力的培养。修订后的教材，内容比以前更具针对性和实用性，内容的叙述更加准确、通俗易懂和简明扼要，更有利于教师的教学和读者的自学。

本书的参考学时为65～85学时，建议采用理论实践一体化教学模式。各项目的参考学时见下面的学时分配表。

项　目	任务	课程内容		学　时
项目一		认识塑料及塑料成型		8～10
项目二 塑料成型工艺设计	任务一	选择与分析塑料原料	塑料模具设计流程	2～4
	任务二	确定塑料成型方式及工艺过程		2
	任务三	分析塑件结构工艺性		4
	任务四	初步选择注射成型设备		4～6
	任务五	确定塑件成型工艺参数		2
项目三 注射模具结构设计	任务一	分型面的确定与浇注系统的设计		4～6
	任务二	设计模具成型零件		4
	任务三	注射模标准模架的选用		4～6
	任务四	设计模具调温系统		4
	任务五	设计模具推出机构		6～8
	任务六	设计模具侧向分型抽芯机构		5～7
	任务七	模具工程图绘制及材料选择		4
项目四 其他塑料成型模具设计	任务一	设计压缩成型模具		4～6
	任务二	设计压注成型模具		2～4
	任务三	其他塑料成型技术及模具设计		6～8
项目五		塑料模具课程设计		（2周）
课时总计				65～85

　　本书由浙江机电职业技术学院刘彦国任主编，武汉工程大学孙先明及苏州职业大学聂福荣任副主编。全书共有5个项目，导论由孙先明编写。项目一徐春伟编写，项目二、项目三由刘彦国编写，其中案例任务实施部分由杭州职业技术学院杨安编写，项目四由吕永锋编写，项目五由聂福荣、徐春伟编写，附录由浙江工商职业技术学院唐为民编写，杭州崎品模具有限公司徐晓平负责教材中所有案例及模具结构的审定。

　　本书在编写过程中参考了国内外有关资料和文献，并得到同行专家的大力支持，在此向原作者和专家表示感谢！

　　限于编者的学术水平，不妥之处敬请专家、读者批评指正，来信请至 liuyanguo68@163.com。

编　者
2014 年 5 月

素材列表

表 1   PPT 课件

素材类型	功能描述
PPT 课件	供老师上课用

表 2   动　画

序号	名　称	序号	名　称
1	塑料的组成及性能	20	二次推出机构
2	塑料的分类	21	推出机构的导向与复位原理
3	注射成型原理	22	顺序推出机构
4	压缩成型原理	23	简单推出机构——推杆推出机构
5	压注成型原理	24	简单推出机构——推管推出机构
6	挤出成型原理	25	简单推出机构——活动镶件及凹模推出机构
7	气动挤出成型原理	26	简单推出机构——推件板推出机构
8	注射机的分类方式 1	27	简单推出机构——多元推出机构
9	注射机的分类方式 2	28	点浇口流道的推出机构
10	注射机的分类方式 3	29	斜导柱固定在定模、侧滑块安装在动模
11	注射模具的种类及应用	30	斜导柱固定在动模、侧滑块安装在定模
12	单分型面注射模的工作原理	31	斜导柱与侧滑块同时安装在定模
13	注射模具的组成	32	斜导柱与侧滑块同时安装在动模
14	双分型面注射模的工作原理	33	斜导柱的内侧抽芯
15	侧向分型与抽芯注射模的工作原理	34	认识弯销侧向抽芯机构
16	带有活动镶块的注射模的工作原理	35	认识斜滑块侧向抽芯机构
17	其他典型注射模的工作原理	36	认识斜导槽侧向抽芯机构
18	推出机构的结构组成	37	认识斜导杆导滑的侧向分型与抽芯机构
19	推出机构的结构分类	38	挤出吹塑成型的工艺过程

续表

序号	名　　称	序号	名　　称
39	注射吹塑成型的工艺过程	56	推杆的装配
40	注射拉伸吹塑成型的工艺过程	57	型腔的装配方式
41	吹塑模具结构的设计要点	58	修配装配法
42	凹模抽真空成型的工艺过程	59	液压（或气动）侧向抽芯机构的工作原理
43	凸模抽真空成型的工艺过程	60	压注模的分类及应用
44	凹凸模先后抽真空成型的工艺过程	61	加料室的结构设计——移动式
45	压缩空气成型的工艺过程	62	加料室的结构设计——固定式
46	热固性塑料注射成型的工艺过程	63	推件板的装配
47	双色注射成型的工艺过程	64	浇口套的装配过程
48	双层注射成型的工艺过程	65	手动侧向分型与抽芯机构的工作原理
49	双色花纹注射的工艺过程	66	型芯的装配方式
50	合模导向装置的应用	67	塑件加压方向的选择原则
51	传动齿条固定在定模一侧的工作原理	68	凸凹模各组成部分及其作用
52	导向机构的装配过程	69	凹凸模的配合形式
53	气体辅助注射成型的工艺过程	70	聚合物的黏性流动原理
54	传动齿条固定在动模一侧的工作原理	71	典型电线电缆包覆机头的工作原理
55	侧向分型与抽芯的工作原理	72	压缩模按固定方式分类介绍

以上素材资源及课件见人民邮电出版社网站 www.ptpedu.com.cn，注册后均可下载。

Content

目录

导 论

塑料成型工艺与模具设计是一门从生产实践中发展起来，又直接服务于生产的应用型技术。它研究的对象是塑料，以及把塑料变成塑料制品所用的工艺及模具。把塑料原料变成具有一定形状和尺寸精度的塑料制品的过程称为塑料成型。

一、塑料成型在塑料工业中的重要地位

塑料工业是一门新兴的工业，它包含塑料原料生产（树脂和塑料的生产）和塑料制品生产（也称塑料成型或塑料加工工业）两个系统，如图 0-1 所示。没有塑料的生产，就没有塑料制品的生产；没有塑料制品的生产，塑料就不能变成工业产品和生活用品。

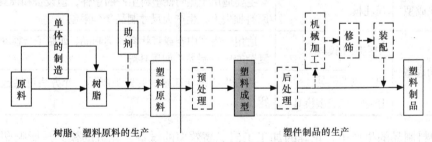

图0-1 塑料工业生产系统

世界塑料工业仅有 100 年的历史。据统计，在世界范围内，塑料用量近几十年来几乎每 5 年翻一番。近年来，塑料制品广泛用于工业、农业、电子、国防、建筑以及日常生活等各个领域，并作为一种原材料，开始替代钢材、铝材、木材或水泥等其他材料。

塑料工业的发展之所以如此迅猛，主要原因在于塑料具有很多优良特性，如塑料的质量轻、化学稳定性好、耐冲击性好、较好的透明性和耐磨耗性、绝缘性好、导热性低、着色性好及加工成本低等。根据各种塑料的固有性能，利用各种方法，使其成为具有一定形状又有使用价值的塑料制品。塑料制品的生产系统一般由原料预处理（预压、预热、干燥等）、塑料的成型、后处理（调湿、退火

等）、机械加工、修饰和装配等几个连续过程组成，如图 0-1 所示。其中塑料的成型是最重要的一个环节，是一切塑料制品和生产型材的必经过程。其他工序通常都根据制品的要求确定。后 3 个工序——机械加工、修饰、装配，有时统称为二次加工。

塑料成型后可加工成任意形状的塑料制品，且成型过程中设备操作简便，生产率高，原材料消耗少、生产成本低，易于实现机械化、自动化，使得塑料工业能够快速稳定地发展。

二、塑料成型方法简介

塑料成型的种类很多，主要包括各种模塑成型、层压成型和压延成型等。其中模塑成型种类较多，表 0-1 列出常用的模塑成型加工方法如注射成型、压缩模塑、挤出成型、传递模塑、气动成型等，约占全部塑料制品加工数量的 90%以上。它们的共同特点是利用模具成型具有一定形状和尺寸的塑料制品，因此通常称为模塑成型。成型塑料制品所用的工装称为塑料成型模具（简称塑料模）。

表 0-1　　　　　　　　　常用的成型加工方法与模具

序号	成型方法	成 型 模 具	用　　　途
1	注射成型	注射模	批量生产电视机外壳、食品周转箱、塑料盆、桶、汽车仪表盘等形状复杂的制品
2	挤出成型	口模（机头）	生产棒、管、板、薄膜、电缆护套、异形型材（百叶窗叶片、扶手）等断面形状各异而长度无限的各类型材
3	压缩成型	压缩模	主要适用于热固性塑料生产的塑件，如电器支座、开关等，不适合生产精度高的制品
4	压注成型	压注模	主要适用于热固性塑料生产的塑件，但设备和模具成本高，原料损失大，生产大尺寸制品受到限制
5	气动成型	中空吹塑模具	适用于生产中空或管状容器类制品，如瓶子、容器及形状较复杂的中空制品（如玩具等）
		真空成型模具	适合生产形状简单的容器类制品，此方法可供选择的原料较少
		压缩空气成型模具	

在现代塑料制品的生产中，正确的加工工艺、高效率的设备、先进的模具是影响塑料制品质量的 3 大重要因素。塑料成型工艺通过安装在成型设备上的塑料模具来实现，塑料模具对保证塑料制品的形状、尺寸及公差起着极其重要的作用。高效率、全自动的设备也只有配备了适应自动化生产的模具才能充分发挥其效能，产品的生产和更新都是以模具更新为前提的。快速发展的塑料工业对塑料制品的品种、质量和产量的要求越来越高，所以对塑料模具也提出了越来越高的要求，促使塑料模具生产不断向前发展。

塑料成型设备的类型很多，主要有各种模塑成型设备和压延机等。模塑成型设备有注射机、塑料机械压力机、挤出机、中空成型机、发泡成型机、塑料液压机以及与之配套的辅助设备等。生产中应用最广的是注射机和挤出机，其次是液压机和压延机。挤出成型生产的制品产量约占塑料制品总产量的一半，注射成型生产的制品占 25%～30%，这个比例还在扩大。就成型设备而言，注射机的产量最大，据统计，全世界注射机的产量近十年来增加了 10 倍，每年生产的台数约占整个塑料设备产量的 50%，成为塑料成型设备生产中增长最快、产量最多的设备。

三、塑料成型技术发展趋势

近几十年来，中国塑料工业经历了从无到有、从小到大、从弱到强的发展历程，已取得了显著的成就。目前，我国已跨入世界塑料先进大国的行列。特别是近几年来，产量和品种都大大增加。目前我国塑料加工机械的生产量位居世界第一，而塑料制品及塑料树脂的生产量并列世界第二。塑料工业在国民经济各个部门发挥的作用越来越大，带动了塑料成型机械和塑料模具的发展，高效率、自动化、大型、微型、精密、高寿命的模具在整个模具产量中所占的比重越来越大，但与先进国家相比还存在着较大差距，如国产模具精度低、寿命短、制造周期长，塑料成型设备较陈旧、规格品种少，塑料材料及模具材料性能差，远不能适应工业高速发展的需要。为改变我国塑料行业的落后状况，赶超世界先进水平，必须从以下几方面大力发展塑料成型技术。

① 加深塑料成型基础理论和工艺原理的研究，引进和开发新技术、新工艺，大力发展大型、微型、高精度、高寿命、高效率的模具，以适应不断扩大的塑料应用领域的需要。这需要在工艺设计、模具制造、材料研究、生产管理等方面协同发展才能实现。

②不断开发、研究和应用先进的模具加工、装配、测量技术及设备，提高塑料模具的加工精度和缩短加工周期。

③加强塑料材料性能研究，加强模具新型材料的开发与应用。

④大力推广模具标准化工作，使模具通用零件标准化、系列化、商品化，以适应大规模生产塑料成型模具的需要。近年来，我国在这方面已取得了很大进展，制定了塑料模国家标准。目前，已有专门厂家生产各种规格的塑料模标准模架及顶杆、顶管等配套标准件。

⑤开展模具 CAD/CAE/CAM 技术的研究、推广和应用。模具 CAD/CAE/CAM 一体化技术的应用提高了模具的设计制造水平和质量，节省了时间，提高了生产效率，降低了生产成本。

四、塑料模具设计工作流程

模具设计与制造专业的高职高专毕业生面对的主要岗位是塑料模具设计员、模具制造车间工艺员、模具装配调试操作工、模具加工数控设备操作工、模具生产管理与计划调度员等。本教材以塑料模具设计员的工作任务为主线组织教材内容，突出培养工作岗位的职业能力。

企业模具设计与制造工作流程一般如图 0-2 所示。成型工艺是模具设计的依据，而模具制造是模具设计的保证。

图0-2　模具设计与制造工作流程

而对于塑料模具设计员，其详细的工作任务与工作流程如图0-3所示。

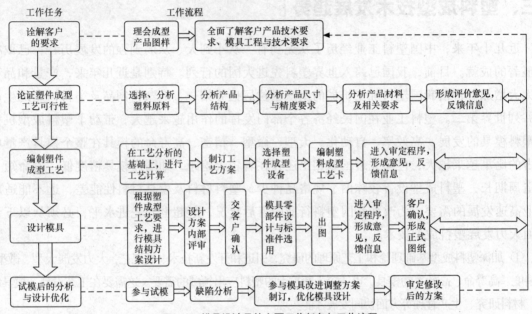

图0-3　模具设计员的主要工作任务与工作流程

五、课程任务与学习目标

本课程主要通过选择与分析塑料原料、确定塑料成型工艺、选用模具结构类型及模架、模具结构设计、模具工程图的绘制等方面的训练，在学习塑料模具设计相关知识的基础上完成塑料成型工艺与模具结构设计的一套完整的工作过程训练。

通过本课程的学习，应达到以下能力目标。

① 能应用塑料流变基础理论及塑料特性，分析塑料成型工艺条件，达到能编制合理、可行的塑料成型工艺规程的能力。

② 能合理选择塑料成型设备。

③ 能应用学过的设计知识，通过查阅和使用有关设计手册及参考资料设计中等复杂程度的模具，具有编写模具设计相关技术文件的能力。

④ 能使用模具设计专用软件设计中等偏复杂程度的模具，具有编写模具设计技术文件的能力。

⑤ 具备正确安装模具、调试工艺和操作设备的能力，能够分析和处理试模过程中产生的有关技术方面问题。

此外，还应了解塑料模的新技术、新工艺和新材料的发展动态，学习和掌握新知识，为发展我国的塑料成型技术作出贡献。

Chapter 1

项目一

|认识塑料及塑料成型|

【能力目标】

1. 能够写出常用塑料的代号。
2. 能用塑料流变理论解释塑料熔体流动行为。
3. 能够阐述简单模具的基本结构及工作原理。

【知识目标】

1. 了解常用塑料代号、性能、用途。
2. 了解塑料热力学性能与成型加工方法之间的关系。
3. 了解塑料模具的基本结构及工作原理。

|一、任务引入|

在日常生活中，经常遇到如图 1-1 所示的各种塑料制件，它们与日常生活息息相关。这些塑料制品各有哪些性能？是采用什么加工方法生产的？生产这些塑料制品需要什么样的工具或模具？这些工具或模具是如何工作的？这些都是这门课程所要学习的，也是本项目将要讲解的内容。

（a）工业用原料塑料桶

（b）拖拉机壳体

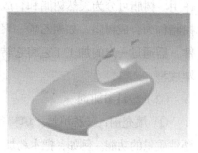

（c）摩托车面板

图1-1 各种形状的塑料制品

（d）各类瓶盖　　　　　（e）投影仪壳体　　　　　（f）各类电源接头

图1-1　各种形状的塑料制品（续）

二、相关知识

（一）认识塑料

1. 塑料的组成

塑料是以树脂为主要成分，加入各种能改善其加工性能和使用性能的添加剂，在一定温度、压力和溶剂等条件的作用下，利用模具成型为具有一定几何形状和尺寸制件的原材料。塑料制件的原料种类繁多、性能各异，其原料形状主要呈粉状、粒状、纤维状、溶液和分散体等，如图1-2所示。

图1-2　塑料原料

（1）树脂

树脂实质上是高分子聚合物，简称为高聚物或聚合物，树脂对塑料的物理、化学性能起着决定作用。树脂可分为天然树脂和合成树脂。松香、虫胶、沥青等属于天然树脂，而用人工方法合成的树脂称为合成树脂，如聚乙烯、聚氯乙烯等。生产中一般采用合成树脂，通常不能直接用来生产塑件，需通过一定的加工工艺将它转化为塑料后才能使用。将塑料原料加工为塑料制品的过程称为模塑成型。

（2）塑料添加剂

① 填充剂，又称填料。填料具有增加容量，降低塑料成本，提高塑料的物理性能、加工性能和塑件质量的功能。例如，把木粉加入酚醛树脂中，既能起到降低成本的作用，又能改善它的脆性；把玻璃纤维加入到塑料中，可以大幅度提高塑料的机械强度；在聚乙烯（PE）、聚氯乙烯（PVC）中加入钙质填料后，可得到物美价廉的具有足够刚性和耐热性的钙塑料。此外，有的填料还可使塑料具有树脂没有的性能，如导电性、导磁性、导热性等。塑料中的填充剂含量一般在40%以下。

② 增塑剂。将其添加到聚合物中，能使聚合物的塑性、柔韧性、流动性增加的物质都可以称为增塑剂。增塑剂的主要作用是削弱聚合物分子间的作用力，增加聚合物分子间的移动性，从而使塑料在较低的温度下具有良好的可塑性和柔韧性。例如，软质聚氯乙烯树脂中加入邻苯二甲酸丁二酯可变为像橡胶一样柔软的塑料。

③ 稳定剂。为了提高树脂在热、光和霉菌等外界因素作用下的稳定性，常在树脂中加入一些阻碍塑料变质的物质称为稳定剂，包括热稳定剂、光稳定剂和抗氧化剂等。

④ 润滑剂。润滑剂的作用是防止塑料在成型时粘在金属模具上，同时使塑料的表面光滑美观。常用的润滑剂有硬脂酸及其钙镁盐等。

⑤ 着色剂。着色剂可使塑料具有各种鲜艳、美观的颜色。常用塑料着色剂习惯上可分为无机颜料、有机颜料和特殊颜料。

除了上述添加剂外，塑料中还可加入固化剂、抗氧剂、阻燃剂、发泡剂、抗静电剂等以满足不同的使用要求。

2. 塑料的性能和用途

（1）塑料的优良性能

① 密度小，重量轻，比强度（σ/ρ）和比刚度（E/ρ）高。塑料的密度只有铝的一半，铜的 1/5，铅的 1/8。而泡沫塑料密度更小，只有水密度的 1/50～1/30。这种优点使塑料制品轻便好用，常用于制造车、船、飞机等交通工具以及漂浮物品等。

② 多种优良的机械性能。通常硬质塑料都有较高的强度和硬度，特别是用玻璃纤维增强的制品，具有钢铁般的坚韧性能。有时用特定的塑料代替钢铁制成的机械零件（如轧钢机轴承）比钢铁零件的使用寿命更长。高分子材料的性能还可用不同的方法加以改进，以满足不同制品性能的需求。

③ 耐化学性能好。普通金属因易腐蚀生锈而造成很大的经济损失，而塑料一般都具有较好的抵抗弱酸或弱碱侵蚀的作用。聚四氟乙烯甚至不被王水腐蚀。实际上大多数塑料在常温下，对水和一般有机溶剂都很稳定。因此，常用塑料制成一般容器或容器的内衬，有时还用作容器外表面的涂层。

④ 电绝缘、绝热、隔声性能好。塑料大量用作电线包皮等绝缘材料。泡沫塑料广泛用作隔热、保温及隔声材料。

⑤ 着色能力好。许多塑料都容易着色，可制成五颜六色的产品，以满足人们不同的需要。

⑥ 成型加工性能好。塑料材料具有优异的加工性能，易加工成复杂形状的制品。塑料可用各类加工方法，如注射、挤出、压延、中空吹塑、真空吸塑、流延、粉末滚塑等。

⑦ 自润滑性好。很多塑料品种都具有优异的自润滑性。在食品、纺织、日用及医药机械的摩擦接触结构制品、运动型结构件中禁止使用润滑剂，用自润滑性塑料材料制造，可以满足这些设备需要，而且可避免污染。日常生活中广泛使用的拉链，常选用具有自润滑性的 PA 和 POM。

（2）塑料的不良性能

① 机械强度低。与传统的工程材料相比，塑料的机械强度较低，即使用超强纤维增强的工程塑料，虽然强度会大幅度提高，但在大载荷应用场合，如拉伸强度超过 300MPa 时，塑料材料就不能满足要求，此时只能使用高强度金属材料或超级陶瓷材料。

② 尺寸精度低。由于塑料材料的成型收缩率大且不稳定，塑料制品受外力作用时产生的变形（蠕变）大，热膨胀系数比金属大几倍，因此，塑料制品的尺寸精度不高，很难生产高精度产品。对于精度要求高的制品，建议尽可能不要选用塑料作为原料，可选用金属或陶瓷材料。

③ 耐热温度低。塑料的最高使用温度一般不超过 400℃，而且大多数塑料的使用温度低于100℃～260℃。不过以碳纤维、石墨或玻璃纤维增强的酚醛等热固性塑料具有特殊性，其可瞬时耐上千摄氏度的高温，可用做耐烧蚀材料，用于导弹外壳及宇宙飞船面层材料。

另外，塑料在高温下容易降解和老化；导热性能较差；吸湿性大，容易发生水解老化；使用寿命短。

3. 高聚物的分子结构

（1）高聚物的分子结构特点

高聚物（简称聚合物）是由一种或两种以上低分子单体通过加聚或聚缩反应化合而形成的高分子有机物质。聚合物的分子结构是由众多原子或原子集团（结构单元），按照一定方式重复排列而形成的链结构。一个高分子中含有原子数很多、原子量很大且不固定。例如，尼龙分子中有 4 000 个原子、相对分子量为 23 000 左右，天然橡胶分子中有 5 万～6 万个原子、分子量在 40 万左右。而低分子所含原子数都很少、分子量也很小，如水的分子量为 18，蔗糖为 324；另外高分子呈链状结构，分子链很长。例如，低分子乙烯的长度约为 0.000 5μm，而高分子聚乙烯的长度则为 6.8μm，后者是前者的 13 600 倍。

聚合物分子链的结构形状可分为 3 种类型，即线形、支链形和体形，如图 1-3 所示。

① 线形。如图 1-3（a）所示，聚合物是由一根根线状的分子链所组成的。其特点是分子密度大，流动性好，具有弹性、塑性以及可溶性和可熔性。线形聚合物在适当的溶剂中可溶解或溶胀，在温度升高时则可软化至熔融状态而流动，且这种特性在成型前后都存在，因此可反复成型。线形聚合物树脂组成的塑料通常为热塑性塑料，例如，高密度聚乙烯（HDPE）、聚甲醛（POM）、聚酰胺（PA）等。

② 支链形。如图 1-3（b）所示，支链形属于线形的一种，只是在线形分子链的主链上，带有一些或长或短的小支链，整个分子链呈支链状，因此称为带有支链的线形聚合物。其特点是分子密度较线形低，结晶度低，其力学性能与成型性能与线形类似。低密度聚乙烯（LDPE）即为该类塑料。

③ 体形。如图 1-3（c）所示，若在大分子的链之间还有一些短链把它们相互交联起来，成为立体结构，则称为体形聚合物。其物理特性是脆性大，弹性较高但塑性很低，成型前可溶且可熔，但一经成型硬化后，就成为既不能溶解也不熔融的固体，所以不能再次成型（即成型是不可逆的）。体形聚合物树脂组

　　（a）线形　　　　　　　　（b）支链形　　　　　　　　（c）体形

图1-3　聚合物分子链结构示意图

成的塑料通常为热固性塑料，例如，酚醛树脂（PF）、环氧树脂（EP）、脲醛（UF）、三聚氰胺（MF）等。

（2）聚合物分子链的聚集状态

由于聚合物分子特别大，分子间作用力较大，容易聚集为固态或液态，不易形成气态。按分子排列的集合特点，固体聚合物分为无定形和结晶型两种。无定形聚合物的分子排列在大距离范围内是杂乱无章、无规则地相互穿插交缠的。

通常，分子结构简单、对称性高的聚合物以及分子间作用力较大的聚合物从高温向低温转变时，由无规则排列逐渐转化为有规则紧密排列，这种过程称为结晶。由于聚合物分子结构的复杂性，结晶过程不可能完全进行。结晶态高聚物中实际上仍包含着无规则排列的非晶区，如图 1-4 所示，其结晶的程度可用结晶度来衡量。结晶度是指聚合物中的结晶区在整个聚合物中所占的重量百分数。

聚合物一旦发生结晶，其性能也将随之产生相应变化。结晶造成分子的紧密聚集状态，增强了分子间的作用力，使聚合物的抗拉强度、硬度、熔点、耐热性和耐化学性提高；弹性模量、伸长率和冲击强度则降低，表面粗糙度值增大，而且还会导致塑件的透明度降低甚至丧失。

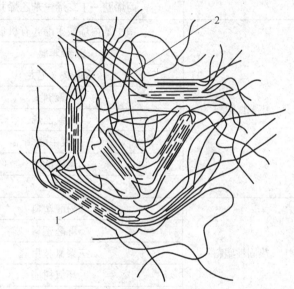

图1-4　结晶型聚合物结构示意图
1—晶区　2—非晶区

在工业上为了改善具有结晶倾向聚合物塑件的性能，除了严格控制塑件的冷却速度外，常采用热处理方法使其非晶相转变为晶相，或将不太稳定的晶形结构转为稳定的晶形结构，或微小的晶粒转为较大的晶粒等。当晶粒过分粗大时，聚合物变脆，性能反而下降。

4. 塑料的分类

（1）按塑料的成型性能分类

① 热塑性塑料。热塑性塑料是由可以多次反复加热而仍具有可塑性的合成树脂制得的塑料。热塑性塑料受热变软或熔化，成为可流动的稳定黏性液体，在此状态具有可塑性，可制成一定形状的塑件；冷却后保持既得的形状；再加热，又可变软并可制成另一形状。在该过程中一般只有物理变化，其变化过程可逆。

② 热固性塑料。热固性塑料是由加热硬化的合成树脂制得的塑料。在加热之初，分子具有可溶性和可塑性，可塑制成一定形状的塑件；继续加热时，温度达到一定程度后，分子结构发生变化而固化；再加热，即使被烧焦炭化也不再软化，不再具有可塑性。在加热变化过程中既有物理变化，又有化学变化，因而其变化过程是不可逆的。

塑料品种繁多，而每一品种又有不同的牌号，常用塑料名称及英文代号见表 1-1。

表 1-1　　　　　　　　　　常用塑料名称及英文代号

塑料种类	塑料名称	代号
热塑性塑料	聚乙烯（高密度、低密度）	PE（HDPE，LDPE）
	聚丙烯	PP
	聚苯乙烯	PS
	丙烯腈—丁二烯—苯乙烯共聚物	ABS
热塑性塑料	聚甲基丙烯酸甲酯（有机玻璃）	PMMA
	聚苯醚	PPO
	聚酰胺（尼龙）	PA
	聚砜	PSF（PSU）
	聚氯乙烯	PVC
	聚甲醛	POM
	聚碳酸酯	PC
	聚四氟乙烯	PTFE
热固性塑料	酚醛塑料	PF
	脲醛塑料	UF
	三聚氰胺甲醛	MF
	环氧树脂	EP
	不饱和聚酯	UP

（2）按塑料的应用范围分类

① 通用塑料。通用塑料是指产量最大、用途最广、价格最低廉的一类塑料。目前公认的通用塑料为聚乙烯（PE）、聚氯乙烯（PVC）、聚苯乙烯（PS）、聚丙烯（PP）、酚醛塑料（PF）、氨基塑料6大类。通用塑料的产量占塑料总产量的80%以上，构成了塑料工业的主体。

② 工程塑料。工程塑料是指用做工程技术中的结构材料的塑料。具有较高的机械强度、良好的耐磨性、耐腐蚀性、自润滑性及尺寸稳定性等，因而可以代替金属作某些机械构件。常用的工程塑料主要有聚酰胺（PA）、聚甲醛（POM）、聚碳酸酯（PC）、丙烯腈—丁二烯—苯乙烯（ABS）、聚砜（PSF）、聚苯醚（PPO）、聚四氟乙烯（PTFE）以及各种增强塑料。

③ 特殊塑料。特殊塑料是指具有某些特殊性能的塑料。这些特殊性能包括较高的耐热性、较高的电绝缘性、较高的耐腐蚀性等。常见的特殊塑料包括氟塑料、聚酰亚胺塑料、有机硅树脂、环氧树脂以及为某些专门用途而改性制得的塑料，如导磁塑料、导热塑料等。另外还有用于特殊场合的医用塑料、光敏塑料、珠光塑料、导磁塑料、等离子塑料等。

5．聚合物的热力学性能和成型加工适应性

绝大多数塑料在成型时，为使其获得良好的流动性都要借助加热等手段，使成型材料温度升高。聚合物的物理、力学性能与温度密切相关，犹如低分子物质在不同温度下具有三态（固态、液态和气态）

一样，聚合物在不同温度性能、状态同样会发生变化，因此可分为玻璃态，高弹态和黏流态 3 种不同的物理状态，如图 1-5 所示。温度升高聚合物由室温下的坚硬固体（玻璃态）变为类似橡胶的弹性体（高弹态），最后，当温度达到一定程度后，聚合物软化、可以流动，即成为黏性流体（黏流态）。当聚合物处于不同的温度时，其力学性能的差别也较大，主要表现在材料的变形能力显著不同，因此，在不同状态下所适合的成型加工方法也随之不同。图 1-5 中曲线 1 为线形无定形聚合物的温度与力学状态及成型加工适应性的关系；图 1-5 中曲线 3 为体型聚合物的温度、力学状态及成型加工适应性的关系。下面依次讨论聚合物在所处的 3 种力学状态下的变形特点及适合的成型加工方法。

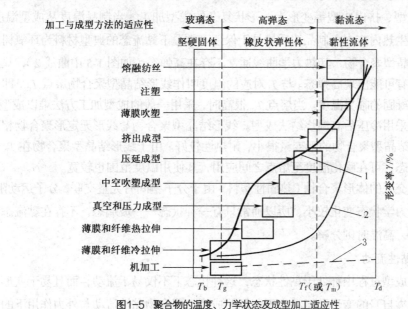

图1-5　聚合物的温度、力学状态及成型加工适应性
1—线形无定形　2—结晶型　3—体型

（1）玻璃态

T_g 称为玻璃态温度，是聚合物从玻璃态转变为高弹态的临界温度，处于玻璃态（$T < T_g$，T 为温度）聚合物的特点是弹性模量高，聚合物处于刚性状态。在外力作用下，变形量很小，断裂伸长率一般在 0.01%～0.1%范围内，物体受力的变形符合胡克定律，应变与应力成正比，并在瞬时达到平衡，在极限应力范围内形变具有可逆性。常温下玻璃态的典型材料为有机玻璃。

因此，在玻璃态下聚合物不能进行大变形的成型，只适于进行车削、锉削、钻孔、切螺纹等机械加工。如果将温度降到材料的脆化温度 T_b 以下，材料的韧性会显著降低，在受到外力作用时极易脆断，因此，T_b 是塑料加工使用的最低温度，而 T_g 是塑料使用的上限温度。从使用角度看 T_b 和 T_g 间的距离越宽越好。

（2）高弹态

T_f 称为黏流化温度，是聚合物从高弹态转变为黏流态的临界温度。处于高弹态（$T_g < T < T_f$）下，聚合物的弹性模量与玻璃态相比显著降低。在外力作用下，变形能力大大提高，断裂伸长率为 100%～1000%，所以发生形变可以恢复，即外力去除后，高弹形变会随时间逐渐减小，直至为零。常温下处于高弹态的典型材料为橡胶。

聚合物在高弹态下可进行较大变形的成型加工，如压延成型、中空吹塑成型、热成型等。但是，由于高弹态下聚合物发生的变形是可恢复的弹性变形，将变形后的制品迅速冷却至玻璃态温度以下是确保制品形状及尺寸稳定的关键。

（3）黏流态

当聚合物熔体温度高于一定值时，塑料将逐渐软化，在外力的作用下具有形变（即流动）性能，这一温度称为黏流化温度 T_f。而温度过高，聚合物就会发生降解，这一温度称为降解温度 T_d。降解使制品的外观质量和力学性能显著降低。聚合物加工温度应低于降解温度 T_d。

黏流态（$T_f < T < T_d$）塑料的形变主要是不可逆的黏流形变，因此，在黏流态下可进行注射成型、压缩成型、压注成型、挤出成型等变形大、形状复杂的成型加工。当制品温度从成型温度 T_f 迅速降至室温时不易产生热内应力，制品的质量易于保证。常温下黏流态的典型材料为环氧树脂。

而完全线形结晶型聚合物，其热力学曲线通常不存在高弹态（如图1-5中曲线2），只有在相对分子质量较高时才有可能出现高弹态。与 T_f 对应的温度叫作线形结晶型聚合物熔点 T_m，即是线形结晶型聚合物熔融或凝固的临界温度。当熔点 T_m 很高时，采用一般的成型加工方法难以成型。如聚四氯乙烯塑件通常是采用冷压后高温烧结法成型。线形结晶型聚合物与线形无定形聚合物相比较，在低于熔点时，线形结晶型聚合物的形变量很小，耐热性较好。由于线形结晶型聚合物在 $T_g \sim T_m$ 之间基本上不存在高弹态，可在脆化温度至熔点之间应用，其使用温度范围也较宽。

而成型后高度交联的体形聚合物（热固性塑料）由于分子链间有大量交联，分子运动阻力很大，一般随温度发生的力学状态变化较小，所以通常只有一种状态——玻璃态，不存在黏流态甚至高弹态，即遇热不熔化，高温时则分解。

6．聚合物的黏性流动

大多数塑料在成型过程中都处于黏性状态，这种状态下不仅易于流动，而且易于变形。在外力的作用下聚合物依靠自身的变形和流动实现制品的成型。聚合物黏性流动与外力作用下的力学现象（如应力、应变及应变速率等）、聚合物流动时自身黏度、内部结构、成型工艺条件等有关。了解聚合物黏性流动行为，可以帮助人们正确地选择和确定合理的成型工艺条件，设计合理的注射成型浇注系统和模具结构。

（1）黏度与剪切稀化效应

牛顿（Newton）在研究低分子液体流体行为时发现切应力与剪切速率间存在线性关系

$$\tau = \eta \dot{\gamma}$$

式中：τ ——切应力，Pa；

　　η ——比例常数（黏度），也称为牛顿黏度，表征牛顿流体在外力的作用下抵抗流动变形的能力，Pa·s；

　　$\dot{\gamma}$ ——单位时间内流体产生的切应变，一般称为剪切速率，s^{-1}。

由于大分子的长链结构和缠结，聚合物熔体的流动行为远比低分子液体复杂。熔体流动时切应力和剪切速率不再成正比关系，熔体的黏度也不再是一个常数，因而聚合物熔体的黏性流变行为不服从牛顿流动规律。通常把不服从牛顿流动规律的流体称为非牛顿流体。在注射成型中，只有少数聚合物熔体的黏度对剪切速率不敏感，如聚酰胺（PA）、聚碳酸酯（PC）等，其他绝大多数的聚合物熔体都表现

为非牛顿流体。这些聚合物熔体都近似地服从 Qstwald-De Waele 提出的指数流动规律，其表达式为

$$\tau = K\dot{\gamma}^n$$

式中：K——与聚合物和温度有关的常数，可以反映聚合物熔体的黏稠性，称为黏度系数；

　　　n——与聚合物和温度有关的常数，可以反映聚合物熔体偏离牛顿流体性质的程度，称为非牛顿指数。

上式也可改写为

$$\tau = (K\dot{\gamma}^{n-1})\dot{\gamma} = \eta_a\dot{\gamma}$$

$$\eta_a = K\dot{\gamma}^{n-1}$$

式中：η_a——非牛顿流体的表观黏度。

就表观黏度的力学性质而言，它与牛顿黏度相同。但是，表观黏度表征的是服从指数流动规律的非牛顿流体在外力的作用下抵抗剪切变形的能力。由于非牛顿流体的流动规律比较复杂，表观黏度除与流体本身以及温度有关以外，还受到剪切速率的影响，这就意味着外力的大小及其作用时间也能够改变流体的黏稠性。

式中当 $n=1$ 时，$\eta_a=K=\eta$，这时非牛顿流体就转变为牛顿流体。当 $n\neq1$ 时，绝对值 $|1-n|$ 越大，流体的流动性越强，剪切速率对表观黏度 η_a 的影响也越大。

式中的 $n>1$ 时，这种非牛顿流体称为膨胀性液体；$n<1$ 时，这种非牛顿流体称为假塑性液体。大多数注射成型用的聚合物熔体都具有近似假塑性液体的流变学性质。注射成型中近似具有假塑性流体性质的高聚物有聚乙烯（PE）、聚氯乙烯（PVC）、聚甲基丙烯酸甲酯（PMMA）、聚丙烯（PP）、ABS、聚苯乙烯（PS）、线性聚酯和热塑性弹性体等。图 1-6（a）为切应力 τ 与剪切速率 $\dot{\gamma}$ 的关系；图 1-6（b）为表观黏度 η_a 与剪切速率 $\dot{\gamma}$ 的关系。由图 1-6 可以看出，聚合物熔体表观黏度对剪切速率具有依赖性。这种流体的表观黏度随剪切速率而变化，呈指数规律减小的现象称为假塑性液体的"剪切稀化"。注射成型中，聚合物熔体发生剪切稀化效应是一个普遍现象，这也是点浇口（小水口）模具广泛应用的原因之一。大多数聚合物的表观黏度对熔体内部的剪切速率具有敏感性，对于这些聚合物，可以通过调整剪切速率来控制聚合物的熔体黏度。

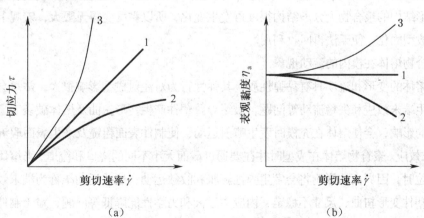

图1-6　假塑性流体的 $\tau-\dot{\gamma}$、$\eta_a-\dot{\gamma}$ 关系图

1—牛顿流体　2—假塑性流体　3—膨胀性流体

（2）影响黏度的主要因素

①　聚合物本身的影响。聚合物分子链间的缠结点越多，聚合物分子链的支链越多、越长、越高，则它们与其他大分子缠结越紧，从而导致流动和变形困难，宏观上表现为表观黏度增大。

聚合物的相对分子质量及其分布对聚合物熔体黏度也有很大影响。聚合物的相对分子质量越大，大分子链就越长，链的缠结点增多，解缠、伸长和滑移变得困难，因而宏观上表现为熔体的表观黏度加大。聚合物中的分子质量分布越宽，由于小分子链的影响，聚合物的熔体黏度变小，熔体流动性就越好。但此时大分子链可能未完全熔化，成型的塑件性能并不理想。因而，为了提高塑件性能，通常要尽量减少聚合物中的低分子物质，尽量使用分子质量分布较窄的材料。

②　聚合物中添加剂的影响。注射成型用的聚合物中一般都要加入少量的添加剂以提高其实用性能。虽然添加剂在聚合物中所占的比例不大，但当聚合物中加入这些添加剂后，聚合物大分子间的作用力会发生很大变化，熔体的黏度也会随之改变。例如，增塑剂的加入会使熔体黏度降低，从而提高熔体的流动性，而纤维填料的影响则相反。

③　温度及压力对聚合物熔体黏度的影响。在聚合物注射成型过程中，温度、压力对熔体黏度的影响与剪切速率同等重要。一般而言，温度升高或压力降低，大分子间的自由空间随之增大，分子间作用力减小，分子运动变得容易，从而有利于大分子的流动与变形，宏观上表现为聚合物熔体的表观黏度下降。相反，降低温度或增加压力，聚合物熔体的表观黏度上升。这种通过改变温度和压力使表观黏度达到相同变化效果的现象称之为压力—温度等效应。但不同聚合物的黏度对温度、压力对剪切速率敏感程度不同，生产过程中要针对不同塑料的成型工艺特性区别对待。如 CA、PS 对温度敏感，PMMA、PP 等则对压力敏感。

以上的黏性流动主要是针对注射成型生产中的热塑性塑料而言的，对热固性塑料来说，注射成型加工过程中黏度的变化与热塑性塑料存在着本质的区别。对于热塑性塑料来说，聚合物的注射成型基本上是一个物理过程，但热固性塑料的成型过程不但发生物理变化，还伴随着化学变化。聚合物成型过程中的加热不仅使材料熔融，能在压力下产生流动、变形并获得所需的形状等物理变化，并且能使充入模腔中的聚合物熔体在一定温度下发生交联反应，使原有的大分子线形结构转变为体形结构，体形结构的聚合物大分子结构很难再发生变化，所以黏度变得无限大，宏观上表现为热固性塑料一旦成型固化，便无法再回收利用。

（3）聚合物熔体在模内的流动现象

聚合物熔体的变形和流动具有黏弹性质，其弹性行为对注射成型影响很大，常常会使熔体在模内流动时产生端末效应和失稳流动等问题，最终导致塑件产生变形扭曲及熔体破裂等缺陷。另外，因模具浇口的影响，会使熔体在充模时发生喷射运动，使制件表面粗糙及产生表面瑕疵等缺陷。

①　端末效应。聚合物熔体在成型时往往要通过截面大小不同的浇口和流道，当熔体经过流道截面变化的部位时，因界面的影响将会发生弹性膨胀和收敛运动，这些运动统称为端末效应。端末效应通常导致塑件变形扭曲、尺寸不稳定、内应力过大和力学性能降低等问题，对于制件质量都是有害的。端末效应分为入口效应和离模膨胀效应两种。

a. 入口效应。入口效应是聚合物熔体在管道入口端因出现收敛流动，使压力降突然增大的现象。

管道入口区和出口区熔体的流动情况如图 1-7 所示，当熔体从大直径管道进入小直径管道时，在管道中心部分的熔体流速增大，所消耗能量突增，从而在入口端的一定区域内具有较大的压力降。

工程实践中考虑入口效应的目的有两个，其一是为保证制品的成型质量，在必要时避免或减小入口效应；其二是在确定注射压力时，在考虑所有流道（包括浇口）总长引起的压力损耗的同时，还要考虑由入口效应引起的压力损失。

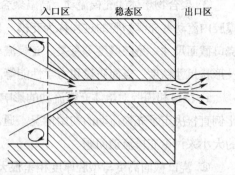

图1-7　聚合物熔体在管道入口区和出口区的流动

b. 离模膨胀效应。如图 1-7 所示，当聚合物熔体流出流道或浇口时，熔流发生体积膨胀，这种现象叫离模膨胀效应。其实质是一种由弹性回复而引起失稳流动。当聚合物熔体从流道中流出后，周围压力及流动阻力将大大减小甚至完全消失，表层流速急剧增加，熔体出口直径反而减小。随后聚合物分子内存储的弹性变形能将会释放出来，致使在流动变形中已经伸展开的大分子链重新恢复蜷曲，各分子链的间距随着增大，熔体在流道中形成的取向结构也将重新恢复到无序的平衡状态，这必然导致聚合物内自由空间增大，于是体积相应发生膨胀。

② 失稳流动和熔体破裂。假塑性聚合物熔体在极高的剪切速率作用下，大分子链会被完全拉直，继续变形就会呈现很大的弹性性质，熔体将陷入一种弹性紊乱状态，各点的流速将会互相干扰，这种现象称为失稳流动。聚合物熔体在失稳状态下通过模内的流道后，将会变得粗细不均，没有光泽，表面出现粗糙的鲨鱼皮状。此时，如果继续增大切应力或剪切速率，熔体将呈现波浪、竹节形或周期螺旋形，更严重时将互相断裂成不规则的碎块或小圆柱块，这种现象称为熔体破裂（如图 1-8 所示）。

失稳流动和熔体破裂与聚合物分子结构、熔体温度和流道结构有关。在大截面流道向小截面流道的过渡处，减小流道的收敛角，使过渡的表壁呈现流线状时，可以提高失稳流动现象。在注射模中，从喷嘴到模腔之间有很多类似图 1-9 的结构，选择恰当的收敛角及其过渡长度，将会对稳定熔体流动和提高注射速率起到重要作用。

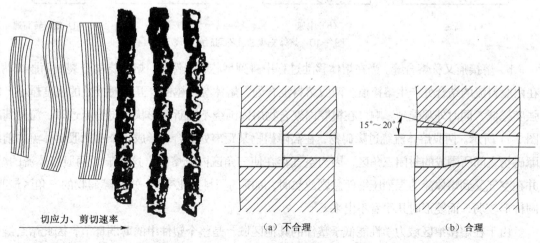

切应力、剪切速率

图1-8　聚合物失稳流动时的熔体概貌（PMMA 170℃）

（a）不合理　　　　（b）合理

15°～20°

图1-9　流道结构

③ 聚合物熔体的充模流动。高温聚合物熔体在注射压力作用下，通过流道和浇口之后，在低温模腔内流动并充满型腔的过程称为充模。聚合物熔体的充模流动与各种注射工艺参数、模具结构、浇口截面尺寸、型腔厚度等有关。充模流动是否连续平稳，直接影响塑件的取向、结晶等物理变化及形状尺寸精度、表面质量和力学性能等。

a. 浇口和模腔对熔体充模流动的影响。在一定工艺条件下，模腔的厚度和浇口截面高度的相对比例直接决定了充模流动的初始情况。通常，浇口的截面高度都很小。下面根据它相对于模腔厚度的大小来讨论充模流动问题。

ⓐ 浇口截面高度与型腔厚度相差很大时，当小浇口正好面对一个深型腔时，聚合物熔体通过浇口流入模腔时，容易产生喷射（或射流）现象，熔体将会进行高速充模，如图1-10（a）所示。受离模膨胀影响，高速充模时的熔体通常很不稳定，熔体表面粗糙，先喷射出的熔体也会因速度减慢而阻碍后面的熔体流动，将在模腔形成蛇形流，使成型后的制件因折叠而产生波纹状痕迹或表面瑕疵，甚至会因熔体流速高产生破裂。

ⓑ 浇口截面高度与模腔深度相差不太大时，如图1-10（b）所示。熔体通过浇口后将以中速充模，喷射流动的可能性减小。如果适当降低注射速度、提高注射温度和模具温度等一些工艺参数，则熔体进入模腔后出现一种比较平稳的扩展性运动，称为扩展流。

ⓒ 浇口截面高度与模腔深度接近时。当制件厚度很小时出现这种情况，熔体一般都不发生喷射。在浇口条件适当时，熔体能以低速平稳的扩展流动充模，如图1-10（c）所示。但熔体在浇口附近的模腔中会因离模膨胀效应仍有一段不太稳定的流动。

另外，注射成型过程中，因为某些工艺条件的变化或模腔形状的影响，正在低速充模的熔体很有可能突然转变为高速，这时充模流动将会改变原有的扩展性质，而趋向成为一种如图1-10（d）所示的类似蛇形流的不平稳流动。

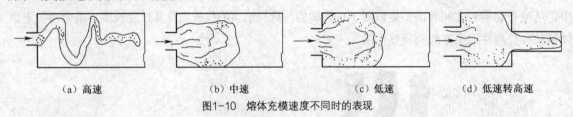

(a) 高速　　　　　　　(b) 中速　　　　　　　(c) 低速　　　　　　(d) 低速转高速
图1-10　熔体充模速度不同时的表现

b. 熔接痕又称熔合缝。当在熔体移动过程中碰到型芯和嵌件时，熔体将被分裂成两股流动，则在两股料流的结合处产生熔接痕。两股熔料汇合处，熔体温度越低，互相对接处的强度越小，制品强度越低，同时外观受到影响。在模腔内聚合物熔体围绕不同断面形状障碍物流过时，流动情况如图1-11所示。两股熔体流绕过障碍物，在高障碍物某距离处汇合，形成一个由两股熔体流的前缘与障碍物之间所围成的封闭三角区，因为空气存在使三角区内无熔体，这影响了两股熔体流的熔合，并在空气受到熔体流的强烈压缩而急剧放热时，周围的塑料焦化变黑。矩形障碍物的三角区最明显，圆柱形较弱，而菱形时几乎看不出来。

由于在熔接痕区域力学性能低于塑件的其他区域，是整个塑件中的薄弱环节，因此熔合缝的强度通常就是塑料制件的强度。由于塑件结构复杂，模具型腔内塑料熔体不可避免地分离成多股熔流。

在设计浇口尺寸和选择浇注位置时应综合考虑模腔内型芯结构、嵌件安放等，避免形成使熔体分流、熔体喷射和蛇形流引起的熔合缝。

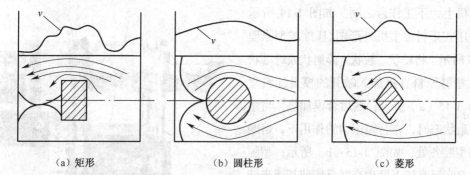

（a）矩形　　　　　　　　（b）圆柱形　　　　　　　　（c）菱形

图1-11　聚合物熔体绕不同断面形状障碍物时的速度变化与流动情况

（二）了解塑料成型原理

1. 注射成型原理

注射成型是热塑性塑料成型的主要方法。卧式螺杆式注射机应用范围较广，以螺杆式注射机为例学习注射成型原理。如图 1-12 所示为卧式螺杆式注射机外形图。注射成型原理如图 1-13 所示，将粒状或粉状的塑料加入到注射机的料斗10，注射机螺杆 13 旋转将塑料逐渐推到料筒 9 内靠喷嘴 6 一侧，与此同时塑料吸收加热器 8 放

图1-12　螺杆式注射机实物图片

出的热量及熔体流动所产生的剪切热而逐渐熔融，成为黏性流体。然后在注射液压缸 12 提供的注射压力作用下，熔融的塑料经喷嘴 6 注入闭合模具 5 的型腔中，充满后经过保压、冷却定型后，动模和定模分离，注射机推出液压缸 3 工作，推动模具 5 的推出机构将塑件从模具中取出，完成一个注射周期。以后就不断重复上述周期性的生产过程。

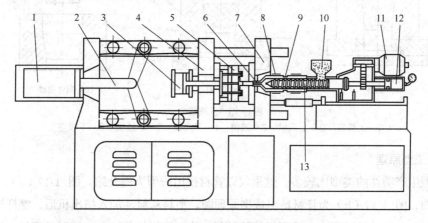

图1-13　螺杆式注射机机构示意图

1—合模液压缸　2—锁模机构　3—推出液压缸　4—移动模板　5—模具　6—喷嘴　7—固定模板
8—加热器　9—料筒　10—料斗　11—电机　12—注射缸　13—螺杆

2．压缩成型原理

压缩成型又称压制成型、压塑成型或模压成型。压缩模具的上、下模（或凹、凸模）通常安放在压力机上、下工作台之间。如图 1-14 所示为机械下压式塑料成型机外形图。压缩成型原理如图 1-15 所示。将粉状、粒状、碎屑状或纤维状的热固性塑料原料直接加入敞开的模具加料室内，如图 1-15（a）所示；然后合模加热，当塑料成为熔融状态时，在合模压力的作用下，熔融塑料充满型腔各处，如图 1-15（b）所示；型腔中的塑料在高温高压下发生交联反应使其逐步转变为不熔的硬化定型塑料制件，最后打开模具将塑件从模具中取出，完成一个成型周期。以后就不断重复上述周期性的生产过程。

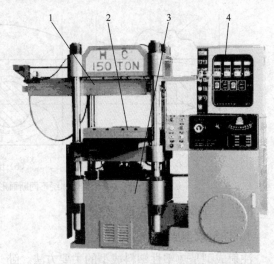

图1-14　机械下压式塑料成型机示意图
1—上工作台　2—下工作台　3—液压缸　4—控制面板

3．压注成型原理

压注成型又称传递成型，压注模具同压缩模具一样安放在压力机上、下工作台之间，也是热固性塑料的主要成型方法之一。压注成型原理如图 1-16 所示。压注成型时，将热固性塑料原料（塑料原料为粉料或预压成锭的坯料）装入闭合模具的加料室内，使其在加料室内受热塑化，如图 1-15（a）所示；塑化后熔融的塑料在压柱压力的作用下，通过加料室底部的浇注系统进入闭合的型腔，如图 1-15（b）所示；塑料在型腔内继续受热、受压，产生交联反应而固化成型，最后打开模具取出塑件，如图 1-15（c）所示。

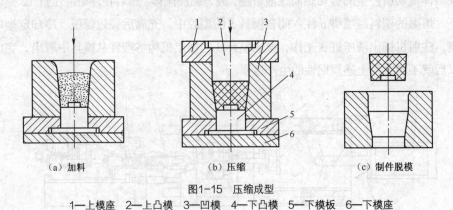

（a）加料　　　　　　　（b）压缩　　　　　　　（c）制件脱模

图1-15　压缩成型
1—上模座　2—上凸模　3—凹模　4—下凸模　5—下模板　6—下模座

4．挤出成型原理

挤出成型生产塑件的类型比较多，这里仅以管材挤出成型为例介绍。图 1-17（a）为管材挤出成型机外形图，图 1-17（b）为管材挤出成型原理图。塑料从料斗加入挤出机后，螺杆转动将原料向前输送，在向前移动的过程中，受到料筒的外部加热、螺杆的剪切和压缩以及塑料之间的相互摩擦作用，使塑料塑化。在压力的作用下，使处于黏流态的塑料通过具有一定形状的挤出机头（挤出模）及冷却定型装置而成为截面与挤出机头出口处模腔形状（环形）相仿的型材，经过牵引装置的牵引，最后被切割装置切断为所需的塑料管材。

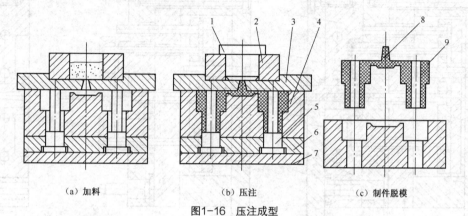

（a）加料　　　　　　　　　（b）压注　　　　　　　　　（c）制件脱模

图1-16　压注成型

1—压柱　2—加料腔　3—上模座　4—凹模　5—凸模　6—凸模固定板
7—下模座　8—浇注系统凝料　9—制件

（a）外形图

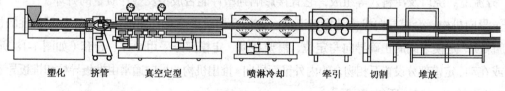

塑化　　挤管　　真空定型　　　喷淋冷却　　　牵引　　切割　　堆放

（b）原理图

图1-17　管材挤出成型机

（三）认识塑料模具结构

1. 注射模具的组成

注射模具的种类很多，注射模具类型不同，其结构和复杂程度各不相同，但其基本结构都由定模和动模两部分组成。其中定模安装在注射机的固定模板7（如图1-13所示）上，动模安装在注射机的移动模板4（如图1-13所示）上，由注射机的合模系统带动动模运动，完成动、定模的开合及塑件的推出。

按模具上各个部分的功能和作用来分，注射模具一般由以下几个部分组成，如图1-18所示。

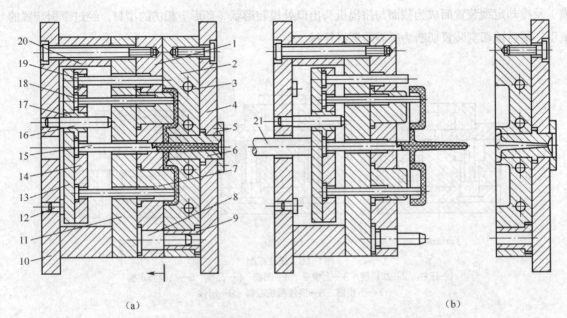

（a）　　　　　　　　　　　　　（b）

图1-18　注射模的结构

1—动模板　2—定模板　3—冷却水道　4—定模座板　5—定位圈　6—浇口套　7—型芯　8—导柱　9—导套
10—动模座板　11—支承板　12—限位钉（垃圾钉）　13—推板　14—推杆固定板　15—拉料杆
16—推板导柱　17—推板导套　18—推杆　19—复位杆　20—垫块　21—注射机顶杆

① 成型部分。成型零部件是指组成模具型腔，直接形成塑件的零件。型芯（凸模）形成塑件的内表面形状，型腔（凹模）形成塑件的外表面形状。合模后型芯和型腔便构成了模具的模腔。如图1-18所示的模具中，模腔是由动模板1、定模板2、型芯7等组成的。

② 浇注系统。熔融塑料从注射机喷嘴进入模具型腔所流经的通道称为浇注系统。浇注系统由主流道、分流道、浇口及冷料穴等组成，它直接影响到塑件能否成型及塑件质量的好坏。

③ 导向机构。合模导向机构是指保证动、定模合模时正确对合和推出机构运动平稳性的机构。为了确保动、定模之间的正确导向与定位，需要在动、定模部分采用导柱、导套（如图1-18所示的8、9）或在动、定模部分设置互相吻合的内外锥面导向。推出机构的导向通常由推板导柱和推板导套（如图1-18所示的16、17）所组成。

④ 侧向分型与抽芯机构。塑件上的侧向如有凹凸形状、孔或凸台，就需要有侧向的型芯或成型块来成型。在模具分型或塑件被推出之前，必须先拔出侧向型芯或侧向成型块，然后才能顺利脱模。带动侧向凸模或侧向成型块移动的机构称为侧向分型与抽芯机构。

⑤ 推出机构。推出机构是指模具分型后将塑件从模具中推出的装置。一般情况下，推出机构由推杆、复位杆、推杆固定板、推板、主流道拉料杆及推板导柱和推板导套等组成。图1-18中的推出机构由推板13、推杆固定板14、拉料杆15、推板导柱16、推板导套17、推杆18和复位杆19等组成。

⑥ 温度调节系统。为了满足注射工艺对模具的温度要求，必须对模具的温度进行控制，所以模具常常设有冷却或加热的温度调节系统。冷却系统一般在模具上开设冷却水道（如图1-18所示3），加热系统则在模具内部或四周安装加热元件。

⑦ 排气系统。在注射过程中，为将型腔内的空气及塑料制品在受热和冷凝过程中产生的气体排出去而开设气流通道。注射模具通常是在分型面处开设的排气槽，也可利用活动零件的配合间隙排气。通常是在分型面处开设的排气槽，也可利用活动零件的配合间隙排气。

⑧ 支承零部件。用来安装、连接、固定或支承前述各部分机构的零部件均称为支承零部件。它们与导向机构组装构成注射模具的基本骨架，即模架，目前注射模具模架已进入标准化生产。

此外，对于一些大型深壳塑料制品，脱模时制品内腔表面与型芯表面之间形成真空，制品难以脱模，需要设置引气装置。具体见项目三中排气、引气系统设计。

2. 典型注射模具结构

（1）单分型面注射模

单分型面注射模又称二板式注射模，这种模具在动模板和定模板之间有一个分型面，其典型结构如图 1-18 所示，其工作原理及过程如下。

合模时，在导柱 8 和导套 9 的引导下动模与定模正确对合，并在注射机提供的锁模力作用下，动、定模紧密贴合；注射时塑料熔体由模具浇注系统进入型腔，经过保压（补缩）和冷却（定型）等过程后开模；开模时，由注射机开合模系统带动动模后退，分型面被打开，塑件包紧在型芯 7 上并随动模一起后退，同时浇注系统在拉料杆 15 的作用下，离开主流道；当动模移动一定距离后注射机顶杆 21 推动推板 13，推杆 18 和拉料杆 15 分别将塑件和浇注系统凝料从型芯 7 和冷料穴中推出，从而完成塑件与动模的分离，即塑件被推出，至此完成一次注射过程。合模时，推出机构由复位杆 19 复位，准备下一次注射。

单分型面的注射模是一种最基本的注射模结构，根据具体塑件的实际要求，单分型面的注射模也可增添其他的部件，如嵌件、螺纹型芯或活动型芯等，在这种基本形式的基础上可演变出其他各种复杂的结构。

（2）双分型面注射模

在单分型面模具的定模座板和定模板之间增设一个可以打开，使浇注系统凝料取出的面（分型面），就形成了有两个可以分开的模面，即双分型面注射模。如图 1-19 所示，其中定模座板 11 和定模板 12 增设了一个分型面，它常用于点浇口形式浇注系统的凝料取出。

双分型面注射模工作原理和过程如下。合模及注射过程同单分型面模具一样。开模时，动模后移，由于弹簧 7 的作用，迫使定模板 12 与动模一起后移，即 A—A 分型面先

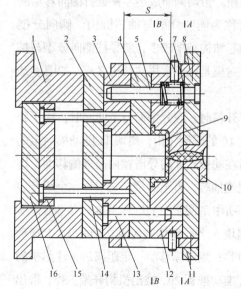

图1-19　双分型面注射模
1—模脚　2—支承板　3—动模板（型芯固定板）　4—推件板
5—导柱　6—限位销　7—弹簧　8—定距拉杆　9—型芯
10—浇口套　11—定模座板　12—定模板　13—导柱
14—推杆　15—推杆固定板　16—推板

分型，主流道凝料随之拉出；当限位销 6 后移距离为 s 后与定距拉板 8 接触，定模板 12 停止移动，动模继续后移，B—B 分型面分型，由于塑料包紧在型芯 9 上，浇注系统凝料就在浇口处与塑件分离，然后在 A—A 分型面人工取出或自然脱落；动模继续后移，当动模移动一定距离后，注射机的顶杆推动推板 16 时，推出机构开始工作，塑件由推件板 4 从型芯 9 上推出，塑件由 B—B 分型面取出。

双分型面注射模在定模部分必须设置顺序定距分型装置。图 1-19 所示的结构为弹簧分型拉板定距式，此外还有多种形式，其工作原理和过程基本相同，所不同的是定距方式和实现 A—A 先分型的措施不一样（具体见项目三相关内容 P206-P207）。

由于双分型面注射模在开模过程中要进行两次分型，两个分型面要求按先后次序打开，因此必须采取顺序定距分型机构。如图 1-19 所示，定模部分先分开一定距离，然后主分型面分型。一般 A—A 分型面分型距离为

$$s = s' + (3\sim5)$$

式中：s —— A 分型面分型距离，mm；

s' —— 浇注系统凝料在合模方向上的长度，mm。

双分型面注射模的结构复杂、制造成本较高，适用于点浇口形式浇注系统的注射模。

（3）侧向分型与抽芯注射模

当塑件侧壁有孔、凹槽或凸台时，其成型零件必须制成可侧向移动的，否则塑件无法脱模。带动侧向成型零件进行侧向移动的机构称为侧向分型与抽芯机构。侧向分型与抽芯结构类型较多，斜导柱侧向分型与抽芯注射模是比较常用的结构之一，如图 1-20 所示。

开模时，在分型面分型的同时，由于斜导柱 10 的限制作用，滑块 11 随动模后退的同时在动模板 4 的导滑槽内向外侧移动，即实现侧抽芯，直至侧型芯与塑件完全脱开。抽芯动作完成时，滑块 11 则由定位装置限制在挡块 5 上，塑件则包紧在型芯 12 上随动模后移；当动模移动一定距离后，注射机的顶杆推动推板 20，推出机构开始工作，推出塑件。合模时，斜导柱使滑块向内移动，合模结束，侧型芯则完全复位，最后锁紧块 9 将其锁紧。

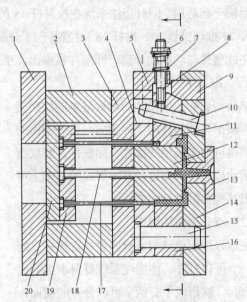

图1-20　斜导柱侧抽芯注射模
1—动模座板　2—垫块　3—支承板　4—动模板　5—挡块
6—螺母　7—弹簧　8—滑块拉杆　9—锁紧块　10—斜导柱
11—滑块　12—型芯　13—浇口套　14—定模板　15—导柱
16—动模板　17—推杆　18—拉料杆　19—推杆固定板　20—推板

斜导柱侧向分型与抽芯机构注射模的特点是结构紧凑，抽芯动作安全可靠，加工制造方便，因而广泛使用在需侧向抽芯的注射模中。

（4）带有活动镶块和嵌件的注射模

有时，由于塑件的某些特殊结构，要求注射模设置活动凸模、活动凹模、活动螺纹型芯或型环等可活动的成型零部件，这些成型零部件称为活动镶块。镶块是构成模具的零件。

如图 1-21 所示，塑件内侧的凸台，采用活动镶块 3 成型。开模时，塑件与流道凝料同时留在活动镶块 3 上，随动模一起运动，当动模和定模分开一定距离后，由推出机构的推杆 9 将活动镶块 3 随同塑件一起推出模外，然后由人工或其他装置使塑件与镶块分离。这种模具要求推杆 9 完成推出动作后，复位弹簧 8 迫使推出机构优先复位，以便合模前再将活动镶块重新装入动模，型芯座 4 上的锥孔保证镶块定位准确、可靠。这类模具的生产效率不高，劳动强度大，可用于小批量或试生产。

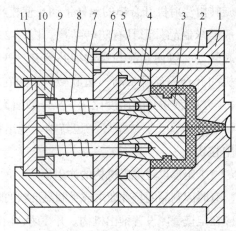

图1-21 带有活动镶块的注射模
1—定模座板（兼凹模） 2—导柱 3—活动镶块
4—型芯座 5—动模板 6—支承板 7—模脚 8—弹簧
9—推杆 10—推杆固定板 11—推板

在塑料制品内嵌入的其他零件，形成不可卸的连接，称为嵌件，附加给塑件一些特殊的功能。嵌件是塑件上的一部分，而活动镶块是构成模具的成型零件，二者在成型前都要装入模具，成型后连同塑件一起取出模具。脱模后镶块必须与塑件分离重新装入模具，嵌件是塑件的一部分，留在塑件中。二者模具结构基本相同，为了保证活动镶块和嵌件在注射成型过程中不发生位移，所以在设计这类模具时，应认真考虑活动镶块和嵌件的可靠、准确定位问题。

（5）角式注射机用注射模

角式注射机用注射模是一种特殊形式的注射模，又称直角式注射模。这类模具的结构特点是主流道、分流道开设在分型面上，而且主流道截面的形状一般为圆形或扁圆形，注射方向与合模方向垂直，特别适合于一模多腔、塑件尺寸较小的注射模具，模具结构如图 1-22 所示。开模时塑件包紧在型芯 10 上，与主流道凝料一起留在动模一侧，并向后移动，经过一定距离以后推出机构开始工作，推件板 11 将塑件从型芯 10 上推下。为防止注射机喷嘴与主流道端部的磨损和变形，主流道的端部一般镶有镶块 7。

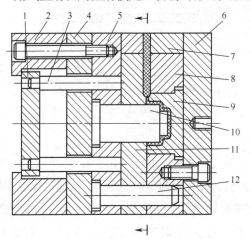

图1-22 角式注射机用注射模
1—推板 2—垫块 3—椎杆 4—支承板 5—型芯固定板
6—定模座板 7—镶块 8—定模板 9—凹模
10—型芯 11—推件板 12—导柱

（6）自动卸螺纹的注射模

对带有内、外螺纹的制品，当采用自动卸螺纹时，在模具结构设计时，应设置可转动的螺纹型芯和螺纹型环，利用注射机的往复运动或旋转运动，使专门的原动机件（如电机、液压马达等）传动装置与模具连接，开模后带动螺纹型芯或螺纹型环转动，使制品脱出。图1-23所示为直角式注射机上使用的自动卸螺纹注射模。螺纹型芯的旋转由注射机开合模的丝杆带动，使模具与制品分离。为了防止螺纹型芯与制品一起旋转，一般要求制品外形具有防转结构。图1-23所示是利用制品顶面的凸出图案来防止制品随螺纹型芯转动，以便制品与螺纹型芯分开。开模时，在分型面 $A—A$ 分开的同时，螺纹型芯7由注射机的开合模丝杆带动一边旋转，一边在塑件螺纹的作用下后退，使 $B—B$ 分型面分开，此时 $A—A$ 分型面分开的速度比 $B—B$ 分型面大，塑件留在凹模中不动。当定距螺钉4拉住支承板5时，继续开模，螺纹型芯一边转动，脱出剩下的几圈螺纹，一边跟随垫块6后退，将塑件从凹模中拉出。

（7）定模设置推出机构的注射模

有时因制品的特殊要求或受制品形状的限制，开模后制品将留在定模上（或有可能留在定模上），则应在定模一侧设置推出机构。开模时，由动模通过拉板或链条带动推出机构将制品推出。图1-24为塑料衣刷注射模，由于制品的特殊形状，开模后制品留在定模上。在定模一侧设置推件板7，开模时由设在动模一侧的拉板8带动推件板7，将制品从型芯11上强制脱下。

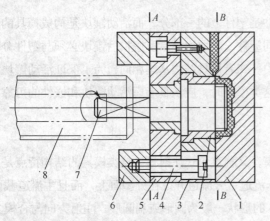

图1-23 自动卸螺纹的注射模
1—定模座板 2—衬套 3—动模板 4—定距螺钉
5—支承板 6—垫块 7—螺纹型芯
8—注射机合模螺杆

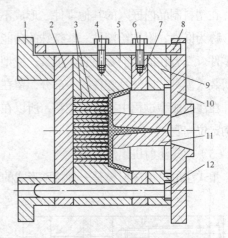

图1-24 定模一侧设推出机构的注射模
1—模脚 2—支承板 3—成型镶块 4、6—螺钉
5—动模板 7—推件板 8—拉板 9—定模板
10—定模座板 11—型芯 12—导柱

（8）热流道注射模

热流道注射模在每次注射成型后，只需取出制品，而流道的料不取出，让流道里的料始终处于一种熔融状态，实现了无废料加工，大大节约了塑料用量，并且有利于成型压力的传递，保证产品质量，缩短成型周期，提高了劳动生产率，同时容易实现自动化操作。图1-25为加热流道的注射模，塑料从注射机喷嘴21进入模具后，在流道中被加热保温，使其仍保持熔融状态，每一次注射完毕，在型腔内的塑件冷凝成型，取出塑件后又可继续注射。这种模具结构较复杂，造价高，模温控制要求严格，仅适用于大批量生产的场合。

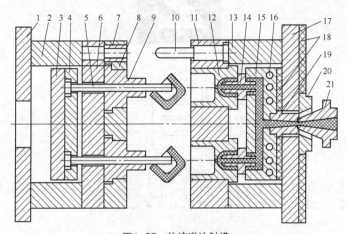

图1-25 热流道注射模

1—动模座板 2、13—垫块 3—推板 4—推杆固定板 5—推杆 6—支承板 7—导套
8—动模板 9—凸模 10—导柱 11—定模板 12—凹模 14—喷嘴
15—热流道板 16—加热器孔道 17—定模座板 18—绝热层
19—浇口套 20—定位圈 21—注射机喷嘴

三、任务实施

① 体验教学：在老师的带领下到具有代表性的塑料制品生产企业、塑料成型车间，了解塑料原料的形态、塑料成型生产过程及参观模具库，增加感性认识，为学习好本课程打好基础。

② 现场教学：教师讲解演示注射模具的安装、调试及成型生产过程，班级分组，15～20人一组。

1. 塑料有哪些主要使用性能？

2. 常用塑料如何分类？塑料的各组成成分各自有何功能？

3. 热塑性塑料和热固性塑料的主要区别是什么？

4. 聚合物在模内黏性流动会出现哪些现象，对成型和制品有何影响？

5. 塑料成型方式有哪几类？

6. 典型注射模具由哪些基本结构组成？绘制图1-18、图1-19模具结构图，并简述工作原理。

7. 在本校模具陈列室或拆装室选一副模具进行拆装，分析工作原理。

Chapter

2

项目二

| 塑料成型工艺设计 |

【能力目标】

1. 具有合理选择塑料种类和分析原料成型工艺性的能力。
2. 具有合理选择塑料成型方式的能力。
3. 会分析塑件结构工艺性，并能够按国标标注塑件尺寸公差。
4. 会初步判定所选择注射成型设备与模具的适应性。
5. 能正确确定塑件成型工艺参数，编制塑件成型工艺卡。

【知识目标】

1. 掌握塑料的概念，熟悉常用塑料代号、性能、用途。
2. 掌握模塑成型工作原理、成型工艺过程及特点。
3. 熟悉国标 GB/T 14486—2008 的使用方法，掌握塑件结构设计原则。
4. 了解温度、压力、时间对塑件质量的影响。
5. 掌握注射模具与成型设备的关系。

　　本项目以典型案例为载体，通过选择、分析塑料原料、确定塑料成型方式及工艺过程、分析塑件结构工艺性和确定塑件成型工艺参数等设计任务，完成相应塑料成型工艺设计内容和相关知识的学习。

任务一　选择与分析塑料原料

【能力目标】

1. 会分析并选择塑料种类。
2. 会分析给定塑料的使用性能和工艺性能。

【知识目标】

1. 掌握塑料的概念和常用塑料的基本性能。

2. 熟悉常用塑料代号、性能、用途。

一、任务引入

【案例1】　某企业大批量生产塑料灯座（如图 2-1 所示），要求灯座壳体透明，具有足够的强度和耐磨性能，外表面无瑕疵、美观、性能可靠，要求编制该塑件的工艺，并设计成型该塑件的模具。通过本任务，完成对塑件材料的选择及对材料使用性能和成型工艺性能的分析。

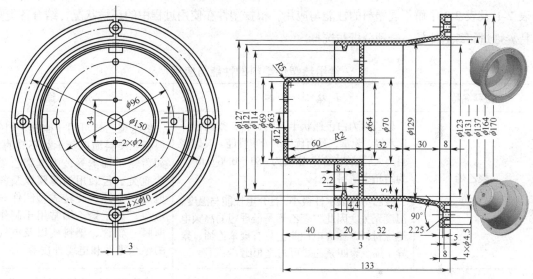

图2-1　灯座

　　塑料制件各式各样，由于使用要求的不同，对于塑料原料的要求也不同。不同的原料，其使用性能、成型工艺特性和应用范围也不同。塑料成型原料的选取要综合考虑多方面的因素，但首先要了解塑料制品的用途、使用过程中的环境状况，如温度高低，是否有化学介质，是否要求有电性能等；还需要了解制件材料的性能（塑料的组成、类型和特点），以及塑料的成型工艺特性（收缩率、流动性、结晶性、热敏性和水敏性、应力开裂和熔融破裂等）；在满足使用性能和成型工艺特性后，再考虑原材料的成本，成型加工难易程度与相应模具造价等。

　　本任务以灯座为载体，训练学生合理选择与分析塑料原料的能力。

二、相关知识

　　塑料的性能包括使用性能和工艺性能，塑料使用性能包括物理性能、化学性能和机械性能，如力学性能、电性能、耐化学腐蚀和耐热性能等。塑料的成型工艺性有很多，除了前面讨论过的热力学性能外，塑料的收缩性、流动性、结晶性、取向性、相容性、吸湿性及热稳定性等都属于它的成型工艺特性。

（一）塑料的使用性能及应用

塑料在使用过程中表现出很多实用性能，如塑料一般比较轻；大多数塑料具有良好的绝缘性，不少塑料即使在高压、高频条件下，也能用作电气绝缘和电容器介质材料；塑料还具有减震消音、减磨、耐磨和自润滑特性；不同塑料可以有完全不同的耐腐蚀能力，大多数塑料在一般的酸、碱、盐类介质中都具有良好的耐腐蚀性能；有些塑料还具有透光性，成型的塑料制件可以是透明或半透明的，甚至可以代替玻璃。此外，塑料还有很多其他的优良性能。生产中可以通过查阅相关资料或表 2-1 及表 2-2 了解不同塑料的性能与应用，根据塑件在使用过程中的环境状况，结合各类塑料的特异性进行综合比较，合理分析与选择。

表 2-1　　　　　　　　　　常用热塑性塑料的性能与应用

塑料名称	基 本 性 能	用 途
聚乙烯 （PE）	聚乙烯为白色蜡状半透明材料，柔而韧，比水轻，无毒，具有优越的介电性能。易燃烧且离火后继续燃烧。密度为 0.91～0.96g/cm³，为结晶型塑料。 聚乙烯的吸水性极小，且介电性能与温度、湿度无关。因此，聚乙烯是最理想的高频电绝缘材料，在介电性能上只有聚苯乙烯、聚异丁烯及聚四氟乙烯可与之相比	低压聚乙烯可用于制造塑料管、塑料板、塑料绳以及承载不高的零件，如齿轮、轴承等；中压聚乙烯可制造瓶类、包装用的薄膜以及各种注射成型制件、旋转成型制件与电线电缆；高压聚乙烯常用于制作塑料薄膜、软管、塑料瓶以及电气工业的绝缘零件和电缆外皮等
聚氯乙烯 （PVC）	聚氯乙烯树脂为白色或浅黄色粉末，形同面粉，造粒后为透明块状，类似明矾。 聚氯乙烯有较好的电气绝缘性能，可以用作低频绝缘材料，其化学稳定性也较好。由于聚氯乙烯的热稳定性较差，长时间加热会导致分解，放出氯化氢气体，使聚氯乙烯变色，所以其应用范围较窄，使用温度一般在 15℃～55℃	由于聚氯乙烯的化学稳定性高，所以可用于制作防腐管道、管件、输油管、离心泵和鼓风机等。聚氯乙烯的硬板在化学工业上广泛用于制造各种储槽的衬里、建筑物的瓦楞板、门窗结构、墙壁装饰物等建筑用材。由于电绝缘性能良好，可在电气、电子工业中用于制造插座、插头、开关和电缆。在日常生活中，用于制造凉鞋、雨衣、玩具和人造革等
聚丙烯 （PP）	聚丙烯无色、无味、无毒，密度仅为 0.90～0.91g/cm³。它不吸水，光泽好，易着色。 聚丙烯屈服强度、抗拉强度、抗压强度和硬度及弹性比聚乙烯好。聚丙烯熔点为 164℃～170℃，耐热性好，能在 100℃以上的温度下进行消毒灭菌。其低温使用温度达-15℃，低于-35℃时会脆裂。聚丙烯的高频绝缘性能好，绝缘性能不受湿度的影响，但在氧、热、光的作用下极易老化，所以必须加入抗老化剂	聚丙烯可用作各种机械零件，如法兰、接头、泵叶轮、汽车零件和自行车零件；可作为水、蒸气、各种酸碱等物质的输送管道，化工容器和其他设备的衬里、表面涂层；可制造盖和本体合一的箱壳、各种绝缘零件，并可用于医药工业中

续表

塑料名称	基 本 性 能	用 途
聚苯乙烯（PS）	聚苯乙烯无色、透明、有光泽、无毒、无味，密度为 1.054g/cm³。聚苯乙烯是目前最理想的高频绝缘材料，可以与熔融的石英相媲美。 它的化学稳定性良好，能耐碱、硫酸、磷酸、10%～30%的盐酸、稀醋酸及其他有机酸，但不耐硝酸及氧化剂的作用，对水、乙醇、汽油、植物油及各种盐溶液也有足够的抗腐蚀能力。它的耐热性低，只能在不高的温度下使用，质地硬而脆，制件由于内应力而易开裂。聚苯乙烯的透明性很好，透光率很高，光学性能仅次于有机玻璃。它的着色能力优良，能染成各种鲜艳的色彩	聚苯乙烯在工业上可用作仪表外壳、灯罩、化学仪器零件、透明模型等；在电气方面用作良好的绝缘材料、接线盒、电池盒等；在日用品方面广泛用于包装材料、各种容器、玩具等
丙烯腈—丁二烯—苯乙烯共聚物（ABS）	ABS 是丙烯腈、丁二烯、苯乙烯 3 种单体的共聚物，价格便宜，原料易得，是目前产量最大、应用最广的工程塑料之一。 ABS 无毒、无味，呈微黄色或白色的不透明粒料，成型的制件有较好的光泽，密度为 1.02～1.05g/cm³。 ABS 的热变形温度比聚苯乙烯、聚氯乙烯、尼龙等都高，尺寸稳定性较好，具有一定的化学稳定性和良好的介电性能，经过调色可配成任何颜色。其缺点是耐热性不高，连续工作温度为 70℃左右，热变形温度为 93℃左右。不透明、耐气候性差，在紫外线作用下易变硬发脆	ABS 在机械工业上用来制造齿轮、泵叶轮、轴承、把手、管道、电机外壳、仪表壳、仪表盘、水箱外壳、蓄电池槽、冷藏库和冰箱衬里等；汽车工业上用 ABS 制造汽车挡泥板、扶手、热空气调节导管、加热器等，还可用 ABS 夹层板制造小轿车车身；ABS 还可用来制造水表壳、纺织器材、电器零件、文教体育用品、玩具、电子琴及收录机壳体、食品包装容器、农药喷雾器及家具等
聚碳酸酯（PC）	聚碳酸酯为无色透明粒料，密度为 1.18～1.22g/cm³。PC 是一种性能优良的热塑性工程塑料，韧而刚，抗冲击性在热塑性塑料中名列前茅；成型零件可达到很好的尺寸精度，并在很宽的温度范围内保持其尺寸的稳定性；成型收缩率恒定为 0.5%～0.8%；抗蠕变、耐热、耐寒，脆化温度在-100℃以下，长期工作温度达 120℃；PC 吸水率较低，能在较宽的温度范围内保持较好的电性能。PC 是透明材料，可见光的透光率接近 90%。 其缺点是耐疲劳强度较差，成型后制件的内应力较大，容易开裂	在机械上主要用作各种齿轮、蜗轮、蜗杆、齿条、凸轮、轴承，各种外壳、盖板、容器、冷冻和冷却装置的零件等；在电气方面，用作电机零件、风扇部件、拨号盘、仪表壳、接线板等；还可制造照明灯、高温透镜、视孔镜、防护玻璃等光学零件

表 2-2   常用热固性塑料的性能与应用

塑 料 名 称	基 本 性 能	用 　 途
酚醛塑料（PF）	酚醛塑料是一种产量较大的热固性塑料，它是以酚醛树脂为基础而制得的。酚醛树脂本身很脆，呈琥珀玻璃态，必须加入各种纤维或粉末状填料后才能获得具有一定性能要求的酚醛塑料。酚醛塑料可分为 4 类：层压塑料、压塑料、纤维状压塑料、碎屑状压塑料。 　　酚醛塑料与一般热塑性塑料相比，刚度好，变形小，耐热、耐磨，能在 150℃～200℃ 温度范围内长期使用；在水润滑条件下，有极低的摩擦因数；其电绝缘性能优良。酚醛塑料的缺点是质脆，抗冲击强度差	酚醛层压塑料根据所用填料不同，有各种层压塑料。布质及玻璃布酚醛层压塑料有优良的力学性能、耐油性能和一定的介电性能，可用于制造齿轮、轴瓦、导向轮、无声齿轮、轴承及用于电工结构材料和电气绝缘材料；木质层压塑料适用于制作水润滑冷却下的轴承及齿轮等；石棉布层压塑料主要用于高温下工作的零件。 　　酚醛纤维状压塑料可以加热模压成各种复杂的机械零件和电器零件，具有优良的电气绝缘性能，耐热、耐水、耐磨，可制作各种线圈架、接线板、电动工具外壳、风扇叶、耐酸泵叶轮、齿轮和凸轮等
氨基塑料	1. 脲—甲醛（脲醛）（UF）。俗称电玉粉，纯净的脲—甲醛塑料无臭、无毒、无味，无色透明，着色性能特别优异。制件形同玉石，表面硬度较高，耐电弧性较好，能耐弱酸弱碱，但耐水性差。若用三聚氰胺代替一部分脲而得的脲—甲醛塑料，则耐水性和耐热性均有所提高。 　　2. 三聚氰胺（嘧胺）甲醛（MF）。又称嘧胺塑料，无毒、无味，制件外观可与瓷器媲美，硬度、耐热性、耐水性均比脲—甲醛塑料好，耐电弧性较好，耐酸碱，但价格较贵	脲—甲醛塑料通常用来制造电子绝缘零件，如插座、开关、旋钮等，它还可作为木材的黏结剂，制造胶合板。 　　三聚氰胺—甲醛塑料是制作塑料餐具和桌面装饰层压塑料板的主要材料，也广泛用于制造电子绝缘零件
环氧树脂（EP）	环氧树脂是含有环氧基的高分子化合物。分子链中固有的极性羟基和醚键的存在，使其对各种物质具有很高的黏附力。固化后的环氧树脂体系具有优良的力学性能、电性能和突出的尺寸稳定性和耐久性。 　　环氧树脂未固化之前，它是线形的热塑性树脂，只有在加入固化剂（如胺类或酸酐等化合物）交联成不熔的体形结构的高聚物之后，才有作为塑料的实用价值	环氧树脂可用作金属和非金属材料的黏合剂，用于封装各种电子元件，配以石英粉等能浇注各种模具，还可以作为各种产品的防腐涂料。环氧树脂种类繁多，应用广泛，有许多优良的性能，其最突出的特点是黏结能力很强，是人们熟悉的"万能胶"的主要成分。此外，环氧树脂还耐化学药品、耐热，电气绝缘性能良好，收缩率小，比酚醛塑料有更好的力学性能。其缺点是耐气候性差，耐冲击性低，质地脆

（二）塑料的工艺特性

　　塑料的工艺特性表现在许多方面，有的只与操作有关，有些特性直接影响成型方法和工艺参数的选择。下面分别讨论热塑性塑料与热固性塑料的工艺特性。

1. 热塑性塑料的工艺特性

（1）收缩性

在熔融状态下塑料经成型冷却后发生了体积收缩的现象称为塑料的收缩性。收缩性的大小以收缩率表示，即单位长度塑件收缩量的百分数。收缩率分为实际收缩率 S_a 和计算收缩率 S_j。

实际收缩率 S_a 则表示塑件在成型温度时的尺寸 a 与塑件在室温时的尺寸 b 之间的差别，实际收缩率表示塑料实际所发生的收缩，在大型、精密模具成型零件尺寸计算时常采用实际收缩率 S_a；而计算收缩率 S_j 表示室温时模具尺寸 c 与塑件尺寸 b 的差别。在普通中、小型模具成型零件尺寸计算时，计算收缩率与实际收缩率相差很小，常采用计算收缩率。

一般塑料收缩性的大小常用实际收缩率 S_a 和计算收缩率 S_j 来表示：

$$S_a = \frac{a-b}{b} \times 100\%$$

$$S_j = \frac{c-b}{b} \times 100\%$$

式中：a——模具型腔在成型温度时的尺寸；

　　　b——塑料制品在常温时的尺寸；

　　　c——塑料模具型腔在常温时的尺寸。

塑件收缩的形式除由于热胀冷缩、塑件脱模时的弹性恢复、塑性变形等原因产生的尺寸收缩外，还有按塑件形状、料流方向及成型工艺参数的不同产生的收缩。另外，塑件脱模后残余应力的缓慢释放和必要的后处理工艺也会使塑件产生后收缩。影响塑件成型收缩的因素主要有以下几点。

① 塑料品种。不同塑料的收缩率不同。同种塑料由于树脂的相对分子质量、填料及配方比等不同，收缩率及各向异性也不同。例如，树脂的相对分子质量高，填料为有机物，树脂含量较多的塑料收缩率就大。

② 塑件结构。塑件的形状、尺寸、壁厚、有无嵌件、嵌件数量及其分布对收缩率大小的影响也很大。形状复杂、壁薄、有嵌件、嵌件数量多的塑件的收缩率就小。

③ 模具结构。模具的分型面、浇口形式、尺寸及其分布等因素直接影响料流方向、密度分布、保压补缩作用及成型时间，从而影响收缩率。采用直接浇口和大截面的浇口，可缩小收缩；反之，当浇口厚度较小时，浇口部分会过早凝结，型腔内塑料收缩后得不到及时补充，收缩较大。

④ 成型工艺条件。模具温度高，熔料冷却慢，则密度大，收缩大。对于结晶型塑料，结晶度高，体积变化大，故收缩更大；模温分布与塑件内外冷却及密度均匀性直接影响到各部位收缩量的大小及方向性，料温高则收缩大、方向性小。另外，成型压力及保压时间对收缩也有较大影响，压力高、时间长则收缩小、方向性大。因此在成型时调整模温、压力、注射速度及冷却时间等因素都可适当改变塑件收缩情况。

表 2-3 列出常见塑料的收缩率。

表 2-3　　　　　　　　　　　　常见塑料的收缩率

塑 料 名 称	收缩率（%）	塑 料 名 称	收缩率（%）
聚乙烯（低密度）	1.5～3.5	聚氯乙烯（硬质）	0.6～1.5
聚乙烯（高密度）	1.5～3.0	聚氯乙烯（半硬质）	0.6～2.5
聚丙烯	1.0～2.5	聚氯乙烯（软质）	1.5～3.0
聚乙烯（玻璃纤维增强）	0.4～0.8	聚苯乙烯（通用）	0.6～0.8
聚苯乙烯（耐热）	0.2～0.8	醋酸丁酸纤维素	0.2～0.5
聚苯乙烯（增韧）	0.3～0.6	丙酸纤维素	0.2～0.5
ABS（抗冲）	0.3～0.8	聚丙烯酸酯类塑料（通用）	0.2～0.9
ABS（耐热）	0.3～0.8	聚丙烯酸酯类塑料（改性）	0.5～0.7
ABS（30%玻璃纤维增强）	0.3～0.6	聚乙烯醋酸乙烯	1.0～3.0
聚甲醛	1.2～3.0	氟塑料 F—4	1.0～1.5
聚碳酸酯	0.5～0.8	氟塑料 F—3	1.0～2.5
聚砜	0.5～0.7	氟塑料 F—2	2
聚砜（玻璃纤维增强）	0.4～0.7	氟塑料 F—46	2.0～5.0
聚苯醚	0.7～1.0	酚醛塑料（木粉填料）	0.5～0.9
改性聚苯醚	0.5～0.7	酚醛塑料（石棉填料）	0.2～0.7
氯化聚醚	0.4～0.8	酚醛塑料（云母填料）	0.1～0.5
尼龙 6	0.8～2.5	酚醛塑料（棉纤维填料）	0.3～0.7
尼龙 6（30%玻璃纤维）	0.35～0.45	酚醛塑料（玻璃纤维填料）	0.05～0.2
尼龙 9	1.5～2.5	脲醛塑料（纸浆填料）	0.6～1.3
尼龙 11	1.2～1.5	脲醛塑料（木粉填料）	0.7～1.2
尼龙 66	1.5～2.2	三聚氰胺甲醛（纸浆填料）	0.5～0.7
尼龙 66（30%玻璃纤维）	0.4～0.55	三聚氰胺甲醛（矿物填料）	0.4～0.7
尼龙 610	1.2～2.0	聚邻苯二甲酸二丙烯酯（石棉填料）	0.28
尼龙 610（30%玻璃纤维）	0.35～0.45	聚邻苯二甲酸二丙烯酯（玻璃纤维填料）	0.42
尼龙 1010	0.5～4.0	聚间苯二甲酸二丙烯酯（玻璃纤维填料）	0.3～0.4
醋酸纤维素	1.0～1.5		

（2）流动性

塑料的流动性是指在成型过程中，塑料熔体在一定的温度与压力作用下充填模腔的能力。塑料流动性的好坏直接影响成型工艺参数的选取及模具结构的设计，如成型温度、压力、周期、模具浇注系统的尺寸及其他结构参数等。在决定零件大小与壁厚时，也要考虑流动性的影响。

流动性主要取决于分子组成、相对分子质量大小及其结构。只有线形分子结构而没有或很少有交联结构的聚合物流动性好，而体形结构的高分子一般不产生流动。聚合物中加入填料会降低树脂的流动性，加入增塑剂、润滑剂可以提高流动性。流动性差的塑料，在注射成型时不易充填模腔，易产生缺料，在塑料熔体的汇合处不能很好地熔接而产生熔接痕。这些缺陷甚至会导致零件报废。反之，若材料流动性太好，注射时容易产生流涎、溢料等现象。因此，成型过程中应适当选择与控制材料的流动性，以获得满意的塑料制件。

热塑性塑料的流动性可以用熔融指数、阿基米德螺旋线流动长度实验值来衡量（具体测定方法查阅相关资料），根据流动性的好坏将塑料分为 3 类，即流动性好的，如聚乙烯、聚丙烯、聚苯乙烯、醋酸纤维素等；流动性中等的，如改性聚苯乙烯、ABS、AS、有机玻璃（聚甲基丙烯酸甲酯）、聚甲醛、氯化聚醚等；流动性差的，如聚碳酸酯、硬聚氯乙烯、聚苯醚、聚砜、氟塑料等。

流动性与原料成型温度、压力有关，但敏感程度不同。如聚苯乙烯、聚丙烯、聚酰胺、有机玻璃、ABS、AS、聚碳酸酯、醋酸纤维等塑料的流动性随温度变化的影响较大；而聚乙烯、聚甲醛的流动性受温度变化的影响较小，而对注射压力尤为敏感。

浇注系统的形式、尺寸、布置，模具结构（如型腔表面粗糙度、浇道截面厚度、型腔形式、排气系统、冷却系统）的设计及熔料的流动阻力等因素都直接影响塑料熔体的流动性。总之，凡促使熔料温度降低、流动阻力增加的，流动性就会降低。

（3）相容性

相容性俗称为共混性，是指两种或两种以上不同品种的塑料，在熔融状态不产生相互分离现象的能力。如果两种塑料不相容，则混熔时制件会出现分层、脱皮等表面缺陷。不同塑料的相容性与其分子结构有一定关系，分子结构相似者较易相容，例如，高压聚乙烯、低压聚乙烯、聚丙烯彼此之间的混熔等。分子结构不同时较难相容，例如，聚乙烯和聚苯乙烯之间较难相容。

通过塑料的这一性质，可以得到类似共聚物的综合性能，是改进塑料性能的重要途径之一，例如，聚碳酸酯和 ABS 塑料相容，就能改善聚碳酸酯的工艺性。

（4）结晶性

从高温向低温转变时，由无规则排列逐渐转化为有规则紧密排列的过程称为结晶。热塑性塑料按其冷凝时是否结晶可划分为结晶型塑料与非结晶型（又称无定形）塑料两大类。结晶对塑料性能产生很大影响，因此在模具设计及选择注塑机时应注意对结晶型塑料有下列要求并应具有以下现象。

① 料温上升到成型温度所需的热量多，要用塑化能力大的设备。

② 冷却时放出热量大，要充分冷却。

③ 熔融态与固态的比重差大，成型收缩大，易发生缩孔、气孔。

④ 冷却快，结晶度低，收缩小，透明度高。结晶度与塑件壁厚有关，壁厚则冷却慢，结晶度高，收缩大，使用性能好。所以结晶型塑料应按要求必须控制模温。

⑤ 各向异性显著，内应力大。脱模后未结晶的分子有继续结晶化倾向，处于能量不平衡状态，易发生变形、翘曲。

⑥ 结晶温度范围宽，易发生未熔料注入模具或堵塞进料口。

（5）吸湿性

吸湿性是指塑料对水分的亲疏程度。据此塑料大致可以分为两类，一类是具有吸湿或黏附水分

倾向的塑料，例如，聚酰胺、聚碳酸酯、ABS、聚苯醚、聚砜等；另一类是吸湿或粘附水分极小的材料，如聚乙烯、聚丙烯等。

具有吸湿或黏附水分的塑料，当水分含量超过一定的限度时，由于在成型加工过程中，水分在成型机械的高温料筒中变成气体，促使塑料高温水解，导致塑料降解，使成型后的塑件出现气泡、银丝与斑纹等缺陷。因此，吸水性塑料在加工成型前，一般都要经过干燥，使水分含量在允许值以下，并要在加工过程中继续保温，以免重新吸潮。

（6）取向性

在成型过程中，聚合物分子链或纤维填料顺着流动方向（应力方向）作平行排列的现象称为取向。宏观上取向一般分为流动取向和拉伸取向两种类型。流动取向是在切应力作用下沿着熔体流动方向形成的；而拉伸取向是由拉应力引起的，取向方位与应力作用方向一致。

聚合物取向的结果是导致高分子材料的力学性质、光学性质以及热性能等方面发生了显著的变化。取向后聚合物会呈现明显的各向异性，即在取向方位力学性能显著提高，而垂直于取向方位的力学性能明显下降。同时，冲击强度、断裂伸长率等也发生相应的变化。随着取向度的提高，塑件的玻璃化温度上升，线收缩率增加。线膨胀系数也随着取向度而发生变化，一般在垂直于流动方向上的线膨胀系数比取向方向上大3倍左右。

由于取向会使塑件产生明显的各向异性，也会对塑件带来不利影响，使塑件产生翘曲变形，甚至在垂直于取向方向产生裂纹等，因此对于结构复杂的塑件，一般应尽量使塑件中聚合物分子的取向现象减至最少。

（7）降解

降解是指聚合物在某些特定条件下发生的大分子链断裂及相对分子质量降低的现象。导致这些变化的条件有高聚物受热、受力、氧化，或水、光及核辐射、杂质等条件的作用。按照聚合物产生降解的不同条件可把降解分为很多种，主要有热降解、水降解、氧化降解、应力降解等。

轻度降解会使聚合物变色；进一步降解会使聚合物分解出低分子物质，使制品出现气泡和流纹现象，削弱制品各项物理、力学性能；严重的降解会使聚合物焦化变黑并产生大量分解物质。生产中应根据产生降解的原因采取相应措施以减少或消除降解。

（8）热敏性

某些热稳定性差的塑料，在高温下受热时间较长、浇口截面过小或剪切作用大时，料温增高就易发生变色、降解、分解的倾向，塑料的这种特性称为热敏性，如硬聚氯乙烯、聚偏氯乙烯、聚甲醛、聚三氟氯乙烯等就具有热敏性。

热敏性塑料在分解时产生单体、气体、固体等副产物，分解产物有时对人体、设备、模具等有刺激、腐蚀作用或毒性，有的分解物往往又是促使塑料分解的催化剂（如聚氯乙烯的分解物为氯化氢）。为防止热敏性塑料在成型过程中出现过热分解现象，可采取在塑料中加入稳定剂、合理选择设备、合理控制成型温度和成型周期、及时清理设备中的分解物等措施。另外，还可采取对模具表面进行镀层处理，合理设计模具的浇注系统等措施。

（9）应力开裂

脆性材料如聚苯乙烯、聚碳酸酯、聚砜等成型后容易在塑件中形成残余应力，在外力或在溶剂作用下容易产生开裂。生产时可在塑料中加入增强材料，以提高塑件的抗裂性；对物料进行干燥处理并选择合适的工艺条件；对塑件进行热处理以消除残余应力；必要时还可以注明塑件使用要求，禁止与某些溶剂接触。

2．热固性塑料的工艺特性

与热塑性塑料相比，热固性塑料制件尺寸稳定性好、耐热性好、刚性大，在工程上应用十分广泛。热固性塑料的主要工艺特性指标有收缩率、流动性、硬化速度、水分与挥发物含量等。

（1）收缩率

热固性塑料也具有因成型加工而引起的尺寸减小，计算方法和影响因素与热塑性塑料收缩率基本相同。

影响热固性塑料收缩率的因素有原材料、模具结构或成型方法及成型工艺条件等。塑料中树脂和填料的种类及含量，直接影响收缩率的大小。当在固化反应中树脂放出的低分子挥发物较多时，收缩率较大，反之收缩率小。在同类塑料中，填料含量多时收缩率小，无机填料比有机填料所得的塑件收缩小。

凡有利于提高成型压力、增大塑料充模流动性、使塑件密实的模具结构，均能减小制件的收缩率，用压缩或压注成型的塑件比注射成型的塑件收缩率小；凡能使塑件密实，成型前使低分子挥发物溢出的工艺因素，都能减小制件收缩，例如，成型前对酚醛塑料的预热、加压等可降低制件收缩率。

（2）流动性

流动性的意义与热塑性塑料流动性相同，但热固性塑料的流动性通常用拉西格实验测定（具体见相关资料）。

热固性塑料的流动性除了与塑料自身性质有关外，还与成型工艺、模具结构和表面粗糙度等有关。

热固性塑料的成型过程不但发生物理变化，还伴有化学变化，成型过程中对热固性塑料原料进行加热融化，使之具有流动性，在压力作用下产生流动，充入模腔获得所需的形状。模腔中熔体在一定温度、压力下发生交联反应，使原有的大分子线形结构转变为体形结构，体形结构的聚合物大分子结构很难流动，宏观上表现为热固性塑料一旦成型固化，便随之失去流动性能。

（3）比容和压缩率

比容和压缩率都表示粉状或短纤维状塑料的松散性。单位质量的松散塑料所占的体积称为比容（cm^3/g），压缩率是指松散塑料原料的体积与塑件的体积之比，其值恒大于1。

可用比容和压缩率来确定模具加料室的大小。比容和压缩率较大，模具加料室尺寸较大，使模具体积增大，操作不便，浪费钢材，不利于加热；同时，使塑料内充气增多，排气困难，成型周期变长，生产率降低。比容和压缩率小，使压锭和压缩、压注容易，压锭质量也较准确。但是，比容太小，则影响塑料的松散性，以容积法装料时造成塑件质量不准确。

（4）交联与硬化

　　热固性塑料在进行成型加工时，在交联剂作用下，其线形分子结构能够向三维体形结构发展，并逐渐形成巨型网状的三维体形结构，这种化学变化称为交联反应。

　　热固性塑料经过适当地交联后，聚合物的强度、耐热性、化学稳定性、尺寸稳定性均能有所提高。一般来讲，不同热固性聚合物，它们的交联反应过程也不同，但交联的速度随温度升高而加快，最终的交联度与交联反应的时间有关。当交联度未达到最适宜的程度时，即产品"欠熟"时，产品质量会大大降低。这将会使产品的强度、耐热性、化学稳定性和绝缘性等指标下降，热膨胀、后收缩、残余应力增大，塑件的表面光泽程度降低，甚至可能导致翘曲变形。但交联度太大，超过了最佳的交联程度，即产品"过熟"，塑件的质量也会受到很大的影响，可能出现强度降低、脆性加大、变色、表面质量降低等现象。为了使产品能够达到一个最适宜的交联度，常从原材料的各种配比及成型工艺条件的控制等方面入手，确定最佳原料配比及最佳生产条件，以求生产出的产品能够满足用户需求。

　　在工业生产中，"交联"通常也被"硬化"代替。但值得注意的是，"硬化"不等于"交联"，工业上说的"硬化得好"或"硬化得完全"并不是指交联的程度高，而是指交联程度达到一种最适宜的程度，这时塑件各种力学性能达到了最佳状态。交联的程度称为交联度。通常情况下，聚合物的交联反应是很难完全的，因此交联度不会达到 100%。但硬化程度可以大于 100%，生产中一般将硬化程度大于 100% 称为"过熟"，反之称为"欠熟"。

　　热固性塑料树脂分子完成交联反应，由线形结构变成体形结构的过程称为硬化。硬化速度通常以塑料试样硬化 1mm 厚度所需的秒数来表示，此值越小，硬化速度就越快。

　　影响硬化速度的因素有塑料品种、塑件形状、壁厚、成型温度及是否预热、预压等。通常，采用压锭、预热、提高成型温度、增长加压时间等，都能显著加快硬化速度。另外，硬化速度还必须与成型方法的要求相匹配，如压注或注射成型时要求在塑化、填充时化学反应慢，硬化慢，以保持长时间的流动状态，但当充满型腔后，应在高温、高压下快速硬化。硬化速度慢的塑料，会使成型周期变长，生产率降低；硬化速度快的塑料，则不能成型大型复杂的塑件。

　　（5）水分与挥发物含量

　　塑料中的水分及挥发物来自两个方面，其一是塑料在制造中未能全部排除水分，或在储存、运输过程中，由于包装或运输条件不当而吸收水分；其二是来自压缩或压注过程中化学反应的副产物。

　　塑料中水分及挥发物的含量，在很大程度上直接影响塑件的物理、力学和介电性能。塑料中水分及挥发物的含量大，在成型时产生内压，促使气泡产生或以内应力的形式暂存于塑料中，一旦压力除去后便会使塑件发生变形，降低其机械强度。

　　压制时，由于温度和压力的作用，大多数水分及挥发物逸出，残留的气体挥发物会使塑件的组织疏松；同时，挥发物气体逸出时，会割裂塑件，使塑件产生龟裂，机械强度和介电性能降低。过多的水分及挥发物含量，使塑料流动性过大，容易溢料，成型周期长，收缩率增大，塑件容易发生翘曲、波纹及光泽不好等现象。反之，塑料中水分及挥发物的含量不足，会导致流动性不良，成型困难，不利于压锭。

　　水分及挥发物在成型时变成气体，必须排出模外，有的气体对模具有腐蚀作用，对人体也有刺激作用。为此，在模具设计时应对这种特征有所了解，并采取相应措施。

表 2-4 列出常见塑料的成型工艺特性。

塑料名称	成型工艺特性
聚乙烯（PE）	流动性好，溢边值 0.02mm；收缩大，容易发生歪、翘、斜等变形；需要冷却时间长，成型效率不太高；模具温度对收缩率影响很大，缺乏稳定性；塑件上有浅侧凹，也能强行脱模
聚丙烯（PP）	流动性好，溢边值 0.03mm；容易发生翘曲变形，塑件应避免尖角、缺口；模具温度对收缩率影响大，冷却时间长；尺寸稳定性好
聚苯乙烯（PS）	流动性好，溢边值 0.03mm；塑件易产生内应力，顶出力应均匀，塑件需要后处理，宜用高料温、高模温、低压注射成型
聚氯乙烯（PVC）	热稳定性差，应严格控制塑料成型温度；流动性差，模具流道的阻力应小；塑料对模具有腐蚀作用，模具型腔表面应进行处理（镀铬）
PMMA	流动性中等偏差，宜用高压注射成型；不要混入影响透明度的异物，防止树脂分解，要控制料温、模温；模具流道的阻力应小，塑件尽可能有大的脱模斜度
ABS	吸湿性强，原料要干燥；流动性中等，宜用高料温、高模温、高压注射成型；溢边值 0.04mm；尺寸稳定性好；塑件尽可能有大的脱模斜度
AS	流动性好，成型效率高；成型部位容易产生裂纹，模具应选择适当的脱模方式，塑件应避免侧凹结构；不易产生溢料
尼龙（PA）	吸湿性强，原料要干燥；流动性好，溢边值 0.02mm；收缩大，要控制料温、模温，特别注意控制喷嘴温度；在型腔和主流道上易出现粘模现象
聚甲醛（POM）	热稳定性差，应严格控制塑料成型温度；流动性中等，流动性对压力敏感，溢边值 0.04mm；模具要加热，要控制模温
聚碳酸酯（PC）	熔融温度高，需要高料温、高压注射成型；塑件易产生内应力，原料要干燥，顶出力应均匀，塑件需要后处理；流动性差，模具流道的阻力应小，模具要加热
聚苯醚（PPO）	流动性差，对温度敏感，冷却固化速度快，成型收缩小；宜用高速、高压注射成型；模具流道的阻力应小，模具要加热，要控制模温
聚砜（PSF）	流动性差，对温度敏感，凝固速度快，成型收缩小；成型温度高，宜用高压注射成型；模具流道的阻力应小，模具要加热，要控制模温
酚醛塑料（PF）	适用于压塑成型，部分适用于传递成型，个别适用于注射成型；原料应预热、排气；模温对流动性影响大，160℃时流动性迅速下降；硬化速度慢，硬化时放出热量大
氨基塑料	适用于压塑成型、传递成型；原料应预热、排气；模温对流动性影响大，要严格控制温度；硬化速度快，装料、合模和加压速度要求快
环氧树脂（EP）	适用于浇注成型、传递成型、封装电子元件；流动性好，收缩小；硬化速度快，装料、合模和加压速度要快；原料应预热，一般不需排气

表 2-4   常见塑料的成型工艺特性

三、任务实施

（一）选择制件材料

灯座为电器类零件，需大批量生产，根据产品的性能要求，查表 2-1、表 2-2 及模具设计资料对多种塑料的性能与应用进行综合比较，材料品种可选择聚碳酸酯（PC）。

（二）分析制件材料使用性能

通过相关知识的学习，对 PC 的成型工艺性能有一定的了解。查表 2-4 及相关塑料模具设计资料或网络（如百度百科 htpp://baike.baidu.com/view/392107.html）可得如下材料。

聚碳酸酯（PC）属热塑性非结晶型塑料，为无色透明粒料，密度为 1.18～1.22g/cm³。

聚碳酸酯（PC）是一种性能优良的热塑性工程塑料，韧而刚，抗冲击性在热塑性塑料中名列前茅。成型零件可达到很好的尺寸精度并在很宽的温度范围内保持其尺寸的稳定性；成型收缩率恒定为 0.5%～0.8%；抗蠕变、耐热、耐寒；脆化温度在-100℃以下，长期工作温度小于130℃，（热变形温度）。聚碳酸酯吸水率较低，能在较宽的温度范围内保持较好的电性能。聚碳酸酯是透明材料，可见光的透光率接近 90%。

其缺点是耐疲劳强度较差，成型后制件的内应力较大，容易开裂；耐磨性差，用于易磨损用途的聚碳酸酯器件需要对表面进行特殊处理；不耐碱、酮、胺、酯及芳烃等溶剂；水敏性强（含水量不得超过 0.02%），且吸水后会降解。用玻璃纤维增强则可克服上述缺点，使聚碳酸酯具有更好的力学性能和尺寸稳定性以及更小的成型收缩率，并可提高耐热性，降低成本。

（三）分析塑料工艺性能

① 熔融温度高且熔体黏度大。由于聚碳酸酯熔融温度高（超过 330℃时才严重分解），熔体黏度大，流动性差（溢边值为 0.06mm）。

② 熔体黏度对温度十分敏感，冷却速度快，一般用提高温度的方法来增加熔融塑料的流动性。模具温度一般控制在 70℃～120℃为宜。模具应采用耐磨钢制造，并经淬火处理。

③ 水敏性强。聚碳酸酯虽然吸水率较低，但在高温时对水分比较敏感，加工前必须进行干燥处理，否则会出现银丝、气泡及强度显著下降现象。最好采用真空干燥法。

④ 易产生应力集中，故应严格控制成型条件，制件成型后应经退火处理，以消除内应力。制件壁不宜厚，避免有尖角、缺口和金属嵌件造成应力集中，脱模斜度宜取 2°。

将聚碳酸酯（PC）的性能特点归类可得表 2-5 的内容。

表 2-5　　　　　　　　　　　　　　原材料聚碳酸酯（PC）分析

塑料品种	结构特点	使用温度	化学稳定性	性能特点	成型特点
聚碳酸酯（PC）属于热塑性塑料	线形结构，非结晶型材料，透明	工作温度小于130℃，耐寒性好，脆化温度为-100℃	有一定的化学稳定性，不耐碱、酮、酯等	透光率较高，介电性能好，吸水性小，但水敏性强（含水量不得超过0.02%），且吸水后会降解，力学性能很好，抗冲击抗蠕变性能突出，但耐磨性较差	熔融温度高（超过330℃严重分解），但熔体黏度大；流动性差（溢边值为0.06mm）；流动性对温度变化敏感，冷却速度快；成型收缩率小；易产生应力集中
结论	① 熔融温度高且熔体黏度大，模具温度一般在70℃～120℃为宜，模具应用耐磨钢，并淬火。 ② 水敏性强，加工前必须进行干燥处理，否则会出现银丝、气泡及强度显著下降等现象。 ③ 易产生应力集中，严格控制成型条件，塑件成型后退火处理，消除内应力；塑件壁不宜厚，避免有尖角、缺口和金属嵌件造成应力集中，脱模斜度宜取 2°				

灯座制件为日常生活用品，要求具有一定的强度和耐磨性能，中等精度，外表面无瑕疵、美观、性能可靠。采用 PC 材料，产品的使用性能基本能满足要求，但在成型时，要注意选择合理的成型工艺，对原料充分干燥，采用较高的温度和压力。

四、项目拓展——塑料材料的简易分辨法

交给设计人员的设计依据有很多种方式，但主要不外乎两种，一种是塑件图样，另一种是塑件（习惯称之为样件）。对于前者，根据表 2-1、表 2-2 及相应资料确定塑料品种。要注意图样的技术要求，有些图样明确给出浇口位置和形式、推出位置和方式，这些在模具设计时必须遵循。对于后者，可采用不同的塑料材料鉴别方法判定材料种类，经验性的塑料鉴别方法也有很多，其中最常用的方法有 3 种，即外观鉴别法、密度鉴别法和燃烧特性鉴别法。表 2-6 列出运用燃烧和气味判定塑料材料类别的简易分辨法。

另外，样件上也有许多设计信息，设计者应仔细观察，提取有用的设计信息，避免在设计上走弯路（能够生产出样件的模具必有其成功之处），这些信息包括分型面的位置、浇口的位置和形式、推出形式或推杆位置等。

表 2-6　　　　　　　　用燃烧和气味判定塑料材料的简易分辨法

方法 种类	燃烧的 难易	离开火焰 燃烧情况	火焰颜色	燃烧后 的状态	气味	成型品的特征
PMMA	易	不熄灭	浅蓝色，上端为白光	熔融起泡，软化	有花果、蔬菜等臭味	制品像玻璃般透明，但硬度低，紫外光照射发紫光，可弯曲
PS	易	不熄灭	橙黄色火焰，冒浓黑烟，空气飞沫	软化起泡	芳香气味	敲击时有金属性的声音，大多为透明成型品，薄膜似玻璃般透明，揉搓声更大
PA	慢慢燃烧	缓慢自熄	整体蓝色，上端黄色	熔融落滴并起泡	有羊毛和指甲烧焦味	有弹性，原料坚硬角质，制品表面有光泽，紫外光照射发紫白荧光
PVC	软制品易燃，硬制品难燃	熄灭	上端黄色，底部绿色，冒白烟	软化可拉丝	有刺激性盐酸、氯气味	软质者类似橡胶，可调整各种硬度，外观为微黄色透明状产品，有一定光泽，膜透明并呈微蓝色背景
PP	易	不熄灭	上端黄色，底部蓝色，有少量黑烟	熔融落滴，快速完全烧掉	特殊味（柴油味）	乳白色，外观似 PE，但比 PE 硬，膜透明好、揉搓有声
PE	易	不熄灭	上端黄色，底部蓝色，无烟	熔融落下	石油臭味（石蜡气味）	制品乳白色、有似蜡状手感，膜半透明
ABS	易	不熄灭	黄色，冒黑烟	软化无滴落	有烧焦气味	浅象牙色，表面光泽、坚硬

续表

方法种类	燃烧的难易	离开火焰燃烧情况	火焰颜色	燃烧后的状态	气味	成型品的特征
PSF	易	熄灭	略白色火焰	微膨胀破裂	硫磺味	硬且声脆
PC	慢慢燃烧	缓慢自熄	黄色,冒黑烟,空中有飞沫	熔融起泡	花果臭味	微黄色透明制品,呈硬而韧状态
POM	易	缓慢自熄	上端黄色,底部蓝色	熔融落滴	有甲醛气味和鱼腥味	表面光滑、有光泽,制品硬并有质密感
氟塑料	不燃烧	—	—			外观似蜡状,不亲水,光滑,手搯出划痕
饱和聚酯	易	—	中心黄色,边缘蓝色,有黑烟和飞沫	熔融落滴,并可拉丝	芳香气味	膜、片透明
PF	慢慢燃烧	熄灭	黄色	膨胀破裂、颜色变深	碳酸臭味、酚味	黑色或褐色
UF	难	熄灭	黄色,尾端青绿	膨胀破裂、白化	尿素味、甲醛味	颜色大多比较漂亮
MF	难	熄灭	淡黄色	膨胀破裂、白化	尿素味、胺味、甲醛味	表面很硬
UP	易	不熄灭	黄色黑烟	微膨胀破裂	苯乙烯气味	成品大多以玻璃纤维增强

注：表中"—"代表不存在。

选择与分析塑料原料是模具设计的第一步，模具设计者要熟悉所要生产的塑件。首先要对设计依据—产品图进行必要的检查，检查投影、公差等信息是否表达清楚，技术要求是否合理；了解塑件的使用状态和用途，找出直接影响塑件质量与应用的形状和相应的功能尺寸，明确表面质量的要求。应该考虑到塑件设计者并不一定是制模专家，有时对塑件本身性能毫无影响的外形尺寸，在模具制造、装配时，由于特定夹具的限制就转化为一个关键尺寸，而这点塑件设计者往往会忽略。

对塑件所用材料的成型特性要有一定的了解，主要包括流动性如何、结晶性如何、有无应力开裂及熔融破裂的可能；是否属于热敏性，注射成型过程中有无腐蚀性气体逸出；热性能如何，对模具温度有无特殊要求，对浇注系统、浇口形式有无选择限制等。除此之外，随着塑件尺寸精度要求越来越高，收缩率的选取对模具成败已成为一个重要因素。在确定塑件图和成型材料时，必须明确哪一方面将承担选择收缩率的责任。现在普遍的做法是由用户来选定材料和确定收缩率。由于目前的塑料牌号繁多，同一种类、不同牌号的塑料在收缩率上也略有差别，因而在选定材料时，切忌只定种类不定牌号的做法。

1. 列举日常生活中常用塑料制品的名称，根据使用性能要求合理选择塑料种类，并注明塑料牌号，简述该塑料的特点和确定依据。

2. 影响制件收缩的因素有哪些？

3. 热塑性塑料、热固性塑料的成型工艺性各包括哪些？

4. 网上查找 ABS 塑料的性能及应用范围。

5. 试分析如图 2-2 所示电流线圈架制件所选用阻燃型纤维增强聚丙烯材料（PP）的使用性能和成型工艺性能。

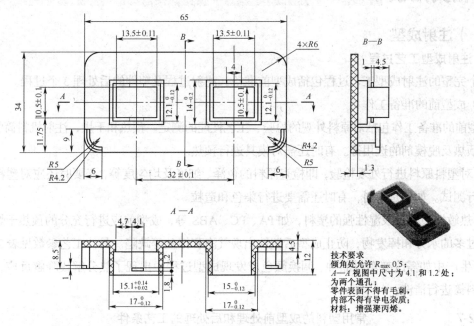

技术要求
倾角处允许 R_{max} 0.5；
A—A 视图中尺寸为 4.1 和 1.2 处；
为两个通孔；
零件表面不得有毛刺，
内部不得有导电杂质；
材料：增强聚丙烯。

图2-2　电流线圈架零件图

任务二　确定塑料成型方式及工艺过程

【能力目标】

1. 具有合理选择塑料成型方式的初步能力。

2. 具有编制塑料制品成型工艺规程的能力。

【知识目标】

1. 掌握模塑成型工作原理、成型工艺过程及特点。

2. 了解其他各类塑料成型工作原理、成型工艺过程及特点。

一、任务引入

塑料制品成型方式有很多，确定塑料制品成型方式应考虑所选择塑料的种类、制品生产批量、模具成本及不同成型方式的特点、应用范围。然后根据塑料的成型工艺特点，不同成型方式的工艺过程确定所生产制品的成型工艺过程。

本任务以如图 2-1 所示灯座塑件为载体，训练学生合理确定该塑件的成型方式及成型工艺过程。

二、相关知识

（一）注射成型

1. 注射成型工艺过程

一个完整的注射成型工艺过程包括成型前准备、注射过程及塑件的后处理 3 个过程。

（1）成型前的准备工作

成型前的准备工作包括对原料外观的检验、工艺性能的测定、预热和干燥、注射机料筒的清洗、嵌件的预热及脱模剂的选用等。有时还需对模具进行预热。

① 对塑料原料进行外观检验，即检查原料的色泽、细度及均匀度等，必要时还应对塑料的工艺性能进行测试。如果是粉料，有时还需要进行染色和造粒。

② 热敏性塑料及吸湿性强的塑料，如 PA、PC、ABS 等，成型前应进行充分的预热干燥，除去物料中过多的水分和挥发物，防止成型后塑件出现气泡和银丝等缺陷。具体工艺参数见表 2-7。

③ 生产中如需改变塑料品种、调换颜色或发现成型过程中出现了热分解或降解反应，则应对注射机料筒进行清洗。

表 2-7　　　　　　　　常用塑料的成型前处理和后处理的工艺条件

部分塑料成型前允许的含水量					
材料名称	允许含水量（%）	材料名称	允许含水量（%）	材料名称	允许含水量（%）
PA-6	0.10	聚乙烯	0.05	ABS（通用级）	0.10
PA-66	0.10	聚丙烯	0.05	ABS（电镀级）	0.05
PA-9	0.05	聚碳酸酯	0.10～0.02	聚苯乙烯	0.10
PA-11	0.10	聚苯醚	0.10	聚四氟乙烯	0.06
PA-610	0.05	硬聚氯乙烯	0.08～0.10	聚砜	0.05
PA-1010	0.05	软聚氯乙烯	0.08～0.10	纤维素塑料	0.02～0.05
聚甲基丙烯酸甲酯	0.05	聚对苯二甲酸乙二醇酯	0.05～0.10	高冲击强度聚苯乙烯	0.10

续表

部分塑料在空气循环干燥箱中的干燥工艺条件					
塑料	温度（℃）	时间（h）	塑料	温度（℃）	时间（h）
软聚氯乙烯	70～80	3～4	聚苯醚	95～110	2～4
硬聚氯乙烯	70～80	3～4	聚甲醛	110	2
聚碳酸酯	110～120	6～8	聚对苯二甲酸乙二醇酯	130	3～4
ABS	85～95	4～5	聚对苯二甲酸丁二醇酯	110～120	3～4
聚枫	120～140	3～4	聚甲基丙烯酸甲酯	90～95	6～87

部分塑料在料斗中的干燥工艺条件					
塑料	温度（℃）	时间（h）	塑料	温度（℃）	时间（h）
聚乙烯	70～80	1	聚碳酸酯	100～120	2～3
聚氯乙烯	65～75	1	聚甲基丙烯酸甲酯	70～85	2
聚苯乙烯	70～80	1	ABS	70～85	2
聚丙烯	70～80	1	AS	70～85	2
纤维素塑料	70～90	2～3	高冲击强度聚苯乙烯	70～80	1
聚酰胺	90～100	2.5～3.5			

常用塑料的退火条件				
塑料	处理介质	温度（℃）	制品厚度（mm）	处理时间（min）
尼龙	油	130	12	15
ABS	空气或水	80～100	1	16～20
PC	空气或油	125～130	1	30～40
PE	水	100	>6	60
PP	空气	150	<6	15～30
PS	空气或水	60～70	<6	30～60
PSU	空气或水	160	<6	60～180

④ 对于有嵌件的塑料制件，由于金属与塑料的收缩率不同，嵌件周围的塑料容易出现收缩应力和裂纹，因此，成型前可对嵌件进行预热。

⑤ 为了使塑料制件容易从模具内脱出，有时还需要为模具型腔或模具型芯涂上脱膜剂，常用的脱模剂有硬脂酸锌、液体石蜡和硅油等。

（2）注射过程

注射过程一般包括加料、塑化、充模、保压补缩、冷却定型和脱模等步骤，流程分解图如图 2-3 所示（以螺杆式注射机为例）。

① 加料。将粒状或粉状塑料加入到注射机的料斗中。

② 塑化。对料筒中塑料进行加热，使其由固体颗粒转变成熔融状态并具有良好的可塑性，

这一过程称为塑化。由于螺杆的旋转，原料由料斗落入料筒，受料筒的传热和螺杆对塑料的剪切摩擦热作用而逐渐熔融塑化，同时熔料被螺杆压实并推向料筒前端。当螺杆头部的塑料熔体压力达到设定的塑化压力时，螺杆在转动的同时缓慢地向后移动，料筒前端的熔体逐渐增多，当退到预定位置时，螺杆即停止转动和后退，完成塑化，如图2-3（a）所示。

③ 充模。塑化好的熔体在注射压力作用下，经喷嘴和模具的浇注系统高速注射入模具型腔的过程称为充模，如图2-3（b）所示。

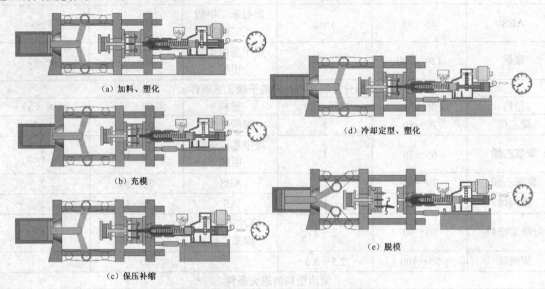

（a）加料、塑化

（b）充模

（c）保压补缩

（d）冷却定型、塑化

（e）脱模

图2-3　螺杆式注射机成型工艺流程分解图

④ 保压补缩。在模具中熔体冷却收缩时，保压压力迫使螺杆推动料筒中的熔料不断补充到模具中以补偿其体积的收缩，保持型腔中熔体压力不变，从而成型出形状完整、质地致密的塑件，这一阶段称为保压，如图2-3（c）所示。

保压还有防止倒流的作用。保压结束后，为了给下次注射准备塑化熔料，注射机螺杆后退，料筒前段压力较低。此时若浇口未冻结，由于型腔内的压力比浇注系统流道内的压力高，导致熔体倒流，造成浇口附近材料收缩、变形严重、质地疏松、内应力增大；同时浇口附近材料往往最后凝固，难以补缩，因而浇口附近往往是塑件上质量最薄弱的区域。一般保压时间较长，通常保压结束时浇口已经封闭，从而可以防止倒流。

⑤ 冷却定型。塑件在模内的冷却过程是指从浇口处的塑料熔体完全冻结时起到塑件从模腔内推出为止的全部过程。模具内的塑料在这一阶段内主要是进行冷却、凝固、定型，以使制件在脱模时具有足够的强度和刚度（热变形温度以下）而不致发生破坏及变形，如图2-3（d）所示。

⑥ 脱模。塑件冷却到一定的温度即可开模，在推出机构的作用下将塑件推出模外，如图2-3（e）所示。

注射成型工艺过程如图2-4所示。

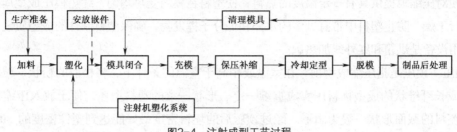

图2-4　注射成型工艺过程

（3）塑件后处理

塑件后处理包括退火处理和调湿处理。

退火处理是指将塑件在一定温度的加热液体介质（如热水、热的矿物油、甘油、乙二醇或液体石蜡等）或热空气循环烘箱中静置一段时间，然后缓慢冷却。其目的是减少塑件内部产生的内应力，这在生产厚壁或带有金属嵌件的塑件时尤为重要。

调湿处理是指将刚脱模的塑件放在热水中，隔绝空气，防止塑件氧化，加快吸湿平衡速度。其目的是使塑件的颜色、性能以及尺寸稳定。主要用于吸湿性很强又容易氧化的聚酰胺类塑料。

表2-7中列出几种常用塑料的成型前处理和后处理的工艺条件。

2．注射成型的特点及应用

注射成型是热塑性塑料成型的一种主要方法。它能一次成型形状复杂、尺寸精确高、带有金属或非金属嵌件的塑件。注射成型的成型周期短、生产率高、易实现自动化生产。到目前为止，除氟塑料以外，几乎所有的热塑性塑料都可以用注射成型的方法成型，一些流动性好的热固性塑料也可用注射方法成型。注射成型在塑料制件成型中占有很大比例，半数以上塑件是注射成型生产的。

（二）压缩成型

1．压缩成型工艺过程

压缩成型模具工作原理如图1-15所示，压缩成型工艺过程包括压缩成型前的准备、压缩成型和压后处理等。流程分解图如图2-5所示。

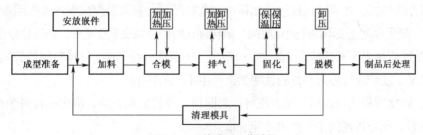

图2-5　压缩成型工艺过程

（1）压塑成型前的准备

热固性塑料比较容易吸湿，储存时易受潮，所以在对塑料进行加工前应对其进行预热和干燥处理。又由于热固性塑料的比容比较大，因此，为了使成型过程顺利进行，有时要先对塑料进行预压处理。

① 预热与干燥。在成型前，应对热固性塑料进行加热。加热的目的有两个，一是对塑料进行

预热，以便对压缩模提供具有一定温度的热料，使塑料在模内受热均匀，缩短模压成型周期；二是对塑料进行干燥，防止塑料中带有过多的水分和低分子挥发物，确保塑料制件的成型质量。预热与干燥的常用设备是烘箱和红外线加热炉。

② 预压。预压是指压缩成型前，在室温或稍高于室温的条件下，将松散的粉状、粒状、碎屑状、片状或长纤维状的成型物料压实成重量一定、形状一致的塑料型坯，便于放入压缩模加料室内。预压坯料的截面形状一般为圆形。经过预压后的坯料密度最好能达到塑件密度的 80%左右，以保证坯料有一定的强度。是否要预压视塑料原材料的组分及加料要求而定。

（2）压缩成型过程

模具装上压力机后要进行预热。若塑料制件带有嵌件，加料前应将热嵌件放入模具型腔内一起预热。热固性塑料的压缩过程一般可分为加料、合模、排气、固化和脱模等几个阶段。

① 加料。加料是在模具型腔中加入已预热的定量物料，这是压缩成型生产的重要环节。加料是否准确直接影响到塑件的密度和尺寸精度。常用的加料方法有质量法、容积法和记数法。质量法需用衡器称量物料的质量，然后加入到模具内，采用该方法可以准确地控制加料量，但操作不方便；容积法是使具有一定容积或带有容积标度的容器向模具内加料，这种方法操作简便，但加料量的控制不够准确；记数法只适用于预压坯料。

② 合模。加料完成后进行合模，压力机使模具内成型零部件闭合成与塑件形状一致的模腔。当凸模尚未接触物料之前，应尽量使闭模速度加快，以缩短模塑周期并防止塑料过早固化和过多降解。而在凸模接触物料以后，合模速度应放慢，以避免模具中嵌件和成型杆件的位移和损坏，同时也有利于空气的顺利排放。合模时间一般为几秒至几十秒不等。

③ 排气。压缩热固性塑料时，成型物料在模腔中会放出相当数量的水蒸气、低分子挥发物以及在交联反应和体积收缩时产生的气体，因此，模具合模后有时还需卸压以排出模腔中的气体。排气不但可以缩短固化时间，而且还有利于提高塑件的性能和表面质量。排气的次数和时间应按需要而定，通常为 1～3 次，每次时间为 3～20s。

④ 固化。压缩成型热固性塑料时，塑料进行交联反应固化定型的过程称为固化或硬化。硬化程度直接影响塑件的性能，热固性塑料的硬化程度与塑料品种、模具温度成型压力等因素有关。当这些因素一定时，硬化程度主要取决于硬化时间。最佳硬化时间应以交联度适中，即硬化程度达到 100%（塑件各种力学性能达到了最佳状态）为准，一般由 30s 至数分钟不等。具体时间的长短需由实验或试模的方法确定，过长或过短对塑件的性能都会产生不利的影响。

⑤ 脱模。固化过程完成以后，压力机将卸载回程，并将模具开启，推出机构将塑件推出模外。带有侧向型芯时，须先将侧向型芯抽出才能脱模。

在大批量生产中为了缩短成型周期，提高生产效率，也可在制件硬化程度小于 100%的情况下进行脱模，但此时必须注意制件应有足够的强度和刚度，保证在脱模过程中不发生变形和损坏。对于硬化程度不足而提前脱模的塑件，必须将它们集中起来进行后处理。

（3）压后处理

塑件脱模以后的后处理主要是指退火处理，主要作用是消除应力，提高稳定性，减少塑件的变形与开裂，进一步交联固化，可以提高塑件电性能和力学性能。

2．压缩成型特点及应用

热固性塑料压缩成型与注射成型相比，其优点是可以使用普通压力机进行生产；压缩模没有浇注系统，结构比较简单；塑件内取向组织少，取向程度低，性能比较均匀，成型收缩率小等。利用压缩方法还可以生产一些带有碎屑状、片状或长纤维状填充料，流动性很差的塑料制件和面积很大、厚度较小的大型扁平塑料制件。压缩成型的缺点是成型周期长，生产环境差，生产操作多用手工而不易实现自动化，因此劳动强度大；塑件经常带有溢料飞边，高度方向的尺寸精度不易控制；模具易磨损，因此使用寿命较短。

压缩成型既可成型热固性塑件，也可以成型热塑性塑件，如日用仪表壳、电闸、电器开关、插座等。用压缩模成型热塑性塑件时，模具必须交替地进行加热和冷却，才能使塑料塑化和固化，所以成型周期长，生产效率低，因此，它仅适用于成型光学性能要求高的有机玻璃镜片，不宜高温注射成型的硝酸纤维汽车驾驶盘以及一些流动性很差的热塑性塑料。

（三）压注成型

1．压注成型工艺过程

压注成型模具工作原理如图1-16所示，压注成型工艺过程和压缩成型基本相同，它们的主要区别在于压缩成型过程是先加料后闭模，而压注成型则要求先闭模后加料。压注成型工艺过程如图2-6所示。

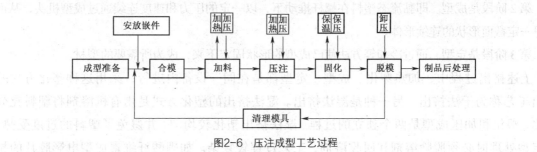

图2-6 压注成型工艺过程

2．压注成型特点及应用

压注成型与压缩成型有许多共同之处，两者的加工对象都是热固性塑料，但是压注成型与压缩成型相比又具有以下的特点。

① 成型周期短、生产效率高。塑料在加料室首先加热塑化，成型时塑料再以高速通过浇注系统注入型腔，塑化的塑料与高温的浇注系统相接触，使塑料温度进一步提高；同时熔料在通过浇注系统的窄小部位时受摩擦热作用最终也使温度升高，有利于塑料制件在型腔内迅速硬化，缩短了硬化时间，压注成型的硬化时间短，仅相当于压缩成型的1/5～1/3。

② 塑件的尺寸精度高、表面质量好。由于塑料受热均匀，交联硬化充分，改善了塑件的力学性能，使塑件的强度、电性能都得以提高。塑件高度方向的尺寸精度较高，且飞边很薄。

③ 可以成型带有较细小嵌件、较深的侧孔及较复杂的塑件。由于塑料是以熔融状态压入型腔的，因此对细长型芯、嵌件等产生的侧向弯曲力比压缩模小。

④ 消耗原材料较多。由于浇注系统凝料的存在，并且为了传递压力需要，压注成型后总

会有一部分余料留在加料室内，因此使原料消耗增多，小型塑件尤为突出。因此压注模具适宜多型腔结构。

⑤ 压注成型收缩率比压缩成型大。一般酚醛塑料压缩成型收缩率为0.8%左右，但压注时为0.9%～1%。而且，由于物料在压力作用下定向流动收缩率具有方向性，因此影响塑件的精度，而对于用粉状填料填充的塑件则影响不大。

⑥ 压注模的结构比压缩模复杂，工艺条件要求严格。由于压注时熔料是通过浇注系统进入模具型腔成型的，因此，压注模的结构比压缩模复杂，工艺条件要求严格，特别是成型压力较高，比压缩成型的压力要大得多，而且操作比较麻烦，制造成本也大，因此，只有用压缩成型无法达到要求时才采用压注成型。

压注成型适用于形状复杂、带有较多嵌件的热固性塑料制件的成型。

（四）挤出成型

1. 挤出成型工艺过程

挤出成型工艺过程一般分为3个阶段。

第1阶段是固态塑料的塑化。即通过挤出机加热器的加热和螺杆、料筒对塑料的混合、剪切作用所产生的摩擦热使固态塑料变成均匀的黏流态塑料。

第2阶段是成型。即黏流态塑料在螺杆推动下，以一定的压力和速度连续通过成型机头，从而获得一定截面形状的连续形体。

第3阶段是定型。通过冷却等方法使已成型的形状固定下来，成为所需要的型材。

上述挤出过程中，加热塑化、成型、定型都是在同一设备内进行，采用这种塑化方式的挤出工艺称为干法挤出，另一种是湿法挤出。湿法挤出的塑化方式是用有机溶剂将塑料充分塑化，塑化和加压成型是两个独立的过程。湿法挤出塑化较均匀，并避免了塑料的过度受热，但定型处理时必须脱除溶剂和回收溶剂，工艺过程较复杂。如硝酸纤维素成型电影胶片的挤出工艺。

现以管材成型为例介绍热塑性塑料的干法塑化挤出成型工艺过程，如图2-7所示。

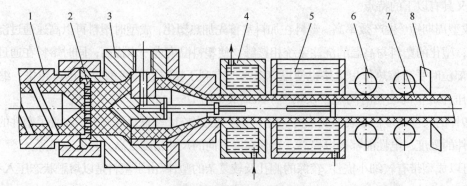

图2-7 挤出成型工艺过程

1—挤出机料筒 2—过滤板 3—机头 4—定型装置 5—冷却装置
6—牵引装置 7—塑料管 8—切割装置

① 原材料的准备。挤出成型的材料大部分是粒状塑料，粉状用得比较少，物料都会吸收一定的水分，所以在成型前必须进行干燥处理，将原材料的水分控制在允许值（查表 2-7）以下。原料的干燥一般在烘箱或烘房中进行。此外，在准备阶段还要尽可能去除塑料中存在的杂质。

② 挤出成型。将挤出机预热到规定温度后，启动电动机带动螺杆旋转输送物料，同时向挤出机料筒 1 中加入塑料。料筒中的塑料在外加热和摩擦剪切热作用下熔融塑化，由于螺杆旋转时对塑料不断推挤，迫使塑料经过过滤板 2 上的过滤网，由机头 3 成型为一定口模形状的连续型材。

③ 定型冷却。热塑性塑件在离开机头 3（口模）后，应立即进行定型和冷却，否则，塑件在自身重力作用下会变形，出现凹陷或扭曲现象。一般定型和冷却都是同时进行的。只有在挤出各种棒料或管材时，才有一个独立的定型过程，而挤出薄膜、单丝等无需定型，仅通过冷却即可。挤出板材与片材，有时还需经过一对压辊压平，也有定型和冷却的作用。冷却一般采用空气冷却或水冷却，冷却速度对塑件性能有很大的影响。硬质塑件不能冷却过快，否则容易造成残余内应力，会影响到塑件的外观质量。软质或结晶型塑件要求及时冷却，以免塑件变形。

④ 塑件的牵引、卷曲和切割。塑件自口模挤出后，一般会因压力突然解除而发生离模膨胀现象，而冷却后又会发生收缩现象，从而使塑件的尺寸和形状发生变化。由于塑件被连续挤出，自重越来越大，如果不加以引导，会造成塑件停滞，使塑件不能顺利挤出。所以在冷却的同时，要连续、均匀地将塑件引出，这就是牵引。牵引过程由挤出机的辅机——牵引装置完成。牵引速度要与挤出速度相适应。

2. 挤出成型特点及应用

① 连续成型产量大、生产率高、成本低、经济效益显著。

② 塑件的几何形状简单，横截面形状不变，所以模具结构也较简单，制造维修方便。

③ 塑件内部组织均衡紧密，尺寸稳定准确。

④ 适应性强，除氟塑料外，所有的热塑性塑料都可采用挤出成型，部分热固性塑料也可采用挤出成型。变更机头口模，产品的截面形状和尺寸可相应改变，这样就能生产出各种不同规格的塑料型材。

⑤ 投资少、收效快。挤出工艺所用设备结构简单，操作方便，应用广泛。挤出成型是塑料型材的重要成型方法之一，在塑件的成型生产中占有重要的地位。大部分热塑性塑料都能用以挤出成型，成型的塑件均为具有恒定截面形状的连续型材。管材、棒材、板材、薄膜、电线电缆和异形截面型材等可以采用挤出成型方法成型。还可以用挤出方法进行混合、塑化、造粒和着色等。

（五）气动成型

气动成型是借助压缩空气或抽真空的方法来成型塑料瓶、罐、盒、箱类塑件，主要包括中空吹塑成型、真空成型及压缩空气成型。

① 中空成型。中空成型又称为吹塑成型，是制造管筒形中空制件的方法。成型时，先用挤出

机挤出或注射机注射出管筒形状型坯，采用保温或加热的措施使型坯处于高弹性状态，然后将其放入吹塑模具内，向坯料内吹入压缩空气，使中空的坯料均匀膨胀直到紧贴模具内壁，冷却定型后开启模具则可获得具有一定形状和尺寸的中空吹塑制品。中空成型通常用于成型瓶、桶、球、壶类的热塑性塑料制件。

② 真空成型。真空成型是将加热的塑料片材与模具型腔表面所构成的封闭空腔内抽真空，使片材在大气压力下发生塑性变形而紧贴于模具型面上成为塑料制件的成型方法。

③ 压缩空气成型。压缩空气成型是利用压缩空气作为动力，使加热软化的塑料片材发生塑性变形并紧贴在模具型面上成为塑料制件的成型方法。有时，可同时采用真空和压缩空气成型，生产大深度的形状复杂的塑件。由于真空成型和压缩空气成型是使用已成型的片材生产塑料制件，因此属于塑料制品的二次加工。

由于气动成型是利用气体的动力作用代替部分模具的成型零件（凸模或凹模）成型塑件的一种方法，与注射、压缩、压注成型相比，气动成型压力低，因此对模具材料要求不高，模具结构简单、成本低、寿命长。采用气动成型方法成型，利用较简单的成型设备就可获得大尺寸的塑料制件，其生产费用低、生产效率较高，是一种比较经济的成型方法。

三、任务实施

（一）灯座塑件成型方式的选择

根据本项目任务一，灯座塑件选择 PC 工程塑料，属于热塑性塑料，制品需要大批量生产。虽然注射成型模具结构较为复杂，成本较高，但生产周期短、效率高，容易实现自动化生产，大批量生产时模具成本对于单件制品成本影响不大。而压缩成型、压注成型主要用于生产热固性塑件和小批量生产热塑性塑件；挤出成型主要用以成型具有恒定截面形状的连续型材；气动成型用于生产中空的塑料瓶、罐、盒、箱类塑件。所以图 2-1 所示灯座塑件应选择注射成型生产。

（二）灯座成型工艺规程

一个完整的注射成型工艺过程包括成型前准备、注射过程及塑件后处理 3 个过程。

1. 成型前准备

① 对 PC 原料进行外观检验。检查原料的色泽、粒度均匀度等，要求色泽均匀、颗粒均匀。

② 生产开始如需改变塑料品种、调换颜色，或发现成型过程中出现了热分解或降解反应，则应对注射机料筒进行清洗。

③ PC 水敏性强，加工前必须干燥处理。查本书表 2-7，可知 PC 塑料干燥条件为 110℃～120℃，6～8 h。除去物料中过多的水分和挥发物，防止成型后塑件出现银丝、气泡等现象。

④ 为了使塑料制件容易从模具内脱出，模具型腔或模具型芯还需涂上脱膜剂，根据生产现场实

际条件选用硬脂酸锌、液体石蜡或硅油等。

2．注射过程

注射过程一般包括加料、塑化、充模、保压补缩、冷却定型和脱模等步骤。

具体成型工艺参数见表2-25。

3．塑件后处理

聚碳酸酯（PC）易产生应力集中，查表2-7及相关设计资料，采用烘箱退火，把产品放入红外线烘箱里，把烘箱温度调节到 125℃～130℃，退火时间 60～120min（按平均壁厚 3mm查表2-7）。

 经退火的产品拿出后要摆平让它自然冷却，不可以采取用冷水速冷的方法。

1．列举日常生活中常用塑料制品，并根据塑料种类、塑件结构等初步确定成型方式、成型工艺过程，并简述成型原理。

2．试比较常用塑料成型方式的特点。

3．注射成型工艺过程包括哪些?

4．制件的后处理是指什么? 后处理有何作用?

5．连续作业：试分析说明图2-2所示电流线圈架制件成型工艺过程。

 **分析塑件结构工艺性**

【能力目标】

1．具有合理确定塑件精度，并按国标标注塑件尺寸公差的能力。

2．会分析塑件结构工艺性。

3．初步具有根据塑件结构工艺性优化塑件结构的能力。

【知识目标】

1．熟悉塑件尺寸公差国标的使用方法及相关规定。

2．掌握塑件结构设计原则。

3．了解塑件局部结构设计的规则。

一、任务引入

【案例2】　某企业大批量生产电流线圈架（如图2-2所示），分析该塑件的尺寸精度及结构工艺性。

塑件的结构工艺性能是指塑件成型生产时对模具结构、成型工艺的适应程度。塑件结构工艺性能合理，既可使成型工艺性能稳定，保证塑件的质量，提高生产率，又可以使模具结构简单，降低模具设计和制造成本。因此在设计塑件时应充分考虑其结构工艺性能。

通过本任务的学习，对塑件的结构工艺性能有充分的认识，进而分析前面任务中案例1（灯座，如图2-1所示）塑件和电流线圈架（如图2-2所示）的结构工艺性能是否合理。

二、相关知识

（一）塑件的尺寸、精度及表面质量

1. 塑件尺寸

塑件尺寸的大小主要取决于塑料品种的流动性。在一定的设备和工艺条件下，流动性好的塑料可以成型较大尺寸的塑件；反之，成型出的塑件尺寸较小。另外，塑件外形尺寸还受成型设备的限制。从模具制造成本和成型工艺条件出发，在满足塑件使用要求的前提下，应将塑件设计得尽量结构紧凑，尺寸小巧一些。

2. 塑件精度

塑件的尺寸精度是指所获得的塑件尺寸与产品图中设计尺寸的吻合程度，即所获塑件尺寸的准确度。为降低模具制造成本和便于模具生产制造，在满足塑件使用要求的前提下，应尽量把塑件尺寸精度设计得低一些。

塑料模塑件尺寸公差国家标准GB/T 14486—2008。根据收缩率的变动，每种塑料分3种精度（见表2-8），即高精度、一般精度、未注尺寸公差精度3种。表中未列出塑料可根据制品成型后的尺寸稳定性参考选择等级。

塑件尺寸公差的代号为MT，塑件公差等级共分为7级（见表2-9），每一级又可分为A、B两部分，其中A为不受模具活动部分影响尺寸（指模具中由同一个模具零件所成型的尺寸，如由整体型腔成型制件的径向尺寸）的公差，B为受模具活动部分影响尺寸的公差（指由相对位置可发生变化的两个或更多模具零件共同成型的尺寸，例如，壁厚和底厚尺寸，受嵌件或滑块位置影响的尺寸）。

表2-8　常用塑料模塑件尺寸公差等级的选用（摘自GB/T 14486—2008）

材料代号	塑料材料	公差等级		未标注公差尺寸
		标注公差尺寸		
		高精度	一般精度	
ABS	丙烯腈—丁二烯—苯乙烯共聚物	MT2	MT3	MT5
CA	乙酸纤维素	MT3	MT4	MT6

续表

材料代号	塑料材料		公差等级		
			标注公差尺寸		未标注公差尺寸
			高精度	一般精度	
EP	环氧树脂		MT2	MT3	MT5
PA	尼龙类塑料	无填料填充	MT3	MT4	MT6
		30%玻璃纤维填充	MT2	MT3	MT5
PBT	聚对苯二甲酸丁二酯	无填料填充	MT3	MT4	MT6
		30%玻璃纤维填充	MT2	MT3	MT5
PC	聚碳酸酯		MT2	MT3	MT5
PDAP	聚对苯二甲酸二烯丙酯		MT2	MT3	MT5
PEEK	聚醚醚酮		MT2	MT3	MT5
PE—HD	高密度聚乙烯		MT4	MT5	MT7
PE—LD	低密度聚乙烯		MT5	MT6	MT7
PESU	聚醚砜		MT2	MT3	MT5
PET	聚对苯二甲酸二乙酯	无填料填充	MT3	MT4	MT6
		30%玻璃纤维填充	MT2	MT3	MT5
PF	酚醛塑料	无机填料填充	MT2	MT3	MT5
		有机填料填充	MT3	MT4	MT6
POM	聚甲醛	≤150mm	MT3	MT4	MT6
		>150mm	MT4	MT5	MT7
PMMA	聚甲基丙烯酸甲酯		MT2	MT3	MT5
PP	聚丙烯	无填料填充	MT3	MT4	MT6
		30%无机填料填充	MT2	MT3	MT5
PPE	聚苯醚 聚亚苯醚		MT2	MT3	MT5
PPS	聚苯硫醚		MT2	MT3	MT5
PS	聚苯乙烯		MT2	MT3	MT5
PSU	聚砜		MT2	MT3	MT5
PUR—P	热塑性聚氨酯		MT4	MT5	MT7
PVC—P	软质聚氯乙烯		MT5	MT6	MT7
PVC—U	硬质聚氯乙烯		MT2	MT3	MT5
SAN	（丙乙烯—苯乙烯）共聚物		MT2	MT3	MT5
UF	脲—甲醛树脂	有机填料填充	MT2	MT3	MT5
		无机填料填充	MT3	MT4	MT6
UP	不饱和酯		MT2	MT3	MT5

表 2-9　模塑件尺寸公差表（摘自 GB/T14486—2008）　　　　　　（mm）

标注公差的尺寸允许公差

公差等级	公差种类大类	0~3	3~6	6~10	10~14	14~18	18~24	24~30	30~40	40~50	50~65	65~80	80~100	100~120	120~140	140~160	160~180	180~200	200~225	225~250	250~280	280~315	315~355	355~400	400~450	450~500	500~630	630~800	800~1000
1	A	0.07	0.08	0.09	0.10	0.11	0.12	0.14	0.16	0.18	0.20	0.23	0.26	0.29	0.32	0.36	0.40	0.44	0.48	0.52	0.56	0.60	0.64	0.70	0.78	0.86	0.97	1.16	1.39
1	B	0.14	0.16	0.18	0.20	0.21	0.22	0.24	0.26	0.28	0.30	0.33	0.36	0.39	0.42	0.46	0.50	0.54	0.58	0.62	0.66	0.70	0.74	0.80	0.88	0.96	1.07	1.26	1.49
2	A	0.10	0.12	0.14	0.16	0.18	0.20	0.22	0.24	0.26	0.30	0.34	0.38	0.42	0.46	0.50	0.54	0.60	0.66	0.70	0.76	0.84	0.92	1.00	1.10	1.20	1.40	1.70	2.10
2	B	0.20	0.22	0.24	0.26	0.28	0.30	0.32	0.34	0.36	0.40	0.44	0.48	0.52	0.56	0.60	0.64	0.70	0.76	0.82	0.86	0.94	1.02	1.10	1.20	1.30	1.50	1.80	2.20
3	A	0.12	0.14	0.16	0.18	0.20	0.24	0.28	0.32	0.36	0.40	0.46	0.52	0.58	0.64	0.70	0.78	0.86	0.92	1.00	1.10	1.20	1.30	1.44	1.60	1.74	2.00	2.40	3.00
3	B	0.32	0.34	0.36	0.38	0.40	0.44	0.48	0.52	0.56	0.60	0.66	0.72	0.78	0.84	0.90	0.98	1.06	1.12	1.20	1.30	1.40	1.50	1.64	1.80	1.94	2.20	2.60	3.20
4	A	0.16	0.18	0.24	0.28	0.32	0.36	0.42	0.48	0.56	0.64	0.72	0.84	0.92	1.02	1.12	1.24	1.36	1.48	1.62	1.80	2.00	2.20	2.40	2.60	2.80	3.10	3.80	4.60
4	B	0.36	0.38	0.44	0.48	0.52	0.56	0.62	0.68	0.76	0.84	0.92	1.04	1.12	1.22	1.32	1.44	1.56	1.68	1.82	2.00	2.20	2.40	2.60	2.80	3.00	3.30	4.00	4.80
5	A	0.20	0.24	0.28	0.32	0.38	0.44	0.50	0.56	0.64	0.74	0.86	1.00	1.14	1.28	1.44	1.60	1.76	1.92	2.10	2.30	2.50	2.80	3.10	3.50	3.90	4.50	5.60	6.90
5	B	0.40	0.44	0.48	0.52	0.58	0.64	0.70	0.76	0.84	0.94	1.06	1.20	1.34	1.48	1.64	1.80	1.96	2.12	2.30	2.50	2.70	3.00	3.30	3.70	4.10	4.70	5.80	7.10
6	A	0.26	0.32	0.38	0.46	0.54	0.62	0.70	0.80	0.94	1.14	1.34	1.48	1.72	1.92	2.20	2.40	2.60	2.90	3.20	3.50	3.80	4.30	4.70	5.30	6.00	6.90	8.50	10.60
6	B	0.46	0.52	0.58	0.66	0.74	0.82	0.90	1.00	1.14	1.34	1.54	1.68	1.92	2.12	2.40	2.60	2.80	3.10	3.40	3.70	4.00	4.50	4.90	5.50	6.20	7.10	8.70	10.80
7	A	0.38	0.48	0.58	0.68	0.78	0.88	1.00	1.14	1.32	1.54	1.80	2.10	2.40	2.70	3.00	3.40	3.70	4.10	4.50	4.90	5.40	6.00	6.70	7.40	8.20	9.60	11.90	14.80
7	B	0.58	0.68	0.78	0.88	0.98	1.08	1.20	1.34	1.52	1.74	2.00	2.30	2.60	2.90	3.20	3.60	3.90	4.30	4.70	5.10	5.60	6.20	6.90	7.60	8.40	9.80	12.10	15.00

未注公差的尺寸允许公差

公差等级	公差种类大类	0~3	3~6	6~10	10~14	14~18	18~24	24~30	30~40	40~50	50~65	65~80	80~100	100~120	120~140	140~160	160~180	180~200	200~225	225~250	250~280	280~315	315~355	355~400	400~450	450~500	500~630	630~800	800~1000
5	A	±0.10	±0.12	±0.14	±0.16	±0.19	±0.22	±0.25	±0.28	±0.32	±0.37	±0.43	±0.50	±0.57	±0.64	±0.72	±0.80	±0.88	±0.96	±1.05	±1.15	±1.25	±1.40	±1.55	±1.75	±1.95	±2.25	±2.80	±3.45
5	B	±0.20	±0.22	±0.24	±0.26	±0.29	±0.32	±0.35	±0.38	±0.42	±0.47	±0.53	±0.60	±0.67	±0.74	±0.82	±0.90	±0.98	±1.06	±1.15	±1.25	±1.35	±1.50	±1.65	±1.85	±2.05	±2.35	±2.90	±3.55
6	A	±0.13	±0.16	±0.19	±0.23	±0.27	±0.31	±0.35	±0.40	±0.47	±0.57	±0.67	±0.74	±0.86	±0.96	±1.10	±1.20	±1.30	±1.45	±1.60	±1.75	±1.90	±2.15	±2.35	±2.65	±3.00	±3.45	±4.25	±5.30
6	B	±0.23	±0.26	±0.29	±0.33	±0.37	±0.41	±0.45	±0.50	±0.57	±0.67	±0.77	±0.84	±0.96	±1.06	±1.20	±1.30	±1.40	±1.55	±1.70	±1.85	±2.00	±2.25	±2.45	±2.75	±3.10	±3.55	±4.35	±5.40
7	A	±0.19	±0.24	±0.29	±0.33	±0.39	±0.44	±0.50	±0.57	±0.66	±0.77	±0.90	±1.05	±1.20	±1.35	±1.50	±1.65	±1.85	±2.05	±2.25	±2.45	±2.70	±3.00	±3.35	±3.70	±4.10	±4.80	±5.95	±7.40
7	B	±0.29	±0.34	±0.39	±0.44	±0.49	±0.54	±0.60	±0.67	±0.76	±0.87	±1.00	±1.15	±1.30	±1.45	±1.60	±1.75	±1.95	±2.15	±2.35	±2.55	±2.80	±3.10	±3.45	±3.80	±4.20	±4.90	±6.05	±7.50

塑件尺寸的上、下偏差根据实际工程需要来分配，例如，公差 0.8 可分配为：$^{+0.8}_{\ 0}$、$^{\ 0}_{-0.8}$、±0.4、$^{+0.3}_{-0.5}$，但模具设计时，在计算和校核成型零件工作尺寸之前，塑件尺寸公差通常按"入体原则"标注，即轴类尺寸标为单向负偏差，孔类尺寸标为单向正偏差，孔距尺寸采用双向等值偏差。

为了便于记忆，可以将塑件尺寸上下偏差的分配原则简化为"凸负凹正、中心对正"。这里"凸"代表轴类尺寸，要求标注外形尺寸，长期使用由于磨损尺寸会减少，这类尺寸应标为单向负偏差；"凹"代表孔类尺寸，要求标注内形尺寸，长期使用由于磨损尺寸会增大，这类尺寸应标为单向正偏差；"中心"代表中心线尺寸，长期使用没有磨损的一类尺寸，这类尺寸应标为双向等值偏差。

若给定塑件尺寸标注不符合规定，为避免在后续模具成型零件工作尺寸计算时出错，首先应对塑件尺寸标注进行转换。

> 1. 塑件尺寸偏差的标注从"磨损"角度入手更为全面。
> 2. 该规定在冲压、塑料等模具行业具有相对广泛的适应性。无论是模具的产品尺寸标注还是模具工作部分尺寸标注，一般都应符合该规定。

【例】 生产如图 2-8（a）所示塑件，材料为 PS，采用注射成型大批量生产，根据模具行业习惯标注塑件尺寸公差，并判断给定公差的合理性。

该塑件大部分尺寸公差已给定，但不符合规定标注形式，需转化标注形式；查 GB/T 14486—2008 确定公差，按行业习惯转化后塑件标注如图 2-8（b）所示。查表 2-8 可知 PS 高级精度为 MT2 级，而 $\phi50^{+0.2}_{\ 0}$ 对应 MT1 级精度（不合理），难以生产，建议降低精度等级，其余 4 个已标注公差尺寸精度在 MT2 以下，质量容易保证（注意高度和深度未注尺寸按 B 类公差检查或标注）。$\phi8$ 孔由型芯成型，不受模具活动部分影响，故选 A 类公差，查表 2-9 为 $\phi8\pm0.14$，按公差带不变原则转化为 $\phi7.86^{+0.28}_{\ 0}$；而位置尺寸 20 受侧向成型零件活动和分型面闭合程度的影响，故选 B 类公差，查表 2-9 为 20 ± 0.32，按公差带不变原则转化为 $20.32^{\ 0}_{-0.64}$。

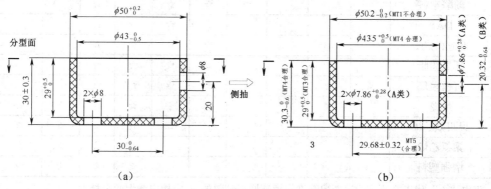

图2-8 塑件零件图

3. 塑件的表面质量及表面粗糙度

塑料制品的表面粗糙度主要由模具成型零件的表面粗糙度决定。要获得塑件所需要的表面粗糙度，首先应在模具制造方面加以保证。一般模具成型零件的表面粗糙度等级比塑件的要求高 1～2

级。其次，成型工艺也影响塑件的表面粗糙度，若成型温度过高，塑件成型后易起泡，甚至出现凹痕；原材料杂质多，塑件表面质量也会变差。

注射成型塑件的表面粗糙度通常为 $R_a0.8\sim0.2\mu m$，模腔表壁的表面粗糙度应为 $R_a0.8\sim0.05\mu m$。对于透明的塑料制品要求型腔和型芯的表面粗糙度相同，而不透明的塑料制品，则根据使用情况可以不同。表 2-10 列出不同加工方法和不同材料所能达到的表面粗糙度数值。

表 2-10　不同加工方法和不同材料所能达到的表面粗糙度数值（选自 GB/T 14234—1993）（μm）

加工方法	材料		R_a 值参数范围										
			0.025	0.050	0.100	0.200	0.40	0.80	1.60	3.20	6.30	12.50	25
注射成型	热塑性塑料	PMMA	☆	☆	☆	☆	☆	☆	☆				
		ABS	☆	☆	☆	☆	☆	☆	☆				
		AS	☆	☆	☆	☆	☆	☆	☆				
		聚碳酸酯		☆	☆	☆	☆	☆	☆				
		聚苯乙烯		☆	☆	☆	☆	☆	☆	☆			
		聚丙烯			☆	☆	☆	☆	☆				
		尼龙			☆	☆	☆	☆	☆				
		聚乙烯			☆	☆	☆	☆	☆	☆	☆		
		聚甲醛		☆		☆	☆	☆	☆	☆			
		聚砜				☆	☆	☆	☆				
		聚氯乙烯				☆	☆	☆	☆				
		氯苯醚				☆	☆	☆	☆				
		氯化聚醚				☆	☆	☆	☆				
		PBT				☆	☆	☆	☆				
	热固性塑料	氨基塑料				☆	☆	☆	☆				
		酚醛塑料				☆	☆	☆	☆				
		硅酮塑料				☆	☆	☆	☆				
压缩和压注成型		氨基塑料				☆	☆	☆	☆				
		硅酮塑料			☆	☆	☆	☆	☆				
		酚醛塑料				☆	☆	☆	☆				
		DAP				☆	☆	☆	☆				
		不饱和聚酯				☆	☆	☆	☆				
		环氧树脂				☆	☆	☆	☆				
机械加工		有机玻璃	☆	☆	☆	☆							
		尼龙							☆	☆	☆	☆	
		聚四氟乙烯							☆	☆	☆	☆	
		聚氯乙烯							☆	☆	☆	☆	
		增强塑料							☆	☆	☆	☆	☆

注：表中"☆"代表能达到的表面粗糙度；模塑增强塑料的 R_a 应相应增大两个档次。

（二）塑件的结构工艺性

1. 塑料制品的形状

塑料制品应尽量避免侧壁凹槽或与塑料制品脱模方向不一致的孔，这样可避免采用瓣合分型或侧抽芯等复杂的模具结构。如图 2-9 所示，其中图 2-9 左边结构需要采用侧抽芯或瓣合分型凹模（或凸模）的结构，改为图 2-9 右侧结构，即简化了模具结构，可采用整体式凹模（或凸模）结构。

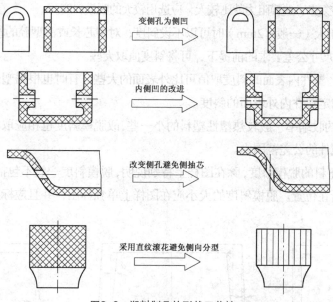

图2-9　塑料制品的形状工艺性

塑件的内外侧凸凹形状较浅并允许带有圆角（或梯形斜面）时，可以采用强制脱模方式脱出塑件。这时，塑件在脱模温度下应具有足够的弹性（如聚乙烯、聚丙烯、聚甲醛等塑料），如图 2-10（a）所示塑件，强制脱模应该满足 $(A-B)/B \leqslant 5\%$；而图 2-10（b）所示塑件则应该满足 $(A-B)/C \leqslant 5\%$。多数情况下，塑件的侧凹凸不可能强制脱模，此时应采用侧向分型抽芯等结构。

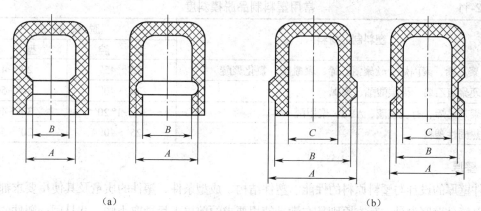

（a）　　　　　　　　　　　　（b）

图2-10　可强制脱模的侧向凸凹形状

2．脱模斜度

塑件在模具型腔中的冷却收缩会使它紧紧包裹住模具的型芯或其他凸起部分。因此，为了便于从成型零件上顺利脱出塑件，必须在塑件内外表面沿脱模方向设计足够的斜度，称为脱模斜度。脱模斜度大小与塑料的收缩率，塑件的形状、结构、壁厚及成型工艺条件都有一定的关系，一般斜度取 40′～1°20′。

塑件脱模斜度的选取应遵循以下原则。

① 塑料的收缩率大、壁厚，斜度应取偏大值，反之取偏小值。

② 塑件结构比较复杂，脱模阻力就比较大，应选用较大的脱模斜度。

③ 当塑件高度不大（一般＜2mm）时可以不设斜度；对型芯长或深型腔的塑件，为了便于脱模，在满足塑件的使用和尺寸公差要求的前提下，可将斜度值取大些。

④ 一般情况下，塑件内表面的斜度取值可比外表面的大些，有时也根据塑件的预留位置（留于凹模或凸模上）来确定塑件内外表面的斜度。

⑤ 热固性塑料的收缩率一般较热塑性塑料的小一些，故脱模斜度也相应取小一些。一般情况下，脱模斜度不包括在塑件的公差范围内。

表 2-11 为常用塑料的脱模斜度，除在图样上特别说明，脱模斜度一般不包括在塑件公差范围内，并且注明基本尺寸所在位置。脱模斜度的大小应在图样上单独标出，并且应标明基本尺寸所在的位置，如图 2-11 所示。

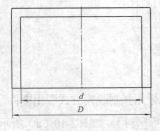 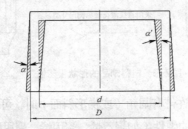 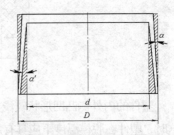

（a）塑件名义尺寸 　　　　（b）脱模斜度"加"零件尺寸 　　　　（c）脱模斜度"减"零件尺寸

图2-11　塑料制品脱模斜度的标注

表 2-11 　　　　　　　　　　　常用塑料制品脱模斜度

塑料制品材料	脱模斜度	
	型　腔	型　芯
聚乙烯、聚丙烯、软聚氯乙烯、聚酰胺、氯化聚醚	25′～45′	20′～45′
硬聚氯乙烯、聚碳酸酯、聚砜	35′～40′	30′～50′
聚苯乙烯、有机玻璃、ABS、聚甲醛	35′～1°20′	30′～40′
热固性塑料	25′～40′	20′～50′

3. 壁厚

塑件壁厚的设计与塑料原料的性能、塑件结构、成型条件、塑件的质量及其使用要求都有密切的联系。塑件壁厚设计的基本原则是在满足使用要求的前提下尽量取小些，并且同一塑件的壁厚应尽可能均匀一致，即较薄且均匀。一般塑件的壁厚为1～4mm，大型塑件的壁厚可达 8mm。

壁厚过小，会造成充填阻力增大，特别对于大型、复杂塑件将难于成型。塑件壁厚的最小尺寸应满足以下要求，具有足够的刚度和强度，脱模时能经受脱模机构的冲击，装配时能承受紧固力。塑件规定有最小壁厚值，表 2-12 为根据外形尺寸推荐的热固性塑件壁厚值，表 2-13 为热塑性塑件最小壁厚及常用壁厚推荐值。壁厚过大，不仅浪费原料，还会延长冷却时间，降低生产效率，另外也容易产生表面凹陷、内部缩孔等缺陷。

表 2-12　　　　　　　热固性塑料制品的壁厚推荐值　　　　　　（mm）

塑料制品材料	塑料制品外形高度尺寸		
	＜50	50～100	＞100
粉状填料的酚醛塑料	0.7～2	2.0～3.0	5.0～6.5
纤维状填料的酚醛塑料	1.5～2	2.5～3.5	6.0～8.0
氨基塑料	1.0	1.3～2.0	3.0～4.0
聚酯玻纤填料的塑料	1.0～2	2.4～3.2	＞4.8
聚酯无机物填料的塑料	1.0～2	3.2～4.8	＞4.8

表 2-13　　　　　热塑性塑料制品的最小壁厚及常用壁厚推荐值　　　　（mm）

塑料制品材料	成型流程＜50mm 最小壁厚	小型塑料制品 推荐壁厚	中型塑料制品 推荐壁厚	大型塑料制品 推荐壁厚
尼龙	0.45	0.76	1.5	2.4～3.2
聚乙烯	0.6	1.25	1.6	2.4～3.2
聚苯乙烯	0.75	1.25	1.6	3.2～5.4
改性聚苯乙烯	0.75	1.25	1.6	3.2～5.4
有机玻璃	0.8	1.50	2.2	4～6.5
硬聚氯乙烯	1.2	1.60	1.8	4.2～5.4
聚丙烯	0.85	1.45	1.75	2.4～3.2
氯化聚醚	0.9	1.35	1.8	2.5～3.4
聚甲醛	0.8	1.4	1.6	3.2～5.4
丙烯酸类	0.7	0.9	2.4	3～6
聚苯醚	1.2	1.75	2.5	3.5～6.4
醋酸纤维素	0.7	1.25	1.9	3.2～4.8
乙基纤维素	0.9	1.25	1.6	2.4～3.2
聚砜	0.95	1.8	2.3	3～4.5

塑件壁厚不均匀则会因冷却和固化速度不均产生附加应力，引起翘曲变形，热塑性塑料会在壁厚处产生缩孔，而热固性塑料则会因未充分固化而鼓包或因交联度不一致而造成性能差异。通常对于注射及压注成型塑件，壁厚变化一般不应超过 1∶3。为了消除壁厚的不均匀，设计时可考虑将壁厚部分局部挖空或在壁面交界处采用适当的半径过渡以减缓厚薄部分的突然变化，如图 2-12 所示。

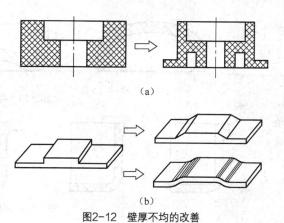

（a）

（b）

图2-12　壁厚不均的改善

4．加强筋与防变形机构

塑件上设置加强筋的目的是在不断增加壁厚的情况下增加塑件的强度和刚度，避免塑件翘曲变形。合理布置加强筋还起着改善充模流动性、减小内应力，避免气孔、缩孔和凹陷等缺陷的作用。表 2-14 为加强筋设计的典型实例。

表 2-14　　　　　　　　　　　加强筋设计的典型实例

序　号	不　合　理	合　理	说　明
1			增设加强筋后，可提高塑件强度，改善料流状况
2			采用加强筋，既不影响塑件强度，又可避免因壁厚不匀而产生收缩孔
3			平板状塑件，加强筋应与料流方向平行，以免造成充模力过大和降低塑件韧性
4			非平板状塑件，加强筋应交错排列，以免塑件产生翘曲变形
5			加强筋应设计得矮一些，与支承面应有 > 0.5mm 的间隙

加强筋的厚度应小于塑件壁厚，并与壁圆弧过渡。加强筋的形状尺寸参考图 2-13 设计。其中 t 为塑件壁厚，当 $t \leqslant 2mm$ 时，取 $A = t$，加强筋端部不应与塑件支承面平齐，而应缩进 0.5mm 以上。筋的设置不应是塑件壁厚明显增加(尺寸不宜过大)，以免 M 处产生凹陷、困气等缺陷。

除了采用加强筋外，薄壳状的塑件可制成图 2-14 所示球面或拱曲面，从而有效地增加刚性和减少变形。对于薄壁容器的边缘，可按图 2-15 所示设计来增加刚性和减少变形。

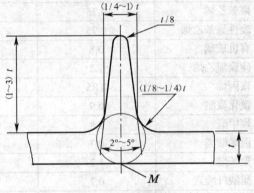

图2-13　加强筋的形状尺寸

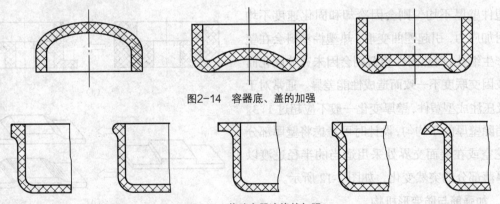

图2-14　容器底、盖的加强

图2-15　薄壁容器边缘的加强

5. 支承面

塑件的支承面是用于放置物体的平面，要求物体放置后平稳，不宜以塑件的整个底面作支承面，因为稍许的翘曲或变形就会使整个底面不平。设计塑件时通常采用凸边或几个凸起的支脚作为支承面，如图 2-16 所示。底脚或边框的高度 s 取 0.3～0.5mm。当底部有加强筋时，支承面的高度应略高于加强筋 0.5mm，如图 2-17 所示。

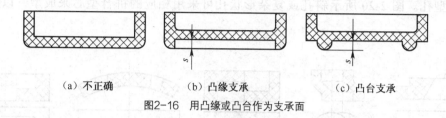

（a）不正确　　　　　　（b）凸缘支承　　　　　　（c）凸台支承

图2-16　用凸缘或凸台作为支承面

6. 圆角

对于塑件来说，除使用要求需要采用尖角以及模具分型面和镶块拼合所对应部位之外，其余所有内外表面转弯处都应尽可能采用圆角过渡，以减少应力集中，并且还能增加塑件强度，提高塑件在型腔中的流动性，同时比较美观，模具型腔也不易产生内应力和变形。如图 2-18（a）所示不合理，改成图 2-18（b）圆角过渡更为合理。但采用圆角会使钳工劳动量增大，使凹模型腔加工复杂化。

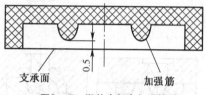

图2-17　塑件底部有加强筋

圆角半径的大小主要取决于塑件的壁厚，通常，内壁圆角半径应是壁厚的一半，而外壁圆角半径可为壁厚的 1.5 倍，一般圆角半径大于 0.5mm。壁厚不等的两壁转角可按平均壁厚确定内、外圆角半径。

7. 孔的设计

塑件上的孔通常有通孔、盲孔、异形孔（形状复杂的孔）。理论上讲，这些孔均能用一定的型芯成型。

① 通孔。孔的成型方法与其形状和尺寸大小有关。一般有如图 2-19 所示的 3 种方法，图 2-19（a）用一端固定的型芯成型，用于较浅的孔成型，但 A 处可能产生水平飞边。图 2-19（b）采用对接型芯，用于较深的通孔成型，但容易使上下孔出现偏心。通常对接直径相差 0.5～1mm，用以消除两型芯由于制造误差同轴度的不重合而引起的上下孔位的偏移。图 2-19（c）的一端固定，另一端导向支承形式，使型芯有较好的强度和刚度，又能保证同轴度，运用较多，但导向部分周围（B 处）由于磨损易产生圆周纵向溢料。

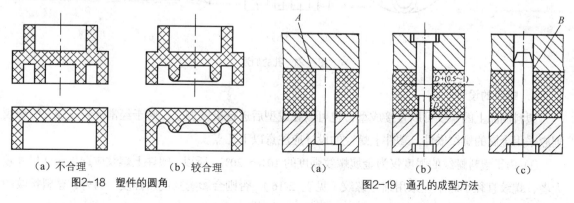

（a）不合理　　　　　　（b）较合理

图2-18　塑件的圆角

（a）　　　　　（b）　　　　　（c）

图2-19　通孔的成型方法

② 盲孔。盲孔只能用一端固定的悬臂型芯来成型，当孔径较小且很深时，成型时型芯易弯曲或

折断。通常，注射成型或压注成型时，孔深度应不超过孔径的 4 倍；压缩成型时，孔深应不超过孔径的 2.5 倍。当孔径较小深度又太大时，只能在成型后用机械加工的方法加工孔。

③ 异型孔。图 2-20 所示斜孔或复杂形状孔可采用相应的拼合型芯来成型，以避免侧向抽芯。

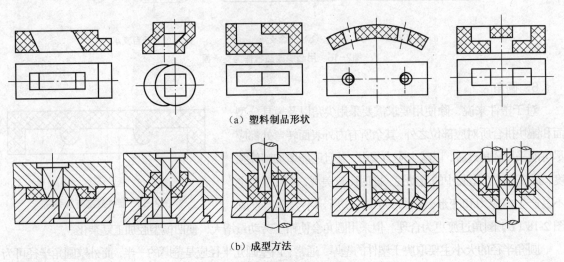

（a）塑料制品形状

（b）成型方法

图2-20　特殊孔型芯的拼合方式

孔与孔边缘之间的距离应大于孔径。塑件上的固定用孔和其他受力孔周围可设计如图 2-21 所示的凸边来加强。表 2-15 为热固性塑料制件的孔与孔之间、孔与壁之间所应留有的距离。热塑性塑料按热固性塑料的 75%取值。

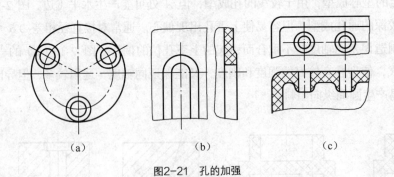

（a）　　　　　　　（b）　　　　　　　（c）

图2-21　孔的加强

8．螺纹的设计

塑料制品上的螺纹可以直接成型，也可以在成型后进行机械加工。对于经常拆装或较大的螺纹则应采用金属的螺纹嵌件。塑件上螺纹的设计应注意以下几点。

① 由于塑料螺纹的强度仅为金属螺纹强度的 10%～20%，所以，塑件上螺纹应选用螺牙尺寸较大者，螺纹直径小时不宜采用细牙螺纹（见表 2-16），否则会影响其使用强度。另外，塑料螺纹的精度也不能要求太高，一般低于 3 级。

表 2-15　　　　　　　　热固性塑料制件孔间距、边距与孔径的关系　　　　　（mm）

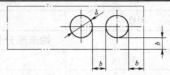

孔径 d	<1.5	1.5～3	3～6
孔间距、孔边距 b	1～1.5	1.5～2	2～3
孔径 d	6～10	10～18	8～30
孔间距、孔边距 b	3～4	4～5	5～7

注：1. 增强塑料热固性宜取上限。

2. 两孔径不一致时，则以小孔径查表。

表 2-16　　　　　　　　　　　　　螺纹选用范围

螺纹公称直径 d（mm）	螺 纹 种 类				
	公制标准螺纹	1 级细牙螺纹	2 级细牙螺纹	3 级细牙螺纹	4 级细牙螺纹
3 以下	+	－	－	－	－
3～6	+	－	－	－	－
6～10	+	－	+	－	－
10～8	+	－	+	－	－
18～30	+	－	+	+	－
30～50	+	+	+	+	+

注：表中"－"为建议不采用的范围。

② 塑料螺纹在成型过程中，由于螺距容易变化，因此一般塑料螺纹的螺距不应小于 0.7mm，注射成型螺纹直径不得小于 2mm，压缩成型螺纹直径不得小于 3mm。

③ 当不考虑螺纹螺距收缩率时，塑件螺纹与金属螺纹的配合长度不能太长，一般不大于螺纹直径的 1.5 倍（或 7～8 牙），否则会降低螺纹间的可旋入性，还会产生附加应力，导致塑料螺纹的损坏及连接强度的降低。

④ 为增加螺纹的强度，防止最外圈螺纹可能产生的崩裂或变形，始端和末端都应留出一定距离，通常大于 0.2mm，如图 2-22 所示。同时，为了便于旋合，螺纹始端和末端螺纹入扣处应为三角过渡，不要突然开始和结束，须留有一定的过渡段 l，其数值按表 2-17 选取。

⑤ 在同一螺纹型芯或型环上有前后两段螺纹时，应使两段螺纹的旋向相同，螺距

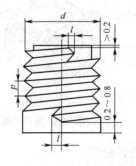
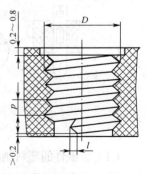

图2-22　塑料螺纹始端和末端的过渡结构

相等，以简化脱模。否则需采用两段型芯或型环组合在一起的形式，成型后再分段旋下。

表2-17　　　　　　　　　　塑料制品上螺纹始末过渡长度　　　　　　　　　（mm）

螺纹直径 d	螺距 p		
	< 0.5	> 0.5	> 1
	始末部分长度尺寸 l		
≤10	1	2	3
10～20	2	2	4
20～34	2	4	6
34～52	3	6	8
> 52	3	8	10

9. 嵌件设计

（1）嵌件的用途

在塑料制品内嵌入其他零件形成不可卸的连接，所嵌入的零件即称为嵌件。塑件制品中镶入嵌件的目的是为了增强塑料制品局部的强度、硬度、耐磨性、导电性、导磁性；或增加制品的尺寸和形状的稳定性，提高精度；或是为了降低塑料的消耗以及满足其他各种要求。嵌件的材料有金属、玻璃、木材和已成型的塑料等，其中金属嵌件用得最为普遍。

（2）嵌件的形式

如图2-23所示为几种常见的金属嵌件类型。其中图2-23（a）所示为圆筒形嵌件，它主要用于经常拆卸或受力较大或导电部位的螺纹连接；图2-23（b）所示为圆柱形嵌件；图2-23（c）所示为片状嵌件，它常用作塑料制品内的导体和焊片等；图2-23（d）所示细杆状贯穿嵌件，它常用在汽车方向盘塑料制品中，加入金属细杆可以提高方向盘的强度和硬度；图2-23（e）为有机玻璃表壳中嵌入ABS塑料，属于非金属嵌件。

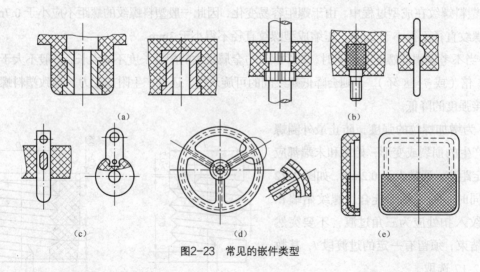

(a)　　(b)

(c)　　(d)　　(e)

图2-23　常见的嵌件类型

（3）带嵌件的塑料制品的设计要点

设计带嵌件的塑料制品时，应注意的主要问题是嵌件固定的牢固性和塑料制品的强度以及成型过程中嵌件定位的稳定性。

① 嵌件的固定。为了使嵌件牢固地固定在塑料制品中，防止嵌件受力时在塑料制品内周向转动或轴向拔出，结构有以下几种。如图 2-24（a）所示为最常用的菱形滚花，如图 2-24（b）所示为直纹菱花，图 2-24（c）所示为六角嵌件，图 2-24（d）所示为切口、打眼或局部折弯来固定片状嵌件。薄壁管状嵌件也可将端部翻边以便固定，如图 2-24（e）所示。图 2-24（f）所示为针状嵌件采用砸扁其中一段或折弯的办法固定。

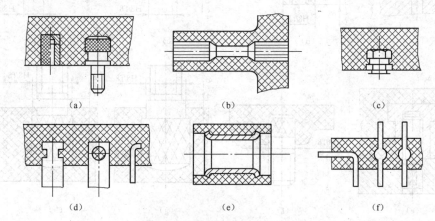

（a）　　　　　　　（b）　　　　　　　（c）

（d）　　　　　　　（e）　　　　　　　（f）

图2-24　嵌件嵌入部分的结构形式

② 嵌件周围塑料层的设计。由于金属嵌件冷却时尺寸的变化值与塑料的热收缩值相差很大，致使嵌件周围产生较大的应力，甚至造成塑件的开裂。对某些刚性强的工程塑料更甚，而对于弹性大的塑料则应力值较低。因此，一方面尽量选用与塑料线膨胀系数相近的金属作嵌件；另一方面应使嵌件的周围塑料层具有足够的厚度。酚醛塑料及类似的热固性塑料的圆柱形或套管形嵌件，嵌件周围塑料层厚度可参考表 2-18。热塑性塑料注射成型时，应将大型嵌件预热到接近于物料温度。对于应力难以消除的塑料，可先在嵌件周围涂覆一层高聚物弹性体或在成型后通过退火处理来降低应力。嵌件的顶部也应有足够厚的塑料层，否则嵌件顶部塑件表面会出现鼓包或裂纹。

表 2-18　　　　　　　　　　金属嵌件周围塑料层厚度　　　　　　　　　　（mm）

金属嵌件基本尺寸 D	周围塑料层最小厚度 t	顶部塑料层最小厚度 t_1
4 以下	1.5	0.8
4～8	2.0	1.5
8～12	3.0	2.0
12～16	4.0	2.5
16～25	5.0	3.0

③ 嵌件在模具中的定位与配合。放入模具内的金属嵌件在成型过程中会受到高压熔体流的冲击，可能发生位移或变形，同时塑料还可能挤入嵌件上预留的孔或螺纹线中，影响嵌件的使用。因此，嵌件必须可靠定位，牢固地固定在模具内。图 2-25 为螺纹嵌件在模内的定位与配合示例。

当细长杆状嵌件或嵌件过长时，为防止嵌件弯曲应在模具内设支柱，如图 2-26 所示。成型时为了使嵌件在塑料内牢固地固定而不脱出，其嵌件表面可加工成沟槽、滚花或制成各种特殊形状。

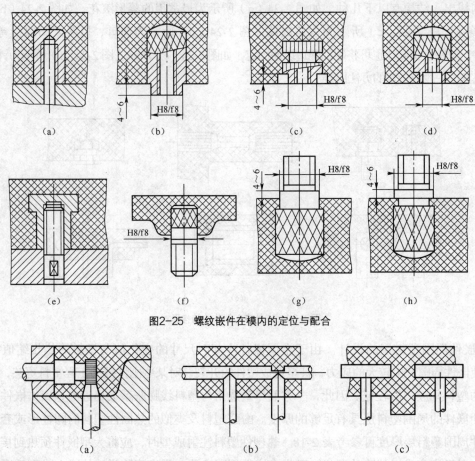

图2-25　螺纹嵌件在模内的定位与配合

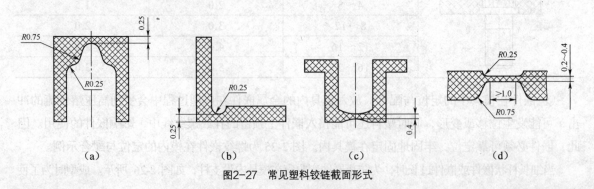

图2-26　细长嵌件在模内的固定

10．铰链

利用某些塑料（如聚丙烯）分子高度取向的特性，可将带盖容器的盖子和容器通过铰链结构直接成型为一个整体（如图 2-27 所示），这样既省去了装配工序，又可避免金属铰链的生锈。常见铰链截面形式如图 2-27 所示。为了提高铰链的弯曲寿命，强化取向效应，浇口应设置铰链连接体的某一侧，并在脱模后反复折弯数次。

图2-27　常见塑料铰链截面形式

11. 标记符号

为满足装潢或某些特殊要求，有时需要塑件上带有文字或图案标记的符号，如图 2-28 所示。符号应放在分型面的平行方向上，并有适当的脱模斜度。

（a）塑料油壳的厂标　　　　　（b）带标记的手镯制件

图2-28　带有标记的制件外形图

塑件上的标记、符号有凸形和凹形两种。当塑件上的标记、符号为凸形时，模具上就相应地为凹形，如图 2-29（a）所示，它在制模时比较方便，可直接在成型零件上用机械、手工雕刻或电加工等方法成型。当塑件上的标记、符号为凹形时，模具上就相应地为凸形，如图 2-29（b）所示，在制模时要将标记符号周围的金属去掉是很不经济的，制造起来也比较困难。为了便于成型零件表面的抛光及避免标记、符号的损坏，一般尽量在有标记、符号的地方镶上相应的镶块或在凹坑中设计凸形标记、符号，如图 2-29（c）所示。

塑件上标记的凸出高度不小于 0.2mm，线条宽度不小于 0.3mm，两条线的间距不小于 0.5mm，标记的脱模斜度为 5°～10°，如图 2-29、图 2-30 所示。

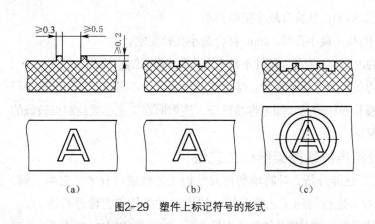
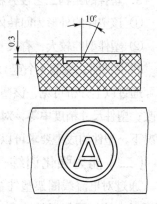

（a）　　　　　　　（b）　　　　　　　（c）

图2-29　塑件上标记符号的形式　　　　　　　图2-30　塑件上标记尺寸

三、项目实施

通过专业知识的学习，对塑件的结构工艺性能已有了一定的了解，下面分别对灯座塑件及电流线圈架的结构工艺性进行分析。

（一）基本训练——分析灯座塑件结构工艺性

1．塑件尺寸精度分析

该塑件尺寸精度无特殊要求，所有尺寸均为未注尺寸，查相关模具手册或表 2-8 可知聚碳酸酯（PC）塑料未注尺寸公差等级为 MT5，查表 2-9 标注主要尺寸公差如下（单位均为 mm）。

塑件外形尺寸（磨损后减小的尺寸），标注单向负偏差：$\phi170\pm0.80 \rightarrow \phi170.80^{0}_{-1.60}$(A类)、$\phi133\pm0.74 \rightarrow \phi133.74^{0}_{-1.48}$(B类 与分型面有关尺寸)、$\phi127\pm0.74 \rightarrow \phi127.74^{0}_{-1.28}$(A类)、$\phi129\pm0.64 \rightarrow \phi129.64^{0}_{-1.28}$(A类)、$\phi69\pm0.43 \rightarrow \phi69.43^{0}_{-0.86}$(A类)、$3\pm0.2 \rightarrow 3.2^{0}_{-0.4}$(B类 壁厚尺寸)、$4\pm0.22 \rightarrow 4.22^{0}_{-0.44}$(B类 壁厚尺寸)等。

塑件内形尺寸（磨损后增大的尺寸），标注单向正偏差：$\phi63\pm0.37 \rightarrow \phi62.73^{+0.74}_{0}$(A类)、$\phi121\pm0.64 \rightarrow \phi120.36^{+1.28}_{0}$(A类)、$\phi131\pm0.64 \rightarrow \phi130.36^{+1.28}_{0}$(A类)、$\phi164\pm0.80 \rightarrow \phi163.2^{+1.6}_{0}$(A类)、$\phi114\pm0.67 \rightarrow \phi113.33^{+1.34}_{0}$(B类)等。

塑件孔心中距尺寸（磨损后相对位置不变的尺寸），标注双向等值偏差：60 ± 0.37(A类)、34 ± 0.38(B类)、96 ± 0.60(B类)、150 ± 0.82(B类)、40 ± 0.28(A类)等。

注意　　壁厚尺寸（如 $4\pm0.22 \rightarrow 3.22^{0}_{-0.44}$）、依靠活动的侧向抽芯元件成型的尺寸（如 $\phi114\pm0.67 \rightarrow \phi113.33^{+1.34}_{0}$）及由两个或更多模具零件共同成型的尺寸（如 96 ± 0.60）按 PC 塑料未注尺寸公差 MT5 中 B 级标注。

2．塑件表面质量分析

塑件的表面粗糙度。查表 2-10 可知，PC 注射成型时，表面粗糙度的范围在 $R_a0.05\sim1.6\ \mu m$ 之间。而该塑件表面粗糙度无要求，取为 $R_a0.8$。而塑件内部没有较高的表面粗糙度要求。

3．塑件的结构工艺性分析

① 该塑件的外形为回转体。壁厚均匀，且符合最小壁厚要求。

② 塑件型腔较大，有尺寸不等的孔，最小孔径 $\phi2mm$ 符合最小孔径要求。

③ 在塑件内壁有 4 个宽 11mm 的内凸台，因此，塑件不易取出，需要考虑侧抽芯装置。

通过以上分析可见，该塑件结构属于中等复杂程度，结构工艺性合理，不需对塑件的结构进行修改；塑件尺寸精度中等，对应的模具零件的尺寸加工容易保证。注射时在工艺参数控制得较好的情况下，塑件的成型要求可以得到保证。

（二）能力强化训练——分析电流线圈架结构工艺性

通过对电流线圈架塑件结构工艺性能分析，对简单塑件的结构工艺性能已有了一定的了解，下面对电流线圈架塑件（参见图 2-2）进行结构工艺性分析，提高塑件结构工艺性分析能力。

① 塑件的尺寸精度。从零件图上分析，该零件总体形状为长方形，在宽度方向的一侧有两个高度为 8.5mm，半径 5mm 的凸耳，在两个高度为 12mm，长、宽分别为 17mm、14mm 和 13.5mm、12.1mm 的凸台上，该零件属于中等复杂程度。

该零件重要尺寸 $12.1^{0}_{-0.12}mm$、$15^{0}_{-0.12}mm$、$15.1^{+0.14}_{+0.02}mm$、$17^{0}_{-0.12}mm$、32 ± 0.1 的尺寸精度为 MT1 级（表 2-9），次重要尺寸 $10..5\pm0.1mm$、$13.5\pm0.11mm$、$14^{0}_{-0.2}mm$ 等尺寸精度为 MT2 或 MT3 级

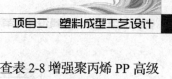

（见表 2-9）。65mm、34mm 等外形尺寸没有标注公差，按 MT5 级标注。查表 2-8 增强聚丙烯 PP 高级精度为 MT2，而零件重要尺寸要求 MT1 级，建议与用户协调在满足使用要求的前提下降低精度。如果不行，则要严格控制影响塑件精度各个因素，如通过严格控制成型过程中聚丙烯 PP 的收缩率波动，提高模具成型零件的制造精度等。

塑件尺寸公差转化方法同基本训练（略），结果参考课本表 3-21。

② 表面质量分析。该零件的表面除要求没有缺陷、毛刺，内部不得有导电杂质外，没有特别的表面质量要求。查表 2-10 可知，PP 注射成型时，表面粗糙度的范围在 $R_a0.1\sim1.6\ \mu m$。而该塑件表面粗糙度无要求，我们取为 $R_a1.6$。对应模具成型零件工作部分表面粗糙度应为 $R_a0.4\sim0.8\ \mu m$，比较容易实现。

③ 壁厚。壁厚最大处为 1.3mm，最小处为 0.95mm，壁厚差为 0.35mm，较均匀，有利于零件的成型。

④ 脱模斜度。查表 2-11 可知，材料为 PP 的塑件，其型腔脱模斜度一般为 25'～45'，型芯脱模斜度为 20'～45'。而该塑件为开口薄壳类零件，深度较浅且大圆弧过度，脱模容易，因而不需考虑脱模斜度。

⑤ 加强筋。该塑件结构较为复杂，自身结构具有加强筋作用，强度足够。

⑥ 圆角。该塑件对圆角没有提出要求，结构工艺性较差，不利于塑件的成型。建议与用户协调在满足使用要求的前提下在料流转角处增设圆角。如果不行，模具成型零件应采用组合式结构，避免应力集中。

⑦ 孔。该塑件有两个 13.5mm×10.5mm 通孔，间距 32mm，型芯结构简单，便于安放。

⑧ 侧孔和侧凹。该塑件在宽度方向的一侧有两个 4mm×1mm 的凸耳及两个 4.1mm×1.2mm 的通孔，因此，模具设计时必须设置侧向分型抽芯机构。

通过以上分析可见，该塑件结构属于高精度、中等复杂程度。要严格控制影响塑件精度的各个因素，如通过严格控制成型过程中聚丙烯 PP 的收缩率波动、提高模具成型零件的制造精度等。塑件结构工艺性较为合理，成型零件采用组合式模具结构，侧向凸台和侧孔需用侧向分型抽芯机构成型。

1. 影响塑件尺寸精度的因素有哪些？
2. 塑件的壁厚不均匀会使塑件产生哪些缺陷？
3. 设计塑件时为什么要考虑工艺性？对图 2-31 所示塑件的设计进行合理化分析，并对不合理设计进行修改。
4. 塑件中嵌件的设计应注意哪些问题？
5. 现有一塑件——连接座，如图 2-32 所示。该连接座塑件为某电器产品配套零件，选用 ABS，大批量生产，要求外形美观、使用方便、质量轻、品质可靠。要求完成以下内容。

（1）合理选择塑件的材料并分析塑料性能。

（2）选择成型方式。

（3）确定该塑件的成型工艺流程。

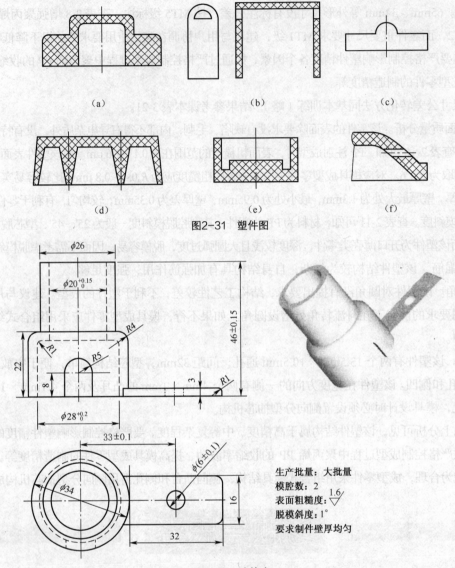

图2-31 塑件图

图2-32 连接座

生产批量：大批量
模腔数：2
表面粗糙度：$\overset{1.6}{\nabla}$
脱模斜度：1°
要求制件壁厚均匀

（4）分析塑件尺寸精度，并按行业相关标注塑件各尺寸公差（未注公差注明 A 类、B 类）。

（5）分析塑件的结构工艺性。

任务四　初步选择注射成型设备

【能力目标】

1. 具有合理选择注射成型设备的能力。

2. 会初步判定所选择注射成型设备与模具的适应性。

3. 会调试注射成型模具，合理分析试模过程中出现的基本问题，提出解决方案。

【知识目标】

1. 了解注射机的分类、工作原理及技术参数。
2. 掌握注射模具与成型设备的关系。
3. 了解注射模具安装、调试的基本过程。

一、任务引入

　　塑料注射成型设备即通常所说的塑料注射成型机，简称注射机或注塑机，它能在一定的成型工艺条件下，利用塑料成型模具将塑料加工成为各种不同用途的塑料制品，以满足人类和社会发展的各种需求。由于塑料工业快速发展，塑料制品逐步代替传统的金属和非金属材料制品，与之相应的注射机也由单一品种向系列化、标准化、自动化、专用化、高速、高效、节能、省料方向发展，注射机成为塑料机械制造业中增长速度最快、产量最高的类型之一。

　　合理选择成型设备首先需要了解注射机的结构、分类和主要参数等方面的内容，使所设计模具与注射机相互适应。

　　本项目以灯座塑件（如图2-1所示）为载体，培养学生合理选择成型设备的能力。

　　实操训练任务：现场手动操作注射机，生产塑件，完成一个完整的注射工作循环（模具安装调试内容建议现场教学）。

二、相关知识

（一）注射机的结构

　　注射机主要包括注射系统、开合模系统、液压控制系统和电器控制部分，其他还包括加热冷却系统、润滑系统、安全保护监测系统和机身等，如图2-33所示。

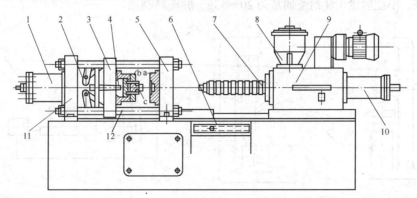

图2-33　注射机的结构

1—合模液压缸　2—锁模机构　3—移动模板　4—顶杆　5—前固定模板　6—控制台　7—料筒及加热器
8—料斗　9—定量供料装置　10—注射缸　11—后固定模板　12—拉杆

　　注射系统包括料斗8、料筒及加热器7、计量装置、螺杆（注塞式注射机为柱塞和分流梭）及其驱动装置、喷嘴等，其作用是将固态的塑料均匀地塑化成熔融状态，并以足够的速度和压力将定量的塑料熔体注入到闭合的型腔中去。

开合模系统的作用是在成型时提供足够的夹紧力使模具锁紧，实现模具的开闭动作和推出模内制件。主要由前固定模板 5、后固定模板 11、移动模板 3、拉杆 12、合模液压缸 1、连杆机构、调模机构以及制品推出机构等组成。为使合模系统运动平稳、减少冲击、保护塑件和模具，开合模运动一般要求"慢—快—慢"的运动规律。锁模可采用液压机械联合作用方式，也可采用全液压式；顶出机构也有机械式和液压式两种，液压式推出有单点推出和多点推出。

液压传动和电器控制系统的作用是保证注射成型按照预定的工艺要求（压力、速度、时间、温度）和程序准确运行。液压传动系统是注射机的动力系统，电器控制系统则是控制各个液压缸完成开启、闭合注射和推出等动作的系统。

（二）注射机的分类

1. 按外形结构特征分类

按外形特征（注射装置和合模装置的相对位置）可分为立式、卧式、角式 3 种。

① 卧式注射机。卧式注射机的合模装置和注射装置的轴线呈水平一线排列，如图 2-33 所示。它具有机身低，易于操作和维修，安装稳定性好，塑件顶出后可利用自重作用而自动下落，容易实现自动化操作。目前大部分注射机采用这种形式。

② 立式注射机。立式注射机的合模装置与注射装置的轴线呈垂直排列，如图 2-34（a）所示，此类注射机的优点是设备占地面积小，模具拆卸方便，嵌件与活动型芯安装容易且不易倾斜或坠落。不足之处是制品从模具中推出后不能靠自重自动脱落，需用人工或其他方法取出，难以实现自动操作，并且机身高，重心不稳，加料和维修不便。这就限制了这类注射机的使用范围。通常立式注射机注射量都不大于 $60cm^3$。

③ 直角式注射机。直角式注射机的合模装置与注射装置的轴线相互垂直排列，如图 2-34（b）、图 2-34（c）所示。此类注射机的优缺点介于立式和卧式注射机之间。适合于加工中心部分不允许留有浇口痕迹、小注射量（注射量通常为 20～45g）的塑料制品。

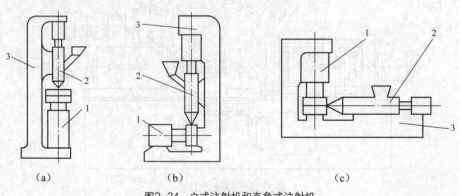

（a）　　　　　　　　　（b）　　　　　　　　　（c）

图2-34　立式注射机和直角式注射机
1—合模装置　2—注射装置　3—机身

2. 按塑化方式分类

按塑化方式不同，注射机主要有柱塞式和螺杆式两大类。

（1）螺杆式注射机

如图 2-33 所示，螺杆的作用是送料、压实、塑化。当螺杆在料筒内旋转时，逐步将塑料压实、排气。一方面在料筒的传热及螺杆与塑料之间的剪擦摩擦发热的作用下，塑料逐步熔融塑化，另一方面螺杆不断将塑料推向料筒前端。熔体积存在料筒顶部与喷嘴之间，螺杆本身受到熔体的压力而缓缓后退。当积存的熔体达到预定的注射量时，螺杆停止转动，并在注射油缸的驱动下向前移动，将熔体注入模具型腔中。

（2）柱塞式注射机

如图 2-35 所示，柱塞在料筒内仅做往复运动，将熔融塑料注入模具。分流梭是装在料筒靠前端的中心部分，形如鱼雷的金属部件，其作用是将料筒内流经该处的塑料分成薄层（即分流），以加快热传递。同时塑料熔体分流后，在分流梭表面流速增加，剪切速率加大，剪切发热使料温升高、黏度下降，塑料得到进一步混合和塑化。

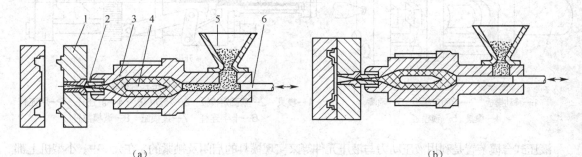

图2-35 柱塞式注射机成型原理图

1—注射模 2—喷嘴 3—料筒 4—分流梭 5—料斗 6—注射柱塞

塑料在料筒内受到料筒壁和分流梭两方面传来的热量加热而塑化成熔融状态。由于塑料的导热性很差，如果塑料层太厚，则它的外层熔融塑化时，内层尚未塑化，若要使塑料的内层也熔融塑化，塑料的外层就会因受热时间过长而分解，因此，柱塞式结构不宜用于加工流动性差、热敏性强的塑料制品，而且注射量不宜过大，通常为 30~60g。

立式注射机和直角式注射机多为注射量在 60cm^3 以下的小型柱塞式结构，而卧式注射机的结构多为螺杆式结构。

螺杆式注射机和柱塞式注射机二者相互比较，螺杆式注射成型具有以下特点。

① 塑化效果好 由于螺杆转动的剪切和料筒加热复合作用，使得塑料的混合比较均匀，提高了塑化效果，成型工艺也得到了较大改善，因而能注射成型较复杂、高质量的塑件。

② 注射量大 由于螺杆注射机塑化效果好、塑化能力强，可以快速塑化。对于热敏性和流动性差的塑料，以及大、中型塑料制品，一般可用螺杆式注射机注射成型。

③ 生产周期短、效率高。

④ 容易实现自动化生产。

注射成型的缺点是所用的注射设备价格较高，注射模具的结构复杂，生产成本高，不适合于单件小批量塑件的生产。

3. 按注射机大小规格分类

按大小规格可将注射机分为 5 类，如表 2-19 所示。

表 2-19　　　　　　　　　按注射机的大小规格分类

类　　型	微　　型	小　　型	中　　型	大　　型	超 大 型
锁模力（kN）	<160	160～2 000	2 000～4 000	50 00～12 500	>16 000
理论注射量（cm³）	<16	16～630	800～3 150	4 000～10 000	>16 000

4. 按合模装置的特征分类

按合模装置的特征可分为液压式（如图 2-36 所示）、液压机械式（如图 2-37 所示）和机械式。

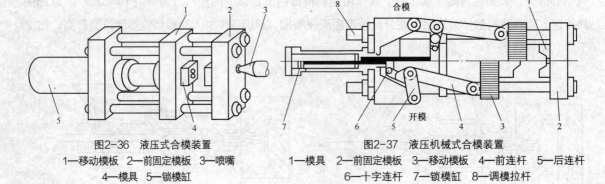

图2-36　液压式合模装置
1—移动模板　2—前固定模板　3—喷嘴
4—模具　5—锁模缸

图2-37　液压机械式合模装置
1—模具　2—前固定模板　3—移动模板　4—前连杆　5—后连杆
6—十字连杆　7—锁模缸　8—调模拉杆

液压式合模装置是利用液压动力与液压元件等来实现模具的启闭及锁紧的，在大、中、小型机上都已得到广泛应用。液压机械式是液压和机械相联合来实现模具的启闭及锁紧的，常用于中小型机上。机械式合模装置是利用电动机械、机械传动装置等来实现模具的启闭及锁紧的，目前应用较少。

（三）注射机规格及其技术参数

注射机型号标准表示法主要有注射量、锁模力、注射量与锁模力同时表示 3 种方法。国际上趋于用注射量与锁模力来表示注射机的主要特征。

1. 注射量表示法

注射机注射量是指对空注射的条件下，注射螺杆或柱塞作一次最大注射行程时，注射装置所能达到的最大注射量。这种表示法比较直观，规定了注射机成型制件的质量或体积范围。由于注射量与加工塑料密度、压缩比有关，所以最大注射量表示法不能直观显示注射机的工作能力。

我国常用的卧式注射机型号有 XS—Z—60、XS—ZY—125、XS—ZY—500 等。其中 X 表示成型；S 表示塑料；Z 表示注射成型；Y 表示螺杆式（无 Y 表示柱塞式）；30、60、500 等表示注射机的最大注射量（g 或 cm³）。

2. 锁模力表示法

锁模力表示法是用注射机最大锁模力（kN）来表示注射机规格的方法，这种表示法直观、简单，可间接反映出注射机成型制件面积的大小。

3. 注射量与锁模力表示法

注射量与锁模力表示法是目前国际上通用的表示方法，是用注射量为分子，锁模力为分母表示设备的规格。如 SZ—63/50 型注射机，S 表示塑料机械，Z 表示注射机，63 表示注射容量 63cm³，锁模力为 50 ×10kN。该表示法能全面反映注射机的加工能力。

注射机的主要技术参数包括注射、合模、综合性能 3 个方面，如公称注射量、螺杆直径及有效长度、注射压力、注射速度、塑化能力、锁模力、开模力、开模合模速度、开模行程、模板尺寸、推出行程、推出力、机器的功率、机器的体积和质量等。

部分国产注射机主要技术规格见表 2-20。

附录 3 列出了 HTF/TJ 系列注射机主要基本参数。

表 2-20　　　　　　　　　　　部分常用国产注射机主要技术规格

型　　号		SYS –10	SYS–30	XS–Z–22	XS–Z–30	XS–Z –60	XS–ZY –125	G54–S– 200/400	SZY –300	XS–ZY –500	XS–ZY –1 000	XS–ZY –4 000
结构形式		立式	立式	卧式	卧式	卧式	卧式	卧式	卧式	卧式	卧式	卧式
注射方式		螺杆式	螺杆式	双柱塞式（双色）	柱塞式	柱塞式	螺杆式	螺杆式	螺杆式	螺杆式	螺杆式	螺杆式
螺杆（柱塞）直径（mm）		22	28	20，25	28	38	42	55	60	65	85	130
最大注射量（cm³ 或 g）		10	30	20，30	30	60	125	200，400	320	500	1 000	4 000
注射压力(MPa)		150	157	75，117	119	122	119	109	125	104	121	106
锁模力（kN）		150	500	250	250	500	900	2 540	1 400	3 500	4 500	10 000
最大注射面积（cm²）		45	130	90	90	130	320	645	—	1 000	1 800	3 800
模具最大厚度（mm）		180	200	180	180	200	300	406	355	450	700	1 000
模具最小厚度（mm）		100	70	60	60	70	200	165	130	300	300	700
最大开模行程（mm）		120	80	160	160	180	300	260	340	500	700	1 100
喷嘴	球半径（mm）	12	12	12	12	12	12	18	12	18	18	20
	孔半径（mm）	$\phi 2.5$	$\phi 3$	$\phi 2$	$\phi 4$	$\phi 4$	$\phi 4$	$\phi 4$	$\phi 4$	$\phi 5$	$\phi 7.5$	$\phi 10$
定位圈直径（mm）		$\phi 55$	$\phi 55$	$\phi 63.5$	$\phi 63.5$	$\phi 55$	$\phi 100$	$\phi 125$	$\phi 125$	$\phi 150$	$\phi 150$	$\phi 300$
顶出	中心顶出孔径（mm）	$\phi 30$	$\phi 50$			$\phi 50$						
	两侧顶出 孔径（mm）			$\phi 16$	$\phi 20$		$\phi 22$			$\phi 24.5$	$\phi 20$	$\phi 90$
	孔距（mm）			170	170		230			530	850	1 200

续表

型　号	SYS–10	SYS–30	XS–Z–22	XS–Z–30	XS–Z–60	XS–ZY–125	G54–S–200/400	SZY–300	XS–ZY–500	XS–ZY–1 000	XS–ZY–4 000
模板尺寸（mm×mm）	300×360	330×440	250×280	250×280	330×440	420×450	532×634	520×620	750×850		1 500×1 590
机器外形尺寸（mm×mm）			2 340×800×1 460	2 340×850×1 460	3 160×850×1 550	3 340×750×1 550	4 700×1 400×1 800	5 300×940×1 815	6 500×1 300×2 000	7 670×1 740×2 380	11 500×3 000×4 500

（四）注射机有关工艺参数的校核

注射模是安装在注射机上使用的，模具与注射机应当相互适应。型腔的数量和分布、模具定位圈尺寸、模板的外形尺寸及推出机构的设置等必须参照注射机的类型及相关尺寸进行设计，否则，模具就无法与注射机合理匹配，注射过程也就无法正常进行。

1. 最大注射量的校核

最大注射量是指注射机对空注射的条件下，注射螺杆或柱塞作一次最大注射行程时注射装置所能达到的最大注射量。若最大注射量小于制品所需注射量，就会造成制品的形状不完整或内部组织疏松，制品强度下降等缺陷；而选用注射机的最大注射量过大，注射机利用率降低，浪费能源，而且可能导致塑料分解。根据生产经验，塑件和浇注系统凝料所用塑料量不能超过注射机允许的最大注射量的80%，即

$$m = nm_i + m_j \leqslant km_{max}$$

式中：m —— 注射成型塑件所需的总注射量（包括制品、浇注系统及飞边在内），cm^3 或 g；

　　　n —— 型腔数；

　　　m_i —— 单个塑件的体积或质量，cm^3 或 g；

　　　m_j —— 浇注系统及飞边体积或质量，cm^3 或 g。

　　　k —— 最大注射量的利用系数，一般取 0.8；

　　　m_{max} —— 注射机的最大注射量，cm^3 或 g。

注塞式注射机的最大注射量是以一次对空注射聚苯乙烯的最大克数为标准的。由于各种塑料的密度和压缩率不同，因此最大注射量也不同，精确计算需要考虑各种塑料的密度和压缩率的影响，而螺杆式注射机是以体积表示最大注射量的，与塑料的品种无关。

2. 锁模力的校核

锁模力 F_0 又称合模力，是指熔体注射时注射机的锁模装置对模具所施加的最大夹紧力。当熔体充满型腔时，注射压力在型腔内所产生的作用力会使模具沿分型面胀开，为此，注射机的锁模力 F_0 必须大于型腔内熔体单位压力 p（见表 2-21）与塑料制品及浇注系统在分型面上的不重合投影面积之和的乘积，以确保不发生溢料和胀模现象，即

$$F = (nA + A_j)p \leqslant F_0$$

式中：F —— 注射压力在型腔内所产生的作用力；

　　　A —— 单个塑件在模具分型面上的投影面积，mm^2；

A_j——浇注系统在模具分型面上的投影面积，mm^2。

表 2-21　　　　　　　　　　不同制品形状常用型腔单位压力

制 品 特 点	平均压力 p（MPa）	举 　例
容易成型的制品	24.3	PE、PP、PS 等壁厚均匀的日用品、容器等
一般制品	29.4	在较高的温度下，成型薄壁容器类制品
中等黏度的塑料和有精度要求的制品	34.2	ABS、PMMA 等精度要求较高的工程结构件，如壳体、齿轮等
高黏度塑料，高精度、难于充模的制品	39.2	PC 等用于机器零件上高精度的齿轮或凸轮等

型腔内熔体压力的大小及其分布与很多因素有关。由表 2-21 中可以看出熔体经过注射机的喷嘴和模具的浇注系统后，其压力损失很大，型腔的平均成型压力通常只有注射压力的 20%～40%。

当型腔压力 p 确定后，上式可以转化为注射机最大成型面积的校核公式

$$A_z = nA + A_j \leqslant A_0$$

式中：A_z——塑料制品及浇注系统在分型面上的投影面积之和，mm^2；

　　　A_0——注射机允许的最大成型面积，$A_0 = F_0/p$，mm^2。

　　　　　　塑料制品在分型面上的投影面积和浇注系统在分型面上的投影面积若有重叠，计算时重叠面积只累加一次。

3．注射压力校核

注射压力的校核是校验注射机的最大注射压力能否满足塑件成型的需要。只有在注射机额定的注射压力内才能调整出某一制件所需要的注射压力，因此注射机的最大注射压力要大于该制件所要求的注射压力，即满足下式

$$p_z \leqslant k\, p_0$$

式中：k——安全系数，常取 1～1.3。；

　　　P_z——塑料制品成型时所需的注射压力（特定塑料成型所需注射压力见表 2-24），MPa；

　　　p_0——注射机的最大注射压力，MPa。

成型时所需的注射压力与注射机类型、喷嘴形式、塑料流动性、浇注系统及型腔的流动阻力等因素有关。注射压力太大，塑件成型后飞边大，脱模困难，内应力大。注射压力太小，塑件无法充满型腔，塑件致密度低。

4．安装部分的相关尺寸校核

为了使注射模能顺利安装在注射机上，并生产出合格的塑料制品，设计模具时必须校核注射机上与模具安装有关的尺寸，校核的内容通常包括主流道衬套尺寸、定位圈尺寸、模具最大厚度和最小厚度、模板上安装螺孔尺寸等。

① 主流道衬套尺寸。注射机喷嘴前端孔径 d 和球面半径 r 与模具主流道衬套的小端直径 D 和球面半径 R（如图 2-38 所示）一般应满足下列关系，以保证注射成型时在主流道衬套处不形成死角，无熔料积存，并便于主流道凝料的脱模。图 2-38（d）所示配合是不良的。

$$R = r + (1\sim2)$$
$$D = d + (0.5\sim1)$$

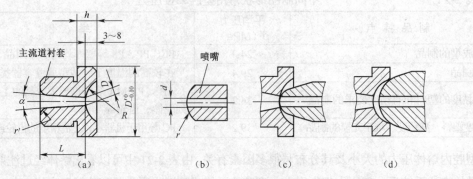

图2-38　主流道衬套及其与注射机喷嘴的关系

直角式注射机喷嘴头多为平面，模具主流道始端与喷嘴头相接触处也应做成平面。

② 定位圈尺寸。模具定模板上定位圈是凸出的（如图2-39中a处）应与注射机前固定模板上的定位孔（如图2-39中b处）两者按较松动的间隙配合或留有0.1mm～0.3mm的间隙，以保证模具主流道中心线与注射机喷嘴中心线重合，否则将产生"流涎"现象，并造成流道凝料脱模困难。对于小型模具定位圈的高度h为8～10mm，一般将定位圈安装定模座板上。大型模具定位图的高度h为10～15mm，定位圈即可安装在定模座板，也可安装到动模座板上。

③ 模具闭合厚度。模具闭合厚度是指模具闭合后动、定模座板外表面间的距离叫做模具厚度或称模具闭合高度。注射机的前固定模板、移动模板之间的距离都具有一定的调节量

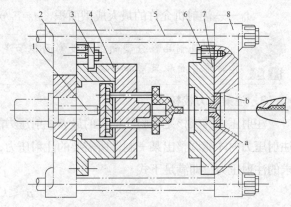

图2-39　模具与注射机的关系
1—注射机顶杆　2—注射机移动模板　3—压板　4—动模
5—注射机拉杆　6—螺钉　7—定模　8—注射机前固定模板

ΔH，因此，对安装使用的模具厚度有一定的限制。注射机规定的模具最大与最小厚度是指模板闭合后达到规定锁模力时前固定模板、移动模板的最大与最小距离。实际模具厚度H_m必须在注射机允许安装的最大厚度H_{max}及最小厚度H_{min}之间，即满足下式

$$H_{min} \leqslant H_m \leqslant H_{max}$$
$$H_{max} = H_{min} + \Delta H$$

式中：H_m——模具闭和高度，mm；

　　　　H_{min}——注射机允许模具最小厚度，mm；

　　　　H_{max}——注射机允许模具最大厚度，mm；

　　　　ΔH——注射机调模机构可调整长度，mm。

为使模具安装时可以穿过拉杆空间而在前、后固定模板上固定，模具的长度与宽度应与注射机

拉杆间距相适应。

实际生产过程中，如果模具闭合高度 H_m 大于注射机允许安装最大装模高度 H_{max} 值，模具无法锁紧或影响开模行程，尤其是以液压肘杆式机构合模的注射机，其肘杆无法撑直，将不可能获得规定的锁模力，无法使用；如果模具闭合高度 H_m 小于注射机允许安装最小装模高度 H_{min} 值，可以通过增设垫板（厚度 h）予以调整，使其满足校核公式

$$H_{min} \leqslant H_m + h \leqslant H_{max}$$

④ 前固定模板、移动模板上安装尺寸。前固定模板、移动模板形状如图 2-40 所示。模具在注射机前固定模板、移动模板上的安装有螺钉直接固定和螺钉压板压紧两种方式，螺钉或压板数目通常为 4 个。

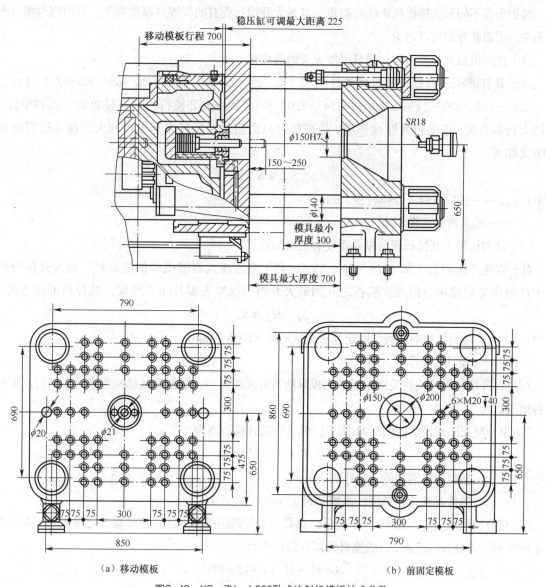

（a）移动模板　　　　　　　　　（b）前固定模板

图2-40　XS—ZY—1 000卧式注射机模板技术参数

　　压板方式具有较大的灵活性，只要在模具动、定模座板需安放压板的外侧附近有螺孔即可；当用螺钉直接固定时，模具动、定模座板上的螺孔尺寸和位置应分别与注射机前固定模板和移动模板上的螺孔尺寸和位置完全吻合。对于质量较大的大型模具，用螺钉直接固定比较安全。

　　5．开模行程的校核

　　开模行程指模具开合过程中动模固定板的移动距离，因此也叫合模行程。当模具厚度确定后，开模行程的大小直接影响模具所能成型的制品高度。开模行程太小，成型后的制品无法从动、定模之间脱出。

　　因此，为了便于取出塑件，要求模具开模后有足够的开模距离，而注射机的开模行程是有限的，因此模具设计时必须进行注射机开模行程的校核。

　　对于带有不同形式锁模机构的注射机，其最大开模行程有的与模具厚度有关，有的则与模具厚度无关。下面就分别加以讨论。

　　（1）注射机最大开模行程与模具厚度无关时的校核

　　对于具有液压—机械合模机构的注射机（如 XS—Z—30、XS—ZY—60、XS—ZY—125、XS—ZY—350、XS—ZY—1 000 和 G54—S200 等），其最大开模行程与连杆机构（或移模缸）的最大行程有关，不受模具厚度影响，故校核时只需使注射机最大开模行程大于模具所需的开模距离即可

$$S_{max} \geqslant S$$

式中：S_{max}——注射机最大开模行程，mm；

　　　　S——模具所需开模距离，mm。

　　（2）注射机最大开模行程与模具厚度有关时的校核

　　对于直角式注射机（如 SYS—20、SYS—45）全液压式合模机构的注射机，最大开模行程等于注射机移动模板与前固定模板之间的最大开模行程减去模具闭合厚度，故校核可按下式

$$S_K - H_m \geqslant S$$

式中：S_K——注射机移动模板与固定模板之间的最大距离，mm；

　　　　H_m——模具闭合厚度，mm。

　　可见，开模行程校核的关键在于求出模具所需开模距离 S，根据模具结构类型的不同讨论下列几种情况。

　　① 单分型面注射模，如图 2-41 所示，模具所需开模距离为

$$S = H_1 + H_2 + (5 \sim 10)$$

式中：H_1——塑料脱模需要的顶出距离，mm；

　　　　H_2——塑件高度（包括浇注系统凝料），mm。

　　② 双分型面注射模，如图 2-42 所示，模具所需开模距离需增加定模座板与定模板间为取出浇注系统凝料所需分开的距离 a，故模具所需开模距离为

$$S = H_1 + H_2 + a + (5 \sim 10)$$

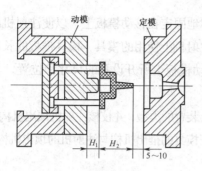

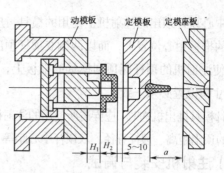

图2-41　单分型面注射模的开模行程　　　　图2-42　双分型面注射模的开模行程

塑件脱模所需的推出距离 H_1 常常等于模具型芯高度，但对于内表面为阶梯状的塑件，有些不必推出型芯的全部高度即可取出塑件，如图 2-43 所示。

③ 利用开模动作完成侧向分型抽芯。当模具的侧向分型抽芯是依靠开模动作来实现时，还需根据侧向分型或抽芯的抽拔距离来决定开模行程，同时保证塑件的取出所需空间。如图 2-44 所示斜导柱侧向抽芯机构，为完成侧向抽芯距离 l，所需的开模距离设为 H_c。模具所需开模距离按下述两种情况进行

$$S = \left\{ \begin{array}{c} H_c \\ H_1 + H_2 \end{array} \right\}_{\max} + (5\sim10)$$

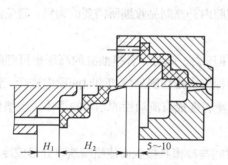

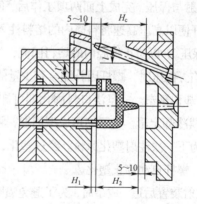

图2-43　塑件内表面为阶梯状时开模行程校核　　　图2-44　斜销侧向抽芯机构开模行程校核

　注射成型带螺纹的制品并需要利用开模运动完成脱卸螺纹的动作时，若要校核注射机最大开模行程，还应考虑从模具中旋出螺纹部分所需用的开模距离。

6. 注射机顶出装置的校核

各种型号注射机顶出装置的结构形式、最大顶出距离是不同的。设计模具时，必须了解注射机顶出装置类别、顶杆直径和顶杆位置。国产注射机的顶出装置大致可分以下几类。

① 中心顶杆机械顶出，如角式 SYS 45、SYS 60，卧式 XS—Z—60，立式 SYS—30 等注射机。

② 两侧双顶杆机械顶出，如卧式 XS—ZY—30、XS—ZY—125。

③ 中心顶杆液压顶出与两侧双顶杆机械顶出联合作用，如卧式 XS—ZY—250、XS—ZY—500 等。

④ 中心顶杆液压顶出与其他开模辅助油缸联合作用，如 XS—ZY—1000 等。

在以中心顶杆顶出的注射机上使用的模具，应对称地固定在移动模板上，以便注射机的顶杆顶出在模具的推板中心位置上；而以两侧双顶杆顶出的注射机上使用的模具，模具推板的长度应足够长，以便使注射机的顶杆能顶到模具的推板上，并且动模板上所开设孔的尺寸和位置，与注射机顶杆的尺寸和位置必须一致。

在设计模具推出机构时，应弄清所使用的注射机顶出装置的类型，并校核注射机顶出机构的顶出形式、最大的顶出距离、顶杆直径、双顶杆中心距等，保证模具的推出机构与注射机的顶出机构相适应。

（五）注射机安装与调试

1．注射机工作过程

各种注射机完成注射成型的动作程度可能不完全相同，但其成型的基本过程是相同的。螺杆式注射机工作过程如图 2-3 所示，具体操作要领如下。

① 合模。模具合模系统一般按"慢—快—慢"的运动规律，首先以较高压低速启动，然后低压高速进行闭合，当动模接近定模时，合模装置的液压系统将合模动作切换成低压低速（即试合模），在确认模具内无异物存在时，再切换成高压低速从而将模具锁紧。

② 注射装置前移。注射座移动油缸工作使注射装置前移，保证喷嘴与模具主流道入口以一定的压力贴合，为注射工序做好准备。

③ 注射与保压。完成上面两项工作后，便可向注射油缸注入压力油，于是与注射油缸活塞杆相连接的螺杆便以高压高速将料筒内的熔料注入模腔。熔料充满模腔后，要求螺杆仍对熔料保持一定的压力（保压），以防止模腔内的熔料回流，并向模腔内补充制品收缩所需的物料，避免制品产生缩孔等缺陷。保压时，螺杆因补缩会有少量的前移。

④ 冷却和预塑。一旦浇口料固化即可卸除保压压力。此时，合模油缸的高压也可卸除，制品在模内继续冷却定形。为了缩短成型周期，将预塑程序安排在制品冷却的时间段内进行。预塑是指注射装置为下一次注射塑化原料。经过塑化，固态塑料变成有流动性的均匀的熔体，当塑化量达到预定值后，螺杆自动停止塑化。

⑤ 注射装置后退。成型时，为了避免喷嘴长时间与冷模具接触而使喷嘴端口处形成冷料，影响下次注射和制品质量，需要将喷嘴撤离模具，即安排注射装置后退程序。当模具温度要求较高时，可以取消此程序，使注射装置固定不动。

⑥ 开模和顶出制品。模内制品冷却定形后，即可开模，顶出装置动作使制品脱离模具。清理模具，为下一模成型做好准备。

2．注射机安全操作注意事项

为保证注射机的正常生产，安全操作非常重要。

① 认真阅读操作说明，按章作业，保证机器及操作者的人身安全。

② 注射机的安全装置如安全门、安全杆等必须可靠，处于正常工作状态。

③ 模具安装必须牢固可靠。

④ 顶出距离、开模行程必须调整合适。

⑤ 合理设定成型工艺参数。

3. 模具的安装与调试

模具在注射机上的安装与调试包括预检、吊装紧固、顶出距离调整和合模松紧程度的调整及加热线路、冷却水管的连接等。

（1）预检

模具安装前，应根据模具装配图了解模具的基本结构、工作原理及注意事项。并检查模具闭合尺寸、外形尺寸、特征尺寸（与成型设备配合的定位尺寸）、装配尺寸（安装在成型设备上的螺钉孔中心距离）等与设备是否吻合。

（2）吊装与紧固

首先将注射机全部功能置于手动控制状态，根据模具图上标示出的吊装位置及方向，并按一定的吊装方式吊起模具。

① 模具吊装方向的选择遵照如下几个原则。

a. 模具有侧向分型抽芯机构时，尽量将滑块置于水平位置，在水平面内左右移动。

b. 模具长度与宽度方向尺寸相差较大时，使较长边与水平方向平行，可以有效地减轻导柱拉杆在开模时的负载，并使因模具重量而造成导向件产生的弹性变形控制在最小范围内。

c. 模具带有液压油路接头、气动接头、热流道元件接线板时，尽可能放置在非操作面侧面，以方便操作。

② 吊装方式。一般是将模具从注塑机上方吊进拉杆模座之间。当模具水平或垂直方向尺寸大于拉杆间的距离时，吊装方式如下。

a. 当模具长度方向尺寸大于拉杆间水平距离时，从拉杆侧面滑进，适用于中小型模具。

b. 将模具长度方向平行于拉杆轴线（模具高度小于拉杆水平距离，模具宽方向尺寸小于拉杆垂直距离），从拉杆上方滑进拉杆之后旋转 90° 即可。

③ 模具的紧固。整体吊装成功，将模具定模板上的定位圈凸台装配入注射机前固定模板的定位孔，用螺钉或压板螺钉（如图 2-45 所示）压紧定模，并初步固定动模，依靠导柱、导套将动、定模分别启闭几次，检查模具在启闭过程中是否平稳、灵活，无卡住、冲击及振动现象，最后固定动模。

分体吊装与整体吊装相似，不同之处是模具动模部分是在定模吊装固定之后再吊装紧固。人工吊装适用于中小型模具，一般从注塑机侧面装入，在拉杆上垫两块木板将模具滑入拉杆中。

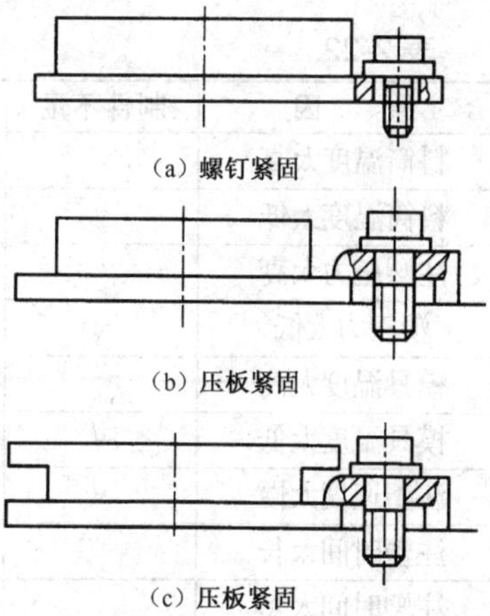

（a）螺钉紧固

（b）压板紧固

（c）压板紧固

图2-45 模具紧固方式

（3）顶出距离的调节

模具紧固后，慢速开启模具，达到模座行程时，动模板停止后退，调节注塑机顶杆顶出距离，使模具上推杆固定板和支承板之间的间隙大于 5mm，既能顶出塑件，又能防止损坏模具。

（4）合模松紧程度的调节

合模松紧程度以注射塑件时，既不产生飞边，又保证模具有足够的排气间隙为宜。对全液压式锁模机构，合模松紧程度只要观察合模力是否在预定的工艺范围内即可；对于液压肘杆式锁模机构，目前主要凭经验和目测来调节，即在开模时，肘杆先快后慢，使肘杆勉强地伸直；合模松紧正好合适。目前大多数注射机都有自动调模的功能，可大大简化调模程序。

（5）模具配套部分的安装

配套部分的安装包括热流道元件及电气元件的接线、电控部分的调整、液压回路连接、气压回路连接、冷却水路的连接等辅助部分的安装。

（6）试模

试模前必须对设备的油路、水路及电路进行检查，并按规定保养设备，做好开车前的准备。

① 模具预热。模具预热方法大致有两种，一是利用模具本身的冷却水孔，通入热水进行加热；二是外加热法，即将铸铝加热板安装在模具外部，从外向内进行加热，这种方法加热快，但消耗量大。对中小型模具，无需进行模具预热。

② 料筒和喷嘴的加热。根据工艺卡或工艺手册中推荐的工艺参数将料筒和喷嘴加热，与模具预热同时进行。

③ 工艺参数的选择和调整。根据工艺卡或工艺手册中推荐的工艺参数初选温度、压力、时间参数，调整工艺参数时按压力、时间、温度这样的先后顺序变动。

④ 试注射。当料筒中的塑料和模具达到预热温度时，就可以进行试注射，观察注射塑件的质量缺陷，分析产生缺陷的原因，调整工艺参数和其他技术参数，直至达到最佳状态。试注塑过程中，应详细记录模具状态和工艺参数，对不合格的模具应及时进行返修。

表 2-22 列出了试模过程中易产生的缺陷及原因，解决方法如附表 2 所示。

表 2-22　　　　　　　　试模时产生的缺陷及原因

原　因	制件不足	溢边	凹痕	银丝	熔接痕	气泡	裂纹	翘曲变形
料筒温度太高		√	√	√		√		√
料筒温度太低	√				√		√	
注塑压力太高		√					√	√
塑压力太低	√		√			√		
模具温度太高			√					√
模具温度太低	√		√		√	√		
注塑速度太慢								
注塑时间太长				√	√		√	
注塑时间太短								
成型周期太长			√	√	√			
加料太多		√						
加料太少	√		√					
原料含水分过多			√					
分流道或浇口太小	√		√	√	√			
模腔排气不好	√				√	√		

续表

原　因	制件不足	溢边	凹痕	银丝	熔接痕	气泡	裂纹	翘曲变形
塑件太薄	√							
塑件太厚			√			√		√
成型机能力不足	√		√	√				
成型机锁模力不足		√						

（7）模具验收

模具在试模后，应按模具的技术条件，合同内容进行验收。其验收范围包括模具的外观检查；尺寸检查；试模和制件检查；质量稳定性的检查；模具材质及热处理要求检查。

三、任务实施

（一）依据最大注射量初选设备

① 计算塑件的体积。手工计算或根据零件的三维模型，利用三维软件直接可查询到塑件的体积、质量，可知 $V = 200.17 \text{cm}^3$（过程略）。

② 计算塑件的质量。计算塑件的质量是为了选择注射机及确定模具型腔数。由附表 1 查得 PC 塑料密度 $\rho = 1.2 \text{g/cm}^3$，所以，塑件的质量为

$$M = V\rho = 200.17 \times 1.2 \times 10^{-3} = 240.2(\text{g})$$

根据塑件形状及尺寸（外形为回转体，最大直径为 $\phi 170 \text{mm}$、高度为 133mm，尺寸较大），同时对塑件原材料的分析得知聚碳酸酯（PC）熔体黏度大，流动性较差，所以灯座塑件成型采用一模一件的模具结构。

塑件成型每次需要注射量（含凝料的质量，初步估算为 10g）为 250g。

③ 计算每次注射进入型腔的塑料总体积。

$$V = M/\rho = 250/1.2 = 208.33(\text{cm}^3)$$

根据注射量，查表 2-20 或模具设计手册初选螺杆式注射机，选择 XS—ZY—500 型号，满足注射量小于或等于注射机允许的最大注射量的 80%的要求。设备主参数如表 2-23 所示。

表 2-23　　　　注射机主要技术参数

项　目		设备参数	项　目		设备参数
额定注射量（ cm^3 ）		500	拉杆空间（mm）		1 000
螺杆直径（mm）		65	最大开合模行程（mm）		500
注射压力（MPa）		104	最大模厚（mm）		450
最大注射面积（ cm^2 ）		1000	最小模厚（mm）		300
锁模力（kN）		3 500	模板尺寸（mm）		750×850
两侧顶出	孔径（mm）	$\phi 24.5$	喷嘴	喷嘴圆弧半径（mm）	18
	孔距（mm）	530		喷嘴孔直径（mm）	5

（二）依据最大锁模力初选设备

当熔体充满模腔时，注射压力在模腔内所产生的作用力会使模具沿分型面胀开，为此，注射机的锁模力必须大于模腔内熔体对动模的作用力，以避免发生溢料和胀模现象。

同样以成型制件——灯座（如图 2-1 所示）为例，根据成型所需锁模力初选所需注射机规格。

① 单个塑件在分型面上投影面积 A_1。

$$A_1 \approx 85mm \times 85mm \times \pi = 22\,698\,mm^2$$

② 成型时熔体塑料在分型面上投影面积 A。

由于碳酸酯（PC）熔体黏度大，流动性较差，所以灯座塑件成型采用一模一件的模具结构，所以

$$A = A_1 \approx 22\,698\,mm^2 < 1\,000 \times 10^2\,mm^2$$

③ 成型时熔体塑料对动模的作用力 F。

$$F = Ap = 889.8kN$$

$$F = \frac{Ap}{k} = \frac{22\,698 \times 39.2}{0.8} = 1\,112\,202(N) = 1112.2kN < 3\,500kN$$

式中：p——塑料熔体对型腔的平均成型压力，PC 黏度较高，查表 2-21 可知成型 PC 塑件型腔所需的成型单位压力 $p = 39.2MPa$；

k——安全系数。

④ 初选注射机。根据锁模力必须大于模腔内熔体对动模的作用力的原则，初选 XS—ZY—500 卧式螺杆式注射机，主参数如表 2-23 所示。

1. 注射机分哪几类？各自有何特点？

2. 注射机有哪几个部分组成？各组成部分的作用是什么？

3. 注射模具是否与所使用注射机相互适应，应该从哪几个方面进行校核？

4. 连续作业：现有一塑料制件——电流线圈架制件，如图 2-2 所示。该制件为某电器产品配套零件，需求量大，要求外形美观、使用方便、质量轻、品质可靠。试确定成型设备规格。

任务五　确定塑件成型工艺参数

【能力目标】

1. 能正确确定塑件成型工艺参数。

2. 具有撰写工艺规程、编制塑件制件成型工艺卡的能力。

3. 会正确分析判断影响塑件质量的因素，并能够提出相应改进措施。

【知识目标】

1. 掌握塑件成型工艺参数的含义。

2. 了解各工艺参数确定的依据。

3. 了解温度、压力、时间对塑件质量的影响。

一、任务引入

【案例3】　某企业大批量生产塑料电池盒盖（如图 2-46 所示），要求具有足够的强度和耐磨性能，外表面无瑕疵、美观、性能可靠，试编制该塑件的成型工艺，并设计成型该塑件的模具。

由塑料原料变为成品制件的过程中，注射成型工艺参数的选择与控制是保证塑件质量和顺利成型的关键。前面项目依次完成了原料的选择与分析、成型工艺过程的确定、塑件结构工艺性分析及成型设备的选择。如何保证成型工艺过程的顺利进行，这就是本任务需要完成的内容。本任务初步确定工艺参数，待试模时再根据实际生产状况进行修正。

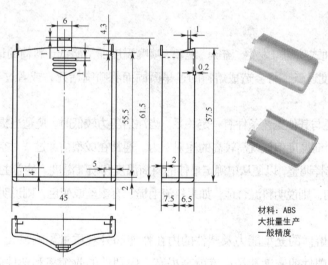

材料：ABS
大批量生产
一般精度

图2-46　电池盒盖

本任务以成型灯座（如图 2-1 所示）为载体，训练学生合理确定注射成型工艺参数的能力。并通过案例 3 电池盒盖（如图 2-46 所示）塑件成型工艺设计，对本项目所学内容进行综合的训练。

二、相关知识

注射成型工艺条件主要是指成型时的温度、压力及时间。

（一）温度

在注射成型中需要控制的温度有影响塑料塑化和流动的料筒温度、喷嘴温度以及影响流动和冷却固化的模具温度等。

1. 料筒温度

注射生产时应对注射机料筒各段分别进行加热和控制。靠近料斗一侧（后端）对加热温度要求最低，是对物料加热的始端，如过热会使物料黏结，影响顺利加料。靠近喷嘴一侧温度最高，通常温度从料斗（后端）到喷嘴（前端）是由低到高，以利于塑料温度平稳地上升，达到均匀塑化的目的。湿度较高的塑料可适当提高料筒后端温度。由于螺杆的剪切摩擦热有助于塑化，螺杆式注射机的料筒前端温度也可略低于中段，以防止塑料的过热分解。

料筒温度一般介于 $T_f(T_m) < T_筒 < T_d$ 之间，其选择涉及诸多因素，注意有以下几个方面。

① 塑料的黏流化温度或熔点。对于非结晶型塑料，料筒温度应控制在塑料的黏流化温度（T_f）以上，对于结晶型塑料应控制在熔点（T_m）以上，但均不能超过塑料的分解温度。

② 聚合物的相对分子质量及其分布。同一种塑料，平均相对分子量愈高、分布愈窄，则熔体黏度愈大，料筒温度应高一些；反之，料筒温度应低一些。

③ 注射机类型。生产同一塑件时，柱塞式注射机的料筒温度一般要比螺杆式高 10℃～20℃。

④ 塑件和模具的结构。对于结构复杂、型腔较深、薄壁，以及带有嵌件的塑件，料筒温度应高一些；反之应低一些。

2. 喷嘴温度

为防止熔料在直通式喷嘴口发生"流涎"现象，喷嘴温度通常略低于料筒的最高温度（$T_嘴 < T_筒$）。但不能过低。喷嘴温度过低，将会造成熔料的过早凝固而将喷嘴堵死，或者过早使凝料注入模腔而影响塑件的质量。

料筒和喷嘴温度还与其他工艺条件有一定关系。当注射压力较低时，应适当提高料筒温度，以保证塑料流动；反之，若料筒温度偏低就需较高的注射压力。通常在成型前通过"对空注射法"或"塑件的直观分析法"来进行选择调整，以便从中确定最佳的料筒温度和喷嘴温度。对空注射时，如果料流均匀、光滑、无泡、色泽均匀，则说明料温合适；如果料流毛糙、有银丝或变色，则说明料温不合适。

3. 模具温度

模具温度对塑料熔体的充型能力及塑件的内在性能和外观质量影响很大。模具温度高，塑料熔体的流动性就好，塑件的密度和结晶度就会提高，但塑件的收缩率和塑件脱模后的翘曲变形会增加，塑件的冷却时间会变长，生产率下降。

模具温度取决于塑料的特性（有无结晶性）、制件的结构及尺寸、制件的性能要求及其成型工艺条件（熔料温度、注射速度、注射压力、成型周期）等。选择模具温度还要考虑制件的壁厚。壁厚薄，模温一般应较高，以便于流动、减小内应力和防止制件出现凹陷等缺陷。

模具温度通过调温系统来控制。一般通过冷却、加热的方法对模具实现温度调整，也可靠熔料注入模具自然升温和自然散热达到平衡而保持一定的模温。但无论采用哪种方法使模具保持模具温度稳定，通常对热塑性塑料熔体而言都是冷却，因此模具温度必须低于塑料的黏性化温度 T_f 和热变形温度 $T_热$，即 $T_g < T_模 < T_f(T_热)$，以保证塑料熔体凝固定型和脱模。

（二）压力

注射成型过程中的压力包括塑化压力、注射压力和保压压力，它们直接影响塑料的塑化和塑件质量。

1．塑化压力（背压）

塑化压力又称背压，是指采用螺杆式注射机时，螺杆头部熔料在螺杆转动后退时所受到的压力，如图 2-3（d）所示。在料筒外电加热和螺杆转动时剪切热的作用下，原料变为黏流态，并在螺杆的前部形成一定的压力。当螺杆头部熔料的压力大于螺杆的背压时，螺杆便开始后退，这时螺杆头部的熔料逐渐增多，增至所需的注射量（即螺杆退回一定距离）时，螺杆即停止转动和后退。一般操作中，塑化压力应在保证塑件质量的前提下越低越好，其具体数值随所用塑料的品种而异，它的大小可以通过液压系统中的溢流阀来调整，通常很少超过 20MPa。对于热敏性塑料（如聚氯乙烯 PVC、聚甲醛 POM、聚三氟氯乙烯等）、熔体黏度大的塑料（如聚碳酸酯 PC、聚砜 PSF、聚苯醚 PPO 等）和熔体黏度很低的塑料（如聚酰胺 PA），应低些。总的来说塑化压力在保证塑件质量的前提下不宜过高。

2．注射压力

注射压力是指注射时注射机柱塞或螺杆头部对塑料熔体所施加的压力，如图 2-3（b）所示。注射压力克服熔体流动阻力，使塑料具有一定的充满型腔的速率，并对熔体进行压实。

注射压力的大小取决于塑料品种、注射机类型、模具结构、塑料制品的壁厚和熔料流程及其他工艺条件，尤其是浇注系统的结构和尺寸。

对于一般热塑性工程塑料，注射压力在 40～130MPa；对于玻璃纤维增强的聚砜、聚碳酸酯等压力则要高些。

3．保压压力

熔体充满模具型腔后，需要一定的保压时间，如图 2-3（c）所示。保压的目的是对型腔内的熔体进行压实，使塑料紧贴于模壁以获得精确的形状，使不同时间和不同方向进入型腔同一部位的塑料熔合成一个整体，补充冷却收缩。

保压压力等于或略小于注射压力。保压压力高，可得到密度较高、尺寸收缩小、力学性能较好的塑件，但保压压力高易产生溢料、脱模后的塑件内残余应力较大，压缩强烈的塑件在压力解除后还会产生较大的回弹，可能卡在型腔内，造成脱模困难。

（三）时间（成型周期）

完成一次注射成型过程所需的时间称为成型周期，它包括以下部分。

成型周期
- 注射时间
  - 充模时间（柱塞或螺杆前进时间）
  - 保压时间（柱塞或螺杆停留在前进位置的时间）
- 模内冷却时间（柱塞后撤或螺杆转动后退的时间均在其中）
- 其他时间（指开模、脱模、喷涂脱模剂、安放嵌件和合模时间）

成型周期直接影响劳动生产率和注射机使用效率。注射成型时，在保证质量的前提下，应尽量缩短成型周期中各个阶段的相关时间。在整个成型周期中，注射时间和冷却时间最重要，它们对塑件的质量均有决定性的影响。注射时间中的充模时间一般为 3～5s；注射时间中的保压时间是对型腔内塑料的压实时间，在整个注射时间内所占的比例较大，通常为 20～25s，特厚塑件可高达 5～

10min。在浇口冻结前，保压时间的多少影响了塑件密度和尺寸精度。保压时间的长短与塑件的结构尺寸、料温、模温以及主流道和浇口的大小等有关。如果主流道和浇口的尺寸合理、工艺条件正常，通常以塑件收缩率波动范围最小的压实时间为最佳值。

冷却时间主要取决于塑件的厚度、塑料的热性能和结晶性能以及模具温度等。冷却时间的长短应以脱模时塑件不引起变形为原则，一般为30～120s。冷却时间过长，不仅延长生产周期，降低生产效率，对复杂塑件还造成脱模困难。成型周期中的其他时间则与生产过程连续化和自动化的程度等有关。

常用的热塑性塑料注射成型工艺参数见表2-24。

表2-24　　　　常用的热塑性塑料成型工艺参数

名称		硬聚氯乙烯 HPVC	软聚氯乙烯 SPVC	低密度聚乙烯 LDPE	高密度聚乙烯 HDPE	聚丙烯 PP	共聚聚丙烯 PP	玻纤增强聚丙烯 GRPP	聚苯乙烯 PS	改性聚苯乙烯 HIPS	丙烯腈—丁二烯—苯乙烯共聚物 ABS	丙烯腈—丁二烯—苯乙烯共聚物 耐热级ABS	丙烯腈—丁二烯—苯乙烯共聚物 阻燃级ABS
材料	收缩率(%)	0.5~0.7	1~3	1.5~4	1.3~3.5	1~2.5	1~2	0.6~0.9	0.4~0.7	0.4~0.7	0.4~0.7	0.4~0.7	0.4~0.7
	密度/(g·cm⁻³)	1.35~1.45	1.16~1.35	0.910~0.925	0.941~0.965	0.90~0.91	0.91	—	1.04~1.06	—	1.02~1.16	1.02~1.16	1.02~1.16
设备	类型	螺杆式	螺杆式	螺杆式	螺杆式	螺杆式	螺杆式	螺杆式	螺杆式	螺杆式	螺杆式	螺杆式	螺杆式
	螺杆转速(r·cm⁻³)	20~40	40~80	60~100	40~80	30~80	30~60	30~60	40~80	40~80	30~60	30~60	20~50
	喷嘴形式	直通式	直通式	直通式	直通式	直通式	直通式	直通式	直通式	直通式	直通式	直通式	直通式
温度(℃)	料筒一区	150~160	140~150	140~160	150~160	150~170	160~170	160~180	140~160	150~160	150~170	180~200	170~190
	料筒二区	165~170	155~165	150~170	170~180	180~190	180~200	190~200	170~180	170~190	180~190	210~220	200~210
	料筒三区	170~180	170~180	160~180	180~200	190~205	190~220	210~220	180~190	180~200	200~210	220~230	210~220
	喷嘴	150~170	145~155	150~170	160~180	170~190	180~221	190~220	160~170	170~180	180~190	200~220	180~190
	模具	30~60	30~40	30~45	30~50	40~60	40~70	30~80	30~50	20~50	50~70	60~85	50~70
压力(MPa)	注射压力	80~130	40~80	60~100	80~100	60~100	70~120	80~120	60~100	60~100	85~120	60~100	60~100
	保压压力	40~60	20~40	40~50	50~60	50~60	50~80	50~80	30~40	50~60	50~60	40~60	40~60
时间(s)	注射	2~5	1~3	1~5	1~5	1~5	1~5	2~5	1~5	1~5	2~5	3~5	3~5
	保压	10~20	5~15	5~15	10~30	5~10	5~15	5~15	10~15	5~15	5~10	15~30	15~30
	冷却	15~30	10~20	15~20	15~30	10~25	10~20	5~15	5~15	5~15	5~15	15~30	15~30
	周期	20~55	10~38	20~40	25~60	15~35	15~40	15~40	20~30	15~30	15~30	30~60	30~60
后处理	方法							红外线烘箱			红外线烘箱	红外线烘箱	
	温度(℃)							70~80			70	70~90	70~90
	时间(h)							2~4			0.3~1	0.3~1	0.3~1
备注									材料预干燥0.5h以上	材料预干燥0.5h以上	材料预干燥0.5h以上	材料预干燥0.5h以上	材料预干燥0.5h以上

续表

名称		丙烯腈-氯化聚乙烯-苯乙烯 ACS	苯乙烯-丁二烯-丙烯腈 AS(SAN)	有机玻璃 PMMA	PMMA	聚甲醛 POM	POM	聚碳酸酯 PC	PC	玻纤增强聚碳酸酯 GRPC	聚矾 PSU	改性聚矾 改性PSU	玻纤增强聚矾 DRPSU
材料	收缩率(%)	0.5~0.8	0.4~0.7	0.5~1.0	0.5~1.0	2~3	2~3	0.5~0.8	0.5~0.8	0.4~0.6	0.4~0.8	—	0.3~0.5
	密度(g·cm⁻³)	1.07~1.10	—	1.17~1.20	1.17~1.20	1.41~1.43		1.18~1.20	1.18~1.20		1.24	0.4~0.8	1.34~1.40
设备	类型	螺杆式	螺杆式	柱塞式	螺杆式	柱塞式	螺杆式	柱塞式	螺杆式	螺杆式	螺杆式	螺杆式	螺杆式
	螺杆转速(r·cm⁻³)	20~30	20~50	—	20~30	—	20~40	—	20~40	20~30	20~30	20~30	20~30
	喷嘴形式	直通式	直通式	直通式	直通式	直通式	直通式	直通式	直通式	直通式	直通式	直通式	直通式
温度(℃)	料筒一区	160~170	170~180	180~200	180~200	170~180	170~190	260~290	240~270	260~280	280~300	260~270	290~300
	料筒二区	180~190	210~230	—	190~230		180~200		260~290	270~310	300~350	280~300	310~330
	料筒三区	170~180	200~210	210~240	180~210	170~190	170~190	270~300	240~280	260~290	290~310	260~280	300~320
	喷嘴	160~180	180~190	180~210	180~200	170~190	170~190	240~250	230~250	240~270	280~290	250~260	280~300
	模具	50~60	50~70	40~80	40~80	80~100	80~100	90~110	90~110	90~110	130~150	80~100	130~150
压力(MPa)	注射压力	80~120	80~120	80~130	80~120	80~130	80~120	100~140	80~130	100~140	100~140	100~140	100~140
	保压压力	40~50	40~50	40~60	40~60	40~60	40~60	50~60	40~60	40~60	40~50	40~50	40~50
时间(s)	注射	1~5	2~5	3~5	1~5	2~5	2~5	1~5	1~5	2~5	1~5	1~5	2~7
	保压	15~30	15~30	10~20	10~20	20~40	20~40	20~80	20~80	20~60	20~80	20~50	20~50
	冷却	15~30	15~30	15~30	15~30	20~40	20~40	20~50	20~50	20~50	20~40	20~40	20~40
	周期	40~70	40~70	35~55	35~55	40~80	40~80	40~120	40~120	40~110	50~130	40~100	40~100
后处理	方法	红外线烘箱	红外线烘箱	红外线烘箱	红外线烘箱	红外线烘箱	红外线烘箱	红外线烘箱	红外线烘箱	红外线烘箱	热风烘箱	热风烘箱	热风烘箱
	温度(℃)	70~80	70~90	60~70	60~70	140~150	140~150	100~110	100~110	100~110	170~180	70~80	170~180
	时间(h)	2~4	2~4	2~4	2~4	1	1	8~12	8~12	8~12	2~4	1~4	2~4
备注		材料预干燥0.5h以上	预干燥0.5h以上	预干燥1h以上	预干燥1h以上	预干燥2h以上	预干燥2h以上	预干燥6h以上	预干燥6h以上	预干燥6h以上	预干燥2~4h	预干燥2~4h	预干燥2~4h

三、任务实施

（一）基本训练——编制灯座制件成型工艺卡

确定制件——灯座（如图2-1所示）成型工艺参数，并编制注射成型工艺卡。

任务四初选螺杆式塑料注射机 XS—ZY—500，注射成型工艺条件的选择可查表2-24。成型 PC 塑料，螺杆转速取为20～40r/min，材料预干燥110℃～120℃，6～8h（见本项目任务二结论 P51）。查表2-24可得 PC 塑料成型工艺参数如下。

① 温度。料筒前端：240℃～270℃，料筒中部：260℃～290℃，料筒后端：240℃～280℃，喷嘴：230℃～250℃，模具：90℃～110℃。

② 压力。注射压力：80～130MPa，保压压力：40～60MPa。

③ 时间（成型周期）。注射时间：1～5s，保压时间：20～80s，冷却时间：20～50s，成型周期：40～120s。

④ 后处理。方法（见本项目任务二结论 P51）：鼓风烘箱，温度：125℃～130 ℃，时间：60～120min。

该制件的注射成型工艺卡片见表2-25。

表2-25　　　　　　　　　　灯座注射成型工艺卡片（范例）

（厂名）		塑料注射成型工艺卡片		资料编号	
车间				共　　页	第　　页
零件名称	灯座	材料牌号	PC	设备型号	XS—ZY—500
装配图号		材料定额		每模制件数	1件
零件图号		单件质量	240.20g	工装号	
零件草图				设备	红外线烘箱
			材料干燥	温度（℃）	110～120
				时间（h）	6～8
			料筒温度（℃）	料筒一区	240～280
				料筒二区	260～290
				料筒三区	240～270
				喷嘴	230～250
			模具温度（℃）		90～110
			时间（s）	注射	1～5
				保压	20～80
				冷却	20～50
			压力（MPa）	注射压力	80～130
				保压压力	40～60
				背压	2～4
后处理	温度（℃）	鼓风烘箱125～130	时间定额（min）	辅助	0.5
	时间（min）	60～120		单件	1～2
检验					
编制	校对	审核	组长	编制	校对	审核

注：注射成型工艺卡片也可以参考某企业表格填写，一般各个企业都有自己的规定表格。

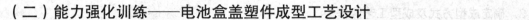

（二）能力强化训练——电池盒盖塑件成型工艺设计

成型塑料制件——电池盒盖（如图 2-46 所示），要求材料为 ABS，大批量生产，试根据前面所学相关知识完成以下工作任务。

① 原材料 ABS 性能分析。

② 选择成型方式及成型工艺流程。

③ 分析制件的结构工艺性。

④ 确定成型设备规格。

⑤ 确定成型工艺参数并编制成型工艺卡片。

1. 原材料 ABS 性能分析

① 分析制件材料使用性能。ABS 属热塑性非结晶型塑料，不透明。ABS 是由丙烯腈、丁二烯、苯乙烯共聚而成的，这 3 种成分各自的特性使 ABS 具有良好的综合力学性能。丙烯腈使 ABS 有良好的耐化学腐蚀性及表面硬度，丁二烯使 ABS 坚韧，苯乙烯使 ABS 有良好的加工和染色性能。根据 ABS 中 3 种成分之间的比例不同，其性能也略有差异，从而可以适应各种不同的需要。根据使用要求的不同，ABS 可分为超高冲击型、高冲击型、中冲击型、低冲击型和耐热型等。

ABS 无毒、无味，呈微黄色，成型的制件有较好的光泽，密度为 1.02～1.05 g/cm³。ABS 有极好的抗冲击强度，且在低温下也不迅速下降。ABS 有良好的机械强度和一定的耐磨性、耐寒性、耐油性、耐水性、化学稳定性和电气性能。水、无机盐、碱和酸类对 ABS 几乎无影响，但在酮、醛、酯、氯代烃中 ABS 会溶解或形成乳浊液。ABS 不溶于大部分醇类及烃类溶剂，但与烃长期接触会软化溶胀。ABS 塑料表面受冰醋酸、植物油等物质的侵蚀会引起应力开裂。ABS 有一定的硬度和尺寸稳定性，易于成型加工，经过调色可配成任何颜色。

ABS 的缺点是耐热性不高，连续工作温度为 70℃左右，热变形温度为 93℃左右，且耐气候性差，在紫外线作用下易变硬发脆。

② 分析塑料成型工艺性能。查表 2-1、表 2-2、表 2-7 及相关资料可知，ABS 属无定形塑料，流动性中等；熔化温度高，黏度对剪切作用不敏感，对注射压力稍敏感些；ABS 易吸水，成型加工前应进行干燥处理，预热干燥 85℃～95℃，时间 4～5h；ABS 易产生熔接痕，模具设计时应注意尽量减小浇注系统对料流的阻力；在正常的成型条件下，其壁厚、熔料温度对收缩率影响极小，在要求制件精度高时，模具温度可控制在 50℃～60℃，而在强调制件光泽和耐热时，模具温度应控制在 60℃～80℃；如需解决夹水纹，需提高材料的流动性，采取高料温、高模温或者改变浇注口位置等方法；成型耐热级或阻燃级材料，生产 3～7 天后模具表面会残存塑料分解物，导致模具表面发亮，需对模具进行及时清理，同时模具表面需增加排气位置。

③ 结论。电池盖制件为某电器产品配套零件，要求具有足够的强度和耐磨性能，中等精度，外表面无瑕疵、美观、性能可靠。采用 ABS 材料，产品的使用性能基本能满足要求，但在成型时，要注意选择合理的成型工艺。

2. 确定成型方式及成型工艺流程

（1）塑件成型方式的选择

所生产制品选择 ABS 工程塑料，属于热塑性塑料，制品需要大批量生产。图 2-46 所示电池盒盖塑件应选择注射成型生产（选择原因同本项目任务一）。

（2）注射成型工艺过程的确定

一个完整的注射成型工艺过程包括成型前准备、注射过程及塑件的后处理 3 个过程。

① 成型前的准备。

a. 对 ABS 原料进行外观检验。检查原料的色泽、粒度均匀度等，要求色泽均匀、细度均匀度。

b. ABS 是吸湿性强的塑料，成型前应进行充分的预热干燥，使含水量降至 0.1% 以下。查表 2-7 及相关模具设计资料。ABS 干燥条件为：干燥 85℃～95℃，时间 4～5h。除去物料中过多的水分和挥发物，防止成型后塑件出现气泡和银丝等缺陷。

c. 生产开始如需改变塑料品种、调换颜色，或发现成型过程中出现了热分解或降解反应，则应对注射机料筒进行清洗。

d. 为了使塑料制件容易从模具内脱出，模具型腔或模具型芯还需涂上脱膜剂，根据生产现场实际条件选用硬脂酸锌、液体石蜡或硅油等。

② 注射过程一般包括加料、塑化、充模、保压补缩、冷却定型和脱模等步骤。

③ 塑件后处理。由于塑件壁厚较薄，精度要求不高，在夏季电池盖塑件没有进行后处理，冬季湿潮环境下有个别塑件发现翘曲变形，参考表 2-7、表 2-24 及相关模具设计资料，可采用以下退火处理工艺。

a. 热水。将水加热到 80℃～100℃，将产品放入 30～40min（与塑件壁厚有关）。

b. 烘箱。把产品放入红外线烘箱里，把烘箱温度调节到 70℃～90℃，时间 15～20min。

3. 分析制件的结构工艺性

制件总体形状为长方形薄壳类零件，如图 2-47 所示，基本尺寸为 45mm × 57.5mm，壁厚 2mm，在端部凸台上有一个三角形倒扣，高 1mm，端部两侧各有一外凸块 4.3mm × 0.3mm，外表面有深度为 0.2mm 凹槽，底部两侧对称分布有 4mm × 5mm ×2mm 的内凸台，成型时需要考虑抽芯机构。

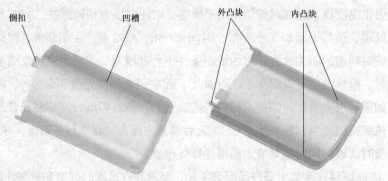

图2-47　电池盒盖

① 塑件的尺寸精度。该塑件要求具有中等精度（一般精度），外表面无瑕疵、美观、性能可靠。重要的尺寸如 45mm、57.5mm、55.5mm，查表 2-8 可知精度为 MT3 级，次重要尺寸如 4.3mm、

5mm、6mm 等，精度为 MT5 级标注（公差标注略，方法同前面训练项目）。

② 塑件的表面粗糙度。查表 2-10 可知，ABS 注射成型时，表面粗糙度的范围在 R_a0.025～1.6 μm，而该塑件表面粗糙度无要求，取为 R_a0.8。

③ 脱模斜度。查表 2-11 可知，材料为 ABS 的塑件，其型腔脱模斜度一般为 35′～1°20′，型芯脱模斜度为 35′～40′，而该塑件为开口薄壳类零件，深度较浅且大圆弧过度，脱模容易，因而不需考虑脱模斜度。

④ 壁厚。塑件的厚度较薄且均匀，为 2mm，利于塑件的成型。

⑤ 圆角。该塑件内、外表面连接处有圆角，有利于塑件的成型。

⑥ 侧孔和侧凹。该塑件有一个 4mm×5mm 内凸台，因而需要采用侧向抽芯成型侧孔，由于在壳体内部，建议采用斜顶杆侧向抽芯机构以简化模具结构。

通过以上分析可见，该塑件结构属于中等复杂程度，结构工艺性合理，不需对塑件的结构进行修改；塑件尺寸精度中等，对应的模具零件的尺寸加工容易保证。注射时在工艺参数控制得较好的情况下，塑件的成型要求可以得到保证。

4．确定成型设备规格

初选注射机规格通常依据注射机允许的最大注射量、锁模力及塑件外观尺寸等因素确定。习惯上依据其中一个设计依据，其余都作为校核依据。

（1）依据最大注射量初选设备

通常保证制品所需注射量小于或等于注射机允许的最大注射量的 80%，否则就会造成制品的形状不完整、内部组织疏松或制品强度下降等缺陷；但制品所需注射量过小，注射机利用率偏低，浪费电能，而且塑料长时间处于高温状态可导致塑料分解或变质，因此，应注意注射机能处理的最小注射量，最小注射量通常应大于额定注射量的 20%。

① 单个塑件体积。

$$V = 7.1574 （cm^3）（过程略）$$

② 单个塑件重量。

$$M = V\rho = 7.372 （g）\qquad（ABS 塑料密度按 \rho = 1.03g/cm^3 计算）$$

③ 塑件成型每次需要注射量。

$$2M + 8 = 23（g）$$

由于塑件尺寸较小，基本尺寸为 45mm×57.5mm，为长方形薄壳类零件，初步按一模两腔选用，加上凝料的质量（初步估算约 8g）。

④ 根据注射量，查表 2-20 选择 XS—Z—30 型号的柱塞式注射机，满足注射量小于或等于注射机允许的最大注射量的 80%。

⑤ 设备主要参数见表 2-26。

表 2-26　　　　　　　　　　　注射机主要技术参数

项　　　目	设备参数	项　　　目	设备参数
额定注射量（cm³）	30	拉杆空间（mm）	235
锁模力（kN）	250	最大开合模行程（mm）	160

续表

项　　目		设 备 参 数	项　　目		设 备 参 数
注射压力（MPa）		119	最大模厚（mm）		180
注射行程（mm）		130	最小模厚（mm）		60
定位圈（mm）		63.5	最大注射面积（cm²）		90
最大注射面积（cm²）		90	模板尺寸（mm）		250×280
两侧顶出	孔径（mm）	$\phi 20$	喷嘴	喷嘴圆弧半径（mm）	12
	孔距（mm）	170		喷嘴孔直径（mm）	4

（2）依据最大锁模力初选设备

当熔体充满模腔时，注射压力在模腔内所产生的作用力会使模具沿分型面胀开，为此，注射机的锁模力必须大于模腔内熔体对动模的作用力，以避免发生溢料和胀模现象。

① 单个塑件在分型面上投影面积 A_1

$$A_1 \approx 45\text{mm} \times 58\text{mm} = 2\,610\text{mm}^2 < 90 \times 10^2\,\text{mm}^2$$

② 成型时熔体塑料在分型面上投影面积 A

由于塑件是长方形薄壳类零件，生产中通常选用一模两腔，初步估算凝料在分型面上投影面积约 600mm²。

$$A = 2 \times A_1 + A_{\text{凝}} = 2 \times 2\,610\text{mm} + 600\text{mm} = 5\,820\text{mm}^2$$

③ 成型时熔体塑料对动模的作用力 F。

$$F = Ap = 199\text{kN} < 250\text{kN}$$

式中：p——塑料熔体对型腔的平均成型压力，查表 2-21 可知成型 ABS 塑件型腔所需的平均成型压力 $p = 34.2\text{MPa}$。

④ 根据锁模力必须大于模腔内熔体对动模的作用力的原则查表 2-20，选择 XS—Z—30 型号的柱塞式注射机，设备主参数见表 2-26。

5．确定成型工艺参数并编制成型工艺卡片

注射成型工艺条件的选择可查表 2-24。

① 温度。料筒一区：150℃～170℃，料筒二区：180℃～190℃，料筒三区：200℃～210℃，喷嘴：180℃～190℃，模具：150℃～70℃。

② 压力。注射压力：60～100MPa，保压压力：40～60MPa。

③ 时间（成型周期）。注射时间：2～5s，保压时间：5～10s，冷却时间：5～15s，成型周期：40～70s。

④ 后处理。方法：热水，温度：80℃～100℃，时间：20～30min。

该制件的注射成型工艺卡片见表 2-27。

表 2-27　　　　　　　　　　　电池盒盖注射成型工艺卡片

（厂名）		塑料注射成型工艺卡片	资料编号		
车间			共　页		第　页
零件名称	电池盒盖	材料牌号	ABS	设备型号	XS—Z—30
装配图号		材料定额		每模制件数	2

续表

（厂名）		塑料注射成型工艺卡片		资料编号		
车间				共　页	第　页	
零件图号		单件质量	7.372g	工装号		
				设备	红外线烘箱	
		材料干燥	温度（℃）	85~95		
			时间（h）	4~5		
		料筒温度	料筒一区	150~170		
			料筒二区	180~190		
			料筒三区	200~210		
			喷嘴（℃）	180~190		
		模具温度（℃）		50~70		
		时间	注射（s）	2~5		
			保压（s）	5~10		
			冷却（s）	5~15		
		压力（MPa）	注射压力	60~100		
			保压压力	40~60		
			塑化压力	2~6		
后处理	温度（℃）	红外线烘箱80~100		时间定额	辅助（min）	0.5
	时间（min）	30~40			单件（min）	0.5~1
检验						
编制	校对	审核	组长	车间主任	检验组长	编制

选用柱塞式注射机，由于塑化效率较差，料筒各段温度适当偏上限值。

习题与思考

1. 塑件成型工艺参数包括哪些内容？

2. 塑化压力、注射压力、保压压力各有何作用？

3. 连续作业：如图 2-32 所示连接座为某电器产品配套零件，需求量大，要求外形美观、使用方便、质量轻、品质可靠。继任务三作业基础上完成以下内容。

（1）确定成型设备规格。

（2）确定成型工艺参数并编制成型工艺卡片。

Chapter 3

项目三

| 注射模具结构设计 |

【能力目标】

1. 会确定型腔数目和合理选择分型面。
2. 具有设计浇注系统及排气、引气系统的能力。
3. 会合理设计注射模具成型零件的结构和计算模具工作部分尺寸。
4. 具有合理选用注射模具标准模架的能力。
5. 会设计注射模具调温系统。
6. 会设计注射模推出机构和侧向分型抽芯机构。
7. 具有绘制中等复杂程度模具工程图的能力。

【知识目标】

1. 掌握注射模浇注系统、排气与引气设计方法。
2. 掌握模架的分类及结构特征。
3. 掌握模具零件结构的设计、计算方法。
4. 了解模具温度对塑件的影响。
5. 掌握各类推出机构工作原理。
6. 熟悉斜导柱侧向分型抽芯机构。
7. 了解模具类配图、零件图的绘制要求。

　　本项目以典型案例——灯座（见图 2-1）、电池盒盖（见图 2-46）等塑件为载体，在前述项目、任务的基础上继续完成分型面的确定与浇注系统的设计、注射模具结构类型及模架的选用、推出机构设计等内容，最终完成模具整体结构设计。

 任务一 分型面的确定与浇注系统的设计

【能力目标】

1. 会确定型腔数目及布局。

2. 具有合理选择塑件分型面的能力。

3. 具有设计浇注系统的能力。

4. 会设计排气与引气系统。

【知识目标】

1. 掌握型腔数量的确定方法和型腔的布局。

2. 掌握注射模浇注系统、排气与引气设计方法。

一、任务引入

在模具结构设计之前首先要确定型腔数目、型腔布局、分型面，设计浇注系统和排气系统。合理确定模腔数量是保证塑件质量、降低生产成本、充分发挥设备生产潜力的前提条件。型腔的布局、分型面的选择、浇注系统设计是确保产品成型和质量的关键。在设计注射模时应同时考虑排气和引气系统的设计。排气是制品成型的需要，而引气则是制品脱模的需要。

本任务通过对型腔数目、型腔的布局、模具分型面、浇注系统和排气系统等相关知识的学习，以前面项目所选案例——灯座（见图 2-1）和电池盒盖（见图 2-45）为载体，培养学生相应的设计能力。

二、相关知识

（一）型腔数量的确定及布置

1. 型腔数量的确定

型腔数量的确定方法有很多种，设计时根据塑件的精度、生产的经济性、具体生产条件等择其一为设计条件，其余视具体情况为校核条件。

① 按注射机的最大注射量确定型腔数 n_1。

$$n_1 \leqslant \frac{km_{\max} - m_j}{m_i}$$

式中：$m_{\max}$——注射机的最大注射量，cm^3 或 g；

m_j——浇注系统及飞边体积或质量，cm^3 或 g；

m_i——单个塑件的体积或质量，cm^3 或 g；

k——最大注射量的利用系数，一般取 0.8。

② 按注射机的锁模力大小确定型腔数 n_2。

$$n_2 \leqslant \frac{F_0 / p - A_j}{A}$$

式中：F_0——注射机的额定锁模力；

p——塑料熔体对型腔的平均成型压力，MPa，见表 2-21；

A_j——浇注系统在模具分型面上的投影面积，mm^2；

A——单个塑件在模具分型面上的投影面积，mm^2。

③ 按塑件的精度要求确定型腔数 n_3。实践证明，每增加一个型腔，塑件的尺寸精度约降低4%。设塑件的基本尺寸为 L（mm），塑件尺寸公差为 $\Delta, x = \Delta/2$，单型腔时塑件可能达到的尺寸公差为 $\pm\delta\%$（POM 为 $\pm0.2\%$，PA 为 $\pm0.3\%$，PC、PVC、ABS 等非结晶型塑料为 $\pm0.05\%$），则有

$$n_3 \leqslant 2\,500 \times \frac{x}{\delta L} - 24$$

由于多模腔难以确保各腔的成型条件一致，所以成型高精度塑件时，模腔不宜过多，通常不超过4腔，且必须采用平衡布置分流道的方式。

④ 按经济性确定型腔数目 n_4。根据总成型加工费用最小的原则，并忽略准备时间和试生产原料费用，仅考虑模具费和成型加工费，则型腔数为

$$n_4 = \sqrt{\frac{NYt}{60C_1}}$$

式中：N——需要生产塑件的总数；

$\quad\quad Y$——每小时注射成型加工费；

$\quad\quad t$——成型周期，min；

$\quad\quad C_1$——每一型腔的模具费用，元。

一般大型薄壁塑件、需三向或四向长距离抽芯塑件等，为保证塑件成型，通常只能采用一模一腔；回转体类零件常采用直接浇口、盘形浇口轮辐式或爪形浇口成型，这类浇口用在普通浇注系统的模具中，模腔数量通常只能是一模一腔。

模具型腔数目必须取 $n_1 \sim n_3$ 中的最小整数值(切记算出之数值不能四舍五入，只能只能舍去小数取整)，n_4 可供参考。若型腔数目接近 n_4 时，则表明可以取得较佳的经济效益。此外，模具型腔数目的选择还应注意模板尺寸、脱模结构、浇注系统、冷却系统等方面的限制。

2．多型腔的布局

① 型腔布置和浇注系统的形式有紧密关系，其排布有平衡式和非平衡式。平衡式布置指主流道到各型腔各段料流通道的长度、截面形状、尺寸都对应相同，从而保证平衡式浇注系统料流阻力相同，容易实现均衡送料和各型腔同时充满，使各型腔的塑件力学性能基本一致。非平衡式布置是指主流道到各型腔的流道长度不相等的布置形式。这种布置形式可缩短流道的总长度，但为了实现各个型腔同时充满的要求，必须将浇口开成不同的尺寸。有时往往需要多次修改，才能达到各型腔同时充满的目的。所以，精度要求特别高的塑件不宜采用非平衡式布置。

型腔布局一般有直线排列、H 形排列、圆形排列等，圆形排列虽然有利于浇注系统的平衡，但所占的模板尺寸大，加工困难。图 3-1 所示为一模十六腔的几种排列方案，从平衡的角度来看，图3-1（b）、图 3-1（c）所示的布置比图 3-1（a）所示的布置好。但图 3-1（a）所示的所需模板尺寸较小，容易加工。

② 为了获得精度较高的塑料制品，多型腔注射模具除达到料流平衡外，还必须达到热平衡。

③ 型腔布置和浇口开设部位应力求对称，以防模具受偏载而出现溢料现象，如图 3-2 所示。

④ 尽可能使型腔排列得紧凑，以减小模具的外形尺寸，如图 3-3 所示。

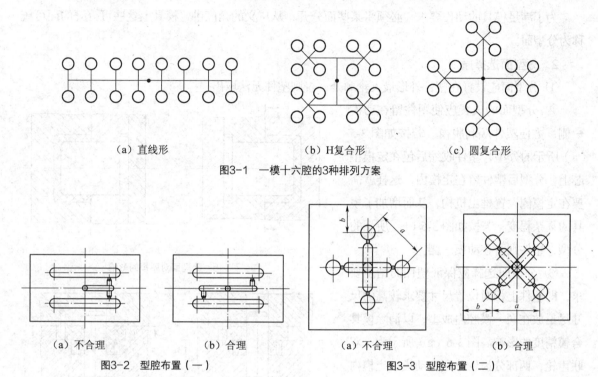

（a）直线形　　　　　　（b）H复合形　　　　　　（c）圆复合形

图3-1　一模十六腔的3种排列方案

（a）不合理　　　（b）合理　　　　　　（a）不合理　　　（b）合理

图3-2　型腔布置（一）　　　　　图3-3　型腔布置（二）

（二）分型面的设计

1. 分型面的基本形式

模具上用以取出塑件和浇注系统凝料的可分离的接触表面称为分型面。分型面按形状分，有平面、垂直、斜平面、阶梯面、曲面，如图 3-4 所示。按照模具定、动模工作零件封闭熔料的形式，分型面还可分为碰穿分型面、插穿分型面和枕穿分型面（网络查询或查阅相关设计资料）。

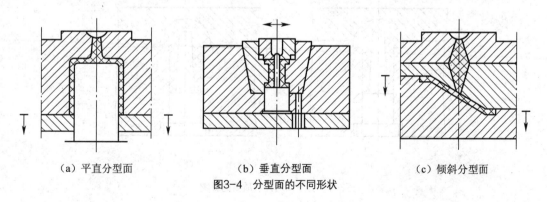

（a）平直分型面　　　　　（b）垂直分型面　　　　　（c）倾斜分型面

图3-4　分型面的不同形状

在图纸上表示分型面的方法是在分型面的延长面上画出一小段直线表示分型面的位置。为更清楚地表示出开模方向，可用箭头表示开模方向或模板可移动的方向。若其中一方不动，另一方移动，用"→"符号表示；若双向移动，用"↔"表示，见图 3-4（b）。如果是多分型面，则用大写字母

（如"A—A"、"B—B"、"C—C"，也可用罗马数字）表示开模的前后顺序。

为了满足模具的动作要求，必须将某些面分开，从广义的角度讲，模具上这些可分开的面可统称为分型面。

2．分型面选择原则

① 分型面应设置在塑件外形最大轮廓处，否则塑件无法取出。

② 分型面的设置应使塑件留在动模一侧，方便塑件顺利脱模。若按如图3-5（a）所示的分型，塑件收缩后包在定模型芯上，分型后塑件留在定模内，这样就需要在定模侧设置推出机构，从而增加了模具的复杂程度；若按如图3-5（b）所示的分型，塑件则留在动模一侧。

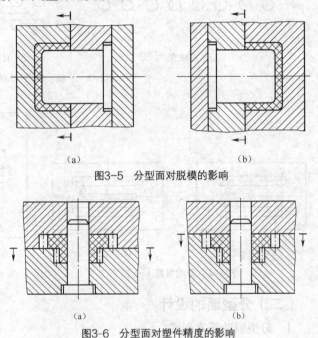

（a）   （b）

图3-5　分型面对脱模的影响

③ 分型面选择应保证塑件的精度要求，即塑件上相对位置尺寸要求较高的尺寸尽量放在同一模腔内成型，以消除模具合模精度的影响。图3-6（a）所示为一双联齿轮，两部分齿轮分别在动模、定模内成型，则受合模精度影响会导致齿轮的同轴度误差增加；若按图3-6（b）所示分型，则能有效提高其同轴度。

（a）   （b）

图3-6　分型面对塑件精度的影响

④ 分型面选择应考虑塑件外观质量。如图3-7所示的塑件，若采用图3-7（b）所示的形式飞边易于清除，不影响塑件外观。

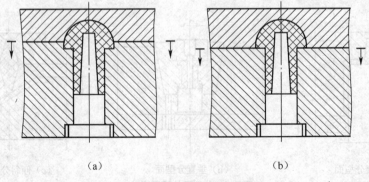

（a）   （b）

图3-7　分型面对外观质量的影响

⑤ 分型面选择应考虑排气效果。分型面应尽量设置在塑料熔体充满的末端处，以利于气体的排除。如图3-8（b）所示结构的排气效果比图3-8（a）所示的结构好。

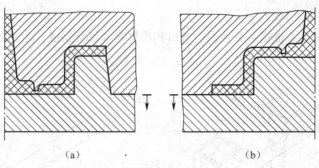

图3-8 分型面对排气效果的影响

⑥ 尽可能满足制品的使用要求。注射成型过程中，脱模斜度、飞边、推杆、浇口痕迹等工艺缺陷是难免的。选择分型面时，应尽量避免工艺缺陷对制件的使用功能造成影响。如图 3-9 所示，图 3-9（a）中制件两端尺寸差异过大，图 3-9（b）所示结构中分别在动模、定模设计型腔，可减小制件轴向上壁厚的差异。

⑦ 有利于防止溢料。一般要求塑件投影面积较大的方向作为主分型面，但当注射机规定的最大成型面积及锁模力受限时，应尽量减小塑件在垂直于开合模方向（垂直于分型面的方向）上的投影面积，以减小所需锁模力。如图 3-10 所示弯板结构制品模具，其中图 3-10（a）结构比图 3-10（b）结构成型所需锁模力较小，能防止溢料。

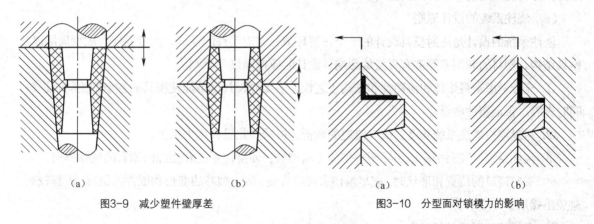

图3-9 减少塑件壁厚差　　　　　　　图3-10 分型面对锁模力的影响

除此之外，选择分型面时还要考虑模具零件制造的难易程度，侧向抽芯方便与否。一般长型芯作为主型芯，短型芯作为侧型芯。

总之，影响分型面的因素很多，设计时在保证塑件质量的前提下，应使模具的结构越简单越好。

（三）浇注系统

浇注系统是指模具中由注射机喷嘴到型腔之间的一段进料通道。浇注系统的作用是将塑料熔体均匀地送到每个型腔，并将注射压力有效地传送到型腔的各个部位，以获得形状完整、质量优良的塑件。浇注系统分普通浇注系统和热流道浇注系统两大类。

1. 普通浇注系统的组成及设计原则

（1）普通浇注系统的组成

普通浇注系统一般由主流道、分流道、浇口和冷料穴4部分组成。常见的注射模具浇注系统如图3-11所示。

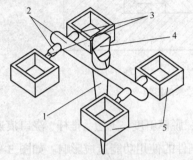

（a）卧式或立式注射机用模具浇注系统　　（b）直角式注射机用模具浇注系统

图3-11　浇注系统的组成

1—主流道　2—分流道　3—浇口　4—冷料穴　5—塑件

主流道是从注射机喷嘴到分流道或型腔为止的塑料熔体的流动通道。分流道是主流道末端与浇口之间塑料熔体的流动通道。浇口是连接分流道与型腔的塑料熔体通道，一般情况下是浇注系统中截面尺寸最小的部位。冷料穴一般设置在主流道的末端，有时分流道的末端也设置冷料穴。冷料穴是为储存料流中的前锋冷料而设置的。

（2）浇注系统的设计原则

浇注系统的设计是注射模设计的一个重要环节，它对塑件的性能、尺寸精度、成型周期以及模具结构、塑料的利用率等都有直接的影响，设计时应遵循以下原则。

① 充分考虑塑料熔体的流动性和结构工艺性，多型腔模具尽可能使模具的各个型腔同时进料，同时充满，保证塑件质量。

② 尽量缩短浇注系统长度，减少流道的弯折，以减少热量和压力损失。

③ 浇注系统应顺利平稳地引导塑料熔体充满型腔，使浇注系统和型腔内原有的气体排出。

④ 确定浇口的位置和形状时，应尽量使去浇口方便，防止型芯的变形和嵌件的位移，流程较短，避免溶接痕。

2. 普通浇注系统的设计

（1）主流道设计

主流道尺寸必须恰当，主流道太大会造成塑料消耗增多，太小使熔体流动阻力增大，压力损失大，对充模不利。通常对于黏度大的塑料或尺寸较大的塑件，主流道截面尺寸应设计得大一些；对于黏度小的塑料或尺寸较小的制品，主流道截面尺寸设计得小一些。

在卧式或立式注射机用模具中，主流道垂直于分型面。主流道的结构形式如图3-12所示，与注射机喷嘴的连接如图2-38所示。主流道形状和尺寸取决于浇口套内腔，浇口套结构、尺寸及材料选用参考国家标准 GB/T 4169.19—2006 设计，其设计要点具体如下。

① 主流道需设计成锥角为 $\alpha = 2° \sim 6°$ 的圆锥形，表面粗糙度 $R_a \leqslant 0.8\mu m$，抛光时沿轴向进行，以便于浇注系统凝料从中顺利拔出。主流道大端与分流道相接处应有过渡圆角，通常 $r' = 1 \sim 3$ mm，以减少料流转向时的阻力。

② 为使塑料熔体完全进入主流道而不溢出，主流道与注射机喷嘴的对接处应设计成半球形凹坑（见图 2-38）；同时为便于凝料的取出，其半径 $R = r + (1 \sim 2)$，其小端直径 D 通常取 $3 \sim 6$ mm（见表 3-1），且与设备喷嘴口部直径 d 之间满足 $D = d + (0.5 \sim 1)$ 的关系。主流道长度由定模板厚度确定，一般 L 不超过 60 mm，否则凝料难以取出，浪费塑料材料。生产中常采用延伸式浇口套（见

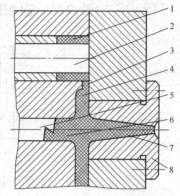

图3-12　常见的注射模具浇注系统
1—塑件　2—型芯　3—浇口　4—分流道　5—拉料杆
6—冷料穴　7—主流道　8—浇口套

图 3-13）或采用缩短主流道的定位圈（见图 3-14），从而达到缩短主流道的作用。采用这种结构要确保主流道的定位圈的入口尺寸 D_0 必须足够大，以保证注射机喷嘴能顺利靠近模具。

表 3-1　　　　　　　　　　　主流道 D 的推荐值　　　　　　　　　　　（mm）

塑 料 品 种	注射机最大注射量/g						
	10	30	60	125	250	500	1 000
PE、PS	3	3.5	4	4.5	4.5	5	5
ABS、PMMA	3	3.5	4	4.5	4.5	5	5
PC、PSU	3.5	4	4.5	5	5	5.5	5.5

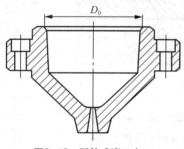

图3-13　延伸式浇口套

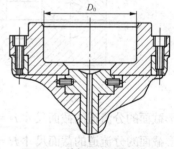

图3-14　缩短主流道的定位圈

③ 由于主流道要承受熔融塑料流的高压冲刷和脱模摩擦，与喷嘴反复接融和碰撞，所以要求具有高的硬度和耐磨性。所以主流道部分常设计成可拆卸的主流道衬套（俗称浇口套），尤其当主流道需要穿过几块模板时更应设置主流道衬套，否则在模板接触面可能溢料，致使主流道凝料难以取出。

④ 为使所安装模具中心与注射机料筒、喷嘴对中，模具上应设有定位圈（见图 2-39），中小型模具定位圈高度一般取 $8 \sim 10$ mm，大型模具定位圈高度一般取 $12 \sim 15$ mm，注射机固定模板定位孔与模具定位圈取较松动的间隙配合 H11/b11 或 $0.1 \sim 0.2$ mm 的小间隙。

⑤ 主流道衬套的结构形式及安装定位如图 3-15 所示，小型模具可将主流道衬套与定位圈设计成整体式，主流道衬套用螺钉固定于定模座板上，如图 3-15（a）所示。图 3-15（b）、图 3-15（c）

和图3-15（d）所示为浇口套与定位圈设计成两个零件的形式，以台阶的形式固定在定模座板上。

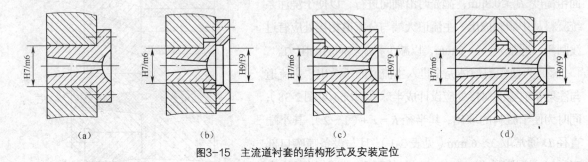

图3-15　主流道衬套的结构形式及安装定位

主流道衬套一般选用碳素工具钢如 T8A、T10A 等，热处理要求 52～56HRC，衬套与定模板的配合可采用 H7/m6。

（2）分流道

多型腔或单型腔多浇口（塑件尺寸大）的模具应设置分流道。分流道即为连接主流道和浇口的进料通道，起分流和转向作用。分流道设计时要求塑料熔体在流动时热量和压力损失小，流道凝料少，各型腔能均衡进料。

常用的分流道截面形状为圆形、正方形、梯形、U 形、半圆形、矩形等，如图3-16所示。圆形和正方形流道截面的比表面积（流道表面积与体积之比）最小，热量损失小，流道的效率最高，但加工困难且正方形、矩形截面流道不易脱模，所以在实际生产中常用梯形、U 形及半圆形截面。

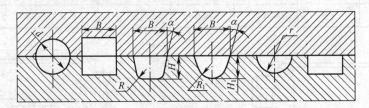

图3-16　分流道的截面形状

梯形截面的分流道的截面尺寸 $H =$（2/3）B，$\alpha = 5° \sim 10°$，$B = 4 \sim 12$ mm。

U 形截面的分流道的截面尺寸 $H = 1.25R_1$，$R_1 = 0.5B$，$\alpha = 5° \sim 10°$。

究竟采用哪一种横截面的分流道，既要考虑各种塑料注射成型的需要，又要考虑制造难易程度。从传热面积考虑，热塑性塑料宜用圆形截面分流道，而热固性塑料的注射模宜用矩形截面分流道。从压力损失考虑，圆形截面分流道最好。从加工方便考虑，宜采用梯形、矩形截面分流道。

分流道截面尺寸应按塑料制品的体积、制品形状和壁厚、塑料品种、注射速率、分流道长度等因素确定。若截面过小，在相同注射压力下，使充模时间延长，制品易出现缺料等缺陷；截面过大，会积存较多空气，制品容易产生气泡，而且流道凝料增多，冷却时间增多。

实际应用中，圆形、正方形、梯形、U 形分流道的大小参考表3-2，根据产品质量或型腔的投影面积来确定，其他截面分流道按截面积相等折算。分流道表面粗糙度 R_a 一般为 1.6 μm 即可，这样，流道内外层流速较低，容易冷却而形成固化表皮层，有利于流道保温。

表 3-2   分流道尺寸与产品质量及型腔投影面积的关系   （mm）

d、B	产品质量（g）	产品投影面积（mm）	d、B	产品质量（g）	产品投影面积（mm）
4	<85	<700	6	85～340	700～1 000
8	85～340	700～1 000	12	大型	>120 000
10	340～800	1000～50 000			

注：产品质量与型腔投影面积不一致时选较大的那个流道尺寸值。

对于圆形、梯形截面分流道的尺寸也可按下面经验公式确定。

$$D(B) = 0.264\sqrt{m}\sqrt[4]{L}$$

$$H = \frac{2}{3}B$$

式中：D、B——分别为圆形分流道的直径及梯形大底边宽度，mm；

　　　m——塑件的质量，g；

　　　L——分流道的长度，mm；

　　　H——梯形的高度，mm。

分流道与浇口的连接处采用斜面和圆弧过渡，如图 3-17 所示，有利于熔体的流动，降低料流的阻力。图 3-17 中 $\alpha_1 = 0.5° \sim 45°$，$\alpha_2 = 30° \sim 45°$，$R_1 = 1 \sim 2$ mm，$L = 0.7 \sim 2$ mm，$R_2 = 0.5 \sim 2$ mm，$R = D/2$。

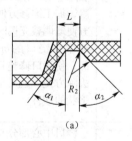 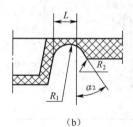 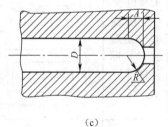

图3-17 分流道与浇口的连接形式

（3）浇口的设计

浇口是连接分流道与型腔的熔体通道。对进入型腔的塑料起控制作用，同时当注射压力撤销后，浇口固化，封闭型腔，防止倒流现象。

按浇口截面尺寸大小的结构特点，浇口可分为限制性浇口和非限制性浇口两大类；按浇口位置可分为中心浇口和边缘浇口；按浇口形状可分为扇形、盘形、轮辐式、薄片式、点浇口、潜伏式、护耳式等。

点浇口是典型的限制性浇口之一，运用范围较广，主要是由于它有以下特点。

● 塑料熔体通过限制性浇口时，流动速率增加，剪切速率增加，使熔体的表观黏度降低，有利于充模。

● 塑料熔体通过限制性浇口时，受到的剪切、摩擦作用大，产生的热能使塑料熔体的温度升高，有利于熔体的流动。

● 浇口截面尺寸小，易控制浇口凝固时间，防止倒流。同时有利于控制补料时间，减小制品的内应力。

● 对一模多腔或采用多浇口进料的模具，各浇口调整比较容易，便于实现各浇口的平衡进料。

● 去浇口容易，浇口的痕迹小，制品的外观好。

非限制性浇口是整个浇口系统中截面尺寸最大的部位，它主要适用于中型、大型筒类、壳类塑件，起引料和进料后的施压作用。

① 浇口的形式、尺寸及特点。浇口的形式很多，尺寸也各不相同，常见的浇口形式、特点及尺寸见表3-3。

表 3-3　　　　　　　　　　　　　　浇口的形式、特点及尺寸

序号	名　称	简　图	尺寸（mm）	特　点
1	直接浇口（主流道型浇口、非限制性浇口）		$\alpha = 2° \sim 4°$	塑料流程短，流动阻力小，进料速度快，适用于高黏度类大而深的塑件（PC、PSU 等）。浇口凝固时间长，去浇口不便
2	侧浇口（边缘浇口、矩形浇口、标准浇口）		$B = 1.5 \sim 5$ $h = 0.5 \sim 2$ $L = 0.5 \sim 2$ $r = 0.5 \sim 2$	浇口流程短、截面小、去除容易，模具结构紧凑，加工维修方便，能方便地调整充模时剪切速率和浇口的冻结时间，使浇口修整和凝料去除方便，适用于各种形状的塑件
3	扇形浇口		$h = 0.25 \sim 1.6$ B 为塑件长度的1/4 $L = (1 \sim 1.3)h$ $L_1 = 6$	浇口中心部分与两侧的压力损失基本相等，塑件的翘曲变形小，型腔排气性好。适用于宽度较大的薄片塑件。但浇口去除较困难，浇口痕迹明显
4	平缝式浇口		$h = 0.20 \sim 1.5$ B 为型腔长度的1/4 至全长 $L = 1.2 \sim 1.5$	适用于大面积扁平塑件，进料均匀，流动状态好，避免熔接痕

续表

序号	名　　称	简　图	尺寸（mm）	特　　点
5	盘形浇口		$h = 0.25 \sim 1.6$ $L = 0.8 \sim 1.8$	适用于圆筒形或中间带孔的塑件。进料均匀，流动状态好，避免熔接痕
6	轮辐浇口		$h = 0.5 \sim 1.5$ 宽度视塑件大小而定 $L = 1 \sim 2$	浇口去除方便，适用范围同环形浇口，但塑件可能留有熔接痕
7	点浇口（橄榄形、菱形浇口）		$d = 0.5 \sim 1.5$ $l = 1.0 \sim 1.5$ $l_1 = 1.0 \sim 1.5$ $\alpha_1 = 6° \sim 15°$ $\alpha = 60° \sim 90°$ $R = 1 \sim 3$ $R_0 = 2 \sim 4$ $c = 0.1 \sim 0.3$	截面小，塑件剪切速率高，开模时浇口可自动拉断，适用于盒形及壳体类塑件
8	潜伏式浇口（隧道式）及牛角浇口	牛角镶件	$\alpha = 40° \sim 60°$ $\beta = 10° \sim 20°$ $L = 2 \sim 3$	属点浇口的变异形式，浇口可自动切断，塑件表面不留痕迹，模具结构简单。不适用于强韧的塑料或脆性塑料
9	护耳式浇口	1—耳槽　2—浇口　3—主流道　4—分流道	$L \leqslant 150$ $H = 1.5 b_0$ $b_0 = $ 分流道直径 $t_0 = (0.8 \sim 0.9)$ 壁厚 $L_0 = 150 \sim 300$	具有点浇口的优点，可有效地避免喷射流动，适于热稳定性差、黏度高的塑料

　　浇口的断面形状常为圆形或矩形，对于圆形截面浇口（如点浇口），浇口的基本尺寸包括直径 d 和长度 L（其他尺寸见表 3-3）；对于矩形截面浇口（如侧浇口），浇口厚度 h 通常取塑件浇口处壁厚 t 的 $1/3 \sim 2/3$ 或 $0.5 \sim 1.5$mm，中小型塑件取浇口宽度 $b = (5 \sim 10)h$，大型塑件取 $b > 10h$。矩形截面浇口尺寸也可以按以下经验公式计算：

$$h = nt$$

$$b = \frac{n\sqrt{A}}{30}$$

式中：A——塑件外表面面积，mm^2；

n——塑料材料系数，与塑料品种有关，PE、PS 为 0.6，POM、PC、PP 为 0.7，CA、PMMA、PA 为 0.8，PVC 为 0.9。

有补缩不足缺陷型腔的浇口宽度可略微修大，修模时尽可能不改变浇口厚度，因为浇口厚度改变对流动阻力较为敏感，并会造成各型腔浇口凝固时间不相同。

另外，不同的浇口形式对塑料熔体的充填特性、成型质量及塑件的性能会产生不同的影响。各种塑料因其性能的差异而对不同形式的浇口会有不同的适应性，设计模具时可参考表 3-4 所列常用塑料所适应的浇口形式。

表 3-4　　　　　　　　常用塑料所适应的浇口形式

浇口尺寸 \ 塑料种类	直接浇口	侧浇口	平缝浇口	点浇口	潜伏浇口	环形浇口	盘形浇口
硬聚氯乙烯（HPVC）	☆	☆					
聚乙烯（PE）	☆	☆		☆			
聚丙烯（PP）	☆	☆		☆			
聚碳酸酯（PC）	☆	☆		☆			
聚苯乙烯（PS）	☆	☆		☆	☆		☆
橡胶改性苯乙烯					☆		
聚酰胺（PA）	☆	☆		☆	☆		☆
聚甲醛（POM）	☆	☆	☆	☆	☆	☆	
丙烯腈—苯乙烯	☆	☆					☆
ABS	☆	☆	☆	☆	☆	☆	☆
丙烯酸酯		☆					

注："☆"表示塑料适用的浇口形式。

② 浇口位置的选择原则。浇口设计很重要的一方面是位置的确定，浇口位置选择不当会使塑件产生变形、熔接痕、凹陷、裂纹等缺陷。一般来说，浇口位置选择要遵循以下原则。

a. 浇口位置的设置应使塑料熔体填充型腔的流程最短、料流变向最少，以减少热量和压力损失。如图 3-18（b）、图 3-18（c）所示效果较好。

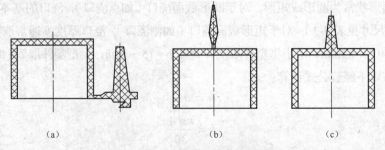

(a)　　　　　　　　　(b)　　　　　　　　(c)

图3-18　浇口位置对填充的影响

b. 浇口位置的设置应避免熔体破裂。小浇口正对着一个宽度都比较大的型腔，则高速的料流经过浇口时，由于受到很高的剪切力作用，将会产生喷射、蠕动（蛇形流）等熔体断裂现象，如图3-19所示。通过加大浇口截面尺寸或采用护耳式浇口，或采用冲击型浇口（见图3-20），即浇口设置在正对型腔壁或粗大型芯的方位，使高速料流直接冲击在型腔和型芯壁上，从而改变流向，降低流速，平稳地充满型腔，使熔体破裂的现象消失。

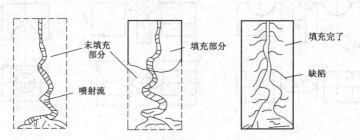

图3-19 熔体喷射造成制品的缺陷

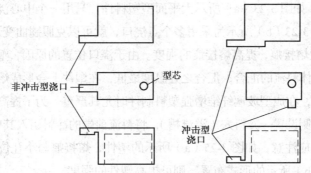

图3-20 冲击浇口克服熔体喷射现象

c. 应有利于排气和补缩。图3-21（a）所示为采用侧浇口，在成型时顶部会形成封闭气囊，在塑件顶部常留下明显的熔接痕；图3-21（b）所示为同样采用侧浇口，但顶部增厚或侧壁减小，料流末端在浇口对面分型面处，排气效果优于前者；图3-21（c）所示为采用点浇口，分型面处最后充满。

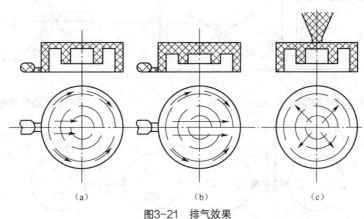

图3-21 排气效果

d. 浇口设在厚壁处，有利于补缩，可避免缩孔、凹痕产生。如图3-22（a）所示浇口，冷却时因浇口首先凝固，塑件收缩时得不到补料，制品会出现凹痕；如图 3-22（b）所示浇口位置选在厚壁处，可以克服凹痕的缺陷；选用图 3-22（c）所示的直接浇口，可以大大改善熔体充模条件，提高制品质量，但去除浇口比较困难。

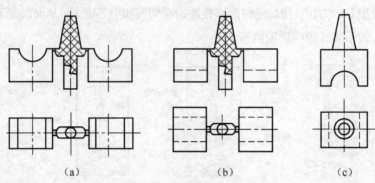

图3-22　浇口位置对制品收缩的影响

e. 避免塑件变形。如图 3-23（a）所示大平面型塑料件，只用一个中心浇口，塑件会因内应力较大而翘曲变形，而图 3-23（b）所示为采用多个点浇口，就可以克服翘曲变形缺陷。

f. 减少或避免产生熔接痕，提高熔接痕的强度。由于浇口位置的原因，塑料熔体充填型腔时会造成两股或两股以上熔体料流的汇合，汇合之处温度最低，在塑件上会形成熔接痕。降低塑件的熔接强度，影响塑件外观，在成型玻璃纤维增强塑料制件时尤其严重。为了提高熔接强度，可以在料流汇合之处的外侧或内侧设置一冷料穴（溢流槽），将料流前端的冷料引入其中，如图 3-24 所示。另外，熔接痕的方向也应注意，如图 3-25（a）所示的塑件，熔接痕与小孔位于一条直线，塑件强度较差；改用图 3-25（b）所示的形式布置，则可提高塑件的强度。

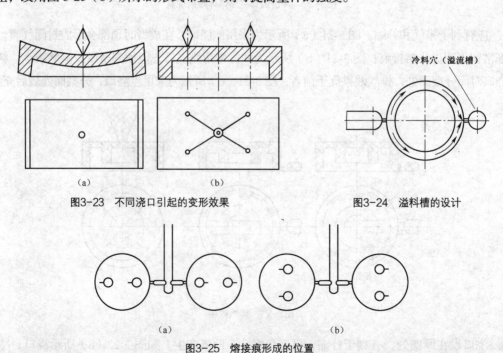

图3-23　不同浇口引起的变形效果　　　图3-24　溢料槽的设计

图3-25　熔接痕形成的位置

g. 应考虑高分子取向对塑料制品性能的影响。图3-26（a）所示为口部带有金属嵌件的聚苯乙烯（PS）制品，由于成型收缩使金属嵌件周围的塑料层产生很大的切向拉应力。如果浇口开设在 A 的位置，则高分子定向和切向拉应力方向垂直，该制品使用不久即开裂。图 3-26（b）所示为聚丙烯盒子，把浇口设在 A 处（两点），注射成型时塑料通过很薄的铰链（厚度0.25mm）充满盖部，在铰链处产生高度的取向，达到了经受万次弯折而不断裂的要求。

对于大型平板类塑件，若仅采用一个如图 3-26（c）所示的中心浇口或一个侧浇口，制品会因分子定向所造成的各向收缩异性而翘曲变形。若改用多点浇口或平缝式浇口，则可有效地克服这种翘曲变形，如图 3-26（d）、图 3-26（e）所示。

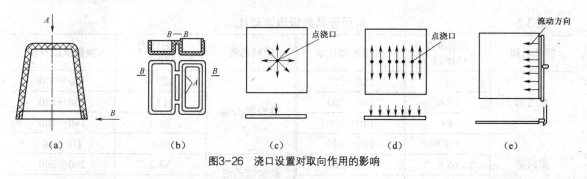

图3-26 浇口设置对取向作用的影响

h. 考虑塑件受力状况。塑件浇口处残余应力大、强度差，故浇口位置不能设置在塑件承受弯曲载荷或受冲击力的部位。

i. 防止型芯变形和偏移。浇口位置不应直对细长型芯的侧面，并尽量使型芯受力均匀，防止型芯产生弯曲变形。图 3-27 所示为改变浇口位置防止型芯变形的情况。图 3-27（a）所示为结构不合理，图 3-27（b）所示为采用两侧进料，可减小型芯变形，但增加了熔接痕，且排气不良，图 3-27（c）所示为采用中心进料，效果最好。

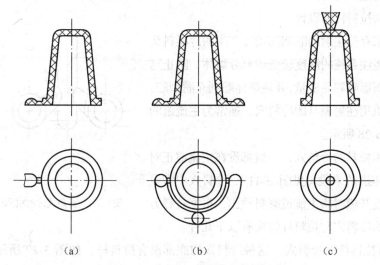

图3-27 改变浇口位置防止型芯变形

j. 校核流动比。流动比是指熔体在模具中进行最长距离的流动时，其各段料流通道的流程长度 L_i 与其对应截面厚度 t_i 比值之和，流动比 K 按下式计算：

$$K = \sum_{i=1}^{n} \frac{L_i}{t_i} \leq \Phi$$

式中：Φ——塑料的极限流动比，查表 3-5。

确定浇口位置时要进行流动比校核。流动比越大，充模阻力就越大，特别是成型高黏度塑料或大型、薄壁塑件时，若流动比超过允许值时会出现充型不足，这时应调整浇口位置或增加浇口数量。几种常用塑料的极限流动比 Φ，见表 3-5，供设计模具时参考。

表 3-5　　　　　　　　　　　　常用塑料的极限流动比

塑料名称	注射压力（MPa）	极限流动比 Φ	塑料名称	注射压力（MPa）	极限流动比 Φ
聚乙烯	147	280～250	硬聚氯乙烯	127.4	170～130
	68.6	240～200		117.6	160～120
	49	140～100		88.2	140～100
聚丙烯	117.6	280～240		68.6	110～70
	68.6	240～200	软聚氯乙烯	88.2	280～200
	49	140～100		68.6	240～160
聚苯乙烯	88.2	300～260	聚碳酸酯	127.4	160～120
聚甲醛	98	210～110		117.6	150～120
尼龙66	88.2	130～90		88.2	130～90
	127.4	160～130	尼龙6	88.2	320～200

以上这些原则在实际应用时，会产生某些不同程度的矛盾，因此在选择浇口时应根据具体情况判断，以获得优良塑件为目标。

（4）冷料穴与拉料杆的设计

冷料穴是用来存储注射间隔期间喷嘴产生的冷凝料头和最先注入模具浇注系统的温度较低的部分熔体，防止这些冷料进入型腔而影响制品质量，并使熔体顺利充满型腔。

直角式注射机用注射模具的冷料穴，通常为主流道的延长部分，如图 3-28 所示。

卧式注射机用模具的冷料穴，一般都设在主流道正对面的动模上或分流道的末段（见图 3-11）。冷料穴中常设有拉料结构，以便开模时将主流道凝料拉出，根据拉料方式的不同，常见的冷料穴与拉料杆结构有以下几种。

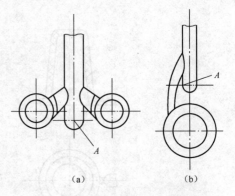

图3-28　直角式注射机用注射模具的冷料穴

① 底部带有拉料杆的冷料穴。这种冷料穴的底部设有拉料杆，如图 3-29 所示。其中图 3-29（a）所示为"Z"字形拉料杆，是最常用的一种拉料杆形式，其拉料杆和推杆固定在推杆固定板上。

"Z"字形拉料杆不适合推件板推出的模具。另外当塑件和凝料被推出时，冷料穴内凝料需要移动侧向移动才能离开"Z"拉料杆。但如图 3-30（a）所示结构由于受螺纹型芯 2 的约束凝料不能作侧向移动，这类模具就不能采用""Z"字形拉料杆"。图 3-29（b）、图 3-29（c）所示分别为带球头形和菌头形拉料杆的冷料穴，其拉料杆固定在型芯固定板上，并不随推件板而移动，凝料在推件板推出塑件的同时从拉料杆上强制脱出，如图 3-30（b）所示，因而一般用于推件板脱模的注射模中。图 3-29（d）所示为分流锥形拉料杆，尖锥还能起到分流作用，拉料杆兼起成型作用，但无储存冷料的作用，它靠塑料收缩的包紧力而将主流道拉住。分流锥形拉料杆常用于单型腔模成型带有中心孔的制品。

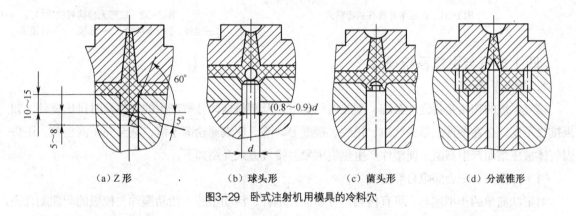

（a）Z 形　　　　（b）球头形　　　　（c）菌头形　　　　（d）分流锥形

图3-29　卧式注射机用模具的冷料穴

② 底部带有推杆的冷料穴。这类冷料穴的底部设一推杆，推杆安装在推杆固定板上。如图 3-31 所示，开模时倒锥或圆环槽起拉料作用，然后利用推杆强制推出凝料。不难理解，这两种结构形式适用于韧性塑料。

③ 底部无拉料杆的冷料穴。在主流道对面的动模板上开一锥形凹坑，起容纳冷料的作用。为了拉出主流道凝料，在锥形凹坑的锥壁上平行于另一锥边钻一个深度不大的小孔（直径 3～5mm，深 8～12mm），如图 3-32 所示。开模时借小孔的固定作用将主流道凝料从主流道衬套中拉出。推出时推杆顶在制品上或分流道上，这时冷料头先朝小孔的轴线移动，然后被全部拔出。为了使凝料产生侧向移动，分流道设计成 S 形或类似的带有挠性的形状。

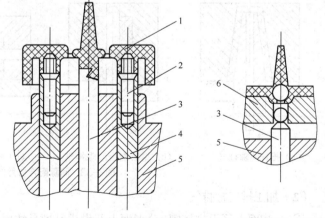

（a）不宜使用Z形冷料穴的结构　　　（b）球头形拉料杆的推出

图3-30　模具的冷料穴

1—制品　2—螺纹型芯　3—拉料杆　4—推杆　5—动模　6—推件板

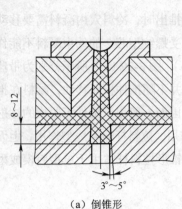
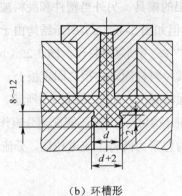
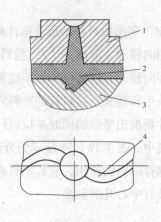

（a）倒锥形　　　　　　　　（b）环槽形
图3-31　底部带有推杆的冷料穴

图3-32　底部无拉料杆的冷料穴
1—定模　2—冷料穴　3—动模　4—分流道

（四）排气与引气系统设计

1．排气系统设计

排气系统的作用是将浇注系统、型腔内的空气以及塑料熔体分解产生的气体及时排出模外。如果排气不良，会在塑件上形成气泡、银纹、接缝等缺陷，使表面轮廓不清，甚至充不满型腔。还会因气体被压缩而产生高温，使塑件产生焦痕现象。排气方式介绍如下。

（1）分型面及配合间隙自然排气

对形状简单的小型模具，可直接利用分型面或推杆、活动型芯、活动镶件与模板的间隙配合进行自然排气，如图3-33所示。

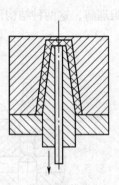
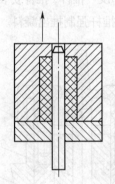
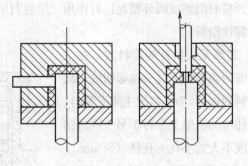
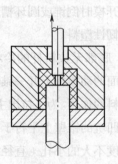

（a）推杆间隙排气　　　（b）型芯配合间隙排气　　　（c）侧型芯间隙排气　　　（d）拼合型芯间隙排气
图3-33　间隙配合自然排气

（2）加工排气槽排气

① 分型面上开设排气槽。分型面上开设排气槽是注射模排气的主要形式。分型面上开设排气槽的形式与尺寸如图3-34所示。通常在分型面型腔一侧开设排气槽，排气槽深度与塑料流动性有关，见表3-6，一般槽深0.01～0.03 mm，槽宽1.5～6 mm，以不产生飞边为限。排气槽最好开设在靠近嵌件、制品壁最薄和最后充满的部位以防止熔接痕的产生。排气口不应正对操作工人，排气槽做成曲线形状，且逐渐增宽，以降低气体溢出时的速度，防止熔料从排气槽喷出而引发人身事故。

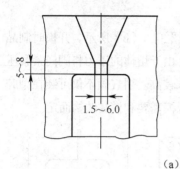
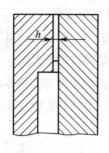
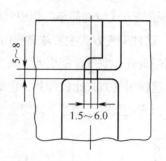
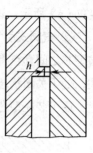

（a）　　　　　　　　　　　　　　　　　　（b）

图3-34　分型面上的排气槽

表 3-6　　　　　　　　　　分型面上排气槽的深度　　　　　　　　　（mm）

塑料品种	深度	塑料品种	深度
聚乙烯（PE）	0.02	聚酰胺（PA）	0.01
聚丙烯（PP）	0.01～0.02	聚碳酸酯（PC）	0.01～0.03
聚苯乙烯（PS）	0.02	聚甲醛（POM）	0.01～0.03
ABS	0.03	丙烯酸共聚物	0.03

② 配合间隙加工排气槽。对于中小型模具，除了利用分型面及配合间隙自然排气外，可以将型腔最后充满的地方做成组合式结构，在过渡、过盈配合面上加工出如图 3-35 所示排气槽。排气槽一般为 0.03～0.04mm，视成型塑料的流动性好差而定。

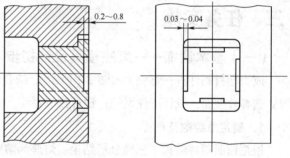

图3-35　配合间隙尺寸

（3）透气金属块排气

若型腔最后充满部分不在分型面上，且附近又无配合间隙可排气时，可在型腔最后充满部分的位置放置一块透气金属块（简称排气塞，用多孔粉末冶金渗透排气），并在透气金属块开设排气通道，如图 3-36 所示。透气金属块应有足够的承压能力，表面粗糙度满足塑件外观要求。

2. 引气系统设计

排气是制品成型的需要，而引气则是制品脱模的需要。

对于一些大型深壳塑料制品，脱模时制品内腔表面与型芯表面之间可能形成真空负压，制品难以脱模，如果采取强行脱模，制品势必变形或损坏，因此，必须设置引气装置。常见引气形式有以下两种。

① 镶拼式侧隙引气。在利用成型零件的配合面上所开设的排气槽排气的场合，其排气间隙在脱模时亦可充当引气间隙。注意，引气槽不仅仅开设在型腔与镶块的配合面之间，还必须延续到模外，以保证气路畅通。与制品接触的部分，引气槽槽深不应大于 0.05 mm，以免溢料堵塞，而其延长部分的深度为 0.2～0.8 mm，如图

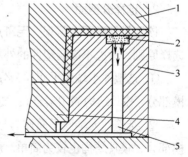

图3-36　透气金属排气
1—型腔　2—烧结金属块　3—型芯
4—型芯固定板　5—通气孔

3-37（a）所示。这种引气方式结构简单，但引气槽容易堵塞。

② 气阀式引气。这种引气方式主要依靠阀门的开启与关闭，如图 3-37（b）所示。开模时制品与型芯之间真空将阀门吸开，空气便能引入。而当熔体注射充模时，由于熔体的压力将阀门紧紧压住，处于关闭状态。这种引气方式比较理想，但阀门的锥面加工要求较高。引气阀不仅可装在型腔上，还可装在型芯上，或在型腔、型芯上同时安装，具体根据制品脱模需要和模具结构而定。

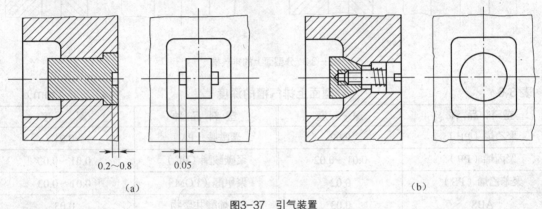

图3-37　引气装置

三、任务实施

（一）基本训练——灯座模具设计初步

成型塑料制件——灯座（如图 2-1 所示），结合前面任务实施内容，继续完成：确定型腔数及布置；选择分型面；设计浇注系统；设计排气系统；设计引气系统等内容。

1. 确定型腔数及布置

根据前面塑件结构工艺性分析结论：灯座为薄壁塑件、深腔类塑件、需三向或四向长距离抽芯塑件等，为保证塑件成型，通常只能采用一模一腔。型腔布置在模具的中间，这样也有利于浇注系统的排列和模具的平衡。因此无须对型腔数目进行计算。

2. 选择分型面

该塑料外形要求美观，无斑点和熔接痕，表面质量要求较高。在选择分型面时，根据分型面的选择原则，考虑不影响塑件的外观质量以及成型后能顺利取出塑件，有两种分型面的选择方案。

① 选塑件小端底平面作为分型面，如图 3-38（a）所示。选择这种方案，侧向抽芯机构设在定模部分，模具结构需用瓣合式，这样在塑件外表面会留有熔接痕，同时增加了模具结构的复杂程度。

② 选塑件大端底平面作为分型面，如图 3-38（b）所示。选择这种方案，侧向抽芯机构设在动模部分，模具结构也较为简单。所以，选塑件大端底平面作为分型面较为合适。

3. 浇注系统的设计

（1）主流道设计

XS—ZY—500 型注射机喷嘴的有关尺寸查表 2-23 可知，喷嘴球半径 $R = 18$ mm，喷嘴孔直径 $d = 5$ mm。根据模具主流道与喷嘴的关系：$R = R_0 + (1\sim2)$mm，$d = d_0 + 0.5$ mm。取主流道球面半径

$R = 20$ mm；主流道的小端直径 $d_0 = 5.5$ mm。

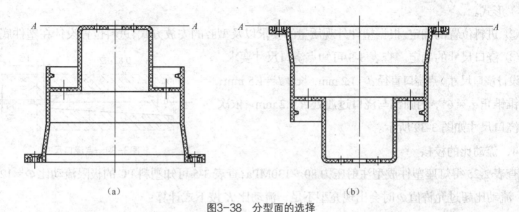

图3-38　分型面的选择

为了便于将凝料从主流道中拔出，将主流道设计成圆锥形，其锥角为 $\alpha = 4°$，表面粗糙度 $R_a \leqslant 0.4\mu m$，抛光时沿轴向进行，以便于浇注系统凝料从其中顺利拔出。同时为了使熔料顺利进入分流道，在主流道出料端设计 $r = 3$ mm 的圆弧过渡。

（2）分流道的设计

分流道的形状及尺寸与塑件的体积、壁厚、形状的复杂程度、注射速率等因素有关。该塑件原料选用黏度较大的 PC，形状比较复杂，壁厚较薄且壁厚均匀，可考虑采用多点进料方式，降低料流阻力，有利于塑件的成型和外观质量的保证。本任务从便于加工的方面考虑，采用截面形状为半圆形的分流道。查表 3-2，按截面积相等折算后，分流道半径取 $R = 6$ mm，分流道长度取决于浇口位置，末端延伸一部分起冷料穴作用。

（3）浇口设计

① 浇口形式的选择。由于该塑件外观质量要求较高，浇口的位置和大小应以不影响塑件的外观质量为前提。同时，也应尽量使模具结构更简单。根据对该塑件结构的分析及已确定的分型面位置，可选择的浇口形式有几种方案，其分析见表 3-7。

表 3-7　　　　　　　　　　　浇口形式选择

类　型	图　示	特　征　分　析
潜伏式浇口		它从分流道处直接以隧道式浇口进入型腔。浇口位置在塑件内表面，不影响其外观质量。但采用这种浇口形式会增加模具结构的复杂程度
轮辐式浇口		中心浇口的一种变异形式。采用几股料进入型腔，易产生熔接痕，缩短流程，去除浇口时较方便，但有浇口痕迹。模具结构较潜伏式浇口的模具结构简单
点浇口		又称针浇口或菱形浇口。采用这种浇口，可获得外观清晰、表面光泽的塑件。在模具开模时，浇口凝料会自动拉断，有利于自动化操作。由于浇口尺寸较小，浇口凝料去除后，在塑件表面残留痕迹也很小，基本上不影响塑件的外观质量。同时，采用四点浇口进料，流程短而进料均匀。由于浇口尺寸较小，剪切速率会增大，塑料黏度降低，提高流动性，有利于充模。但是模具需要设计成双分型面，以便脱出浇注系统凝料，增加了模具结构的复杂程度，但能保证塑件成型要求

综合对塑料成型性能、浇口和模具结构的分析比较，确定成型该塑件的模具采用点浇口（多点进料）形式。

② 进料位置的确定。根据塑件外观质量的要求以及型腔的安放方式，进料位置设计在塑件底部。

③ 浇口尺寸的确定。查表 3-3 可知点浇口尺寸要求，依次设计浇口尺寸。点浇口直径 $d = 1.2$ mm，长度 $l = 1.5$ mm，内圆锥锥角 $\alpha_1 = 6°$，内圆锥与浇口过渡处 $R = 2$ mm。依次设计浇口尺寸如图 3-39 所示。

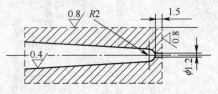

图3-39　点浇口尺寸

4．流动比的校核

查表 2-25 得灯座塑件成型注射压力 80～130MPa，查表 3-5 可知塑料 PC 的极限流动比 $\varPhi = 120～150$，流动比超过允许值 $\varPhi$ 时会出现充型不足，流动比 K 按下式计算：

$$K = \sum_{i=1}^{n} \frac{L_i}{t_i} = 2 \times \frac{60}{7.5} + \frac{79}{6} + \frac{1.5}{1.2} + \frac{79}{3} + \frac{133}{3} \approx 100 \leqslant \varPhi = 120～150 \text{（满足成型要求）}$$

式中流动比 K 计算式，浇注系统凝料高度按 60+60mm 估算，等模架确定后再进行修正。

5．排气和引气系统设计

由于该塑件整体较薄，排气量较小，同时，采用点浇口模具结构，属于中小型模具，充模时分型面最后充满，可利用分型面自然排气，同时模具拼合间隙、推杆配合间隙也可排气。因此无需专门设计排气系统。

该塑件虽然属于薄壳深腔类塑件，但塑件底部多个通孔，在开模及脱模过程中不会形成真空负压现象，因此不需要设计引气系统。

（二）能力强化训练——电池盒盖模具设计初步

成型塑料制件——电池盒盖（见图 2-46），结合任务实施内容，继续完成基础训练相应内容。

1．确定型腔数及布置

根据初选柱塞式注射机 XS—Z—30 型号，注射机主要技术参数见表 2-26。

（1）按注射机的最大注射量确定型腔数 n_1

$$n_1 \leqslant \frac{km_{max} - m_j}{m_i} = \frac{0.8 \times 30 - 8}{7.372} = 2.17$$

式中：m_i——单个塑件的体积或质量，约 7.372g；

　　　m_j——浇注系统及飞边体积或质量，约 8g；

　　　k——最大注射量的利用系数，一般取 0.8；

　　　m_{max}——注射机的最大注射量，g 或 cm³。

（2）按注射机的锁模力大小确定型腔数 n_2

$$n_2 \leqslant \frac{F_0/p - A_j}{A} = \frac{250\,000/34.2 - 600}{2\,610} = 2.57$$

式中：F_0——注射机的额定锁模力；

　　　A_j——浇注系统在模具分型面上的投影面积，mm²；

A——单个塑件在模具分型面上的投影面积，mm^2；

p——塑料熔体对型腔的平均成型压力，$p = 34.2$MPa，见表2-21。

该塑件要求中级精度，对于生产成本、批量没有提出具体要求，因此其余腔数量计算从略。

所以成型塑料制件——电池盒盖模具的型腔数量应为一模两腔，型腔布置采用左右对称平衡式排列。这样也有利于两型腔均衡进料和模具受力的平衡，从而保证制品质量的均一和稳定。

2．选择分型面

该塑料外形要求美观、无斑点和熔接痕，表面质量要求较高。在选择分型面时，根据分型面的选择原则——便于脱模，分型面应设置在塑件外形最大轮廓处。图3-40所示为3种分型面的选择方案，分型面 B—B、C—C 会影响塑件外观，所以选 A—A 作为分型面较为合适。

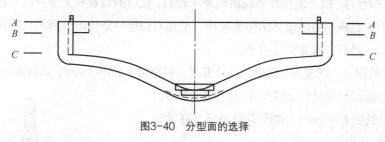

图3-40 分型面的选择

3．浇注系统的设计

（1）主流道设计

XS—Z—30型注射机喷嘴的有关尺寸（如表2-26所示）。因此，主流道球面半径为 $R = 13$ mm。主流道的小端直径为 $d_0 = 4.5$ mm。

为了便于将凝料从主流道中拔出，将主流道设计成圆锥形，如图3-41所示，其锥角为$\alpha = 4°$（推荐$\alpha = 2° \sim 6°$范围内），表面粗糙度$R_a \leqslant 0.8$ μm，抛光时沿轴向进行，以便于浇注系统凝料从其中顺利拔出。同时为了使熔料顺利进入分流道，在主流道出料端设计 $r = 3$ mm 的圆弧过渡。

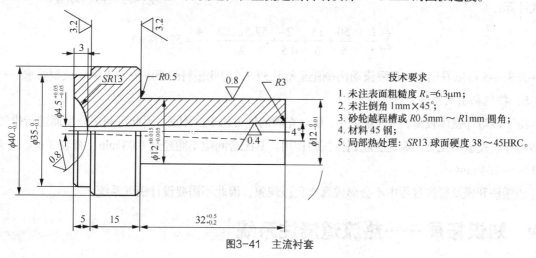

技术要求

1．未注表面粗糙度 $R_a = 6.3$μm；
2．未注倒角 1mm×45°；
3．砂轮越程槽或 $R0.5$mm ~ $R1$mm 圆角；
4．材料 45 钢；
5．局部热处理：$SR13$ 球面硬度 38~45HRC。

图3-41 主流衬套

（2）分流道设计

为使流道中热量和压力损失最小，并且便于加工，采用截面形状为半圆形的分流道，查表3-2，按截面积相等折算后，分流道半径取 $R = 6$ mm，基本尺寸如图 3-42 所示。

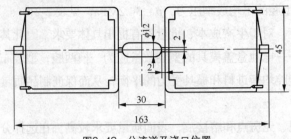

图3-42　分流道及浇口位置

（3）浇口设计

① 浇口形式的选择。由于该塑件外观质量要求较高，浇口的位置和大小应以不影响塑件的外观质量为前提。同时，也应尽量使模具结构更简单。根据对该塑件结构的分析及已确定的分型面的位置，可选择侧浇口，进料位置如图 3-42 所示。

② 浇口尺寸的确定。查表 3-3 侧浇口尺寸要求：宽度 $B = 1.5 \sim 5$ mm；高度 $h = 0.5 \sim 2$ mm；长度 $L = 0.5 \sim 2$ mm。依次初步设计浇口尺寸，宽度 $B = 2$ mm；高度 $h = 0.5$ mm；长度 $L = 2$ mm，如图 3-43 所示。在试模过程中进一步调整。

（4）冷料穴设计

冷料穴有 Z 形、球头形、菌头形和倒锥头形等，其中 Z 形拉料杆的冷料穴应用较普遍，其拉料杆固定在推杆固定板上，尺寸如图 3-43 所示。

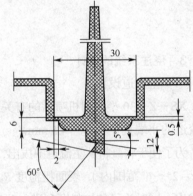

图3-43　Z形冷料穴设计

4．流动比的校核

流动比超过允许值 Φ 时会出现充型不足，流动比 K 按下式计算：

$$K = \sum_{i=1}^{n} \frac{L_i}{t_i} = \frac{50}{5} + \frac{13}{6} + \frac{2}{0.5} + \frac{57.5 + 7.5}{2} + \frac{4}{1} = 52.7 \leqslant \Phi$$

查表 3-5 可以看出一般极限流动比 Φ 值远大于 52.7，因此塑料的极限流动比满足成型要求。

5．排气和引气系统设计

由于该塑件整体较薄，排气量较小，最后充满的地方位于分型面，因此可利用分型面进行排气，当然推杆与模板的配合间隙也能起到排气的作用。其配合间隙不能超过 0.03 mm（查表 3-6）。一般为 $0.03 \sim 0.04$ mm。

该塑件开模及脱模过程中不会形成真空负压现象，因此不需要设计引气系统。

四、知识拓展——热流道浇注系统

热流道浇注系统亦称无流道浇注系统。热流道浇注系统与普通浇注系统的区别在于整个生产过程中，浇注系统内的塑料始终处于熔融状态，压力损失小；没有浇注系统凝料，实现无废料加工，省去了去除浇口的工序。

热流道浇注系统成型塑件时，要求塑件原材料的性能有较强的适应性。

- 热稳定性好。塑料的熔融温度范围宽，黏度变化小，对温度变化不敏感，在较低的温度下具有较好的流动性，在较高温度下也不易热分解。
- 对压力敏感。不加注射压力时塑料熔体不流动，但施加较低的注射压力就流动。
- 固化温度和热变形温度较高。塑件在比较高的温度下即可快速固化，缩短成型周期。
- 比热容小。既能快速冷凝，又能快速熔融。
- 导热性能好。能把树脂所带的热量快速传给模具，加速固化。

目前，在热流道注射成型中应用最多的是聚乙烯、聚丙烯、聚苯乙烯、聚丙烯腈、聚氯乙烯和ABS 等。

热流道可以分为绝热流道和加热流道两种。

（一）绝热流道

绝热流道注射模的主流道和分流道做得相当粗大，这样就可以利用塑料比金属导热差的特性让靠近流道表壁的塑料熔体因温度较低而迅速冷凝成一个固化层，它起着绝热作用，而流道中心部位的塑料仍然保持熔融状态，熔融的塑料通过固化层顺利充填模具型腔，满足连续注射的要求。

1. 单型腔绝热流道

单型腔绝热流道是最简单的绝热流道，也称井坑式喷嘴或者绝热主流道。这种形式的绝热流道在注射机喷嘴与模具入口之间装有一个主流道杯，杯外采用空气隙绝热。杯内有截面较大的储料井（为塑件体积的 1/3～1/2），如图 3-44 所示。井坑式喷嘴只适用于成型周期较短（每分钟不少于 3 次）的单型腔模具。主要用于 PE、PP 等塑料的成型。主流道杯尺寸的推荐值见表 3-8。

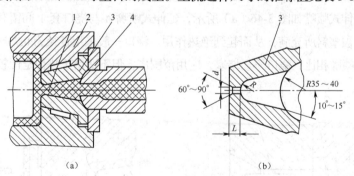

(a)   (b)

图3-44 井坑式喷嘴

1—喷嘴 2—定位圈 3—主流道杯 4—定模

表 3-8　　　　　　　　　　　　主流道杯尺寸

塑件质量（g）	成型周期（s）	d（mm）	R（mm）	L（mm）
3～6	6～7.5	0.8～1.0	3.5	0.5
6～15	9～10	1.0～1.2	4.0	0.6
15～40	12～15	1.2～1.6	4.5	0.7
40～50	20～30	1.5～2.5	5.5	0.8

2．多型腔绝热流道

多型腔绝热流道的主流道、分流道特别粗大，且截面形状多设计为圆形。分流道直径一般在 16～32 mm 内选取，成型周期长，塑件大的取大值，最大可达 74 mm。多型腔绝热流道主要有如图 3-45（a）所示的直接浇口式，如图 3-45（b）所示点浇口式。这两种形式的绝热流道，在注射机开机之前或停机后，必须把分流道两侧的模板打开，取出冷料并清理干净。

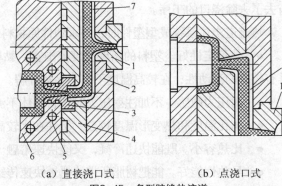

（a）直接浇口式　　　　（b）点浇口式

图3-45　多型腔绝热流道

1—浇口套　2—定模座板　3—二级浇口套
4—分流道板　5—冷却水孔　6—型腔板　7—固化绝热层

（二）加热流道

加热流道是指在流道内或流道的附近设置加热器，利用加热的方法使注射机喷嘴到浇口之间的浇注系统处于高温状态，让浇注系统内的塑料在成型生产过程中一直处于熔融状态，保证注射成型的正常进行。加热流道注射模不像绝热流道那样在使用前或使用后必须清除分流道中的凝料，生产前只要把浇注系统加热到规定的温度，分流道中的凝料就会熔融，注射工作就可开始。因此，加热流道浇注系统的应用比绝热流道广泛。

加热流道浇注系统的形式很多，一般可分为单型腔加热流道、多型腔加热流道等几种。

1．单型腔加热流道

将注射机的喷嘴延伸到与型腔相接的浇口附近，或直接与浇口接触，喷嘴上装有加热器，使浇口处塑料始终保持在熔融状态。为避免喷嘴的热量过多地向型腔板传递，使温度难以控制，造成喷嘴温度下降，熔体凝固或使模温上升，浇口难以冻结，必须采取绝热措施。常见的绝热方法有塑料绝热和空气绝热两种。

塑料绝热的延伸式喷嘴如图 3-46（a）所示，延伸式喷嘴 4 与浇口套 1 间留有不大的间隙，在第一次注射时该间隙被塑料所充满，从而起到绝热作用。浇口一般采用直径为 0.75～1.2 mm 的点浇口，这种浇口与井坑式喷嘴相比，浇口不易堵塞，应用范围广，但不适用于热稳定性较差的塑料成型。

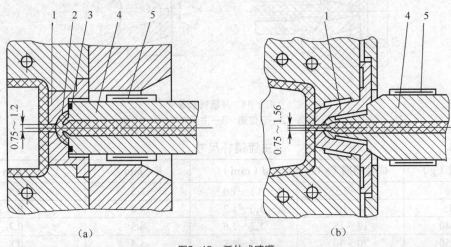

（a）　　　　　　　　　　　　　（b）

图3-46　延伸式喷嘴

1—浇口套　2—塑料绝热层　3—聚四氟乙烯　4—延伸式喷嘴　5—加热圈

空气层绝热的延伸式喷嘴如图 3-46（b）所示，延伸式喷嘴 4 直接与浇口套 1 接触，喷嘴与浇口套之间、浇口套与型腔模板之间除了必要的定位接触外，都留出厚约 1 mm 的间隙，以减小模板间的接触面积。由于与喷嘴头部接触处的型腔壁很薄，为防止被喷嘴顶坏或变形，在喷嘴与浇口套之间应设置环形支承面。

2．外加热式多型腔热流道

外加热式多型腔热流道注射模的主要特点是在模具内设有一个热流道板，热流道板中设有分流道和加热孔道，加热孔道内插入加热元件，使流道中的塑料始终保持熔融状态。外加热式热流道板的形式如图 3-47 所示。分流道截面多为圆形，其直径为 5～15 mm。热流道板要利用绝热材料（如石棉）或空气间隙与模具其余部分隔热。此种类型的模具有直接浇口和点浇口两种形式。图 3-48（a）所示为二级喷嘴前端用塑料作为绝热的点浇口加热流道，二级喷嘴采用铍青铜制造；图 3-48（b）所示为主流道型浇口加热流道，主流道型浇口在塑件上会残留一段料头，脱模后还需把它去除。

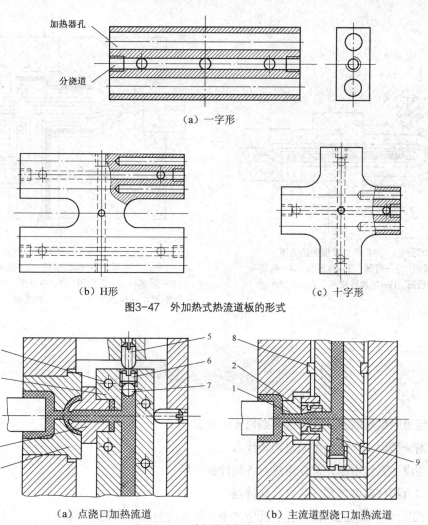

（a）一字形

（b）H形　　　　　　　　　　　　　（c）十字形

图3-47　外加热式热流道板的形式

（a）点浇口加热流道　　　　　　　　　（b）主流道型浇口加热流道

图3-48　外加热式热流道

1—二级浇口套　2—二级喷嘴　3—热流道板
4—加热器孔　5—限位螺钉　6—螺塞　7—钢球　8—垫块　9—堵头

3．内加热式多型腔热流道

内加热式多型腔热流道是在喷嘴与整个流道中都设有管式加热器，塑料熔体在加热器外围流动并始终保持熔融状态。喷嘴外侧处温度最低，形成一层凝固层起绝热作用，如图 3-49 所示。内加热式多型腔热流道的特点是加热效率高、热损失少、可减小加热器的功率，其缺点是塑料熔体在环形流道内的流动阻力大，同时塑料易产生局部过热现象。

4．阀式浇口热流道

在注射成型熔融黏度很低的塑料（如尼龙）时，为避免浇口处出现流涎和拉丝现象，常采用阀式浇口热流道，如图 3-50 所示。在注射和保压阶段，浇口处的针形阀 9 在熔体的压力作用下开启，针形阀后端的弹簧 4 被压缩，塑料熔体通过浇口进入型腔，保压结束后靠弹簧的弹力将针形阀关闭，以避免塑料熔体从浇口流出。这种形式的热流道也需要设热流道板。

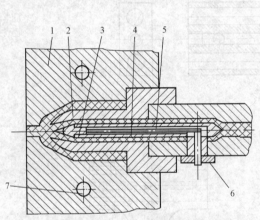

图3-49　内加热式多型腔热流道
1—定模板　2—喷嘴　3—锥形头　4—鱼雷头
5—加热器　6—电源线接头　7—冷却水道

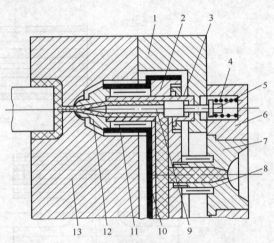

图3-50　多型腔阀式浇口热流道
1—定模座板　2—热坑道板　3—喷嘴　4—弹簧
5—活塞杆　6—定位圈　7—浇口套　8、11—加热器
9—针形阀　10—绝热外壳　12—二级喷嘴　13—定模型腔板

习题与思考

1．确定型腔数目的方法有哪些？如何优化确定？

2．何谓分型面？选择分型面原则是什么？

3．普通浇注系统由哪几部分组成？各起什么作用？

4．浇口有哪些基本类型？各自有何特点？

5．什么是浇注系统的平衡？在实际生产中，如何调整浇注系统的平衡？

6．连续作业：现有一塑料制件——连接座，如图 2-32 所示。该连接座制件为某电器产品配套零件，需求量大，要求外形美观、使用方便、质量轻、品质可靠。要求完成以下内容。

（1）确定型腔数及布置。

（2）选择分型面。

（3）设计浇注系统。

（4）设计排气系统。

（5）设计引气系统。

任务二　设计模具成型零件

【能力目标】

1. 会设计成型零件结构。

2. 会合理计算和校核成型零件工作部分尺寸，并标注尺寸公差。

3. 会分析型腔壁厚和底板厚度受力情况，会运用计算公式和查表法确定型腔壁厚和底板厚度。

【知识目标】

1. 熟悉成型零件工作部分尺寸计算公式中各字符的含义。

2. 掌握各种凹模和型芯的结构特点、适用范围、装配要求。

3. 了解成型零件强度刚度的计算原则。

一、任务引入

直接与塑料接触构成制品形状的零件称为成型零件，其中构成制品外形的成型零件称为型腔（或凹模），构成制品内部形状的成型零件称为型芯（或凸模）。成型零件工作时直接与塑料熔体接触，要承受熔融塑料流的高压冲刷、脱模摩擦等。因此，成型零件不仅要求有正确的几何形状、较高的尺寸精度和较低的表面粗糙度值，而且还要求有合理的结构和较高的强度、刚度及较好的耐磨性。

塑料制件注射成型后的结构与尺寸精度，主要取决于注射模具成型零件。设计注射模的成型零件时，应根据塑件的结构和型腔布局确定型腔结构，根据塑件尺寸、精度确定成型零件型腔的尺寸、精度，并对关键的部位要进行强度和刚度校核。

本任务以塑料制件——电流线圈架（见图 2-2）为载体完成塑料模成型零件设计相关内容的学习。

二、相关知识

成型零件是决定塑件几何形状和尺寸的零件。它是模具的主要部分，主要包括：凹模（型腔）、型芯（凸模）、镶件等。

（一）成型零件结构设计

1．凹模的结构

（1）整体式凹模

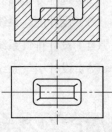

凹模有整体式和组合式两类。整体式凹模如图 3-51 所示，这种凹模结构简单，成型塑件的质量较好，模具强度好，不易变形。但机加工工艺性差，热处理不方便，内尖角处易开裂，维修困难。所以只适用于形状简单的塑件成型。

（2）组合式凹模

组合式凹模是指凹模由两个或两个以上零件组合而成。这种凹模加工

图3-51　整体式凹模

工艺性好，但装配调整困难，有时塑件表面会留有拼接的痕迹。组合式凹模主要用于形状复杂的塑件成型。组合式凹模可分为整体嵌入式、局部镶拼式和四壁拼合式。

① 整体嵌入式凹模。对于多型腔模具，一般情况都是将每个型腔单独加工，然后压入模板中，凹模与模板采用小间隙配合或过渡配合，图 3-52 中，图（a）、（b）、（c）所示，是反装式，其中图（b）、（c）的型腔有方向性，圆形型腔用防转销、骑缝螺钉或平键止转定位，而矩形型腔镶块本身可以防转，只要在镶块短边两侧设计台肩即可紧固；图（d）、（e）所示是正装式，可省去支承板。近几十年来由于 PROE、UG 等设计软件、标准模架和数控加工设备的广泛运用，整体嵌入式模具的应用越来越广泛，特别是图 3-52（d）所示这类结构。

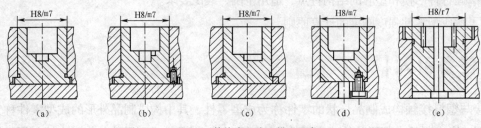

图3-52　整体嵌入式凹模及固定

② 局部镶拼式凹模。对于形状复杂或易损坏的凹模，将难以加工、排气或易损坏的部分设计成镶件形式，嵌入型腔主体上，以方便加工和更换，常用结构如图 3-53 所示。特别是精度较高的深而窄的凸筋，常设计两个镶块紧固到模板中，如图 3-52（d）所示。嵌入部分与凹模也采用过渡配合 H7/m6。

③ 大面积拼合式凹模。对于大型的复杂凹模，可以采用将凹模四壁或底部单独加工后镶入模套中，然后再和底板组合，如图 3-54 所示。

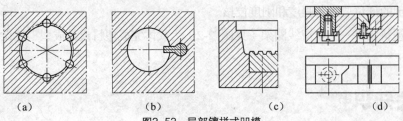

图3-53　局部镶拼式凹模

（3）凹模的技术要求

① 凹模的材料。对一般结构形状较简单的凹模常采用 T8、T10、T10A 钢；对一般形状比较复

杂的凹模常采用 T10A、CrWMn、5CrMnMo、12CrMo、CrWV、5CrNiMo、9Mn2V 等钢制造；对成型用模套常用 T8、T10、T10A、CrWMn 钢；对加强用模套则常用 45、50 钢或 T8、T10 钢。

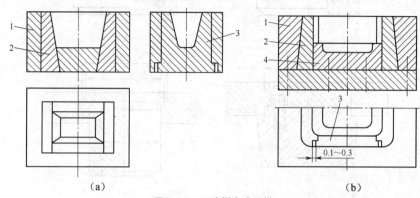

图3-54　四壁拼合式凹模
1—模套　2、3—侧拼块　4—底拼块

② 凹模的热处理。对一般结构形状比较简单的凹模，热处理硬度要求达 45～50HRC；对一般结构形状比较复杂的凹模，则要求热处理硬度达 40～45HRC；一般拼块硬度达 45～50HRC；成型模套硬度达 40～45HRC；模套 35～40HRC。

③ 凹模的表面粗糙度。凹模表面粗糙度一般应达 R_a 为 0.2～0.1μm，当塑件表面粗糙度要求较高或塑料流动性不良时应达 R_a 为 0.10～0.025μm，组合结构的配合面应达 R_a0.8μm，拼块间接合面应达 R_a0.8μm，凹模或模套上下面为 R_a0.8μm，其余为 R_a6.3～3.2μm。

④ 凹模的表面处理。成型表面镀铬，镀铬层深度为 0.015～0.02mm，镀铬后应抛光，达到上述表面粗糙度要求。

⑤ 凹模的加工。凹模套锥度和模块锥度等要求配合严密的部位，设计时均应考虑采用配制加工方法，以保证配合精度。

2. 型芯的结构

型芯是成型塑件内表面的凸状零件，有整体式和组合式两类。

（1）整体式型芯

如图 3-55 所示，其结构牢固，但工艺性较差，同时模具材料耗费多，这类型芯主要用于形状简单的单型腔模具中。

（2）组合式型芯

如图 3-56 所示是将型芯单独加工后镶入模板中组成，这样可以节约贵重模具材料，便于加工，尺寸精度容易保证。当凸模结构复杂或加工困难时，将型芯分成容易加工的几个部分，然后镶拼起来装配入模板中，其相互之间的配合也采用 H7/m6。图 3-56（a）所示的型芯，如采用整体式结构，必然造成加工困难，改用两个小型芯的镶拼结构，分别单独加工，则可使加工工艺大大简化。但当两个小型芯位置十分接近时，由于型芯孔之间的壁很薄，如采用热处理工艺，薄壁部分容易开裂，如用图 3-56（b）所示的结构，仅镶嵌一个小型芯，则可克服上述缺点。图 3-56（c）所示的结构，其中有两处长方形凹槽，如采用整体式结构，难以排气，加工相应困难，改用 3 块镶块分别加工后用铆钉铆合，就可以消除以上缺陷。

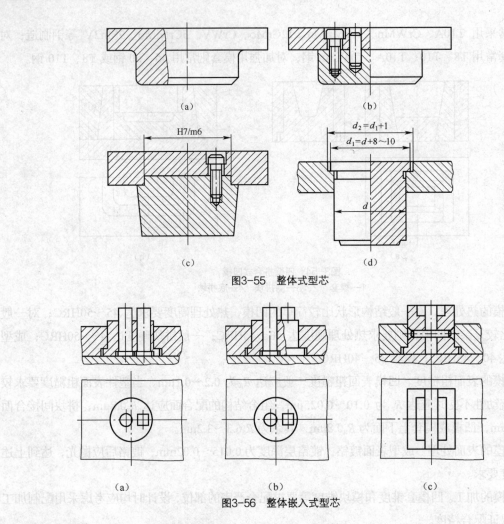

图3-55　整体式型芯

图3-56　整体嵌入式型芯

（3）小型芯

小型芯的固定方法如图 3-57 所示。最为简单的固定方式是压入式，如图 3-57（a）；图 3-57（b）的形式是从正面镶入模板后在反面铆接；图 3-57（c）为最常用的台阶式固定形式；若固定的模板太厚，可采用图 3-57（d）的形式，在下面用一圆柱垫块；图 3-57（e）采用螺钉压紧。图 3-57（c）～（e）型芯与固定板的配合可采用 H7/m6（注意非回转体型芯的防转要求）。

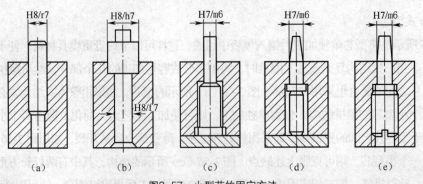

图3-57　小型芯的固定方法

（4）型芯的技术要求

① 型芯材料。型芯常用 T8A、T7A、T10、T10A、Cr12。

② 表面粗糙度。成型部分应达 R_a 为 $0.10 \sim 0.025\mu m$；配合部分应达 $R_a 0.8\mu m$；其余部分应达 R_a 为 $6.3 \sim 1.6\mu m$。

③ 热处理硬度。热处理硬度应达 $45 \sim 50HRC$。

④ 表面处理。成型部分镀铬，镀铬层深度为 $0.015 \sim 0.020mm$，镀铬后应抛光处理。

⑤ 配合加工。对有些零件上同时要求具有同心度很高的孔位或必须经过配合加工才能保证获得同心度要求时，则必须采用配合加工。

⑥ 合理标注尺寸。当型芯采用台肩固定时，其尺寸标注应满足塑件尺寸要求。如图 3-58 所示，图 3-58（a）装配后不可能保证型芯 A 面与 B 面齐平；并与上模间产生空隙。改用图 3-58（b）所示的尺寸标注法，型芯凸肩的底面 A' 在组装后保证高出 B' 平面，然后一起磨平，这样即可保证达到平齐要求。

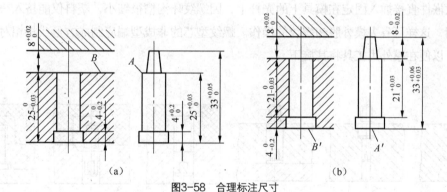

图3-58　合理标注尺寸

3. 螺纹型芯与螺纹型环

（1）螺纹型环的结构

螺纹型环常见的结构如图 3-59 所示，图 3-59（a）是整体式的螺纹型环，型环与模板的配合用 H8/f8，配合段长 $5 \sim 10mm$，为了安装方便，配合段以外制出 $3° \sim 5°$ 的斜度，型环下端可铣削成方形，以便用扳手从塑件上拧下；图 3-59（b）是组合式型环，型环由两个半瓣拼合而成，两个半瓣之间用定位

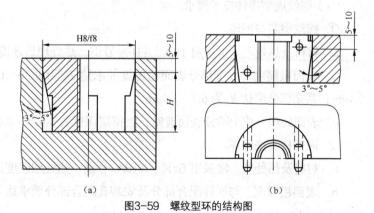

图3-59　螺纹型环的结构图

销定位。成型后用尖劈状卸模器楔入型环两边的楔形槽撬口内，使螺纹型环分开；组合式型环卸螺纹快而省力。但是会在成型的塑料件外螺纹上留下难以修整的拼合痕迹，因此这种结构只适用于精度要求不高的粗牙螺纹或断续螺纹的成型。

（2）螺纹型芯的结构

螺纹型芯按用途分为直接成型塑件上螺纹孔和固定螺母嵌件两种。两种螺纹型芯在结构上没有原则上的区别。用来成型塑件上螺纹孔的螺纹型芯在设计时必须考虑塑料收缩率，表面粗糙度要小（$R_a < 0.4\mu m$），一般应有 0.5°的脱模斜度，螺纹始端和末端按塑料螺纹结构要求设计，以防止从塑件上拧下时拉毛塑料螺纹；而固定螺母的螺纹型芯不必放收缩率，按普通螺纹制造即可。螺纹型芯安装在模具上，成型时要可靠定位，不能因合模振动或料流冲击而移动；且开模时能与塑件一道取出，便于装卸；螺纹型芯与模板内安装孔的配合用 H8/f8。

螺纹型芯在模具上安装的形式如图 3-60 所示，图 3-60（a）～（c）是成型内螺纹的螺纹型芯；图 3-60（d）～（f）是安装螺纹嵌件的螺纹型芯；图 3-60（a）是利用锥面定位和支承的形式；图 3-60（b）是利用大圆柱面定位和台阶支承的形式；图 3-60（c）是用圆柱面定位和垫板支承的形式；图 3-60（d）是利用嵌件与模具的接触面起支承作用，以防止型芯受压下沉；图 3-60（e）是将嵌件下端以锥面镶入模板中，以增加嵌件的稳定性，并防止塑料挤入嵌件的螺纹孔中；图 3-60（f）是将小直径螺纹嵌件直接插入固定在模具上的光杆上，因螺纹牙沟槽很细小，塑料仅能挤入一小段，并不妨碍使用，这样可省去模外脱卸螺纹的操作。螺纹型芯的非成型端应制成方形或将相对两边铣成两个平面，以便在模外用工具将其旋下。

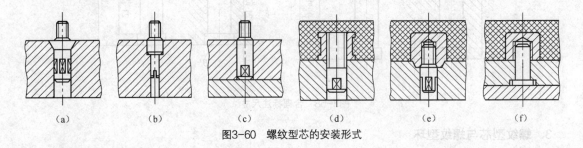

| (a) | (b) | (c) | (d) | (e) | (f) |

图3-60　螺纹型芯的安装形式

（3）螺纹成型零件技术要求

① 螺纹型芯与型环。

a. 材料及热处理。常采用 T8A、T10A 号钢，热处理后硬度达 40～45HRC。

b. 表面粗糙度。成型部分表面粗糙度要求达 R_a 为 0.20～0.10μm；配合部分应达 R_a 为 0.8～0.4μm；其余部分应达 R_a 为 6.3～1.6μm。

c. 表面处理。成型部分表面镀铬，镀铬层深度为 0.015～0.020mm，镀铬后应抛光处理。

② 嵌件杆及嵌件环。

a. 材料及热处理。常采用 Gr12、T10A 号钢，热处理硬度达 40～45HRC。

b. 表面粗糙度。与嵌件配合部分及安装孔配合部分要求达 R_a 为 0.80～0.40μm；其余部分应达 R_a 为 6.3～1.6μm。

（二）成型零件工作尺寸的计算

成型零件的工作尺寸是指凹模和型芯直接构成塑件的尺寸。由于影响塑件尺寸的因素很多，特别是塑料收缩率的影响，所以其计算过程比较复杂。

1．影响成型零件尺寸的因素

① 成型收缩率的波动（δ_s）。塑料的收缩率不是固定值，工艺条件、塑料批号、塑件结构、模具结构等都会影响收缩率的变化。由此引起的塑件尺寸误差δ_s可用下列公式表示

$$\delta_s = (S_{max} - S_{min})L_s$$

式中：S_{max}——塑件的最大收缩率；

S_{min}——塑件的最小收缩率；

L_s——塑件的基本尺寸。

② 模具成型零件的制造公差（δ_z）。模具成型零件的制造公差直接影响塑件的尺寸公差，成型零件的精度高，则塑件的精度也高。模具设计时，成型零件的制造公差δ_z可选为塑件相对于公差Δ的$1/4 \sim 1/3$，或选IT7～IT8级精度，表面粗糙度在$R_a 0.05 \sim 0.8 \, \mu m$范围内选取，一般比塑件相应表面粗糙度的要求高1～2级。

③ 模具成型零件的磨损（δ_c）。模具使用过程中由于塑料熔体、塑件对模具的作用，成型过程中可能产生的腐蚀气体的锈蚀以及模具维护时重新打磨抛光等，均有可能使成型零件发生磨损。在计算成型零件工作尺寸时，磨损量δ_c应根据塑件的产量、塑件品种、模具材料等因素来确定。一般说来，对中小型塑件，最大磨损量δ_c可取塑件公差Δ的$1/6$，对于大型塑件则取塑件公差Δ的$1/6$以下。

此外，模具成型零件配合间隙变化误差δ_j、水平飞边厚度的波动、模具装配引起的误差δ_a等都会影响塑件的尺寸精度。

为保证塑件精度须使上述因素造成的误差总和小于塑件所允许的公差值Δ，即

$$\delta = \delta_s + \delta_c + \delta_z + \delta_j + \delta_a \leqslant \Delta$$

2．成型零件工作尺寸的计算及校核

（1）成型零件工作尺寸的计算

计算模具成型零件基本的公式为

$$L_M = \left(1 + \overline{S}\right) \times L_s$$

式中：L_M——模具成型零件在常温下的实际尺寸；

L_s——塑料在常温下的实际尺寸；

$\overline{S}$——成型塑料的平均收缩率，%。

从表2-3或附表1查找常用塑料的最大收缩率S_{max}和最小收缩率S_{min}，$\overline{S} = \dfrac{S_{max} + S_{min}}{2} \times 100\%$。

以上是仅考虑塑料收缩率时，模具成型零件工作尺寸的计算公式。若考虑其他因素，则模具成型工作尺寸的计算公式就会有不同形式。现介绍一种常用的计算方法——平均值计算法，如图3-61和表3-9所示。

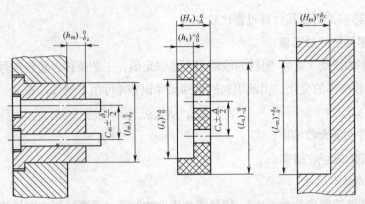

图3-61　成型零件工作尺寸和塑件尺寸的关系

表 3-9　　　　　　　　　　　　成型尺寸计算公式

磨损规律[①]	尺寸类型	计算公式
磨损增大（型腔）	径向尺寸（直径、长、宽）	$(L_M)_0^{+\delta_z} = \left[(1+\bar{S})L_s - \dfrac{3}{4}\Delta\right]_0^{+\delta_z}$
	深度	$(H_M)_0^{+\delta_z} = \left[(1+\bar{S})H_s - \dfrac{2}{3}\Delta\right]_0^{+\delta_z}$
磨损增大（型芯）	径向尺寸（直径、长、宽）	$(l_M)_{-\delta_z}^0 = \left[(1+\bar{S})l_s + \dfrac{3}{4}\Delta\right]_{-\delta_z}^0$
	高度	$(h_M)_{-\delta_z}^0 = \left[(1+\bar{S})h_s + \dfrac{2}{3}\Delta\right]_{-\delta_z}^0$
磨损不变	中心距等	$(C_M)\pm\dfrac{1}{2}\delta_z = \left[(1+\bar{S})C_s\right]\pm\dfrac{1}{2}\delta_z$

注：① 该表"磨损规律"是针对模具成型零件工作部分长期使用磨损而言，一般与塑件使用时磨变变化相反。

② 表中各尺寸偏差的标注必须符合图3-61所示规定，符号注释如下：

L_M、l_M——型腔、型芯径向极限工作尺寸，单位 mm；　　　　L_s、l_s——塑件的径向极限尺寸，单位 mm；

H_M、h_M——型腔、型芯高度极限工作尺寸，单位 mm；　　　　C_M——模具中心距尺寸，单位 mm；

H_s、h_s——塑件高度极限尺寸，单位 mm；　　　　　　　　　C_s——塑件中心距尺寸，单位 mm；

$\bar{S}$——塑件的平均收缩率；　　　　　　　　　　　　　　　Δ——塑件的尺寸公差，单位 mm；

δ_z——模具制造精度，取（1/8～1/3）Δ，精度高时取小值，反之取大值。

　　1. 表3-9中公式所涉及塑料的收缩率均为平均收缩率，精密塑件按实际收缩率带入。

　　2. 在型腔、型芯径向尺寸以及其他各类尺寸计算公式所涉及的无论是塑件尺寸还是成型模具零件尺寸的标注都按"入体"原则标注。即满足"凸负凹正，中心对正"的原则。

　　3. 在进行模具尺寸计算时，首先要对于塑件上所标注尺寸公差按要求进行转化，以免带入公式时出错。

（2）成型零件工作尺寸的校核

按平均收缩率法计算模具工作尺寸有一定误差，这是因为在上述公式中的 δ_z 及 x 系数取值凭经验确定，为保证塑件实际尺寸在规定的公差范围内，尤其是对于高精度或尺寸较大且收缩率波动范围较大的塑件，需要对成型尺寸进行校核。其校核的条件是各种造成的塑件尺寸误差的总和应小于塑件所允许的公差值Δ。

型腔或型芯的径向尺寸：$\quad(S_{max}-S_{min})L_s（或l_s）+\delta_z+\delta_c<\Delta\quad(\delta_c=\Delta/6)$

型腔深度或型芯高度尺寸：$\quad(S_{max}-S_{min})H_s（或h_s）+\delta_z<\Delta$

塑件的中心距尺寸：$\quad(S_{max}-S_{min})C_s+\delta_z<\Delta$

校核后左边的值与右边的值相比越小，所设计的成型零件尺寸越可靠。否则应提高模具制造精度，降低许用磨损量，特别是选用收缩率波动小的塑料或通过控制塑料收缩率波动范围（$S_{max}\sim S_{min}$）来满足塑件尺寸精度的要求。

> 1. 影响塑件公差的因素中，δ、δ和δ是主要的。
>
> 2. 在生产大尺寸塑件时，δ对塑件公差影响很大，此时应着重设法稳定工艺条件和选用收缩率波动小的塑料，并在模具设计时，慎重估计收缩率，单靠提高成型零件的制造精度没有实际意义，也不经济实用。
>
> 3. 在生产小尺寸塑件时，δ和δ对塑件公差的影响比较突出。
>
> 4. 在精密成型中，减小成型工艺条件的波动是一个很重要的问题，单纯地依靠提高成型零件的尺寸公差来保证塑件尺寸是难以达到要求的。
>
> 5. 成型零件工作尺寸公差校核时，一般仅校核尺寸最大和精度最高的几个塑件尺寸，其余可以忽略。

【案例4】 生产如图3-62（a）所示防护罩，材料为ABS，采用注射成型大批量生产，成型零件结构如图3-62（b）、图3-62（c）所示，试依据表3-9公式计算图中尺寸所对应的型腔和型芯尺寸公差，并进行校核。

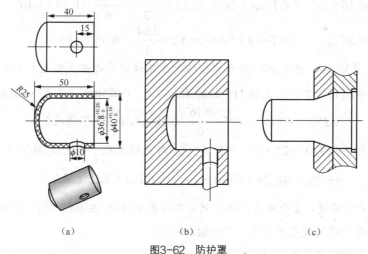

图3-62 防护罩

查附表1得ABS的最大收缩率 $S_{max}=0.7\%$，最小收缩率 $S_{min}=0.4\%$，平均收缩率为 $\overline{S}=0.55\%$，收缩率波动范围 $S_{max}-S_{min}=0.3\%$，查常用塑件材料分类和公差等级选用国家标准GB/T 14486—2008（见表2-8）确定ABS塑件的高级精度为MT2，未注尺寸精度等级为MT5，继而查表2-9确定相应尺寸公差。型腔、型芯主要工作尺寸计算见表3-10。$\phi_0^{+0.16}$属于MT1级精度，建议与用户协调在满足使用要求的前提下降低精度，否则要严格控制影响塑件精度各个因素，确保塑件质量。型腔、型芯主要工作尺寸计算见表3-10。

表 3-10　　　　　　　　　　模腔和型芯工作尺寸计算　　　　　　　　　　（mm）

磨损规律	零件名称	塑件尺寸公差	计算公式	工作尺寸
磨损增大（型腔）	径向尺寸	$\phi40^{+0.16}_0 \rightarrow \phi40.16^{\ 0}_{-0.16}$ ①（MT1）	$(L_M)^{+\delta_z}_0=\left[(1+\bar{S})L_s-\dfrac{3}{4}\Delta\right]^{+\delta_z}_0$	$\phi40.3^{+0.05}_0 \rightarrow 40.3^{+0.025}_0$ ②
		$R25\pm0.24 \rightarrow R25.24^{\ 0}_{-0.48}$ ①（A类）		$25.0^{\ 0}_{-0.16}$
	深度尺寸	$50\pm0.42 \rightarrow 50.42^{\ 0}_{-0.84}$ ①（B类）	$(H_M)^{+\delta_z}_0=\left[(1+\bar{S})H_s-\dfrac{2}{3}\Delta\right]^{+\delta_z}_0$	$50.1^{+0.28}_0$
		$40\pm0.38 \rightarrow 40.38^{\ 0}_{-0.76}$ ①（B类）		$40.1^{+0.19}_0$
磨损增大（型芯）	径向尺寸	$36.8^{+0.26}_0$ （MT2）	$(l_M)^{\ 0}_{-\delta_z}=\left[(1+\bar{S})l_s+\dfrac{3}{4}\Delta\right]^{\ 0}_{-\delta_z}$	$37.2^{\ 0}_{-0.09}$
		$10\pm0.14 \rightarrow 9.86^{+0.28}_0$（A类）		$10.1^{\ 0}_{-0.09}$
	高度尺寸	$48.4\pm0.32 \rightarrow 48.08^{+0.64}_0$ ①（A类）	$(h_M)^{\ 0}_{-\delta_z}=\left[(1+\bar{S})h_s+\dfrac{2}{3}\Delta\right]^{\ 0}_{-\delta_z}$	$48.8^{\ 0}_{-0.21}$
		$40\pm0.32 \rightarrow 39.68^{+0.64}_0$ ①（A类）		$40.32^{+0.21}_0$
磨损不变	中心距	15 ± 0.29 （B类）	$(C_M)\pm\dfrac{1}{2}\delta_z=\left[(1+\bar{S})C_s\right]\pm\dfrac{1}{2}\delta_z$	15.1 ± 0.15

注：① 根据塑件尺寸偏差标注规定转化而得。

　　② 校核后尺寸公差。

对成型尺寸校核如下

径向尺寸：$\phi40.16^{\ 0}_{-0.16}$　　（0.7-0.4）% × 40.16 + $\dfrac{0.16}{3}$ + $\dfrac{0.16}{6}$ = 0.20 > 0.16　　　　（不满足）

深度尺寸：$\phi50.32^{\ 0}_{-0.64}$　　（0.7-0.4）% × 50.32 + $\dfrac{0.64}{3}$ = 0.36 < 0.64　　　　（满足）

收缩率波动在 0.3%时，塑件 $\phi40^{+0.16}_0$ 尺寸校核时发现该塑件部分成型尺寸公差大于塑件所允许尺寸公差，将该尺寸模具加工精度 δ_z 按IT7 级标注，即 $\delta_z=0.025$mm（见表3-10右列所示），则

$$0.3\% × 40.16 + 0.025 + \dfrac{0.16}{6} = 0.18 > 0.16 \quad （不满足）$$

将塑件收缩率波动控制在 0.25%时，塑件 $\phi40^{+0.16}_0$ 对应模腔尺寸精度 δ_z 按IT7 加工，则

$$0.25\% × 40.16 + 0.025 + \dfrac{0.16}{6} = 0.152 < 0.16 （满足）$$

因此，为保证塑件精度，生产中应严格控制塑件收缩率波动 在0.25%的范围之内。在下达生产任务及编写技术文件（模塑成型工艺卡）时必须注明。

（3）螺纹型环和螺纹型芯工作尺寸的计算

螺纹塑件从模具中成型出来后，径向和螺距尺寸都要收缩变小，为了使螺纹塑件与标准金属螺纹有较好的配合，提高成型后塑件螺纹的旋入性能，成型塑件的螺纹型环或型芯的径向尺寸时应考虑收缩率的影响。

螺纹型环的工作尺寸属于型腔类尺寸，而螺纹型芯的工作尺寸属于型芯类尺寸。螺纹连接的种类很多，配合性质也各不相同，影响塑件螺纹连接的因素比较复杂，因此要满足塑料螺纹配合的准确要求是比较难的。目前尚无塑料螺纹的统一标准，也没有成熟的计算方法。

　　由于螺纹中径是决定螺纹配合性质的重要参数，它决定着螺纹的可旋入性和连接的可靠性，所以计算中的模具螺纹大、中、小径的尺寸，均以塑性螺纹中径公差$\Delta_\text{中}$为依据。制造公差都采用了中径制造公差δ_z，其目的是提高模具制造精度。下面介绍普通螺纹型环和型芯工作尺寸的计算公式。

　　① 螺纹型环的工作尺寸

　　螺纹型环大径$(D_{\text{m}\text{大}})_0^{+\delta_\text{z}}=[(1+\bar{S})\,D_{\text{s}\text{大}}-\Delta_\text{中}]_0^{+\delta_\text{z}}$

　　螺纹型环中径$(D_{\text{m}\text{中}})_0^{+\delta_\text{z}}=[(1+\bar{S})\,D_{\text{s}\text{中}}-\Delta_\text{中}]_0^{+\delta_\text{z}}$

　　螺纹型环小径$(D_{\text{m}\text{小}})_0^{+\delta_\text{z}}=[(1+\bar{S})\,D_{\text{s}\text{小}}-\Delta_\text{中}]_0^{+\delta_\text{z}}$

式中：$D_{\text{m}\text{大}}$、$D_{\text{m}\text{中}}$、$D_{\text{m}\text{小}}$——分别为螺纹型环大径、中径、小径基本尺寸；

　　　$D_{\text{s}\text{大}}$、$D_{\text{s}\text{中}}$、$D_{\text{s}\text{小}}$——分别为塑件外螺纹大径、中径、小径基本尺寸；

　　　$\bar{S}$——塑料平均收缩率；

　　　$\Delta_\text{中}$——塑件螺纹中径公差；目前我国尚无专门的塑件螺纹公差标准，可参照金属螺纹公差标准中精度最低者选用；其值可查表GB/T197—2003；

　　　δ_z——螺纹型环中径制造公差，其值可取$\Delta_\text{中}$/5或查表3-11。

表 3-11　　　　　　　　　　螺纹型环和螺纹型芯的直径制造公差　　　　　　　　　（mm）

粗牙螺纹	螺纹直径	M3～M12	M14～M33	M36～M45	M46～M68
	中径制造公差	0.02	0.03	0.04	0.05
	大、小径制造公差	0.03	0.04	0.05	0.06
细牙螺纹	螺纹直径	M4～M22	M24～M52	M56～M68	
	中径制造公差	0.02	0.03	0.04	
	大、小径制造公差	0.03	0.04	0.05	

　　② 螺纹型芯的工作尺寸

　　螺纹型芯大径$(d_{\text{m}\text{大}})_{-\delta_\text{z}}^{0}=[(1+\bar{S})d_{\text{s}\text{大}}+\Delta_\text{中}]_{-\delta_\text{z}}^{0}$

　　螺纹型芯中径$(d_{\text{m}\text{中}})_{-\delta_\text{z}}^{0}=[(1+\bar{S})d_{\text{s}\text{中}}+\Delta_\text{中}]_{-\delta_\text{z}}^{0}$

　　螺纹型芯小径$(d_{\text{m}\text{小}})_{-\delta_\text{z}}^{0}=[(1+\bar{S})d_{\text{s}\text{小}}+\Delta_\text{中}]_{-\delta_\text{z}}^{0}$

式中：$d_{\text{m}\text{大}}$、$d_{\text{m}\text{中}}$、$d_{\text{m}\text{小}}$——螺纹型芯大径、中径、小径基本尺寸；

　　　$d_{\text{s}\text{大}}$、$d_{\text{s}\text{中}}$、$d_{\text{s}\text{小}}$——塑件内螺纹大径、中径、小径基本尺寸。

　　　$\bar{S}$，$\Delta_\text{中}$，δ_z见上述①中注释

　　③ 螺纹型环和螺纹型芯的螺距工作尺寸

　　螺纹型环和螺纹型芯的螺距尺寸

$$(P_\text{m})\pm\delta_\text{z}/2=P_\text{s}(1+\bar{S})\pm\delta_\text{z}/2$$

式中：P_m——螺纹型环或螺纹型芯螺距基本尺寸；

　　　P_s——塑件外螺纹或内螺纹螺距基本尺寸；

　　　δ_z——螺纹型环或螺纹型芯螺距制造公差，查表3-12。

表 3-12　　　　　　　　　　螺纹型环和螺纹型芯的螺距制造公差　　　　　　　　（mm）

螺 纹 直 径	配合长度 L	制造公差 δ_z
3～10	～12	0.01～0.03
12～22	12～20	0.02～0.04
24～68	>20	0.03～0.05

在螺纹型环或螺纹型芯螺距计算中，由于考虑到塑件的收缩，计算所得到的螺距带有不规则的小数，加工这种特殊的螺距很困难，可采用下面的办法解决这一问题。

用收缩率相同或相近的塑件外螺纹与塑件内螺纹相配合时，计算螺距尺寸可以不考虑收缩率；当塑料螺纹与金属螺纹配合时，如果螺纹配合长度 $L < \dfrac{0.432\varDelta_中}{S}$ 时，可不考虑收缩率；一般在小于 7～8 牙的情况下，也可以不计算螺距的收缩率，因为在螺纹型芯中径尺寸中已考虑到了增加中径间隙来补偿塑件螺距的累积误差。

当螺纹配合牙数较多，螺纹螺距收缩累计误差很大时，必须计算螺距的收缩率。加工带有不规则的特殊螺距的螺纹型环或型芯，可以采用在车床上配置特殊齿数的变速挂轮等方法来进行。目前多采用更为经济的数控加工手段完成不规则的特殊螺距的螺纹型环或型芯加工。

3. 牙型角

如果塑料均匀地收缩，则不会改变牙型角的度数，螺纹型环或螺纹型芯的牙型角应尽量制成接近标准数值，即公制螺纹为 60°，英制螺纹为 55°。

（三）型腔和底板的计算

1. 型腔和底板的尺寸计算依据

在塑料注射过程中，型腔所承受的力是十分复杂的。在塑料熔体的压力作用下，型腔将产生变形。如果型腔刚度不足则发生过大的弹性变形，从而产生溢料并影响塑料制品尺寸及成型精度，也可能导致脱模困难等。当型腔中产生的内应力超过型腔材料的许用应力时，型腔即发生强度破坏，因此型腔的强度及刚度必须足够。

实践证明，模具对强度及刚度的要求并非要同时兼顾。对大尺寸型腔，刚度不足是主要矛盾，应按刚度条件计算；对小尺寸型腔，强度不够则是主要矛盾，应按强度条件计算。

（1）强度计算

强度计算的条件是满足各种受力状态下的许用应力，模腔最大工作应力不超过模具材料的许用应力，即 $\sigma_{max} < [\sigma]$。

（2）刚度计算

型腔刚度计算的条件是应使模腔弹性变形量不超过许用变形量力，即 $\sigma_{max} < [\sigma]$。由于模具的特殊性，型腔刚度从以下几个方面考虑。

① 要防止溢料。当高压塑料熔体注入时，模具型腔的某些配合面会产生变形。为了使型腔变形不致因模具弹性变形而发生溢料，此时应根据不同塑料的最大不溢料间隙来确定其刚度条件。如 PA、PE、等低黏度塑料，其允许的最大间隙为[δ]=0.025～0.03 mm；而 PC、HPVC 等高黏度塑料为[δ]=0.06～0.08 mm。

② 应保证塑料制品精度。塑料制品均有尺寸要求，塑料注入时不产生过大的弹性变形。最大弹

性变形值可取塑料制品允许公差的[δ]=1/5Δ。

③ 要有利于脱模。当模腔弹性变形量大于塑料制品冷却的收缩值时，塑料制品的周边被型腔紧紧包住而难以脱模，强制顶出则易使塑料制品划伤或损坏，因此型腔允许弹性变形量应小于塑料制品的收缩值，即[[δ] = tS（t 为塑件壁厚，S 为塑料平均收缩率）。

2. 型腔和底板的强度及刚度计算

（1）计算法

常用圆形和矩形型腔侧壁厚度及底板厚度的计算公式，见表 3-13。系数 c、c' 及 a' 分别由表 3-14、表 3-15 及表 3-16 查取。生产中模具往往比表中所示模型复杂得多，可将其简化后套用表中公式，但计算结果需要根据具体条件进行修正，即[δ] = tS（t 为塑件壁厚，S 为塑料平均收缩率）。

表 3-13 型腔壁厚和底板厚度计算公式

类型		图 形	部位	按强度计算	按刚度计算
圆形凹模	整体式		侧壁	$t_{强} = r\left(\sqrt{\dfrac{[\sigma]}{[\sigma]-2p}}-1\right)$	$t_{刚} = 1.15\sqrt[3]{\dfrac{ph_1^4}{E\delta}}$
			底板	$t'_{强} = 0.87\sqrt{\dfrac{pr^2}{[\sigma]}}$	$t'_{刚} = 0.56\sqrt[3]{\dfrac{pr^4}{E[\delta]}}$
	组合式		侧壁	$t_{强} = r\left(\sqrt{\dfrac{[\sigma]}{[\sigma]-2p}}-1\right)$	$t_{刚} = r\left\{\sqrt{\dfrac{\frac{E[\delta]}{rp}-\mu+1}{\frac{E[\delta]}{rp}-\mu-1}}-1\right\}$
			底板	$t'_{强} = \sqrt{\dfrac{1.22pr^2}{4[\sigma]}}$	$t'_{刚} = \sqrt[3]{\dfrac{0.74pr^4}{E[\delta]}}$
矩形凹模	整体式		侧壁	当 $\dfrac{h}{l} \geqslant 0.41$ 时，$t_{强} = \sqrt{\dfrac{pl^2(1+Wa)}{2[\sigma]}}$ 当 $\dfrac{h}{l} < 0.41$ 时，$t_{强} = \sqrt{\dfrac{3ph^2(1+Wa)}{[\sigma]}}$	$t_{刚} = \sqrt[3]{\dfrac{cph^4}{E[\delta]}}$
			底板	$t'_{强} = \sqrt{\dfrac{a'pb^2}{[\sigma]}}$	$t'_{刚} = \sqrt[3]{\dfrac{c'pb^4}{E[\delta]}}$
	组合式		侧壁	$t_{强} = \sqrt{\dfrac{phl^2}{2H[\sigma]}}$	$t_{刚} = \sqrt[3]{\dfrac{phl^4}{32EH[\delta]}}$
			底板	$t'_{强} = \sqrt{\dfrac{3pbL^2}{4B[\sigma]}}$	$t'_{刚} = \sqrt[3]{\dfrac{5pbL^4}{32EB[\delta]}}$

注：表中公式符号注释如下。

$t_{强}$——按强度计算的腔侧壁厚度，mm；　　　　　　$t_{刚}$——按刚度计算的腔侧壁厚度，mm；

$t'_{强}$——按强度计算的底板厚度，mm；　　　　　$t'_{刚}$——按刚度计算的底板厚度，mm；

p——型腔内熔融塑料的压力，MPa；查表2-21；　　　r——型腔内半径，mm；

$[\delta]$——成型零件的许用变形量，mm；　　　　　　μ——泊松比；钢材$\mu=0.25$；

l——型腔内侧长边长度，mm；　　　　　　　　b——底板内侧短边长度，mm；

B——底板总宽度，mm；　　　　　　　　　　H——型腔侧壁总高度，mm；

h——型腔深度，mm；　　　　　　　　　　　W——抗弯截面系数，见表3-14；

L——垫板间距，mm；　　　　　　　　　　　a——矩形型腔的边长比，$a=b/l$；

c——由h/l决定的系数，见表3-14；　　　　　　c'——由型腔边长比l/b决定的系数，见表3-15；

E——弹性模量，中碳钢为2.1×10^5 MPa、预硬化模具钢为2.2×10^5 MPa；

$[\sigma]$——许用应力，中碳钢为160MPa、预硬化模具钢为300MPa；

a'——模脚（垫块）之间距离和型腔短边比L/b所决定系数。见表3-16；

表3-14　　　　　　　　　　　　　系数c、w

h/l	W	c	C/l	W	c
0.3	0.930	0.930	0.9	0.045	0.045
0.4	0.570	0.570	1.0	0.031	0.031
0.5	0.330	0.330	1.2	0.015	0.015
0.6	0.188	0.188	1.5	0.006	0.006
0.7	0.117	0.177	2.0	0.002	0.002
0.8	0.073	0.073			

表3-15　　　　　　　　　　　　　系数c'

l/b	c'	l/b	c'	l/b	c'
1.0	0.0138	1.4	0.0228	1.8	0.0267
1.1	0.0614	1.5	0.0240	1.9	0.0272
1.2	0.0188	1.6	0.0251	2.0	0.0277
1.3	0.0209	1.7	0.026		

表3-16　　　　　　　　　　　　　系数α'

l/b	α'	l/b	α'	l/b	α'
1.0	0.3078	1.4	0.4256	1.8	0.4974
1.2	0.3834	1.6	0.4872	>2.8	0.0277

（2）查表法

型腔壁厚的计算比较复杂且烦琐，工厂也常采用经验数据或表格简化型腔侧壁厚度及底板厚度。表3-17列出矩形型腔壁厚的经验数据，表3-18列出圆形型腔壁厚的经验数据，表3-19列出型腔底板的经验数据（支承板厚度的经验数据），可供设计时参考。

表 3-17　　　　　　　　　　矩形型腔壁厚经验数据　　　　　　　　　　（mm）

矩形型腔内壁短边	整体式型腔侧壁厚	镶拼式型腔	
		凹模壁厚	模套壁厚
40	25	9	22
40～50	25～30	9～10	22～25
50～60	30～35	10～11	25～28
60～70	35～42	11～12	28～35
70～80	42～48	12～13	35～40
80～90	48～55	13～14	40～45
90～100	55～60	14～15	45～50
100～120	60～72	15～17	50～60
120～140	72～85	17～19	60～70
140～160	85～95	19～21	70～80

表 3-18　　　　　　　　　　圆形型腔壁厚经验数据　　　　　　　　　　（mm）

圆形型腔内壁直径	整体式型腔壁厚	组合式型腔	
		型腔壁厚	模套壁厚
<40	20	8	18
40～50	25	9	22
50～60	30	10	25
60～70	35	11	28
70～80	40	12	32
80～90	45	13	35
90～100	50	14	40
100～120	55	15	45
120～140	60	16	48
140～160	65	17	52
160～180	70	19	55
180～200	75	21	58

表 3-19　　　　　　　　支承板厚度 h 的经验数据　　　　　　　　（mm）

B	h		
	$b \approx L$	$b \approx 1.5L$	$b \approx 2L$
<102	（0.12～0.13）b	（0.1～0.11）b	0.08b
>102～300	（0.13～0.15）b	（0.11～0.12）b	（0.08～0.09）b

续表

	B	h		
		b≈L	b≈1.5L	b≈2L
	>300~500	（0.15~0.17）b	（0.12~0.13）b	（0.09~0.1）b

注：当型腔压力 P＞49MPa、L≥1.5b 时，取表中数值乘以 1.25~1.35；当压力 P＜49MPa、L≥1.5b 时，取表中数值乘以 1.5~1.6。

对于大型模具，两支架之间的跨度很大，导致底板厚度必然很厚。为避免模具过重和浪费材料，在结构许可情况下，可在支承板下面加支撑柱或支撑块（GB 4169.10—2006），这样可大大减小底板厚度，如图3-63所示。图3-63（a）中为增加一个支承块，图 3-63（b）中为按 1:1.2:1 的跨度比增加两个支撑块。表3-20 列出在同样的许用应力和允许变形量下，增加支承前、后底板厚度减薄的程度。

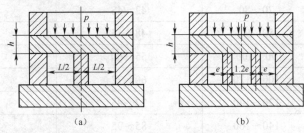

图3-63　支承板下面加支撑柱

表 3-20 　　　　　　　　　支承后的底板厚度的变化

计算方法 ＼ 支承情况	未加支承时的厚度	中间加一块支承后的底板厚度	按 1:1.2:1 加两块支承块后的底板厚度
按强度计算	$h'_强$	$h'_强/2.7$	$h'_强/4.3$
按刚度计算	$h'_刚$	$h'_刚/3.4$	$h'_刚/6.8$

三、任务实施

电流线圈架模具成型零件设计。

成型塑料制件——电流线圈架（见图2-2），结合前述项目训练，继续完成以下内容：成型零件尺寸计算、成型零件尺寸校核、型腔和底板尺寸的计算。

1. 成型零件结构设计（略）

2. 成型零件尺寸计算

查表 2-8 有填料是聚丙烯 PP 高级精度为 MT2，一般精度 MT3 而未注精度 MT5。由前面任务分析（P68~P69）可知，电流线圈架塑件（图2-2）所注尺寸中有多个尺寸公差尺寸精度为 MT1 级，在成型零件尺寸计算及机校核过程中应特别注意，确保塑件质量。

本例中，成型零件工作尺寸计算时均采用平均法计算。

查附表 1 玻纤增强聚丙烯的收缩率为 0.4%~0.8%，收缩率波动范围 $S_{max}-S_{min}=0.4\%$，平均收缩为 $\overline{S}=\dfrac{S_{max}+S_{min}}{2}\times100\%=\dfrac{0.4+0.8}{2}\times100\%=0.6\%$，考虑到模具制造的制造成本，模具制造公

差取 $\delta_z = \Delta/3$。

部分型腔和型芯工作尺寸计算如表 3-21 所示。

表 3-21　　　　　　　　　　　　　　型腔、型芯工作尺寸计算

磨损规律	零件名称	塑件尺寸公差	计算公式	工作尺寸
磨损增大（型腔）	径向尺寸	$17_{-0.12}^{\;0}$　　(MT1)	$(L_M)_0^{+\delta_z}=\left[(1+\overline{S})L_s-\dfrac{3}{4}\Delta\right]_0^{+\delta_z}$	$17.01_0^{+0.04}\rightarrow 17.01_0^{+0.018}$ ②
		$15_{-0.12}^{\;0}$　　(MT1)		$15_0^{+0.04}$
		$14_{-0.2}^{\;0}$　　(MT3)		$13.93_0^{+0.07}$
		$12.1_{-0.12}^{\;0}$　　(MT1)		$12.08_0^{+0.04}$
		$65\pm0.37\rightarrow 65.37_{-0.74}^{\;0}$ ①（A 类）		$65.21_0^{+0.25}$
		$34\pm0.28\rightarrow 34.28_{-0.56}^{\;0}$①(A 类)		$34.07_0^{+0.19}$
		$R5\pm0.12\rightarrow 5.12_{-0.24}^{\;0}$ ①（A 类）		$R4.97_0^{+0.08}$
		$R6\pm0.12\rightarrow 6.12_{-0.24}^{\;0}$ ①（A 类）		$R5.86_0^{+0.08}$
		$6\pm0.12\rightarrow 6.12_{-0.24}^{\;0}$ ①（A 类）		$5.86_0^{+0.08}$
		$9\pm0.14\rightarrow 9.14_{-0.28}^{\;0}$ ①（A 类）		$8.98_0^{+0.09}$
		$4\pm0.12\rightarrow 4.12_{-0.24}^{\;0}$ ①（A 类）		$3.96_0^{+0.08}$
		$1\pm0.1\rightarrow 1.1_{-0.2}^{\;0}$ ①（A 类）		$0.96_0^{+0.07}$
	深度尺寸	$1.3\pm0.20\rightarrow 1.5_{-0.40}^{\;0}$ ①（B 类）	$(H_M)_0^{+\delta_z}=\left[(1+\overline{S})H_s-\dfrac{2}{3}\Delta\right]_0^{+\delta_z}$	$1.24_0^{+0.13}$
		$4.5\pm0.22\rightarrow 4.72_{-0.44}^{\;0}$ ①（B 类）		$4.45_0^{+0.15}$
		$8.5\pm0.24\rightarrow 8.74_{-0.48}^{\;0}$ ①（B 类）		$8.47_0^{+0.16}$
		$12\pm0.26\rightarrow 12.26_{-0.52}^{\;0}$ ①（B 类）		$12.0_0^{+0.17}$
磨损增大（型芯）	径向尺寸	$10.5\pm0.1\rightarrow 10.4_0^{+0.2}$ ①(MT3)	$(l_M)_{-\delta_z}^{\;0}=\left[(1+\overline{S})+\dfrac{3}{4}\Delta\right]_{-\delta_z}^{\;0}$	$10.61_{-0.07}^{\;0}$
		$13.5\pm0.11\rightarrow 13.39_0^{+0.22}$ ①(MT4)		$13.64_{-0.07}^{\;0}$
		$15.1_{+0.02}^{+0.14}\rightarrow 15.12_0^{+0.12}$ ①(MT1)		$15.3_{-0.04}^{\;0}\rightarrow 15.3_{-0.018}^{\;0}$ ②
		$5\pm0.12\rightarrow 4.88_0^{+0.24}$①（A 类）		$5.09_{-0.08}^{\;0}$
		$4.2\pm0.12\rightarrow 4.08_0^{+0.24}$①（A 类）		$4.28_{-0.08}^{\;0}$
		$4.1\pm0.12\rightarrow 3.98_0^{+0.24}$①（A 类）		$4.18_{-0.08}^{\;0}$
		$1.2\pm0.1\rightarrow 1.1_0^{-0.2}$　（A 类）		$1.26_{-0.07}^{\;0}$
	高度尺寸	$12\pm0.16\rightarrow 11.84_0^{+0.32}$①（B 类）	$(h_M)_{-\delta_z}^{\;0}=\left[(1+\overline{S})h_s+\dfrac{2}{3}\Delta\right]_{-\delta_z}^{\;0}$	$12.12_0^{+0.11}$
		$4.5\pm0.12\rightarrow 4.38_0^{+0.24}$（B 类）		$4.57_0^{+0.08}$

磨损规律	零件名称	塑件尺寸公差	计 算 公 式	工 作 尺 寸
磨损不变	中心距等	32±0.1　（MT1~MT2） 4.5±0.22　（B类）	$(C_M)\pm\dfrac{1}{2}\delta_z=[(1+\bar{S})C_s]\pm\dfrac{1}{2}\delta_z$	32.19±0.03 4.53±0.07

注：① 根据塑件尺寸偏差标注规定转化而得。

② 校核后尺寸公差。

3. 成型零件尺寸校核

成型尺寸校核的条件是塑件实际成型尺寸公差应小于塑件所允许尺寸公差。

对成型尺寸校核如下。

径向尺寸：

$65.37_{-0.74}^{0}$（MT5，A类）　　$0.4\%\times65.37+\dfrac{0.74}{3}+\dfrac{0.74}{6}=0.63<0.74$　　（校验合格）

$17_{-0.12}^{0}$（MT2）　　　$0.4\%\times17.12+\dfrac{0.2}{3}+\dfrac{0.2}{6}=0.168>0.12$　　（校验不合格）

$15.12_{0}^{+0.12}$（MT1）　　$0.4\%\times15.12+\dfrac{0.12}{3}+\dfrac{0.12}{6}=0.1205>0.12$　　（校验不合格）

32 ± 0.1（MT1~MT2）　$0.4\%\times32+\dfrac{0.2}{6}=0.162<0.2$　　（校验合格）

收缩率波动在 0.4%时，塑件尺寸$17_{-0.12}^{0}$、$15.1_{-0.02}^{+0.14}$（MT1 级精度）在校核过程中发现该塑件部分成型尺寸公差大于塑件所允许尺寸公差，将该尺寸模具加工精度按 IT7 制造（δ_z=0.018），（如表3-21 右列所示），则：

$17_{-0.12}^{0}$（MT1）　$0.4\%\times17.12+0.018+\dfrac{0.2}{6}=0.1198<0.12$（合格）

$15.12_{0}^{+0.12}$（MT1）$0.4\%\times15.1+0.018+\dfrac{0.12}{6}=0.098<0.12$（合格）

一般仅校核尺寸最大和精度最高的几个塑件尺寸即可保证其余尺寸均满足校核要求（验证过程略），所设计的成型零件尺寸可靠。

4. 型腔侧壁厚度和底板厚度计算

（1）下凹模镶块型腔侧壁厚度及底板厚度计算

① 下凹模镶块型腔侧壁厚度计算。下凹模镶块型腔为组合式矩形型腔，取 $p=40$ MPa（选定值），$h=12$ mm，$l=46$mm（为增强侧壁厚度 l 取大值），$E=2.1\times10^{5}$ MPa，$H=40$ mm（初选值），$[\delta]=0.035$mm，根据组合式矩形侧壁厚度计算公式得：

$$t_{刚}=\sqrt[3]{\dfrac{phl^4}{32EH[\delta]}}=6\text{mm}$$

从上式可以看出，从刚度考虑侧壁厚度只要大于 6mm 即可，但从整体模具结构角度考虑，由于下模镶块还需安放侧型芯机构，故取下凹模镶块的外形尺寸为 80 mm × 50 mm。

② 下凹模镶块底板厚度计算。取 $p=40$ MPa，$b=13.83$ mm，$L=90$ mm（初选值），$B=190$ mm

（根据模具初选外形尺寸确定），$[\sigma] = 160\,\text{MPa}$（底板材料选定为 45 钢），根据组合式型腔底板厚度计算公式得：

$$t'_{强} = \sqrt{\frac{3phL^2}{4B[\sigma]}} = 10.5\,\text{mm}$$

考虑模具的整体结构协调，取底板厚度为 25 mm。

（2）上凹模型腔侧壁厚的确定

上凹模镶块型腔为矩形整体式型腔，由于型腔高度 $a = 1.26\,\text{mm}$ 很小，因而所需的侧壁厚度也较小，故在此不作计算，而是根据下凹模镶块的外形尺寸来确定。上凹模镶块的结构及尺寸如图 3-64 所示。

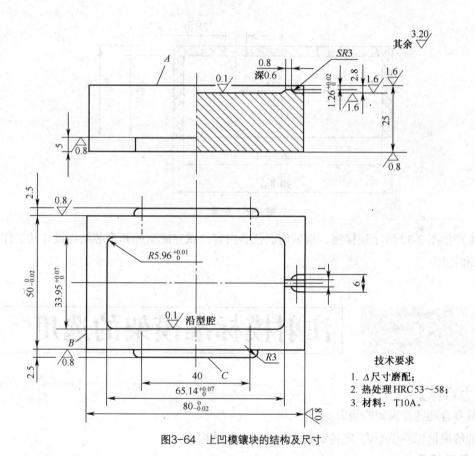

图3-64 上凹模镶块的结构及尺寸

习题与思考

1. 整体式型腔、型芯与组合式型腔、型芯各有何特点？
2. 影响成型零件工作尺寸的因素有哪些？如何校核成型零件工作尺寸公差？

3. 型腔和底板的计算依据什么？

4. 生产如图 3-65 所示护罩，材料为 ABS，采用注射成型大批量生产，试计算和校核图中尺寸所对应的型腔和型芯尺寸公差。

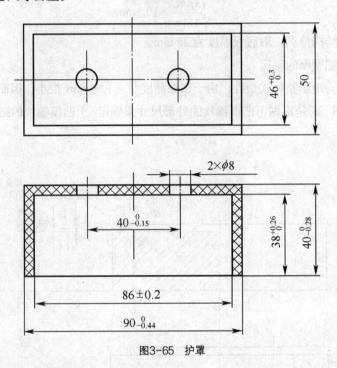

图3-65　护罩

5. 生产如图 2-32 所示连接座，根据前面任务内容，试完成型腔和型芯结构设计及工作尺寸公差的计算和校核。

任务三　注射模标准模架的选用

【能力目标】

1. 具有合理选择模架的能力。

2. 能够根据标准模架确 定各结构零件的尺寸和结构。

【知识目标】

1. 熟悉模架主要零部件的功能。

2. 掌握模架的分类、功能及标记方法。

一、任务引入

模架是设计、制造塑料注射模的基础部件。选择标准模架（如图 3-66 所示），可以简化模具的设计与制造，提高模具质量，缩短模具制造周期，组织专业化生产。同时也提高了模具中易损零件的互换性，便于模具的维修，而且能在标准模架的基础上实现模具制图的标准化、模具结构的标准化以及工艺规范的标准化，因此模架的选择是模具设计的基础。

本任务以塑料制件——电池盒盖（如图 2-46 所示）为载体，针对项目的训练内容，学习标准模架选择方面的相关知识。

图3-66 标准模架外形图

二、相关知识

（一）标准模架

1．注射模模架的结构

塑料注射模模架（GB/T12556—2006）以其在模具中的应用方式不同分为直浇口型与点浇口型两种，其组成零件的名称分别如图 3-67 和图 3-68 所示。

塑料模模架包括定模座板、定模板、动模板、支承板、推板、垫块、动模座板及导向机构等零件。塑料模的模架零件起装配、定位和安装作用。

广东珠江三角洲以及港台地区按浇口的形式将模架分为大水口模架和小水口模架两大类（水口即浇口）。小水口模架通常是点浇口形式的模具所选用的模架，大水口模架通常指采用除点浇口以外的其他浇口形式的模具所选用的模架。

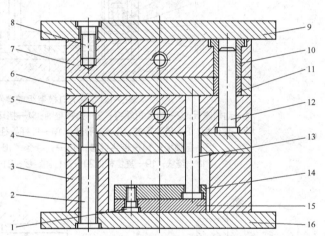

图3-67 直浇口模架组成零件的名称
1—内六角螺钉；2—内六角螺钉；3—垫块；4—支承板；5—动模板；
6—推件板；7—定模板；8—内六角螺钉；9—定模座板；
10—带头导套；11—直导套；12—带头导柱；13—复位杆；
14—推杆固定板；15—推板；16—动模座板

2．模架的主要组成零件的功能

（1）动模座板和定模座板

动模座板和定模座板是动模和定模的基座，也是塑料模与成型设备连接的模板。为保证注射机喷嘴中心与注射模浇口套中心重合，固定式注射模定模座板上的定位圈与注射机前固定模板的定位孔有配合要求（较松动的间隙配合或留有 0.1～0.3mm 的间隙），如图 3-69 所示。定模座板、动模座板在注射机上安装时要可靠，常用螺栓或压板紧固，如图 3-70 所示。注射模的动模座板和定模座板尺寸规格可参照 GB/T 4169.8—2006 中 B 型模板的尺寸规格。

（2）定模板和动模板

定模板、动模板习惯上又称 A 板、B 板。其作用是固定凸模（型芯）、凹模、导柱、导套等零件，所以又称固定板。注射模具的类型及结构不同，动模板和定模板的工作条件也有所不同。为了保证凹模、型芯等零件固定稳固，动模板和定模板应有足够的厚度。

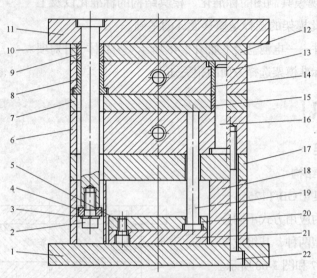

图3-68　点浇口模架组成零件的名称

1—动模座板；2—内六角螺钉；3—弹簧垫圈；4—挡环；5—内六角螺钉；6—动模板；
7—推件板；8—带头导套；9—直导套；10—拉杆导柱；11—定模座板；12—推料板；
13—定模板；14—带头导套；15—直导套；16—带头导柱；17—支承板；
18—垫块；19—复位杆；20—推杆固定板；21—推板；22—内六角螺钉

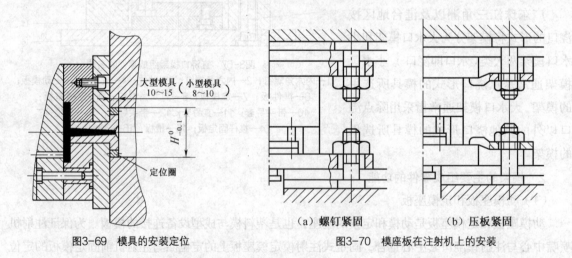

图3-69　模具的安装定位　　　　　图3-70　模座板在注射机上的安装

动模板和定模板与型芯或凹模的基本连接方式如图 3-71 所示。动模板和定模板的尺寸规格可参照 GB/T 4169.8—2006 中 A 型模板的尺寸规格。

（3）支承板

支承板是垫在动模板（或固定板）背面的模板。它的作用是防止凸模（型芯）、凹模、导柱或导套等零件脱出，增强这些零件的稳固性并承受型芯和凹模等传递来的成型压力。支承板应具有足够的强度和刚度，能够承受成型压力而不过量变形，它的强度和刚度计算方法与型腔底板的计算方法相似。支承板与固定板的连接方式如图 3-72 所示。支承板的尺寸规格可参照 GB/T 4169.8—2006 中 A 型模板的尺寸规格。

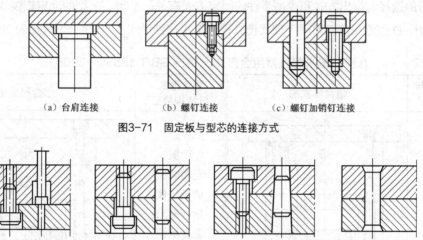

(a) 台肩连接　　　　(b) 螺钉连接　　　　(c) 螺钉加销钉连接

图3-71　固定板与型芯的连接方式

(a) 螺钉连接　　(b) 螺钉加直销连接　　(c) 螺钉加锥销连接　　(d) 铆钉连接

图3-72　支承板与模板的连接方式

（4）垫块

垫块（习惯上又称为 C 板）的作用是使动模支承板与动模座板之间形成推出机构运动的空间或调节模具总高度以适应成型设备上模具安装空间对模具总高度的要求。

垫块与支承板和模板的连接方式如图 3-73 所示。所有垫块的高度应一致，否则会由于动定模轴线不重合造成导柱导套局部过度磨损。

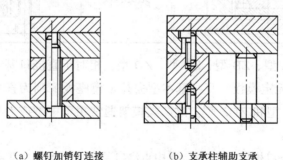

(a) 螺钉加销钉连接　　　　(b) 支承柱辅助支承

图3-73　垫块与支承板和模板的连接方式

对于大型模具，为了增强动模的刚度，可在动模支承板和动模座板之间采用支承柱，如图 3-73（b）所示。这种支承柱起辅助支承作用。垫块和支承柱的尺寸可分别参照标准 GB/T 4169.6—2006、GB/T 4169.10—2006。

3．标准模架组合形式

塑料注射模模架（GB/T 12556—2006）按结构特征分为 36 种主要结构，其中直浇口模架为 12 种、点浇口模架为 16 种、简化点浇口模架为 8 种。

① 直浇口模架。直浇口模架为 12 种，其中直浇口基本型为 4 种、直身基本型为 4 种、直身无定模座板型为 4 种。

直浇口基本型（"工"字型模具）分为 A 型、B 型、C 型和 D 型，主要适用于中小型模具，4 种基本型号的选择与推出方式和成型零件的固定方式有关。A 型、B 型的动定模镶块常采用台肩固定，而 C 型、D 型常用螺钉紧固（现代模具设计常用这种形式）。其组合形式见表 3-22。

表 3-22　　　　直浇口基本型模架组合形式（摘自 GB/T 12555—2006）

组合形式与结构特征	组合形式图	组合形式与结构特征	组合形式图
A 型 定模两板 动模两板 推杆推出 有支承板		C 型 定模两板 动模一板 推杆推出 无支承板	
B 型 定模两板 动模两板 推件板推出 有支承板		D 型 定模两板 动模一板 推件板推出 无支承板	

直身基本型分为 ZA 型、ZB 型、ZC 型、ZD 型，相对于直浇口基本型模架的动、定模板两边无凸台，则为直身无定模板；直身基本型去掉定模座板，则为直身无定模座板型，分为 ZAZ 型、ZBZ 型、ZCZ 型和 ZDZ 型。这两类模架通常用于中型或大型模具，其组合形式见 GB/T 12555—2006。

② 点浇口模架。点浇口模架为 16 种，其中点浇口基本型为 4 种，直身点浇口基本型为 4 种，点浇口无推料板型为 4 种，直身点浇口无推料板型为 4 种。

点浇口基本型模架分为 DA 型、DB 型、DC 型和 DD 型（见表 3-23），是在直浇口基本型模架的基础上增设 1 块推料板和 4 根拉杆导柱，共 8 根导柱，定模上增设了一个或两个分型面，以便浇注系统凝料的取出、自动脱落，或者定模滑块侧向抽芯结构所需的开模行程。直身点浇口基本型分为 ZDA 型、ZDB 型、ZDC 型和 ZDD 型；点浇口无推料板型分为 DAT 型、DBT 型、DCT 型和 DDT 型；直身点浇口无推料板型分为 ZDAT 型、ZDBT 型、ZDCT 型和 ZDDT 型。

表 3-23　　　　　　点浇口基本型模架组合形式（摘自 GB/T 12555—2006）

组合形式	组合形式图	组合形式	组合形式图
DA 型		DC 型	
DB 型		DD 型	

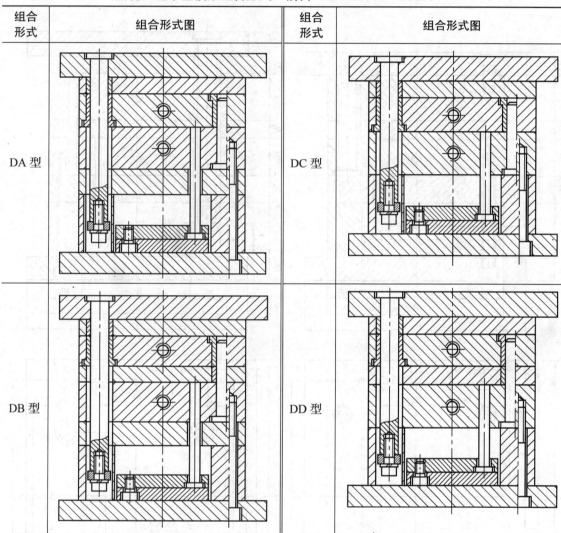

③ 简化点浇口模架。简化点浇口没有拉杆导柱和推件板（无 B、D 型），定距机构需要设计人员选择添加，简化点浇口模架为 8 种，其中简化点浇口基本型为 2 种（JA 型和 JC 型），直身简化点浇口型为 2 种（ZJA 型和 ZJC 型），简化点浇口无推料板型为 2 种（JAT 型和 JCT 型），直身简化点浇口无推料板型为 2 种（ZJAT 型和 ZJCT 型），其组合形式见 GB/T 12555—2006。

　　4．基本型模架组合尺寸

　　① 组合模架的零件应符合塑料注射模模零件国家标准（GB/T 4169.1～GB/T 4169.23—2006）。

　　② 基本型模架组合尺寸如图 3-74 所示。具体规格、尺寸见表 3-24（仅列出部分系列，其余查阅 GB/T 12555—2006，模架大小从 1 515～125 200 共 99 个系列）。

　　③ 组合尺寸为零件的外形尺寸和孔径与孔位尺寸。

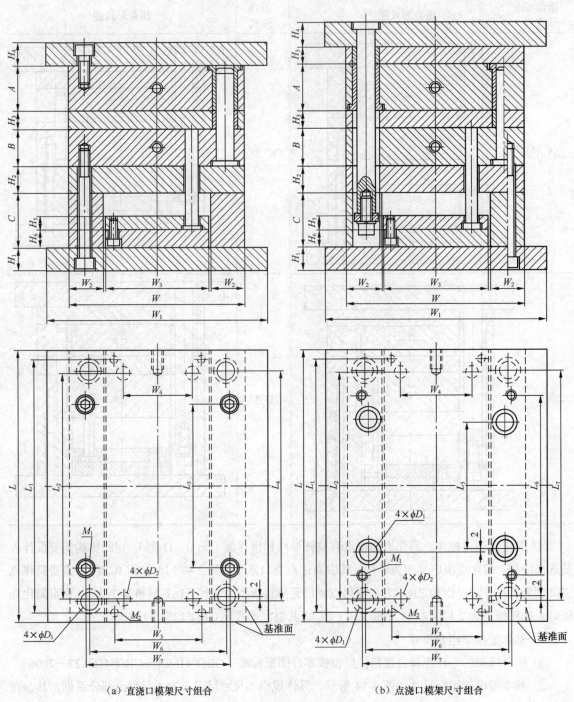

（a）直浇口模架尺寸组合　　　　　　　　（b）点浇口模架尺寸组合

图3-74　模架组合尺寸示意图

表3-24　基本型模架组合尺寸（摘自 GB/T 12555—2006）

代号	系列																							
	3030	3035	3040	3045	3050	3055	3060	3535	3540	3545	3550	3555	3560	4040	4045	4050	4055	4060	4070	4545	4550	4555	4560	4570
W	300							350						400						450				
L	300	350	400	450	500	550	600	350	400	450	500	550	600	400	450	500	550	600	700	450	500	550	600	700
W_1	350							400						450						550				
W_2	58							63						68						78				
W_3	180							220						260						290				
A、B	35、40、45、50、60、70、80、90、100、110、120、130							40、45、50、60、70、80、90、100、110、120、130、140、150											45、50、60、70、80、90、100、110、120、130、140、150、160、180				
C	80、90、100							90、100、110						100、110、120、130										
H_1	25							30						35										
H_2	45							45						50						60				
H_3	30							35						35						40				
H_4	45							45						60						60				
H_5	20							20						25						25				
H_6	25							25						30						30				
W_4	134							164						198						226				
W_5	156							196						234						264				
W_6	234							284						364						364				
W_7	240							285						330						370				
L_1	276	326	376	426	476	526	576	326	376	426	476	526	576	374	424	474	524	574	674	424	484	524	574	674
L_2	240	290	340	390	440	490	540	290	340	390	440	490	540	340	390	440	490	540	640	383	434	484	534	634
L_3	138	188	238	288	338	388	438	178	224	274	308	358	408	208	254	304	354	404	504	236	286	336	386	486
L_4	234	284	334	384	434	484	534	284	334	384	434	474	524	324	384	424	474	524	624	364	414	464	514	614
L_5	98	148	198	244	294	344	394	148	198	244	268	318	368	168	218	268	318	368	468	194	244	294	344	444
L_6	164	214	264	312	362	412	462	212	262	312	344	394	444	244	294	344	394	444	544	276	326	376	426	526
L_7	234	284	334	384	434	484	534	284	334	384	434	474	524	324	384	424	474	524	624	364	414	464	514	614
D_1	20				25			25						30						40				
D_2	25							25						25						30				
M_1	4×M14	6×M14						6×M16						6×M16						6×M16				
M_2	4×M10							4×M16						4×M12						4×M12				

5．模架的标记方法

按照 GB/T 12555—2006 规定的模架的标记包括模架、基本型号、系列代号、定模板厚度 A、动模板厚度 B、垫块厚度 C、拉杆导柱长度和本标准代号（GB/T 12555—2006），如图 3-75 所示。

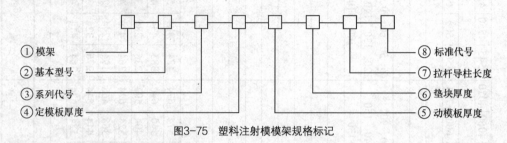

图3-75　塑料注射模模架规格标记

【示例1】　模板宽 200mm、长 250mm，$A=50$mm，$B=40$mm，$C=70$mm 的直浇口 A 型模架标记如下。

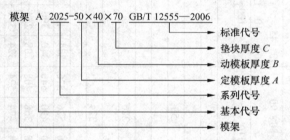

【示例2】　模板宽 200mm、长 300mm，$A=50$mm，$B=60$mm，$C=90$mm，拉杆导柱长度 200mm 的点浇口 B 型模架标记如下。

模架　DB　2030-50×60×90-200　GB/T　12555—2006
—→ 拉杆导柱长度

其他标记同上。

模架的型号是以每一组合形式代表一个型号；模架的系列是在同一型号中根据定、动模板的周界尺寸（宽×长）划分的；模架的规格是按照同一系列中，根据定、动模板和垫块的厚度划分的。

6．标准模架的选用

标准模架的选用取决于制件尺寸的大小、形状、型腔数、浇注形式、模具的分型面、制件脱模方式、推板行程、定模和动模的组合形式、注射机规格以及模具设计者的设计理念等有关因素。

① 确定模架组合形式。根据模具的分型面、浇注系统结构、制件尺寸和形状等来确定模架的结构组合形式。

② 确定内模镶块尺寸。内模镶块通常又称为模仁，内模镶块边距尺寸（见图 3-76）通常按经验确定。当塑件尺寸小于 50mm 时，一般 A、B 取 15mm；当塑件尺寸为 50～100mm 时，一般 A、B 取 20mm；当塑件尺寸为 100～150mm 时，一般 A、B 取 25mm；当塑件尺寸为 150～250mm 时，一般 A、B 取 30mm；当塑件尺寸为 250～400mm 时，一般 A、B 取 40mm；当塑件尺寸为 400～650mm

时，一般 A、B 取 50mm；当塑件尺寸为 650～800mm 时，一般 A、B 取 60mm，但产品较高时，A、B 值适当增大。

一模多腔内模镶块如图 3-76(b)所示，当两产品之间通过流道时 C 值取 20～40mm；当两产品之间不通过流道时 D 值取 15～25mm。

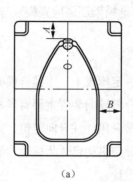
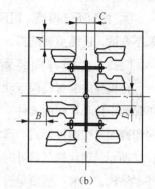

图3-76 内模镶块尺寸

当加工高度较大的桶形塑件时，注塑压力对侧壁的影响较大，所以以产品四周到内模镶块边距 A 应相对增大；当塑件整体比较平坦，塑件高度小于 10mm 时，注塑压力对侧壁的侧向冲击力较小，内模镶块边距 A 可在一般条件数据的基础上相应减小。

③ 确定模架主参数。模架的长、宽及定模板、动模板和支承板厚度可查经验表 3-25。

表 3-25　　　　　　　　　模具各结构尺寸参照表

塑件在开模方向的正投影面积（mm²）	A	B	C/H	E	Y
≤1 500	30～40	15～20	30	15～20	20～25
1 500～2 500	40～45	20～24	30～40	20～24	25～30
2 500～6 400	45～50	24～30	40～50	24～30	30～35
6 400～14 400	50～55	30～36	50～65	30～36	35～40
14 400～25 600	55～65	36～42	65～80	36～42	40～45
25 600～40 000	65～75	42～48	80～95	42～48	45～52
40 000～62 500	75～85	48～56	95～115	48～54	52～56
62 500～90 000	85～95	56～64	115～135	54～60	56～62
90 000～122 500	95～105	64～72	135～155	60～66	62～70
122 500～16 000	105～115	72～80	155～175	66～72	70～75
160 000～202 500	115～120	80～88	175～195	72～78	75～80
202 500～250 000	120～130	88～96	195～205	78～84	80～90

（N=0～5mm）

以上数据仅作一般结构塑件制品的模架参数，对于特殊的塑件制品应注意以下几点。

① 当塑件中间部位存在有大面积的碰穿位，或者冷却水道走模仁四周，表中"E"值可适当减小。

② 有特殊分型或有侧向分型结构，可以对有些尺寸做偏大调整，以保证模具结构和强度需要。

当然，模板的型腔侧壁厚度及底板厚度可以用理论计算法确定，也可查表 3-17、表 3-18 经验表格确定侧壁厚度，型腔底板厚度查表 3-19、表 3-20 确定。

③ 确定模架规格。查表或计算所确定模架各尺寸不太可能与标准模板的尺寸相等，所以必须将计算出的数据向标准尺寸"靠拢"。另外，在修整时需考虑到在模板长、宽位置上应有足够的空间安装其他零件。

④ 检验所选模架。对所选模架还需检查模架与注塑机之间的关系，如闭合高度、开模空间等，如不合适，还需重新选择。

（二）合模导向装置

合模导向装置是保证动、定模或上、下模合模时，正确地定位和导向的零件。合模导向装置主要有导柱导向和锥面定位两种形式，通常采用导柱导向定位，如图3-77所示。现代模具设计时导向机构已作为标准模架的基本结构，一般不需要单独设计。

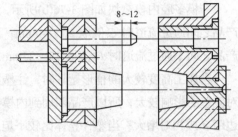

图3-77　导柱导向机构

1. 导向机构的作用及原则

（1）合模导向装置的作用

① 导向作用。开模时，首先是导向零件接触，引导动、定模或上、下模准确闭合，避免型芯先进入型腔造成成型零件的损坏。为了使模具推出机构运动平稳、顺畅，中型、大型模具往往在推出机构也设置导向元件。

② 定位作用。模具闭合后，保证动、定模或上、下模位置正确，保证型腔的形状和尺寸精度。导向装置在模具装配过程中也会起到定位作用，便于模具的装配和调整。

③ 承受一定的侧向压力。塑料熔体在充型过程中可能产生单向侧向压力或受成型设备精度低的影响，工作过程中将承受一定的侧向压力。

严格来说，导柱导套的作用主要是导向，承受侧向压力较弱。若成型时产生侧向压力较大，则需考虑锥面定位机构。

（2）导柱导向零件的设计原则

① 导向零件应合理均匀地分布在模具的周围或靠近边缘的部位，其中心至模具边缘应有足够的距离，以保证模具的强度，防止压入导柱和导套时发生变形。

② 根据模具的形状和大小，一副模具一般需要2～4个导柱。可按图3-78（a）、图3-78（d）所示等直径对称分布导柱。但当模具的凸模与型腔等有合模方位要求，则用等直径不同对称分布导柱，如图3-78（b）、图3-78（e）所示；也可采用等直径不对称分布导柱形式，如图3-78（c）、图3-78（f）所示。

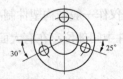

（a）圆形模架对称导柱　　（b）圆形模架不等直径导柱对称分布　　（c）圆形模架等直径不对称分布

（d）矩形模架对称导柱　（e）矩形模架不等直径导柱对称分布　（f）矩形模架等直径不对称分布

图3-78　导柱的布置形式

③ 导柱先导部分应做成球状或带有锥度；导套前端应倒角；导柱工作部分长度应比型芯端面高出 6～12 mm，以确保其导向与引导作用，如图 3-77 所示。

④ 导柱与导套应有足够的耐磨性，多采用低碳钢经渗碳淬火处理，其硬度为 48～55HRC，也可采用 T7 或 T10 碳素工具钢，经淬火处理。导柱工作部分表面粗糙度值为 $R_a0.4$，固定部分为 $R_a0.8$；导套内外圆柱面表面粗糙度值取 $R_a0.8$。

⑤ 导柱导套（导向孔）的轴线应保证平行，否则将影响合模的准确性，甚至损坏导向零件。

2．导向机构设计

① 导柱的设计。导柱的结构形式随模具结构大小及塑料制件生产批量的不同而不同。塑料注射模常用的标准导柱有带头导柱（GB/T 4169.4—2006）、有肩导柱（GB/T 4169.5—2006）、推板导柱（GB/T 4169.14—2006）及拉杆导柱（GB/T 4169.20—2006），如图 3-79 所示。

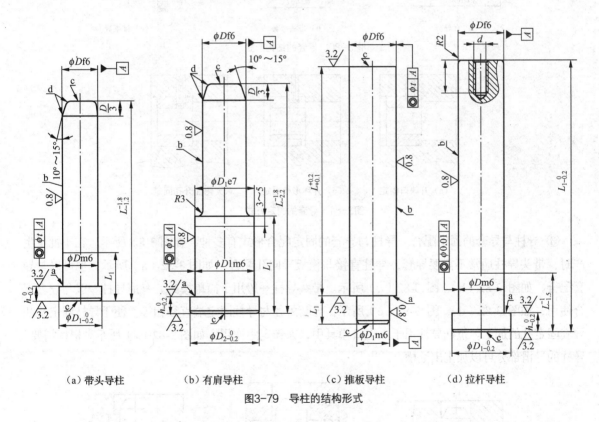

（a）带头导柱　　　（b）有肩导柱　　　（c）推板导柱　　　（d）拉杆导柱

图3-79　导柱的结构形式

② 导套的设计。注射模常用的标准导套有直导套（GB/T 4169.2—2006）、带头导套（GB/T 4169.3—2006）以及推板导套（GB/T 4169.12—2006），如图 3-80 所示。

直导套的固定方式如图 3-81 所示，图 3-81（a）为开缺口固定，图 3-81（b）为开环形槽固定，图 3-81（c）为侧面开孔固定。

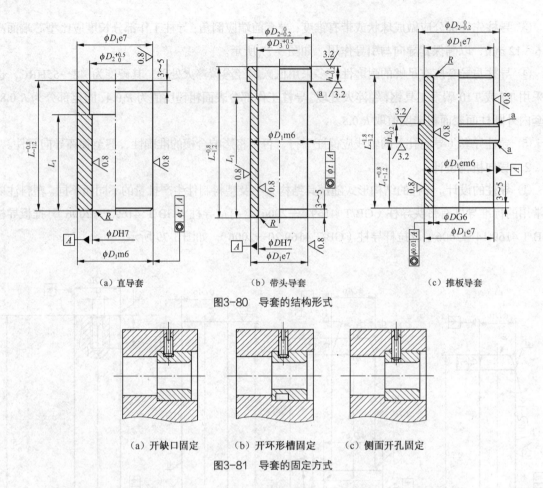

（a）直导套　　　　　（b）带头导套　　　　　（c）推板导套

图3-80　导套的结构形式

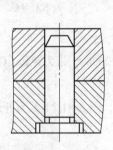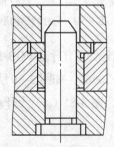

（a）开缺口固定　　　（b）开环形槽固定　　　（c）侧面开孔固定

图3-81　导套的固定方式

③ 导柱与导套的固定配合。导柱与导套的固定配合形式有多种，如图 3-82 所示。在小批量生产时，带头导柱通常不需要导套，导柱直接与模板导向孔配合，如图 3-82（a）所示，也可以与导套配合，如图 3-82（b）、图 3-82（c）所示。带头导柱一般用于简单模具。有肩导柱一般与导套配合使用，如图 3-82（d）、图 3-82（e）所示，导套外径与导柱固定端直径相等，便于导柱固定孔和导套固定孔的加工。拉杆导柱用于点浇口模具中，兼起定距作用，如图 3-82（f）所示。根据需要，导柱的导滑部分可以加工出油槽。

（a）带头导柱与模板导向孔直接配合　（b）带头导柱与带头导套配合　　（c）带头导柱与直导套配合

图3-82　导柱与导套的配合形式

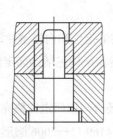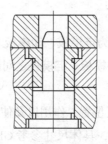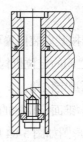

（d）有肩导柱与直导有配合　　（e）有肩导柱与带头导套配合　　（f）拉杆导柱与带头导套配合

图3-82　导柱与导套的配合形式（续）

导柱与导套的固定配合精度一般固定部分用 H7/k6、H7/m6 或 H7/n6 过渡配合镶入模板，而导滑部分采用 H7/f6 或 H7/f7 间隙配合，如图 3-83 所示。

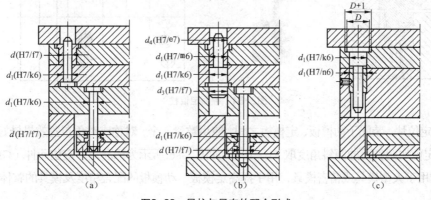

图3-83　导柱与导套的配合形式

3. 锥面定位结构设计

（1）定位机构的作用

注塑模定位机构的作用主要是保证凹、凸模在合模时精确定位，分担导柱所承受的侧面压力，提高模具的刚度和配合精度，减少模具合模时所产生的误差，以及模具在注塑时因胀型力而产生变形，提高模具的寿命。其尺寸越大、数量越多，效果就越好。

（2）使用场合

一般模具仅用导柱导套定位机构即可，但下列情况下必须再增加定位机构。

① 大型模具。模宽 400mm 以上。

② 深腔或塑件精度要求很高的模具。

③ 模腔配置偏心。

④ 存在多处穿擦孔（模具闭合后型芯和型腔之间在侧面紧密接触，成型通孔）。

⑤ 存在不对称性侧向抽芯。

⑥ 制品严重不对称，模具承受较大的侧向胀型力。

⑦ 分型面为非规则的斜面或曲面。

⑧ 产品批量大，模具寿命要求高。

⑨ 动、定模的内镶件要外发铸造加工时，为保证动、定模镶件的位置精度，也常加锥面定位块定位。

（3）定位结构

注塑模定位机构按其安装位置可分为定模板、动模板之间的定位和内模镶件定位两大类。

① 动、定模板之间的定位机构。动模板、定模板之间的定位机构包括锥面定位块、锥面定位柱和定模板、定模板原身定位角。

a. 锥面定位柱。锥面定位柱的装配位置、作用以及使用场合与锥面定位块完全相同，数量2～4个。其装配图和外形图如图3-84所示，具体尺寸参考 GB/T 4169.11—2006 圆形定位元件设计。

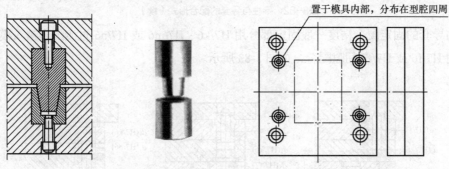

图3-84　锥面定位柱

b. 锥面定位块。装配于动模板、定模板之间，使用数量4个，对称或对角布置效果最好，如图3-85所示，锥面定位块两斜面的倾斜角度取 5°～10°。如图 3-86 所示为标准矩形定位元件（GB/T 4169.21—2006），常用于大型模具或精密模具，用于提高定模板、动模板的配合精度及模具的整体刚度。

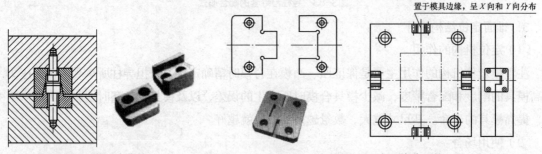

图3-85　锥面定位块　　　　　图3-86　矩形定位元件

c. 模架原身定位。对于中小模具，也可以采用带锥面的导柱和导套，如图 3-87 所示。但大型模具要承受较大的侧向力时，一般采用模架原身定位效果最好，如图 3-88 所示。为防止锥面变形，可在两锥面间安装淬火镶块（图 3-88 右上图）。锥面角度越小越有利于定位。但由于开模力的关系，锥面角也不宜过小，一般取 5°～20°，配合高度在 15mm 以上，两锥面都要淬火处理。在锥面定位机构设计中要注意锥面配合形式，如果是型芯模块环抱型腔模块，型腔模块无法向外涨开，在分型面上不会形成间隙，这是合理的结构。

② 内模镶件之间的定位机构。内模镶件之间的定位机构又叫内模管位，常设计于内模镶件的四个角上，定位效果好，如图 3-89 所示。这种结构常用于精密模具，分型面为复杂曲面或斜面的模具，以及制品严重不对称或有较大侧向力的模具。内模定位角的尺寸可根据镶件长度来取：当 $L<250$mm

时，W 取 15～20mm，H 取 6～8mm；当 $L \geqslant 250$mm 时，W 取 20～25mm，H 取 8～10mm。

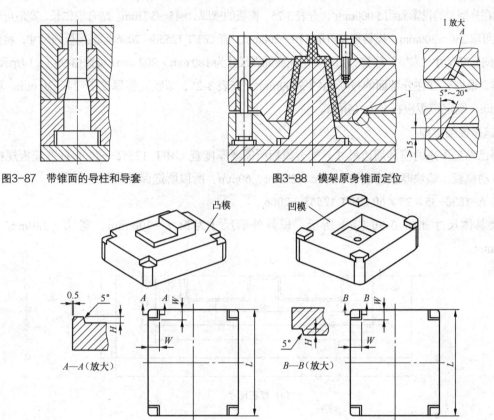

图3-87 带锥面的导柱和导套　　　　　　图3-88 模架原身锥面定位

图3-89 内模镶件定位

三、任务实施

（一）基本训练——电池盒盖模架的选择

1. 确定模架组合形式

根据前面项目分析，电池盒盖塑件为薄壳类塑件，一模两腔，采用侧浇口（如图 3-42 所示），因此可以选用直浇口基本型模架（单分型面模架），采用镶件型芯，台肩固定，因此镶件型芯底部需要支承板，查表 3-22 基本型模架的组成，可知直浇口基本型 A 型模架可以满足要求。

A 模架具有以下结构特征：定模和动模均采用两块模板，有支承板，推杆推出。可适用于前面任务所选定侧浇口（图 3-42）类型。

2. 确定内模镶块尺寸

该塑件型腔布置如图 3-42 所示，一模两腔左右分布，型腔在分型面上长度 l = 163 mm（按一模两腔所占区域）。根据经验：当塑件尺寸小于 50～100mm 时，内模镶块侧壁厚取 20mm 左右。则内模镶块长度为 200mm，内模镶块宽度为 90mm。

3．确定模架主参数

塑件在分型面的投影面约5 000mm²，查表3-25，模板的壁厚A=45～50 mm。结合模仁长、宽值可确定模具长度可取280～300mm，模具宽度可取170～200mm。查GB/T 12556—2006标准模板的尺寸，将计算出的数据向标准尺寸"靠拢"修整。初步确定模板周界尺寸为180 mm×300 mm，如图3-90（a）所示。

同样，根据塑件在分型面的投影面约5000mm²，查表3-25，型腔底板厚度B=24～30 mm。塑件高度14mm，则定模板应在38～44mm。

4．选择模架类型

根据已确定下来的模具周边尺寸，配合模板所需要厚度查GB/T 12555—2006标准模板规格：定模板、动模板、垫块厚度分别取35mm、25mm、60mm，所以所选保证模架规格为：

模架 A-1830-35×25×60 GB/T 12555—2006。

模架具体尺寸如图 3-90（b）所示，模具外形尺寸为长 L=300 mm、宽 B =180mm、高 H =185 mm。

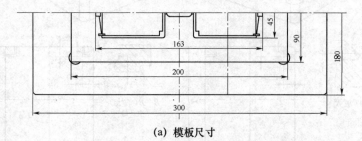

（a）模板尺寸

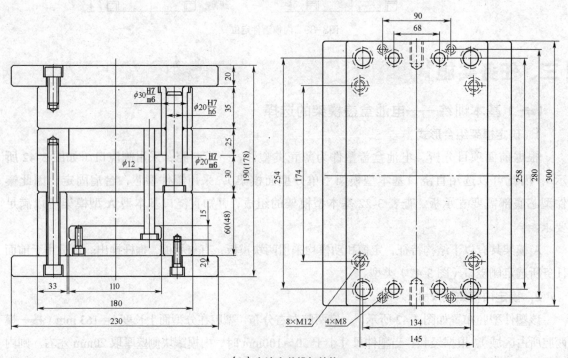

（b）电池盒盖模架结构

图3-90　模架具体尺寸

5. 检验所选模架

根据项目二任务五分析，成型电池盒盖制件初选 XS—Z—30 型号的柱塞式机，设备主要技术参数见表 2-26。校核所选模架与注塑机之间的关系，见表 3-26。

表 3-26 模架与注塑机之间关系的校核

设 备 参 数		模 架 规 格		校 核 结 论
最大开合模行程（mm）	160	取件所需空间（mm）	52	适合
最大模厚（mm）	180	模具闭合高度（mm）	190（178）	不适合
最小模厚（mm）	60			（减少垫块 12mm）

结论：选用标准模板规格：模架 A 1830-35×25×60 GB/T 12555—2006，考虑到设备安装空间限制，可以将垫块二次加工（减少 12mm）后满足要求。当然，也可以选用 XS—Z—60 注射机（最大模厚 200mm）以满足模架安装要求。

（二）能力强化训练——模架选择案例

合理选择模架可以有效地简化设计工作，减少模具制造周期，降低生产成本。模具设计人员在确定了模架规格后，仅需要选择适合于所用注射机的浇口套，设计、加工模具成型零件、侧抽芯机构和开设冷却管道等工作即可，大大简化模具设计、制造工作。下面是成功运用标准模架设计制造注射模具的典型案例。

如图 3-91 所示是用直浇口基本型 A 型设计直接浇口斜导柱侧抽芯注射模实例。在模架结构的基础上，在动、定模分型面设计侧向抽芯机构，采用推管推出，推出结构设置导向装置。

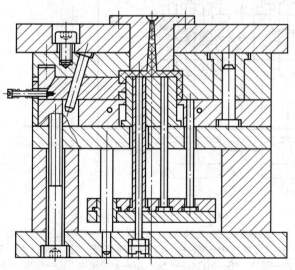

图3-91 用直浇口基本型A型设计直
流道斜导柱侧抽芯注射模实例

如图 3-92 所示也是用直浇口基本型 A 型设计电流线圈架制件（如图 2-2 所示）斜导柱侧抽芯注射模实例。

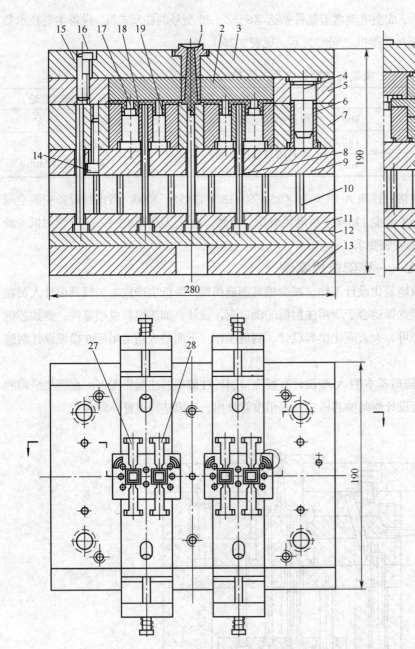

图3-92 电流线圈架制件注射模

1—浇口套 2—定模镶块 3—定模座板 4—导柱 5—定模板 6—导套 7—动模板
8—推杆 9—支承板 10—复位杆 11—推杆固定板 12—推板 13—动模座板
14、16、25—螺钉 15—销钉17—型芯 18—动模镶块 19—型芯 20—楔紧块
21—斜导柱 22—滑块 23—限位挡块 24—弹簧 26—垫块 27、28—侧型芯

图3-93所示选择直浇口基本型A型模架型设计生产电池盒盖制件（如图2-46所示）注射模装配图实例。

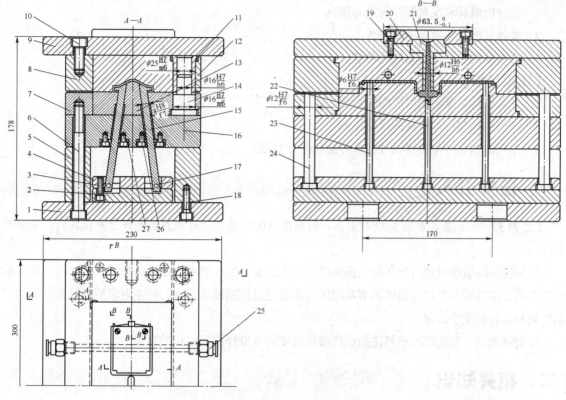

图3-93 电池盒盖制件注射模具装配图

1—定模座板 2—推板 3、6、10、18、19、26—螺钉 4—推杆固定板 5—支承板 7—型芯座框 8—型腔
9—定模座板 11—导套 12—定模板 13—型芯 14—动模板 15—斜顶杆 16—导柱 17—定位销
20—定位圈 21—浇口套 22—拉料杆 23—推杆 24—复位杆 25—水嘴 27—耐磨块

1. 国家标准中模架分哪几类？
2. 合模导向装置有哪些类型？主要起什么作用？
3. 定位机构有哪些类型？各自应用于哪些场合？
4. 简述模架选择的一般步骤。
5. 连续作业：试确定成型塑料制件——连接座（如图2-32所示）的模架类型及规格。

任务四 设计模具调温系统

【能力目标】

1. 会分析模具温度对塑件质量的影响。
2. 能够合理设计模具冷却装置。
3. 会根据需要设计模具加热系统。

【知识目标】
1. 了解模具温度对塑料成型的影响。
2. 掌握加热与冷却机构的设计原则。
3. 掌握加热与冷却装置设计计算方法和设计要点。

一、任务引入

【案例5】 大批量产如图 3-62 防护罩，材料为 ABS，要求设计成型该塑件注射模具的温度调节系统。

注射模具的温度对塑料熔体的充模流动、固化定型、生产效率、塑件的形状和尺寸精度都有重要的影响。注射模具中设置温度调节系统的目的是通过控制模具温度，使注射成型模具有良好的产品质量和较高的生产效率。

针对该案例，首先学习塑料注射成型模具温度调节设计方面的相关知识。

二、相关知识

（一）模具温度调节系统的内涵

1. 模具温度调节系统的重要性

① 模具温度对塑件质量的影响。模具温度及其波动对塑件的收缩率、尺寸稳定性、力学性能、变形、应力开裂和表面质量等均有影响。模温过低，熔体流动性差，塑件轮廓不清晰，甚至充不满型腔或形成熔接痕，塑件表面不光泽，缺陷多，力学性能降低。对于热固性塑料，模温过低造成固化程度不足，降低塑件的物理、化学性能，塑件内应力增大，易引起翘曲变形或开裂，尤其是黏度大的工程塑料尤为显著。模温过高，成型收缩大，脱模和脱模后塑件变形大，并且易造成溢料和黏模。对于热固性塑料会由于"过熟"导致变色、发脆、强度低等问题。模具温度不均匀，型芯和型腔温度差过大，塑件收缩不均匀，导致塑件翘曲变形，影响塑件的形状及尺寸精度。因此，为保证塑件质量，模具温度必须适当、稳定、均匀。

② 模具温度对模塑周期的影响。缩短模塑周期就是提高模塑效率。对于注射模塑，注射时间约占成型周期的 5%，冷却时间占 50%～80%。可见，缩短模塑周期关键在于缩短冷却硬化时间，而缩短冷却时间，可通过调节塑料和模具的温差来解决。因而在保证塑件质量和成型工艺顺利进行的前提下，降低模具温度有利于缩短冷却时间，提高生产效率。

2. 模具温度调整系统设计原则

温度调节系统是通过加热或冷却的方法使模具型腔和型芯的温度保持在规定的范围之内，以使塑件的性能良好。采用何种温度控制方式与塑料品种、塑件的结构形状、尺寸大小、生产效率以及成型工艺对模具温度的要求等多方面因素有关。

① 对于黏度低、流动性好的塑料，模具温度一般都不太高，通常可用常温水对模具进行冷却，并通过设计合理的冷却系统控制模具温度。如果塑件易于成型，为提高生产率也可以采用冷水对模具进行冷却。

② 对于高黏流温度、流动性差或高熔点塑料，可用温水控制模温，这样做不仅可以使温水对塑件发挥冷却作用，而且它比常温水和冷水更有利于促使模温分布趋于均匀化。但如果需要改善它们的充模流动性，或是为了解决某些成型质量方面的问题，也可以采用加热措施对模温进行控制。

③ 对于结晶型塑料，模具温度必须考虑对其结晶度及物理、化学和力学性能的影响。

④ 对于热固性塑料，模温要求在150℃～220℃，必须对模具采取加热措施。

⑤ 由于塑件几何形状的影响，塑件在模具内各处的温度不一定相等，因此常常会因为温度分布不均匀导致成型产品质量出现问题。为此，可对模具采用局部加热或局部冷却方法，以改善塑件温度的分布。

⑥ 对于流程很长、壁厚又比较大的塑件，或者是黏流温度或熔点虽然不高但成型面积很大的塑件，为了保证塑料熔体在充模过程中不因温度下降而产生流动的问题，也可对模具采取适当的加热措施。

⑦ 对于工作温度要求高于室温的大型模具，可在模内设置加热装置，以保证生产之前能够用较短的时间对模具进行预热。

⑧ 在精密模具生产加工中，为了实时准确地调节和控制模温，必要时可在模具中同时设置加热和冷却装置，实施分段分时控制。

⑨ 对于小型薄壁塑件，且成型工艺要求的模温也不太高时，模内可以不设置冷却装置，直接依靠自然冷却。

需要指出的是，模具中设置加热和冷却装置后，会给注射成型生产带来一些问题。例如，采用冷水调节控制模温时，大气中的水分容易凝聚在模腔表壁，从而影响塑件的表面质量。再如，采用加热措施控制模温时，模温升高以后，模内一些采用间隙配合的滑动零件将会有所膨胀，于是，预留的配合间隙将会减小或者消失，从而导致这些零件的运动发生故障。因此，在设计模具和温度调节系统时，对于诸如此类的问题，均要想办法加以预防。部分塑料的成型温度与模具温度见表3-27。

表 3-27　　　　　　　部分塑料的成型温度与模具温度　　　　　　　（℃）

塑 料 名 称	成 型 温 度	模 具 温 度	塑 料 名 称	成 型 温 度	模 具 温 度
LDPE	190～240	20～60	PS	170～280	20～70
HDPE	210～270	20～60	AS	220～280	40～80
PP	200～270	20～60	ABS	200～270	40～80
PA6	230～290	40～60	PMMA	170～270	20～90

续表

塑 料 名 称	成 型 温 度	模 具 温 度	塑 料 名 称	成 型 温 度	模 具 温 度
PA66	280～300	40～80	硬 PVC	190～215	20～60
PA610	230～290	36～60	软 PVC	170～190	20～40
POM	180～220	90～120	PC	250～290	90～110

（二）冷却系统设计

设置冷却效果良好的冷却水回路是缩短成型周期、提高生产效率最有效的方法。如果不能合理冷却，则会使制件内部产生应力而导致产品变形或开裂，塑件质量无法保证。

1. 冷却系统的设计原则

① 壁厚相等的塑件，冷却水道至型腔表面的距离应尽量相等，一般冷却水孔至型腔表面的距离应大于 10mm，常用 12～15mm。

② 加强浇口和型芯的冷却。浇口附近的温度最高，离浇口距离越远温度越低。因此浇口附近应加强冷却，在它的附近设冷却水的入口，如图 3-94 所示。由于塑料的收缩。型芯通常会吸收更多的热量，温升更快，因此在结构允许的情况下要强化型芯的冷却。

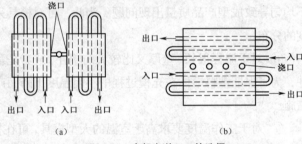

图3-94　冷却水道入口的选择

③ 降低入水与出水的温差。冷却水道较长时，入水与出水的温差就较大，会使模具的温度分布不均匀。为了避免此现象，可以通过改变冷却水道的排列方式来克服这个缺陷，如图 3-95 所示。通常普通模具入水与出水的温差应控制在 5℃～7℃ 以内，精密模具控制在 3℃ 以内。

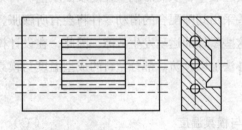
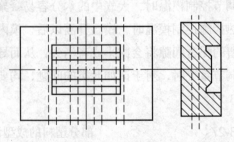

（a）冷却水道长，出、入水温差大　　　（b）冷却水道短，出、入水温差小，冷却效果好

图3-95　冷却水道的排布形式

④ 注意干涉和密封等问题，避免将冷却管道开设在塑件熔合痕部位。冷却管道应避开模具内推杆孔、螺纹孔及型芯孔和其他孔道。水管接头、接缝处必须密封，防止漏水。特别注意冷却管道不能穿过镶块（特别是镶块装配时的剪切面），以免在接缝处漏水，若必须通过镶块时，则穿过镶块装

配时的承压面，而且应加镶套管密封或加密封圈。

⑤ 冷却水道的大小要易于加工和清理，一般孔径为 8～12mm，孔径太小流道阻力大，而且冷却管道加工困难，但孔径太大冷却水无法保证"湍流"状态，降低冷却效率。

另外，冷却回路的设计应做到回路系统内流动的介质能充分吸收成型塑件所传导的热量，使模具成型表面的温度稳定地保持在所需的温度范围内，而且要做到使冷却介质在回路系统内呈湍流状态畅通流动，无阻滞部位。流体雷诺系数 $Re=dv\rho/\eta$，一般管道雷诺数 $Re<2000$ 为层流状态，$Re>4000$ 为紊流状态，$Re=2\,000\sim4\,000$ 为过渡状态。

2．冷却系统计算

（1）冷却水体积流量的计算

塑料注射模冷却时所需要的冷却水量（体积）可按下式计算：

$$V=\frac{nm\Delta h}{60\rho C_{\mathrm{p}}\left(t_1-t_2\right)}$$

式中：V——每分钟所需冷却水的体积，$\mathrm{m^3/min}$；

m——包括浇注系统在内的每次注入模具的塑料质量，kg；

n——每小时注射的次数；

Δh——从熔融状态的塑料进入型腔时的温度到塑料冷却脱模温度为止，塑料所放出的热焓量，Δh 值见表 3-28。

ρ——冷却水在使用状态下的密度，$\mathrm{kg/m^3}$；

C_{p}——冷却水的比热容，J/kg・℃；当水温在 20℃，C_{p}=4187J/kg・℃；当水温在 30℃，C_{p}=4174kJ/kg・℃；

t_1——冷却水出口温度，℃；t_2——冷却水入口温度，℃。

表 3-28　　　　　　　常用塑料柱凝固时所放出的热焓量 Δh

塑　　料	Δh（$10^3 \mathrm{J \cdot kg^{-1}}$）	塑　　料	Δh（$10^3 \mathrm{J \cdot kg^{-1}}$）
高压聚乙烯	583.33～700.14	尼龙	700.14～816.48
低压聚乙烯	700.14～816.48	聚甲醛	420.00
聚丙烯	583.33～700.14	醋酸纤维素	289.38
聚苯乙烯	280.14～349.85	丁酸—醋酸纤维素	259.1
聚氯乙烯	210.00	ABS	326.76～396.48
有机玻璃	285.85	AS	280.14～349.85

求出所需冷却水体积后，可根据处于湍流状态的流速、流量与管道直径的关系，确定模具上的冷却水道孔径和湍流速度，见表 3-29。

确定冷却水孔的直径时应注意，无论多大的模具，水孔的直径不能大于 14mm，否则冷却水难以成为湍流状态，以至降低热交换效率。

表 3-29　　　　　　　　　冷却流道的稳定湍流速度、流量与流道直径

冷却流道直径 d（mm）	最小速度 v（$m^3 \cdot s^{-1}$）	最小流量 V（$m^3 \cdot min^{-1}$）	冷却流道直径 d（mm）	最小速度 v（$m^3 \cdot s^{-1}$）	最小流量 V（$m^3 \cdot min^{-1}$）
8	1.66	5.0×10^{-3}	15	0.87	9.2×10^{-3}
10	1.32	6.2×10^{-3}	20	0.66	12.4×10^{-3}
12	1.10	7.4×10^{-3}	25	0.53	15.5×10^{-3}

注：在 $Re = 10000$ 及水温 10℃的条件下（Re 为雷诺系数）。

另外，水孔的直径也可根据塑件的平均壁厚来粗略确定。平均壁厚为 2mm 时，水孔直径可取 8～10mm；平均壁厚为 2～4mm 时，水孔直径可取 10～12mm；平均壁厚为 4～6mm 时，水孔直径可取 10～14mm。

（2）冷却回路所需的总表面积

冷却回路所需总表面积 A 可按下式计算：

$$A = \frac{nm\Delta h}{3\,600\alpha(t_{\mathrm{m}} - t_{\mathrm{w}})}$$

式中：A——冷却回路总表面积，m^2；

　　　n——每小时注射的次数，次；

　　　m——包括浇注系统在内的每次注入模具的塑料质量，kg；

　　　α——冷却水的表面传热系数，$W/(m^2 \cdot K)$；

　　　t_{m}——模具成型表面的温度，℃；

　　　t_{w}——冷却水的平均温度，℃；

　　　Δh——从熔融状态的塑料进入型腔时的温度到塑料冷却脱模温度为止，塑料所放出的热焓量，J/kg，Δh 值见表 3-27。

冷却水的表面传热系数 α 可用下式计算：

$$\alpha = \Phi \frac{(\rho v)^{0.8}}{d^{0.2}}$$

式中：α——冷却水的表面传热系数，$W/(m^2 \cdot K)$；

　　　ρ——冷却水在该温度下的密度，kg/m^3；

　　　v——冷却水的流速，m/s；

　　　d——冷却水孔直径，m；

　　　Φ——与冷却水温度有关的物理系数，Φ 的值可从表 3-30 查得。

表 3-30　　　　　　　　　　　水的 Φ 值与温度的关系

平均水温（℃）	5	10	15	20	25	30	35	40	45	50
Φ 值	6.16	6.60	7.06	7.50	7.95	8.40	8.84	9.28	9.66	10.05

（3）冷却回路的总长度

冷却回路总长度可用下式计算：

$$L = \frac{A}{\pi d}$$

式中：L——冷却回路总长，m；

　　　A——冷却回路总表面积，m²；

　　　d——冷却水孔直径，m。

计算出模具冷却所需的回路长度后才能根据模具结构、塑件结构及要求合理布置管路。

3. 常见冷却系统的结构

① 直流式和直流循环式。如图 3-96 所示，这种冷却形式结构简单，加工方便，但模具冷却不均匀，适用于成型面积较大、型腔较浅的塑料制品。

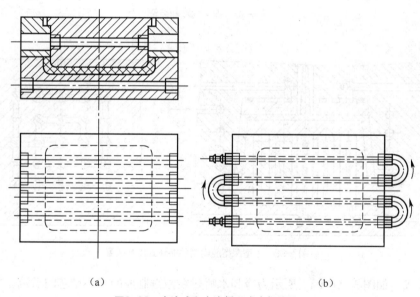

（a）　　　　　　　　　　　　　　　　（b）

图3-96　直流式和直流循环式冷却装置

② 循环式。如图 3-97 所示，图 3-97（a）所示为间歇循环式，冷却效果较好，但出入口数量较多，加工费用较高；图 3-97（b）、（c）所示为连续循环式，冷却槽加工成螺旋状，且只有一个入口和出口，其冷却效果比图 3-97（a）稍差。这些形式均适用型芯和型腔的冷却，但深型腔制件模具的冷却困难。为便于大型深型腔制件的冷却，型芯、型腔采用组合式结构，如图 3-98 所示。型腔从浇口附近通冷却水，流经矩形截面水槽后流出，其侧部开设圆形截面水道，围绕模腔一周之后从分型面附近的出口排出。型芯底部加工出一定数量的盲孔，每个盲孔用隔板分成与底部相连的两部分，从型芯中心进水，外侧出水。

③ 喷流式。如图 3-99 所示，以水管代替型芯镶件，结构简单，成本较低，冷却效果较好。这种形式既可用于小型芯的冷却也可用于大型芯的冷却。

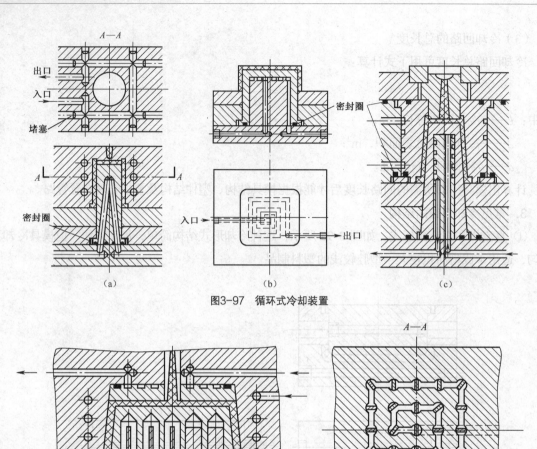

图3-97　循环式冷却装置

图3-98　大型深型腔类制件循环式冷却装置

④ 间接式。如图 3-100（a）所示为冷却水喷射在铍铜制成的细小型芯的后端，靠铍铜良好的导热性能对其进行冷却；图 3-100（b）所示为在细小型芯中插一根与之配合接触很好的铍铜杆，在其另一端加工出翅片，用它来扩大散热面积，提高水流的冷却效果。

美国 Logic Devices 公司为解决这一问题，研制了一种防止漏水的装置（逻辑密封冷却装置），通过特殊的容积泵来吸引模具内冷却回路中的水，使冷却回路中的压力低于大气压。由于冷却回路中形成负压，即使冷却水通过镶拼模块，也不必担心模具漏水。但这种装置造价昂贵，目前尚难于推广普及。

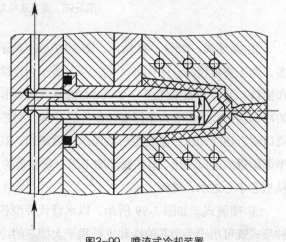

图3-99　喷流式冷却装置

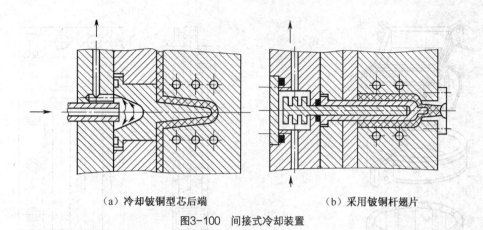

（a）冷却铍铜型芯后端　　　　　　　（b）采用铍铜杆翅片

图3-100　间接式冷却装置

热管最早用于美国的航天工业，20世纪80年代开始在注射中应用。热管是优良的导热元件，其导热效率约比铜高千倍。热管既可安放在型芯中导热，也可制成推杆或拉料杆，兼起冷却的作用。据有关资料介绍，将热管用于注射模的冷却，可缩短注射成型周期30%以上，并能使模温恒定。目前日本热管已达到标准化、商业化的程度，在注射模中的应用也越来越广泛。

（三）加热系统设计

1．模具加热方法

当注射成型工艺要求模具温度在80℃以上，对大型模具进行预热时或者采用热流道模具时，模具中必须设置加热系统装置。模具的加热方式有很多，如热水、热油、蒸气和电加热等。目前普遍采用的是电加热温度调节系统，如果加热介质采用各种流体，其结构设计类似于冷却水道的设计，这里就不再赘述。下面是电加热的主要方式。

① 电热丝直接加热。将选择好的电热丝放入绝缘瓷管装入模板的加热孔中，通电后就可对模具进行加热。这种加热方法结构简单，成本低廉，但电热丝与空气接触后易氧化，寿命较短，同时也不太安全。

② 电热圈加热。将电热丝绕制在云母片上，再装夹在特制的金属外壳中，电热丝与金属外壳之间用云母片绝缘，如图3-101所示，将它围在模具外侧对模具进行加热。其特点是结构简单、更换方便，但缺点是耗电量大，这种加热装置更适合于压缩模和压注模。

③ 电热棒加热。电热棒是一种标准的加热元件，它是由具有一定功率的电阻丝和带有耐热绝缘材料的金属密封管组成，使用时只要将其插入模板上的加热孔内通电即可，如图3-102所示。电加热棒使用和安装都很方便。

2．模具加热装置的计算

首先计算模具加热所需的电功率：

$$P = gM$$

式中：P——电功率，W；

　　　M——模具质量，kg；

　　　g——每千克模具加热到成型温度时所需的电功率，W/kg，g值见表3-31。

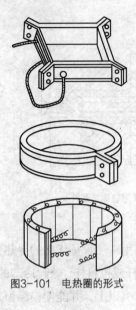

图3-101　电热圈的形式

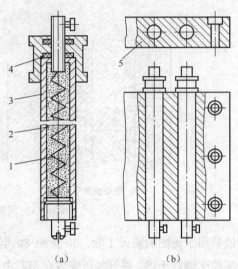

图3-102　电热棒及其安装
1—电阻丝　2—耐热填料　3—金属密封管
4—耐热绝缘垫片　5—加热板

表 3-31　　　　　　　　　　不同类型模具的 g 值

模 具 类 型	g（W·kg^{-1}）	
	用 加 热 棒	用 加 热 圈
小型	35	60
中型	30	50
大型	25	40

　　总的电功率确定之后，可根据电热板的尺寸确定电热棒的数量，进而计算每根电热棒的功率。设电热棒采用并联法，则

$$P_0 = P/n$$

式中：P_0——每根电热棒的功率，W；

　　　　n——电热棒的根数。

　　根据 P_0 查表 3-32 选择适当的电热棒，也可先选择电热棒的适当功率再计算电热棒的根数。如果表 3-32 中无合适的电热棒可选，则需自行设计制造电加热元件。

表 3-32　　　　　　　　　　电热棒标准

尺寸（mm）								
公称直径 d_1	13	16	18	20	25	32	40	50
允许公差	± 0.1		± 0.12		± 0.2		± 0.3	
盖板直径 d_2	8	11.5	13.5	14.5	18	26	34	44

续表

尺寸（mm）							

5±0.3　1±0.5　100　l

公称直径 d_1	13	16	18	20	25	32	40	50
槽深 h	1.5	2		3			5	
长度 l	电功率（W）							
60_{-3}^{0}	60	80	90	100	120			
80_{-3}^{0}	80	100	110	125	160			
100_{-3}^{0}	100	160	140	160	200	250		
125_{-4}^{0}	125	200	175	200	250	320		
160_{-4}^{0}	160	250	225	250	320	400	500	
200_{-4}^{0}	200	320	280	320	400	500	600	
250_{-5}^{0}	250	375	350	400	500	600	800	1 000
300_{-5}^{0}	300	500	420	480	600	750	1 000	1 250
400_{-5}^{0}			550	630	800	1 000	1 250	1 600
500_{-5}^{0}			700	800	1 000	1250	1 600	2 000
650_{-6}^{0}				900	1 250	1 600	2 000	2 500
800_{-8}^{0}					1 600	2 000	2 500	3 200
$1 000_{-10}^{0}$					2 000	2 500	3 200	4 000
$1 200_{-10}^{0}$						3 000	3 800	4 750

三、任务实施

防护罩材料为 ABS 工程塑料，查表 3-27 可知，保证塑件质量要求的最佳模具温度在 40℃～80℃，所以成型模具的温度调节系统不考虑设计加热系统。

防护罩注射成型模具的冷却系统设计计算如下。

1. 冷却水体积流量

查表 3-27 成型 ABS 塑料的模具平均工作温度为 60℃，用常温 20℃的水作为模具冷却介质，若出口温度为 25℃，则每次注射质量为 0.032 3kg，注射周期为 60s。

查表 3-28，取 ABS 注射成型固化时单位质量放出热量 $\Delta h = 3.5 \times 10^5$ J/kg。代入公式

$$V = \frac{nm\Delta h}{60\rho C_p(t_1-t_2)} = \frac{(3\,600/60)\times0.032\,3\times3.5\times10^5}{60\times1\,000\times4\,187\times(25-20)} = 5.4\times10^{-3}\,\text{m}^3/\text{min}$$

2．冷却管道直径的确定

根据冷却水体积流量 V 查表 3-29 可初步确定冷却管道直径为 ϕ8mm，冷却水速度 v=1.66m/s。冷却水孔的直径也可根据制件的平均壁厚来确定。平均壁厚为 2mm 时，水孔直径可取 8～10mm 可，二者结论一致。

3．冷却回路所需的总表面积

与冷却水温度有关的物理系数 $\Phi = 7.5$（查表 3-30），冷却水的表面传热系数 α 为：

$$\alpha = \Phi\frac{(\rho v)^{0.8}}{d^{0.2}} = 7.5\times\frac{(1\,000\times1.66)^{0.8}}{0.008^{0.2}} = 7\,422.2$$

查表 3-26 成型 ABS 塑料时模具温度应在 40℃～80℃，因此模具成型表面的平均温度按 40℃计算。则冷却回路所需总表面积：

$$A = \frac{nm\Delta h}{3\,600\alpha(t_m-t_w)} = \frac{60\times0.032\,3\times3.5\times10^5}{3\,600\times7\,422.2\times(40-22.5)} = 6.8\times10^{-4}\,\text{m}^2$$

4．冷却回路的总长度

冷却回路总长度可用下式计算：

$$L = \frac{A}{\pi d} = \frac{6.8\times10^{-4}}{3.14\times0.008} = 0.027\,\text{m}$$

计算结果可以看出，由于生产塑件所需冷却水体积流量很小，对应冷却管道长度也很短。在设计时可以不考虑冷却系统设计。但生产任务为大批量，为了降低冷却时间，缩短生产周期，提高生产率，可以在模板上设计几条冷却水管，以便在生产中灵活调整和控制。

5．冷却系统结构

防护罩注射成型模具的冷却分为两部分，一部分是型腔的冷却，另一部分是型芯的冷却。

① 型腔冷却水道结构。型腔的冷却是由定模板（中间板）上的两条 ϕ8mm 的冷却水道完成的，如图 3-103 所示。

② 型芯冷却水道结构。型芯的冷却如图 3-104 所示，在型芯内部开有 ϕ16mm 的冷却水孔，中间用隔水板 2 隔开，冷却水由支承板 5 上的 ϕ8mm 冷却水孔进入，沿着隔水板的一侧上升到型芯的上部，翻过隔水板，流入另一侧，再流回支承板上的冷却水孔内，

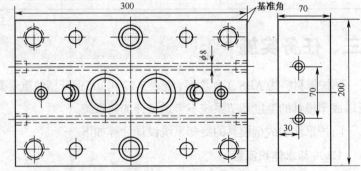

图3-103　定模板冷却水道

然后继续冷却第二个型芯，最后由支承板上的冷却水孔流出模具。型芯 1 与支承板 5 之间用密封圈 3 密封。

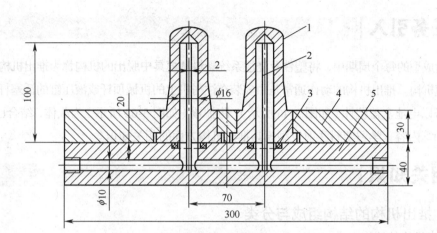

图3-104　型芯的冷却

1—型芯　2—隔水板　3—密封圈　4—动模板（型芯固定板）　5—支承板

1. 注射模为什么要设置调温系统？
2. 冷却系统的设置原则是什么？
3. 常见冷却系统的结构形式有哪几种？分别适合于什么场合？
4. 在注射成型中，哪些塑料模具需要采用加热装置，为什么？
5. 常用的加热方法有哪几类？
6. 连续作业：试设计成型塑料制件——连接座（如图 2-32 所示）的温度调节系统。

任务五　设计模具推出机构

【能力目标】

1. 能读懂各种推出机构结构图。
2. 具有设计或选择各类推出结构零件的能力。
3. 能够合理选择各类推出机构。

【知识目标】

1. 掌握各种简单推出机构的类型及动作原理。
2. 了解其他各类推出机构的设计原则、分类、特点和应用范围。

一、任务引入

在注射成型的每个周期中，将塑件及浇注系统凝料从模具中脱出的机构称为推出机构，也称顶出机构或脱模机构。推出机构的动作通常是由安装在注射机上的机械顶杆或液压缸的活塞杆来完成的。

本任务以电池盒盖塑件（如图2-46所示）、防护罩（如图3-62所示）为载体，结合已完成任务，针对任务训练内容，学习塑料注射成型模具推出机构方面的相关知识。

二、相关知识

（一）推出机构的结构组成与分类

1. 推出机构的结构组成

推出机构一般由推出、复位、导向和紧固元件组成。如图3-105所示。

凡与塑件直接接触并将塑件从模具型腔中或型芯上推出脱下的元件，称为推出元件，推出元件由推杆1和拉料杆6组成。

为了使推出过程平稳、畅通，推出零件不至于弯曲或卡死，常设有推出系统的导向机构，即图3-105中的推板导柱4和推板导套3。一般中型、大型模具或具有细小推杆的模具通常设置导向机构。而普通小型模具往往不设计推出系统的导向零件，由直径较为粗大的复位杆9兼起导向、支撑作用。

为了使推杆回到原来位置，就要设计复位装置，即复位杆9，它的头部设计到动、定模的分型面上，合模时，定模迫使复位杆后移的同时将推杆及顶出装置恢复到原来的位置。

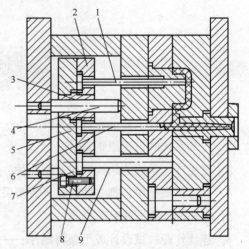

图3-105　单分型面注射模的推出机构
1—推杆　2—推杆固定板　3—推板导套　4—推板导柱
5—推板　6—拉料杆　7—限位钉　8—螺钉　9—复位杆

紧固元件是将推出、导向和复位零件安装固定于一起，使之成为一个整体。用螺钉8将推出机构所有零件用推杆固定板2和推板5之间连接紧固到一起。推出时注射机上的顶出力作用在推板上，合模时，定模作用于复位杆使推出机构复位。

另外，许多注射模具推出都设置限位钉7（见图3-105）。限位钉7（GB/T 4169.9—2006）有两个作用，一是使推板与动模座板之间形成间隙，以保证平面度和清除废料及减少杂物对推出机构的影响；另一作用是通过调节限位钉的厚度来调整推杆的位置及推出的距离。当推出行程有要求时，可在推出机构上增设限位柱限制推出高度。

2. 推出机构的结构分类

① 按动力来源分类。推出机构按动力来源可分手动、机动、液压与气动推出机构。手动推出机构是指当模具分开后，用人工操纵脱模机构使塑件脱出，它可分为模内手工推出和模外手工推出两

种。这类结构多用于形状复杂而不能设置推出机构的模具，或塑件结构简单、小批量生产的模具；机动推出机构依靠注射机顶出装置或开模动作驱动模具上的推出机构，实现塑件自动推出。这类模具结构复杂，多用于大批量生产的模具；液压和气动推出机构是指利用安装在注射机或模具上的专用液压或气动装置产生的运动和力将塑件推出模外或将塑件吹出模外。

② 按模具推出机构的结构特征分类。按模具推出机构的结构特征分类，可分为一次推出机构、二次推出机构、定模推出机构、顺序推出机构、带螺纹塑件推出机构等。

③ 按推出元件的类别分类。按推出元件的类别分类，推出机构可分为推杆推出机构、推管推出机构、推件板推出机构、推块推出机构与活动镶块（凹模）推出机构等。

（二）脱模力计算

脱模力是指塑件从模内脱出所需的力。它主要由对型芯的包紧力、大气阻力、黏附力和脱模机构本身的运动阻力等因素决定。包紧力是塑件因冷却收缩而产生的对型芯包紧力。大气阻力是指封闭的壳类塑件在脱模时，与型芯间形成真空，由此产生的阻力。黏附力是指脱模时塑件表面与模具成型零件表面之间所产生的吸附力。

影响脱模力大小的因素很多，如型芯成型部分塑料的收缩率以及型芯的摩擦系数；塑件的壁厚及同时包紧型芯的数量；成型时的工艺参数（注射压力越大、冷却时间越长，包紧力就越大）等。根据这些因素来精确计算脱模力是相当困难的，设计推出机构时应全面分析，找出主要影响因素进行粗略计算。

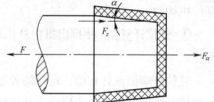

图3-106 制品抽芯脱模力的分析

一般而论，刚开始脱模时，由于黏附力的作用，所需克服的阻力最大，一旦开始脱模，阻力随之减少。如图 3-106 所示塑件脱模时的型芯受力分析，其脱模力 F 近似计算公式为

$$F = F_z + F_\alpha$$

式中：F_z——塑料收缩产生的对型芯的包紧力造成的抽芯阻力，N；

F_α——真空负压造成的抽芯阻力，N。

$$F_z = pA(\mu\cos\alpha - \sin\alpha)$$

式中：μ—— 塑料与钢的摩擦系数，PC、POM 取 0.1～0.2，其余取 0.2～0.3；

p——塑料对型芯单位面积上的包紧力，一般情况下，模外冷却的塑件 $p = (2.4～3.9)\times10^7$ Pa，模内冷却的塑件 $p = (0.8～1.2)\times10^7$Pa；

A——塑件包容型芯的面积，mm^2；

α——脱模斜度，$\alpha = 0.5°～1.5°$。

$$F_\alpha = 0.1A_1$$

式中：A_1—— 垂直于脱模方向的投影面积，mm^2。

（三）推出机构设计原则

由于推出机构的动作是通过注射机上的顶杆来驱动的，而顶杆设置在注射机移动模板一侧，所以一般情况下，推出机构设在动模一侧；为了保证塑件在推出过程中不变形、不损坏，设计时应仔细分析塑件对模具包紧力和黏附力的大小，合理选择推出方式及推出位置；推出机构应可靠、灵活、制造方便，要有足够的强度、刚度和硬度，以承受推出过程中的各种力的作用，确保塑件顺利地脱模；推出塑件的位置应尽量设在塑件内部，避免推出痕迹影响塑件外观；设计推出机构时，还必须考虑合模时机构能正确复位，即推出机构恢复到推出之前的初始位置，并保证不与其他模具零件相干涉。

（四）推出机构的导向与复位

1. 推出机构的导向装置

在注射机工作时，每开合模一次，推出机构就往复运动一次，除了推杆、推管和复位杆与模板的滑动配合以外，其余部分均处于浮动状态。推杆固定板与推杆的重量不应作用在推杆上，为了保证塑件顺利脱模，使各个推出零件运动灵活、可靠复位，防止推杆在推出过程中出现歪斜和扭曲现象，大型或部分中型模具都设置推出导向装置，如图 3-105 所示的推板导套 3、推板导柱 4。

2. 推出机构的复位机构

推出机构在开模推出塑件后，为下一次的注射成型做准备，还必须使推出机构复位，以便恢复完整的模腔，这就必须设计复位装置。复位装置的类型有复位杆复位装置和弹簧复位装置及其他先复位机构。

① 复位杆复位。使推出机构复位最简单、最常用的方法是在推杆固定板上安装复位杆，也称回程杆。

复位杆端面设计在动、定模的分型面上。塑件脱模时，复位杆同时被推出；合模时，复位杆先与定模分型面接触而停止运动，动模继续向定模逐渐移动，而推出机构被复位杆顶住，从而与动模产生相对移动直至分型面合拢，推出机构就回到原来的位置。这种结构中的动、定模的合模运动和推出机构的复位是同时完成的，如图 3-105 所示。

复位杆为圆形截面，每副模具一般设置 4 根直径较粗的复位杆，与模板滑动配合，对称设在推杆固定板的四周，以便推出机构在合模时能平稳复位。由于复位杆直径较为粗大，当中小型模具不设计推出系统的导向零件时，复位杆兼起导向、支承作用。

② 弹簧复位。利用压缩弹簧的回弹力使推出机构复位，其复位先于合模动作完成。使用弹簧复位结构简单，但必须注意弹簧要有足够的弹力，如弹簧失效，要及时更换，如图 3-118 所示。

③ 先复位机构。利用专门设置的结构使推出机构在模具合模初始阶段提前复位的机构（详见下一任务）。

（五）简单推出机构

简单推出机构是指塑件在推出机构的作用下，只作一次动作即可完成塑件的推出，因此又称一次推出机构。按推出元件的不同可分推杆推出机构、推件板推出机构、推管推出机构、活动镶块及凹模推出机构和联合推出机构等。

1. 推杆推出机构

用推杆推出塑件是推出结构中最简单最常用的一种。因它制造简单、更换方便、滑动阻力小、脱模效果好、设置的位置自由度大，所以在生产中广泛应用。但因推杆和塑件接触面积小，易引起应力集中，从而可能损坏塑件或使塑件变形，因此不宜用于阻力大的管形和箱形制品的脱模。

（1）推杆的形状及尺寸

因塑件的几何形状及型腔、型芯结构不同。常见的推杆截面形状如图 3-107 所示。在整体式型腔或镶件底部设置推杆时采用圆形最为

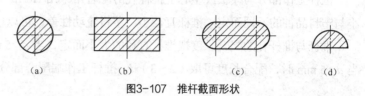

图3-107 推杆截面形状

方便；其他截面形状的推杆都是根据塑件结构设置推杆工作端面的几何形状来选择。

常用推杆的形状如图 3-108 所示。图 3-108（a）为直通式推杆（具体见 GB/T 4169.1—2006），尾部采用台肩固定，通常在 $d > 2$ mm 时采用，是最常用的形式；图 3-108（b）所示为带肩推杆（工作端面为矩形见 GB/T 4169.15—2006、工作端面为圆形见 GB/T 4169.16—2006），带肩推杆后端加粗以提高刚性，一般直径小于 2mm 时采用；图 3-108（c）所示为顶盘式推杆，亦称锥面推杆，它加工比较困难，装配时与其他推杆不同，从动模型腔插入，端部用螺钉固定在推杆固定板上，它的推出面积比较大，适合于深筒形塑件的推出。

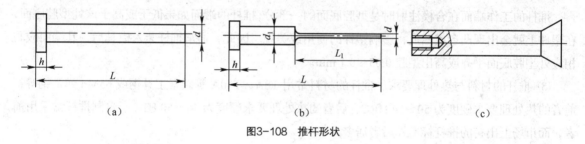

图3-108 推杆形状

（2）推杆的固定与配合

① 推杆的固定。推杆的固定如图 3-109 所示，其中图 3-109（a）所示的形式最为常用。这种形式强度高，不易变形，但在推杆很多的情况下，台阶孔深度的一致性很难保证。有时采用图 3-109（b）所示的形式，用厚度磨削一致的垫圈或垫块安放在推板与推杆固定板之间。图 3-109（c）所示为推杆后端用螺塞固定的形式，适合于推杆数量不多又省去推板的场合。图 3-109（d）所示为较粗推杆（如顶盘式推杆）镶入固定板后采用螺钉固定的形式。

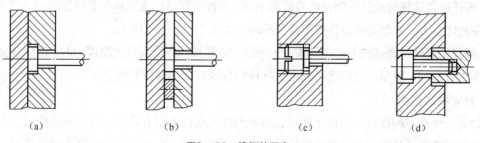

图3-109 推杆的固定

② 推杆的配合。推杆的常见配合形式如图 3-110 所示，既可降低加工要求，又能在多推杆的情况下，不会因推杆孔加工时产生的偏差而发生卡死现象。

推杆工作部分与模板或型芯上推杆孔的配合常采用 H8/f8～H9/f9 的间隙配合，视推杆直径的大小与塑料品种的不同而定。推杆直径小、塑料流动性差，可以取 H9/f9，反之采用 H8/f8。

推杆与推杆孔的配合长度视推杆直径的大小而定，当 $d< 5$ mm 时，配合长度可取 12～15 mm；当 $d >5$ mm 时，配合长度可取（2～3）d。推杆工作端配合部分的粗糙度 $R_a \le 0.8$ μm。

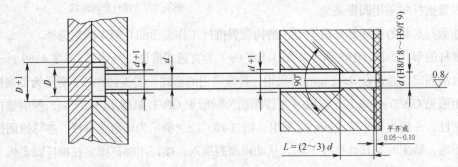

图3-110　推杆的配合形式

推杆的工作端面在合模注射时是型腔底面的一部分，推杆的端面如果低于或高于该处型腔底面，在塑件上就会出现凸台或凹痕，影响塑件的使用或美观。因此，通常推杆装入模具后，其端面应与相应处型腔底面平齐或高出型腔 0.05～0.1 mm。

③ 推杆的材料与热处理要求。推杆的材料常用 T8A、T10A 等碳素工具钢或 65Mn 弹簧钢等，前者的热处理要求硬度为 50～54 HRC，后者的热处理要求硬度为 46～50 HRC。自制推杆常采用前者，而市场上出售的推杆标准件后者居多。

（3）推杆位置的选择

① 推杆的位置应选择在脱模阻力最大的地方。如图 3-111（a）所示的模具，因塑件对型芯的包紧力在四周最大，可在塑件内侧附近设置推杆，如果塑件深度较大，还应在塑件的端部设置推杆。有些塑件在型芯或型腔内有较深且脱模斜度较小的凸起，因收缩应力的原因会产生较大的脱模阻力，在该处就必须设置推杆，如图 3-111（b）所示。

② 推杆位置选择应保证塑件推出时受力均匀。当塑件各处的脱模阻力相同时，推杆需均匀布置，以便推出时运动平稳且塑件不变形。

③ 推杆位置选择时应注意塑件的强度和刚度。推杆位置尽可能选择在塑件壁厚和凸缘等处，尤其是薄壁塑件，否则很容易使塑件变形甚至损坏，如图 3-111（c）所示。

④ 推杆位置的选择还应考虑推杆本身的刚性。当细长推杆受到较大脱模力时，推杆就会失稳变形，如图 3-111（d）所示，这时就必须增大推杆的直径或增加推杆的数量。

2．推管推出机构

推管是一种空心的推杆，它适于环形、筒形塑件或塑件上带有孔的凸台部分的推出。由于推管整个周边接触塑件，故推出塑件的力量均匀，塑件不易变形，也不会留下明显的推出痕迹。

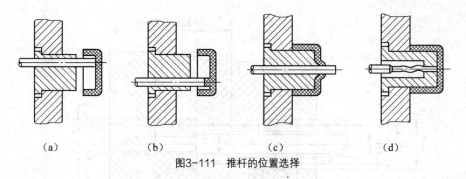

（a）　　　　　　（b）　　　　　　（c）　　　　　　（d）

图3-111　推杆的位置选择

① 推管推出机构的基本形式。推管基本结构如图 3-112 所示（见 GB/T 4169.17—2006），其装配结构如图 3-113 所示，推管固定在推杆固定板上，而中间型芯固定在动模座板上的形式，这种结构定位准确，推管强度高，型芯维修和更换方便，缺点是型芯太长。图 3-113（b）所示是用键将型芯固定在动模板上的形式，这种形式适于型芯较大的场合。但推管上面开槽，推管的强度会受到一定影响。图 3-113（c）所示为型芯固定在动模板上，推管在动模板内移动的形式，这种形式的推管较短，刚性好，制造方便，装配容易，但动模板需要较大的厚度，适于推出距离较短的场合。另外，在动模板内的推板或推管固定板上一定要设置复位杆，否则推管推出后，合模时无法复位。

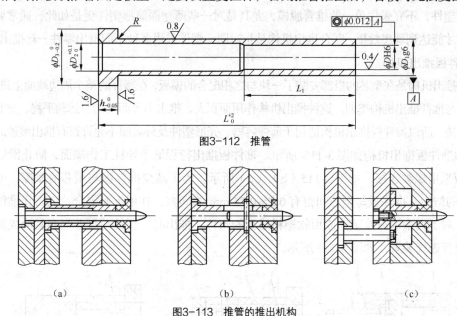

图3-112　推管

（a）　　　　　　　（b）　　　　　　　（c）

图3-113　推管的推出机构

② 推管的固定与配合。推管推出机构中，推管的精度要求较高，间隙控制较严。

推管的固定与推杆的固定类似，推管固定端外侧与推管固定板和型芯之间采用单边 0.5 mm 的大间隙配合。

推管工作部分的配合是指推管与型芯之间的配合和推管与成型模板的配合，如图 3-114 所示。推管的内径与型芯的配合长度应比推出行程大 3～5 mm，当直径较小时选用 H6/g6 的配合，当直径较大时选用 H7/g6 的配合；推管外径与模板上孔的配合长度为推杆直径 D 的 1.5～2 倍，当直径较小时采用 H6/g6 的配合，当直径较大时选用 H7/g6 的配合。

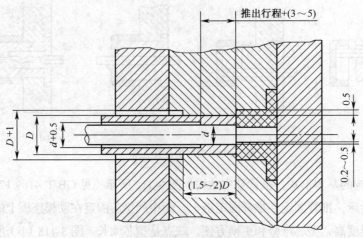

图3-114　推管工作部分的配合

　　为了保证推管在推出时不擦伤型芯及相应的成型表面，推管的外径应比塑件外壁尺寸小0.5 mm左右，推管的内径应比塑件的内径每边大0.2～0.5 mm。

　　推管推出机构推出工作均衡、可靠，且在塑件上不留痕迹。但对成型一些软质塑料如聚乙烯、软聚氯乙烯等塑件，不宜采用单一的推管脱模，尤其是对一些薄壁深筒形塑件更是如此，通常要采用联合推出机构才能达到理想效果。联合推出机构是指对同一塑件采用多种不同推出零件一起推出的机构。

　　3．推件板推出机构

　　推件板推出机构是在型芯的根部安装了一块与之相配合的模板，在塑件的整个周边端面上进行推出，其工作过程与推杆推出机构类似。这种推出机构作用面积大，推出力大而均匀，运动平稳，并且在塑件上无推出痕迹，所以推件板推出机构适用于薄壁容器、壳形塑件及外表面不允许留有推出痕迹的塑件。

　　常用的推件板推出机构如图3-115所示。推件板推出行程低于导柱工作端面，防止滑脱。或推杆与推件板采用螺纹连接，如图3-115（b）、（c）所示。为了减少推件板与型芯的摩擦，可采用图3-116所示的结构，推件板与型芯间留有0.2～0.25 mm的间隙，并用锥面配合，以防止推件板因偏心而溢料；对于大型的深腔塑件或用软塑料成型的塑件，推出时，塑件与型芯间容易形成真空，在模具上可设置进气装置，如图3-117所示。

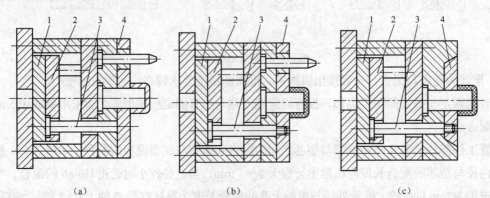

（a）　　　　　　　　　　　（b）　　　　　　　　　　　（c）

图3-115　常见的推件板推出机构
1—推板　2—推杆固定板　3—推杆　4—推件板

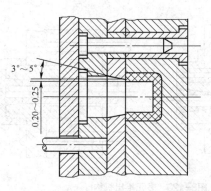

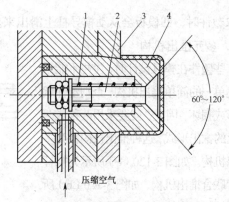

图3-116 推件板与凸模锥面的配合形式   图3-117 推出机构的进气装置
1—弹簧 2—阀杆 3—推件板 4—型芯

推件板推出机构的复位靠合模动作完成，不需设置复位杆。推件板一般需经淬火处理，以提高其耐磨性。

4．活动镶件及凹模推出机构

活动镶件及凹模推出机构也是一种相对比较简单的推出机构。

活动镶件是活动的成型零件。某些塑件因结构原因不宜采用前述推出机构，则可利用活动镶件将塑件推出。如图3-118（a）所示是利用螺纹型环（即活动镶块）作为推出零件。工作时推杆将螺纹型环连同塑件一起推出模外，然后手工或用专用工具转动螺纹型环把塑件取出，因活动镶件后端设置推杆，故采用弹簧先复位，便于活动镶块安放。图3-118（b）所示是活动镶块与推杆用螺纹连接的形式，推出一定距离后，用手将塑件从活动镶块上取下。活动镶件与安装其孔的配合如图3-118（c）所示，一般采用H8/f8的配合，配合长度为5～10 mm，引导部分制出3°～5°的斜度。

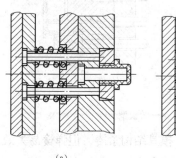
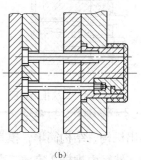
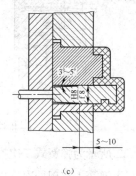

（a）   （b）   （c）

图3-118 活动镶件推出机构

如图3-119所示是凹模板将塑件从型芯上推出的结构形式，称为凹模推出机构。推出后，要用手或其他专用工具将塑件从凹模板中取出。这种形式的推出机构实际上就是推件板上有型腔的模具机构。不过在设计时要注意，凹模板上（推件板）的型腔不能太深，脱模斜度不能太小，否则开模后人工难以从凹模板上将塑件取下。另外，推杆一定要与凹模板用螺纹连接，

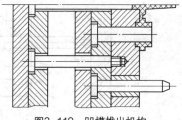

图3-119 凹模推出机构

否则取塑件时，凹模板会从动模导柱上滑出来。

5. 多元推出机构

有些塑件在模具设计时，往往不能采用上述单一的简单推出机构，否则塑件就会变形或损坏，因此，就要采用两种或两种以上的推出形式，这种推出机构称为多元推出机构。如图3-120（a）所示为推杆与推管联合推出机构，如图3-120（b）所示为推件板与推管联合推出机构。

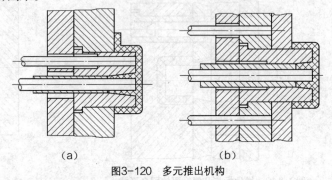

(a)　　　　　　　(b)

图3-120　多元推出机构

（六）二次推出机构

一般来说，塑件只要经过一次推出就可以从模具型腔中取出，但是由于某些塑件的特殊形状，在一次推出动作完成后，塑件仍难以从模具型腔中取出或塑件不能从模具中自由脱落，此时就必须再增加一次推出动作才能使塑件脱落。有时为避免一次推出塑件受力过大，也采用二次推出，如薄壁深腔塑件或形状复杂的塑件，由于塑件和模具的接触面积很大，若一次推出易使塑件破裂或变形，也采用二次推出，以分散脱模力，保证塑件质量。

如图3-121所示二次推出机构中，推杆1、凹模型腔4实现一次脱模，使塑件与主型芯分离；带肩推杆2独立运动实现二次推出，使塑件与凹模型腔4分离，实现二次推出。

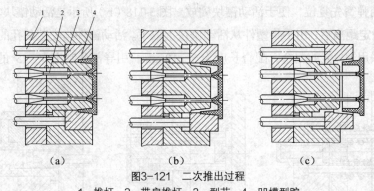

（a）　　　　　　　（b）　　　　　　　（c）

图3-121　二次推出过程
1—推杆　2—带肩推杆　3—型芯　4—凹模型腔

如图3-122所示为弹簧式二次推出机构，结构简单，模具结构紧凑，但弹簧易失效，需及时更换。开模后利用弹簧1实现一次推出，然后由推杆3完成二次推出。

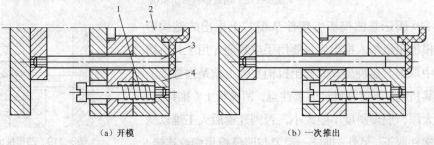

（a）开模　　　　　　　（b）一次推出

图3-122　二次推出过程

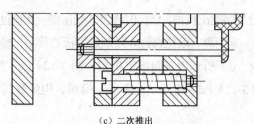

（c）二次推出

图3-122 二次推出过程（续）
1—弹簧 2—型芯 3—推杆 4—动模板

如图 3-123 所示为摆块拉杆式二次推出机构。采用推杆 11 一次推出时，塑件会留在型芯 3 上不易落下，因此需采用二次推出机构。图 3-123（a）所示为合模状态。图 3-123（b）所示为第一次推出情形，动模离开定模一段距离后，塑件凝料被型芯 3 拉出，固定在定模侧的拉杆 10 压下摆块 7，使摆块 7 压向动模型腔 9，动模型腔 9 与型芯固定板之间出现一段距离，从而使塑件脱出型芯 3 与推杆 11，其推出距离由定距螺钉 2 来控制。图 3-123（c）所示为第二次推出情形，一次推出后，动模继续后退，推杆推出机构开始动作，推杆 11 将塑件从动模型腔 9 中推出，塑件落下，完成第二次推出。图 3-123 所示中推出机构的复位由复位杆 6 来完成，弹簧 8 用来保证摆块与动模型腔始终相接触。

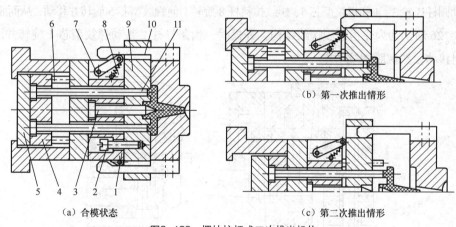

（b）第一次推出情形

（a）合模状态

（c）第二次推出情形

图3-123 摆块拉杆式二次推出机构
1—型芯固定板 2—定距螺钉 3—型芯 4—推杆固定板 5—推板
6—复位杆 7—摆块 8—弹簧 9—动模型腔 10—拉杆 11—推杆

注意，二次推出机构依然是采用推杆推出机构、推管推出机构、推件板推出机构、活动嵌件及型腔推出机构与多元推出机构的各种推出元件，只是其推出方式有所改变。实现二次推出机构的结构有很多种，详见相关设计资料。

（七）顺序推出机构

通常尽可能使塑件留在模具动模一侧，但有时因塑件形状特殊而不一定留于动模，或因某种特殊需要要求模具在分型时必须先使定模分型，然后再使动、定模分型，这两种情况均需考虑在定模上设置推出机构，称之顺序推出机构。

如图 3-124（a）所示是拉钩顺序推出的形式。开模时，A—A 分型面首先分型，开模一定距离，拉钩 1 在压板 3 作用下摆动而脱钩，定模板 2 受定距螺钉 4 限制而停止运动，于是从 B—B 面分型脱模。

图3-124（b）所示为弹簧顺序推出机构，合模时弹簧5受压缩，开模过程中，首先在弹簧力作用下，使A-A分型面分型，分开至一定距离，限位螺钉6限制定模板的移动，模具从B-B分型面分型脱模。

图3-124（c）、图3-124（d）所示为双向推出机构，图3-124（c）所示的结构利用杠杆7的作用实现塑件与定模脱模；图3-124（d）所示结构紧凑、简单，但弹簧易失效，用于脱模阻力不大和推出距离不长的场合。

顺序推出机构要求定模先分型，然后再使动、定模分型，其工作原理与双分型面模具的工作原理相同，二者都要求设置先分型元件如弹簧、拉钩或拉模扣等使模具上某一分型面先打开，然后通过定距螺钉或定距拉板进行定距。

（八）带螺纹塑件的推出机构

弹性好的软塑料可采用推件板强制脱螺纹，当采用螺纹型芯或螺纹型环成型塑件的内、外螺纹时，小批量生产可采用机外装卸螺纹的方法，大批量生产应采用模内机动脱螺纹机构。

机动脱螺纹通常将开合模运动或推出运动转变成旋转运动，从而使塑件上的螺纹脱出，也可以在注射机上设置专用的开合模丝杠使塑件与螺纹型芯或型环产生相对旋转运动而脱模，塑件上必须有止转结构。

如图3-125所示为锥齿轮脱螺纹结构。开模时，齿条导柱9带动齿轮轴10上的齿轮旋转，通过锥齿轮1、2带动圆柱齿轮3、4和螺纹型芯5、螺纹拉料杆8旋转，使螺纹型芯5旋转并移动，从而脱开塑件。

如图3-126所示为齿轮齿条脱螺纹结构。开模时，齿条导柱2带动螺纹型芯1旋转并沿套筒螺母3做轴向移动，实现脱螺纹动作。

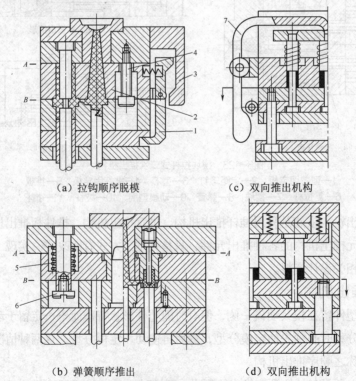

（a）拉钩顺序脱模　　　　（c）双向推出机构

（b）弹簧顺序推出　　　　（d）双向推出机构

图3-124　顺序与双向推出机构

1—拉钩动模　2—定模板　3—压板　4—定距螺钉　5—弹簧　6—限位螺钉　7—杠杆

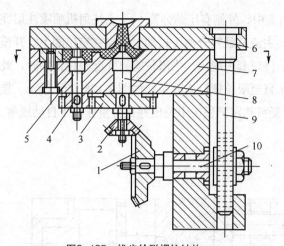

图3-125 锥齿轮脱螺纹结构

1、2—锥齿轮 3、4—圆柱齿轮 5—螺纹型芯 6—定模底板
7—动模板 8—螺纹拉料杆 9—齿条导柱 10—齿轮轴

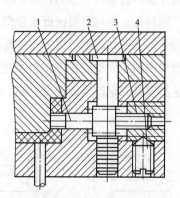

图3-126 齿轮齿条脱螺纹结构

1—螺纹型芯 2—齿条导柱 3—套筒螺母
4—紧定螺钉

如图 3-127 所示为角式注射机螺纹旋出机构，主动齿轮轴 2 的端部为方轴，插入开合模丝杠 1 的方孔内，开模时，丝杠带动模具上的主动齿轮轴 2 旋转，通过齿轮 3 脱卸螺纹型芯 4。在弹簧作用下，定模型腔部分随塑件移动一定距离（定距螺钉 6 限定距离）后停止移动，螺纹型芯 4 一边旋转，一边将塑件从模型腔中拉出。

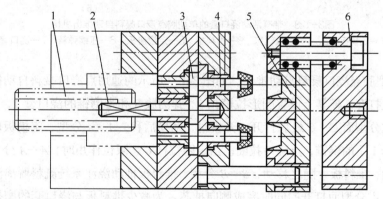

图3-127 角式注射机螺纹旋出机构

1—开合模丝杠 2—主动齿轮轴 3—齿轮 4—螺纹型芯 5—凹模型腔 6—定距螺钉

（九）点浇口浇注系统凝料的推出机构

当塑模的浇注系统采用点浇口时，由于浇口与塑件的连接面积较小，在开模时易在浇口处拉断，而使浇口与塑件分离，则浇注系统的凝料须单独从模具中脱出，这时必须考虑点浇口浇注系统凝料的推出机构。

点浇口进料的浇注系统可分为单型腔和多型腔两大类。

1. 单型腔点浇口浇注系统凝料的自动推出

① 带有活动浇口套的自动推出。如图 3-128 所示的单型腔点浇口浇注系统凝料的自动推出机构

中，浇口套 7 以 H8/f8 的间隙配合安装在定模座板 5 中，外侧有压缩弹簧 6；当注射机喷嘴注射完毕离开浇口套退后，压缩弹簧 6 的作用使浇口套与主流道凝料分离（松动）紧靠在定位圈上。开模后，推料板 3 先与定模座板 5 分型，主流道凝料从浇口套中脱出，当限位螺钉 4 起限位作用时，此过程分型结束，而推料板 3 与定模板 1 开始分型，直至限位螺钉 2 限位，如图 3-128（b）所示。接着动定模的主分型面分型，这时，推料板 3 将浇口凝料从定模板 1 中拉出并在自重作用下自动脱落。但这类模具的定模座板较厚，不经济。

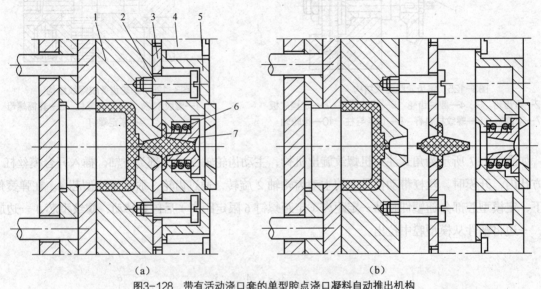

图3-128　带有活动浇口套的单型腔点浇口凝料自动推出机构
1—定模板　2、4—限位螺钉　3—推料板　5—定模座板　6—压缩弹簧　7—浇口套

② 通用单型腔点浇口凝料自动推出。如图 3-129 所示的通用点浇口凝料自动推出模具，为保证各分型面依次打开，模具上设置圆形拉模扣 5、弹力胶 8 和带倒锥的浇口套 1，确保 A—A 分型面最先打开，主分型面 C—C 最后打开。开模时，动模后移，A—A 分型，定模板后移，浇注系统凝料包紧浇口套 1 下的倒锥，点浇口拉断。当定距拉杆 6 起限位作用时，A—A 分型结束，随后定距套 3 开始移动，推料板 4 随之移动，B—B 分型，推料板推动浇注系统凝料脱离浇口套 1 上的倒锥。继续分模，主分型面打开的同时完成侧向抽芯。为减少推料板与浇口套的摩擦阻力、便于凝料的脱出，浇口套 1 与推料板 4 间采用锥面配合，且定模镶块 9 底部的点浇口通道有直径差取 0.1～0.2mm。

2. 多型腔点浇口浇注系统凝料的自动推出

如图 3-130（a）所示为用推料板拉断点浇口的合模结构。开模时，由于弹簧顶销 5 的作用，A—A 分型面先分型，主流道凝料从浇口套拉出，当定距拉杆 8 限制推料板 6 的移动时，B—B 分型面分型，浇注系统凝料与塑件在浇口处拉断，与此同时，推料板将凝料从主流道对面冷料穴中强行退出；当定距拉杆 7 起作用时，B—B 分型结束，C—C 分型面开始分型，最后塑件由推管 2 推出脱模，弹簧顶销 5 的作用是将浇口凝料从推料板中推出。

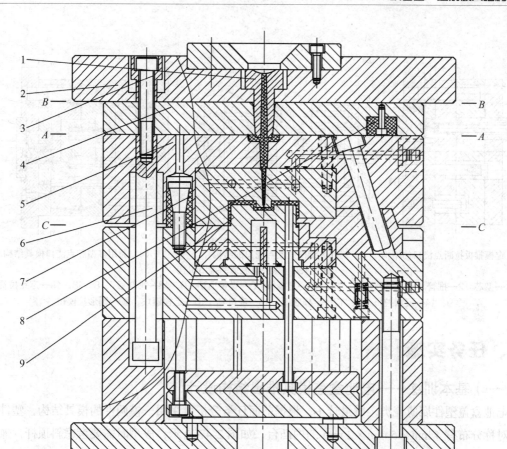

（a）　　　　　　　　　　　　　（b）

图3-129　通用单型腔点浇口凝料自动推出模具

1—浇口套　2—定模座板　3—定距套　4—推料板　5—定模板
6—定距拉杆　7—圆形拉模扣　8—弹力胶　9—定模镶块

如图 3-130（b）所示为利用侧凹拉断点浇口的结构。开模时，由于分流道末端斜孔料限制，使浇注系统在浇口处与塑件断开，同时在动模板上设置了凝料拉杆9，使主流道凝料脱出定模座板11，随后分流道凝料被拉出斜孔。当第一次分型结束后，凝料拉杆9从浇注系统的主流道末端退出，从而使浇注系统凝料自动脱模。

如图 3-130（c）所示为通用多型腔点浇口模具，开模时动模后移、点浇口拉断，当定模板后移至定距拉杆18端部接触时，A—A 分型结束。推料板 13 随之后移，B—B 分型，推料板推动浇注系统凝料脱离浇口套和凝料拉杆 14，定距拉杆 19 限制推料板 13 的移动距离，定距拉杆 18（可用拉杆导柱替代）限制定模板 17 的移动距离，B—B 分型结束，最后 C—C 分型面分型，塑件由推杆推出。

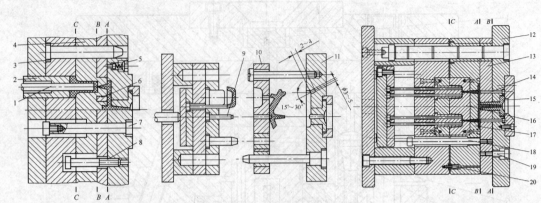

（a）定模推板拉断点浇口的结构　　　（b）侧凹拉断点浇口的结构　　　（c）通用多型腔点浇口模具结构

图3-130　点浇口流道的推出机构

1—型芯　2—推管　3—动模板　4、10、17—定模板　5—弹簧顶销　6、13—推料板7、8、18、19—定距拉杆
9、14—凝料拉杆　11、12—定模座板　15—浇口套　16—定模镶块　20—圆形拉模扣

三、任务实施

（一）基本训练——电池盒盖模具推出结构设计

电池盒盖塑件属薄壳类，质量较小，根据前面任务分析可采用一模两件的模具结构，塑件底部两侧对称分布有 4 mm × 5 mm × 2 mm 的内凸台，如图 2-47 所示，成型时需要考虑斜顶杆，兼起推杆和内侧抽芯的作用。

1. 推出力 F 计算

$$F = pA(\mu\cos\alpha - \sin\alpha)$$

式中：p ——塑料对型芯单位面积上的包紧力，$p =（0.8\sim1.2）\times 10^7\,Pa$；

A ——塑件包容型芯的面积，$1.98 \times 10^{-3}\,mm^2$；

μ ——塑料与钢的摩擦系数，取 0.2～0.3；

α ——脱模斜度，按 $\alpha = 0.5°$ 计算。

代入公式：

$$F = 1\times10^7 \times 1.98\times10^{-3} \times(0.25\cos0.5 - \sin0.5) = 4.8\times10^3\,(N)$$

上述计算按塑件对型芯全包容计算，包紧力较小。实际上电池盒盖塑件单边开口，包紧力比计算结果更小。对推出元件强度要求不高，设计推出机构时满足结构要求即可。

2. 确定推出机构类型的选择

① 推出机构类型的选择。选用推杆推出机构结构简单，使用方便，如图 3-131 所示。图 3-131 中斜顶杆 3 兼起推杆和内侧抽芯的作用，斜顶杆与模板导向部分配合取 H7/f6，下端用定位销 2 与推板相连接，相对于推板在平面上可移动（具体尺寸、结构不确定参考项目三任务六图 3-176 的相关内容）。

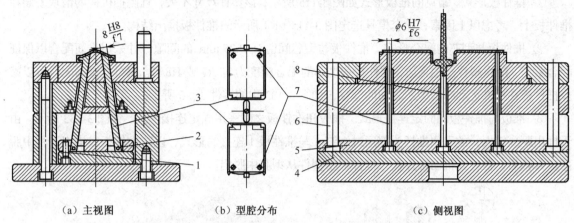

（a）主视图　　　　　　　（b）型腔分布　　　　　　　（c）侧视图

图3-131　电池盒盖模具推出机构
1—推板固定螺钉　2—定位销　3—斜顶杆　4—推板
5—推板固定板　6—复位杆　7—推杆　8—拉料杆

推杆选用直径为$\phi 6$ mm 的标准直通式推杆，工作端面为圆形。尾部采用台肩固定。推杆的配合形式如图 3-132 所示。在推杆固定板上的孔应为$\phi 7$ mm；推杆台阶部分的直径为$\phi 11$ mm；推杆固定板上的台阶孔为$\phi 12$ mm。

推杆工作部分与模板上推杆孔的配合常采用 H8/f8 的间隙配合，推杆与推杆孔的配合长度取 $L =$（2～3）d，即 15 mm；推杆工作端配合部分的粗糙度 $R_a \leqslant 0.8$ μm。

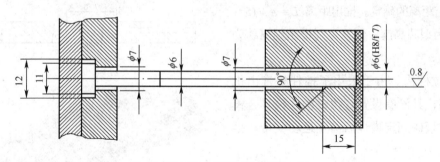

图3-132　推杆的配合形式

② 浇注系统凝料脱模。该模具结构为一模两件、侧浇口进料，为了将凝料系统拉向动模一侧，设置如图 3-131 所示 Z 字形拉料杆。其拉料杆固定在推杆固定板上，开模时随着动模后移，将凝料系统拉向动模一侧，脱模时在推杆和斜顶杆推出塑件的同时将凝料顶离动模表面而脱模。

拉料杆的固定和配合同推杆相同，其端部尺寸如图 3-43 所示。

（二）能力强化训练——防护罩模具推出结构设计

根据前面相关知识的学习，防护罩属深腔薄壳回转体类零件，因而推出阻力较大（计算过程略）可采用一模多件模具结构，初步确定为点浇口推件板推出的"DB"型模架。

① 推件板形式。常见的推板形式如图 3-115 所示，该塑件尺寸不大，且侧抽机构的滑块安装在推件板上。考虑以上因素，该套模具选定图 3-115（a）所示的推件板推出结构。

② 推件板与型芯的配合形式。推件板与型芯间留有 0.25 mm 的间隙，并采用锥面配合以保证配合紧密，防止塑件产生飞边，推件板和型芯的配合精度为 H7/f7 或 H8/f7。另外，锥面配合可以减少推件板在推件运动时与型芯之间的磨损，如图 3-133 中的零件 1、6 所示。

③ 推板与推件板的固定连接形式。推板和推件板之间采用固定连接形式，如图 3-133 所示。由于推出距离较大，故采用推杆头部通过螺钉 5 与推件板 1 连接的形式，以防推件板在推出过程中脱落。开模后，推杆 4 推动推件板，推件板将塑件从型芯中脱出。

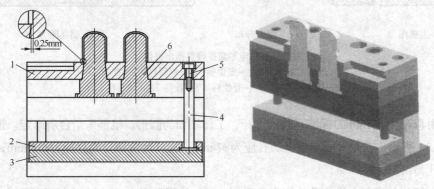

图3-133　防护罩推出机构图
1—推件板　2—推杆固定板　3—推板　4—推杆　5—螺钉　6—型芯

④ 推出距离的确定。推出距离 $L = A + (5 \sim 8)$ mm，A 为型芯高度。计算得到推出距离约为 55mm。

⑤ 复位机构。由于采用了推件板推出机构，所以该模具没有设置复位机构。模具合模时，当推件板碰到定模板后停止运动，带动推出机构复位。

综合以上分析，最终得到的防护罩推件板如图 3-134 所示。

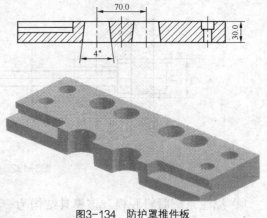

图3-134　防护罩推件板

习题与思考

1. 影响推出力的因素有哪些？

2. 推出机构有哪些类型？各适用于什么场合？

3. 推杆推出机构由哪几部分组成？各部分的作用是什么？

4. 凹模脱模机构与推件板脱模机构在结构上有何不同？

5. 什么是二次推出机构？其工作原理如何。

6. 分别阐述单型腔和多型腔点浇口凝料自动推出的工作原理。

7. 指出推杆固定部分及工作部分的配合精度、推管与型芯及推管与动模板的配合精度、推件板与型芯的配合精度并绘制相应简图。

8. 连续作业：成型塑件——连接座，如图 2-32 所示，结合前面已完成作业，完成成型该塑件的推出机构设计。

任务六 设计模具侧向分型抽芯机构

【能力目标】

1. 能看懂各种侧向分型与抽芯机构结构图、动作原理图。

2. 具有初步设计斜导柱侧向分型与抽芯机构结构的能力。

3. 能够合理选择各类侧向分型与抽芯机构结构。

【知识目标】

1. 掌握各种斜导柱侧向分型与抽芯机构的类型及动作原理。

2. 了解其他各类侧向分型与抽芯机构的分类、应用范围。

3. 熟悉预防"干涉"的措施。

一、任务引入

有些塑件侧面带有侧孔、侧凹或凸台，如图 3-135（a）所示，其方向与模具开闭方向不一致，成型后塑件不能直接开模或不能直接由推杆等推出机构推出脱模。为此，模具上成型侧孔、侧凹或凸台处制成可侧向移动的成型零部件，如图 3-135（b）所示，在塑件脱模推出之前，先将侧向成型零件抽出，然后再把塑件从模内推出，顺利完成脱模。

（a）

（b）

图3-135 带侧凹塑件与侧向抽芯模具

带动侧向成型零件作侧向分型抽芯和复位的机构称为侧向分型与抽芯机构。对于成型侧向凸台的情况，常常称为侧向分型；对于成型侧孔或侧凹的情况，往往称为侧向抽芯。但在一般的设计中，由于二者动作过程完全一样，因此侧向分型与侧向抽芯常常混为一谈，不加分辨，统称为侧向分型抽芯，甚至只称侧向抽芯。台资或港资企业也称为行位。

本任务以防护罩（如图 3-59 所示）为载体，设计成型该塑件的侧向抽芯机构，下面就针对该任务的训练内容，学习塑料注射成型模具侧向分型与抽芯机构方面的相关知识。

二、相关知识

（一）侧向分型与抽芯的分类及工作原理

1. 侧向分型与抽芯的分类

按照侧向抽芯动力来源的不同，侧向分型与抽芯机构可分为机动、手动和液压或气动三大类。

① 机动抽芯。机动抽芯机构即为在开模时利用注射机的开模力，通过一定的传动机构将活动型芯抽出。机动抽芯抽拔力大、劳动强度小、生产效率高、操作方便，容易实现自动化生产，所以在生产中被广泛采用。

② 手动抽芯。手动抽芯机构是指用手工工具抽出活动型芯。手工抽芯模具结构简单、制造方便，但生产率低、劳动强度大，只适用于小型塑件的小批量生产。

③ 液压或气动抽芯。该机构以压力油或压缩空气作为抽芯动力，通过液压缸或气缸活塞的往复运动来实现抽芯。这种抽芯方式抽拔力大，抽芯距也较长，但需配置专门的液压或气动系统，费用较高，多适用于大型塑料模具的抽芯。

2. 侧向分型与抽芯的组成

如图 3-136 所示为斜导柱机动侧向分型与抽芯机构，下面以此为例，介绍侧向抽芯机构的组成与作用。

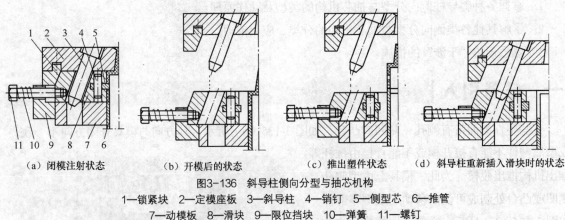

（a）闭模注射状态　　　（b）开模后的状态　　　（c）推出塑件状态　　　（d）斜导柱重新插入滑块时的状态

图3-136　斜导柱侧向分型与抽芯机构

1—锁紧块　2—定模座板　3—斜导柱　4—销钉　5—侧型芯　6—推管
7—动模板　8—滑块　9—限位挡块　10—弹簧　11—螺钉

斜导柱侧向分型与抽芯机构按各元件的功能，通常由五大部件组成。

① 动力元件是指开模时带动运动元件作侧向分型或抽芯，合模时又使之复位的零件，如图3-136中的斜导柱3。

② 运动元件是指安装并带动侧向成型块或侧向型芯在模具导滑槽内运动的零件，如图3-136中的滑块8。

③ 导滑元件是指控制侧向成型块、侧向型芯或滑块运动轨迹的零件，如导滑槽、压板。

④ 为了使运动元件在侧向分型或侧向抽芯结束后停留在所要求的位置上，以保证合模时成型元件能顺利使其复位，必须设置运动元件在侧向分型或侧向抽芯结束时的限位元件，如图 3-136 所示

的弹簧拉杆挡块机构的限位挡块 9、弹簧 10、螺钉 11 等。

⑤ 为了防止注射时运动元件受到侧向压力而产生位移所设置的零件称为锁紧元件，如图 3-136（a）所示的锁紧块 1。

3. 侧向分型与抽芯的原理

如图 3-136（a）所示模具处于闭合注射状态。斜导柱 3 固定在定模座板 2 上，滑块 8 可以在动模板 7 的导滑槽内滑动，侧型芯 5 用销钉 4 固定在滑块 8 上。开模时，开模力通过斜导柱 3 作用于滑块 8 上，迫使滑块 8 在动模板槽内向左滑动，直至斜导柱全部脱离滑块，即完成抽芯动作，如图 3-136（b）所示。限位挡块 9、弹簧 10 及螺钉 11 组成定位装置，使滑块保持在斜导柱与滑块脱离瞬间所在位置，确保合模时斜导柱能准确地进入滑块的斜孔，使滑块再次回到成型位置。随后塑件由推出机构中的推管 6 推离型芯，如图 3-136（c）所示。模具闭合时，斜导柱 3 插入滑块的斜孔，使抽芯机构复位，如图 3-136（d）所示。最终依靠锁紧块 1 完成模具闭合，恢复到图 3-136（a）所示状态。滑块受到型腔内熔体压力的作用，有产生位移的可能，因此锁紧块 1 用于在注射时锁紧滑块，防止侧型芯受到成型压力的作用时向外移动，保证滑块在成型时的位置。

（二）侧向分型与抽芯的相关计算

1. 抽芯力的计算

塑件在模腔内冷却收缩时逐渐对型芯包紧，产生包紧力。因此，抽芯力必须克服包紧力和由于包紧力而产生的摩擦阻力。抽芯力的形成与脱模力完全相同，其计算方法参考脱模力的计算。

2. 抽芯距的确定

在设计侧向分型与抽芯机构时，除了计算侧向抽拔力以外，还必须考虑侧向抽芯距（亦称抽拔距）的问题。侧向抽芯距应为完成侧孔、侧凹抽拔所需的最大深度 h 加上 2～3 mm 的安全余量。

不同模具侧抽芯机构，完成侧向抽芯所需抽拔距的计算公式不同。

如图 3-137（a）所示结构所需抽芯距为：

$$S = S' + (2\text{～}3)$$

式中：S——抽芯距，mm；

S'——塑件上侧凹、侧孔的深度或侧向凸台的高度，mm。

图 3-137（b）所示绕线轮塑件采用对开式瓣合模成型，其抽芯距为：

$$S = S' + (2\text{～}3) = \sqrt{R^2 - r^2} + (2\text{～}3)$$

式中：R——外形最大圆的半径，mm；

r——阻碍塑件脱模的外形最小圆半径，mm。

（三）侧向分型与抽芯的结构设计

由于斜导柱侧向抽芯机构在生产现场使用较为广泛，其零件与机构的设计计算方法也较为典型，因此对斜导柱侧向抽芯机构做详细讲述。

1. 斜导柱设计

① 斜导柱的结构及技术要求。斜导柱的形状如图 3-138 所示。工作端可以是半球形也可以是锥台形。设计成锥台形时，其斜角 θ 应大于斜导柱的倾斜角 α，一般 $\theta = \alpha + 2° \sim 3°$，否则，其锥台部分也会参与侧抽芯，导致侧滑块停留位置不符合设计计算的要求。

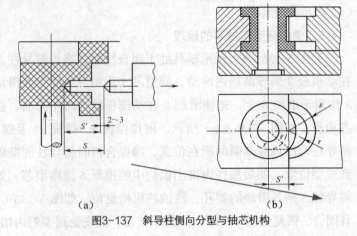

图3-137　斜导柱侧向分型与抽芯机构

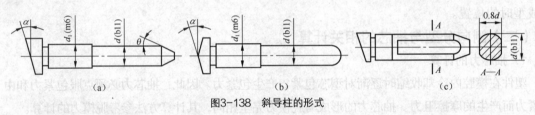

图3-138　斜导柱的形式

斜导柱固定端与模板之间的配合采用 H7/m6，与滑块之间的配合采用 H11/b11 或 0.5～1 mm 的间隙，当分型抽芯有延时要求时，甚至可以放大到 1 mm 以上。斜导柱的材料多为 T8A、T10A 等碳素工具钢，也可以采用 20 钢渗碳处理，热处理要求硬度大于或等于 55HRC，表面粗糙度 $R_a \leq 0.8\ \mu m$。

② 斜导柱倾斜角 α。如图 3-139（a）所示，斜导柱倾斜角 α 是决定其抽芯工作效果的重要因素。倾斜角的大小关系到斜导柱所承受弯曲力和实际达到的抽拔力，也关系到斜导柱的有效工作长度，抽芯距和开模行程。倾斜角 α 实际上就是斜导柱与滑块之间的压力角。α 应小于 25°，一般在 12°～22° 之间选取。在这种情况下，锁紧块斜角 $\alpha' = \alpha + (2° \sim 3°)$，防止侧型芯受到成型压力的作用时向外移动，防止斜导柱变形。

③ 斜导柱长度的计算。斜导柱的长度应为实现抽拔距 S 所需长度与安装结构长度之和。斜导柱长度与抽芯距 S、斜导柱直径 d、固定轴肩直径 d_2、倾斜角 α 以及安装导柱的模板厚度 h 有关，其中工作部分长度 L_4 与抽芯距 S 之间满足如图 3-139（b）所示三角关系，则侧抽结构斜导柱的长度 L_z 计算如下：

$$L_z = L_1 + L_2 + L_3 + L_4 + L_5 = \frac{d_1}{2}\tan\alpha + \frac{h}{\cos\alpha} + \frac{d}{2}\tan\alpha + \frac{S}{\sin\alpha} + (10 \sim 15)$$

式中：d_1——斜导柱固定部分的大端直径，mm；

　　　h——斜导柱固定板厚度，mm；

s——抽芯距，mm；

d——斜导柱直径，mm；

α——斜导柱倾斜角。

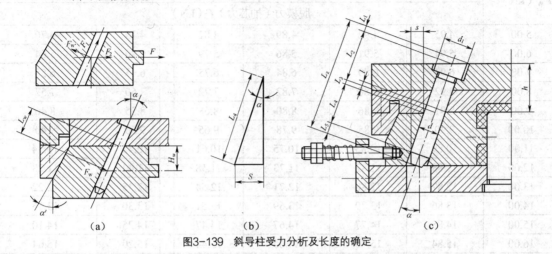

图3-139 斜导柱受力分析及长度的确定

④ 斜导柱直径 d。斜导柱受力分析如图 3-139 所示，根据材料力学理论可推导出斜导柱直径 d 的计算公式为：

$$d = \sqrt[3]{\frac{10F_w L_w}{[\sigma_w]}} = \sqrt[3]{\frac{10FL_w}{[\sigma_w]\cos\alpha}} = \sqrt[3]{\frac{10FH_w}{[\sigma_w]\cos^2\alpha}}$$

式中：d——斜导柱直径，mm；

F——抽出侧型芯的抽拔力，N；

L_w——斜导柱的弯曲力臂，如图 3-139（a）所示，mm；

$[\sigma_w]$——斜导柱许用弯曲应力，可查有关手册，对于碳素钢可取为 $3 \times 10^8 Pa$；

α——斜导柱倾斜角。

F_w——抽芯时斜导柱与斜滑块之间的相互作用力，N；

H_w——抽出侧型芯的抽拔力的弯曲力臂，mm。

斜导柱直径理论计算比较复杂，实际设计过程中往往依据有关经验数据表格确定。先按已求得的抽芯力 F 和选定的斜导柱倾斜角 α。在表 3-33 中查出最大弯曲力 F_w，然后根据 F_w 和 H_w，以及斜导柱倾斜角 α 的数值在表 3-34 中查出斜导柱的直径 d。

表 3-33　　　　最大弯曲力 F_w 与抽芯力 F 和斜导柱倾斜角 α 的关系

最大弯曲力 F_W（kN）	斜导柱倾角 α（°）					
	8	10	12	15	18	20
	脱模力（抽芯力）F（kN）					
1.00	0.99	0.98	0.97	0.96	0.95	0.94
2.00	1.98	1.97	1.95	1.93	1.90	1.88
3.00	2.97	2.95	2.93	2.89	2.85	2.82
4.00	3.96	3.94	3.91	3.86	3.80	3.76

续表

最大弯曲力 F_W（kN）	斜导柱倾角 α（°）					
	8	10	12	15	18	20
	脱模力（抽芯力）F（kN）					
5.00	4.95	4.92	4.89	4.82	4.75	4.70
6.00	5.94	5.91	5.86	5.79	5.70	5.64
7.00	6.93	6.89	6.84	6.75	6.65	6.58
8.00	7.92	7.88	7.82	7.72	7.60	7.52
9.00	8.91	8.86	8.80	8.68	8.55	8.46
10.00	9.90	9.85	9.78	9.65	9.50	9.40
11.00	10.89	10.83	10.75	10.61	10.45	10.34
12.00	11.88	11.82	11.73	11.58	11.40	11.28
13.00	12.87	12.80	12.71	12.54	12.35	12.22
14.00	13.86	13.79	13.69	13.51	13.30	13.16
15.00	14.85	14.77	14.67	14.47	14.25	14.10
16.00	15.84	15.76	15.65	15.44	15.20	15.04
17.00	16.83	16.74	16.62	16.40	16.15	15.93
18.00	17.82	17.73	17.60	17.37	17.10	16.90
19.00	18.82	18.71	18.58	18.33	18.05	17.80
20.00	19.80	19.70	19.56	19.30	19.00	18.80
21.00	20.79	20.68	20.53	20.26	19.95	19.74
22.00	21.78	21.67	21.51	21.23	20.90	20.68
23.00	22.77	22.65	22.49	22.19	21.85	21.62
24.00	23.76	23.64	23.47	23.16	22.80	22.56
25.00	24.75	24.62	24.45	24.12	23.75	23.50
26.00	25.74	25.61	25.42	25.09	24.70	24.44
27.00	26.73	26.59	26.40	26.05	25.65	25.38
28.00	27.72	27.58	27.38	27.02	26.60	26.32
29.00	28.71	28.56	28.36	27.08	27.55	27.26
30.00	29.70	29.65	29.34	28.95	28.50	28.20
31.00	30.69	30.53	30.31	29.91	29.45	29.14
32.00	31.68	31.52	31.29	30.88	30.40	30.08
33.00	32.67	32.50	32.27	31.84	31.35	31.02
34.00	33.66	33.49	32.25	32.81	32.30	31.96
35.00	34.65	34.47	34.23	33.77	33.25	32.00
36.00	35.64	35.47	35.20	34.74	34.20	33.81
37.00	36.63	36.44	36.18	35.70	35.15	34.78
38.00	37.62	37.43	37.16	36.67	36.10	35.72
39.00	38.61	38.41	38.14	37.63	37.05	36.66
40.00	39.60	39.40	39.12	38.60	38.00	37.60

⑤ 斜导柱的固定。斜导柱的固定形式有多种，具体见表3-35。

表3-34　斜导柱倾斜角α、高度 H_w、最大弯曲力 F_w、斜导柱直径之间的关系

最大弯曲力 F_w（kN）

斜导柱倾斜角α(°)	H_w(mm)	斜导柱直径（mm）																												
		1	2	3	4	5	6	7	8	9	10	11	12	13	14	15	16	17	18	19	20	21	22	23	24	25	26	27	28	29	30
8	10	8	10	10	12	12	14	14	14	15	15	16	16	18	18	18	18	18	20	20	20	20	20	20	20	22	22	22	22	22	22
	15	8	10	12	14	14	15	16	16	18	18	18	20	20	20	20	20	22	22	22	22	24	24	24	24	24	24	24	25	25	25
	20	10	12	14	14	15	16	18	18	20	18	20	20	22	22	22	24	24	24	24	24	25	25	25	26	26	26	28	28	28	28
	25	10	12	14	15	16	18	18	20	20	22	22	25	24	24	24	25	25	25	26	26	26	28	28	28	28	28	30	30	30	30
	30	12	14	15	16	18	18	20	20	22	24	24	25	25	26	26	28	28	28	28	28	30	30	30	30	30	32	32	32	34	32
	35	12	14	16	18	18	20	20	22	22	24	25	25	26	28	28	28	28	30	30	30	32	32	32	32	32	34	34	34	34	34
	40	12	14	16	18	20	20	22	22	24	24	25	26	26	28	28	28	30	30	30	32	32	32	32	32	34	34	34	34	34	35
10	10	8	10	12	12	12	14	14	14	15	15	16	18	18	18	18	18	20	20	20	22	22	22	24	22	22	22	24	24	24	25
	15	8	12	12	14	14	16	16	16	18	18	18	20	20	20	20	22	22	22	22	24	24	24	24	24	26	26	26	25	25	25
	20	10	12	14	14	15	18	18	18	20	20	20	22	22	22	22	24	24	24	26	26	25	28	28	28	28	28	30	30	30	28
	25	10	12	14	15	18	18	18	20	22	22	24	24	24	25	25	25	26	26	28	28	28	30	30	30	30	30	30	30	32	32
	30	12	14	15	16	18	20	20	22	22	24	24	25	26	26	26	28	28	28	30	30	30	30	30	32	32	32	32	34	34	34
	35	12	14	16	18	18	20	20	24	22	24	24	25	26	28	28	28	28	30	30	30	32	32	32	32	34	34	34	34	34	34
	40	12	14	16	18	20	22	22	24	24	24	25	26	26	28	28	28	30	30	30	32	32	32	32	32	34	34	34	34	34	36
12	10	8	10	12	12	12	14	14	14	15	16	16	16	18	18	18	18	18	20	20	20	22	22	22	22	22	22	22	22	22	22
	15	8	12	14	14	14	15	16	16	18	18	18	20	20	20	22	22	22	22	24	24	24	24	25	25	24	24	24	24	25	25
	20	10	12	14	15	15	16	18	18	20	20	20	22	22	24	24	25	25	25	26	26	28	28	28	28	28	26	28	28	28	28
	25	10	12	14	16	18	18	20	20	22	24	24	24	25	25	26	28	28	28	28	30	30	30	30	30	30	30	30	30	30	30
	30	12	14	15	16	18	18	20	22	24	24	24	25	28	28	28	28	28	30	30	30	32	32	32	32	32	32	32	32	32	32
	35	12	14	16	18	20	20	22	24	24	24	25	26	28	28	28	28	30	30	30	32	32	32	32	34	34	34	34	34	34	34
	40	12	14	16	18	20	22	22	24	24	24	25	26	26	28	28	28	30	30	30	32	32	32	32	32	34	34	34	34	34	35
15	10	8	10	12	12	12	14	14	14	15	16	16	16	18	18	18	18	20	20	20	20	20	20	22	22	22	22	22	22	22	22
	15	8	12	14	14	14	15	16	16	18	18	18	20	20	22	22	22	22	24	24	24	25	24	25	26	24	24	25	24	25	25
	20	10	12	14	15	15	16	18	18	20	20	20	22	24	24	24	24	25	25	26	26	28	28	28	28	26	28	28	28	28	28
	25	10	12	15	16	18	18	20	20	22	24	24	24	25	25	28	28	28	28	28	30	30	30	30	28	28	30	30	30	30	30
	30	12	14	16	18	18	20	20	22	24	24	24	25	26	26	28	28	30	30	30	30	32	32	32	32	30	32	32	32	32	32
	35	12	14	16	18	20	22	22	24	24	24	25	26	28	28	28	30	30	30	30	32	32	32	32	32	32	34	34	34	34	34
	40	12	14	16	18	20	22	24	24	24	24	25	26	28	28	28	30	30	30	30	32	32	32	32	32	34	34	34	34	35	35
18	10	8	10	12	12	12	14	14	14	15	16	16	16	18	18	18	18	20	20	20	20	20	20	22	22	22	22	22	22	22	22
	15	10	12	14	14	14	15	16	18	18	18	18	20	20	22	22	22	24	24	24	24	25	25	24	24	24	24	25	25	25	25
	20	10	12	14	15	16	18	18	20	20	20	24	24	24	24	24	25	26	26	28	28	28	28	26	28	28	28	28	28	28	28
	25	10	12	15	16	18	18	20	22	22	24	24	24	25	26	28	28	28	28	30	30	30	30	30	30	30	30	30	30	30	30
	30	12	14	16	18	18	20	22	22	24	25	24	25	26	26	28	28	30	30	30	30	32	32	32	32	32	32	32	32	32	32
	35	12	14	16	18	20	22	22	24	24	25	25	26	28	28	28	30	30	30	30	32	32	32	32	32	34	34	34	34	34	34
	40	12	15	18	18	20	22	22	24	24	25	25	26	28	28	28	30	30	30	30	32	32	32	32	34	34	34	34	34	35	35
20	10	8	10	12	12	14	14	14	14	15	16	16	16	18	18	18	18	20	20	20	20	20	20	22	22	22	22	22	22	22	22
	15	10	12	14	14	14	15	16	18	18	18	18	20	20	22	22	22	24	24	24	24	25	24	24	24	24	24	25	25	25	25
	20	10	12	14	15	16	18	18	20	20	20	24	24	24	24	24	25	26	26	28	28	28	25	26	28	28	28	28	28	28	28
	25	10	12	15	16	18	18	20	22	22	24	24	24	25	26	28	28	28	28	30	30	30	28	28	30	30	30	30	30	30	30
	30	12	14	16	18	18	20	22	22	24	25	24	26	26	26	28	28	28	30	30	30	32	32	32	32	32	32	32	32	32	32
	35	12	14	18	18	20	22	22	24	24	25	25	26	28	28	28	28	30	30	30	32	32	32	32	32	34	34	34	34	34	34
	40	12	14	18	18	20	22	22	24	24	25	25	26	28	28	28	30	30	30	30	32	32	32	32	34	34	34	34	34	35	35

表 3-35　　　　　　　　　　斜导柱的固定方式

简　图	说　明	简　图	说　明
	适宜用在模板较薄且定模座板与定模板不分开的情况下，配合面较长，稳定性较好，斜导柱和固定板的配合公差为：H7/m6		适宜用在模板较厚的情况下且两板模、三板模均可使用，配合面 $L \geq (1\sim5)D$（D 为斜导柱直径），稳定性不好，加工困难
	适宜用在模板厚、模具空间大的情况下且两板模、三板模均可使用，配合面 $L \geq (1\sim5)D$（D 为斜导柱直径），稳定性较好		适宜用在模板较薄且定模座板与定模板可分开的情况下，配合面较长，稳定性较好

此外，还有一种现在较为常用的形式如图 3-140 所示，其中 2 为锁紧块，3 为定模板。此种形式由于锁紧块体积小，便于加工斜孔，并且此种结构斜导柱长度不需太长。

2．滑块设计

滑块分整体式和组合式两种。组合式是将型芯安装在滑块上，这样可以节省钢材，且加工方便，因而应用广泛。型芯与滑块的连接形式如图 3-141 所示，图 3-141（a）、（b）、（d）所示为较小型芯的固定形式；图 3-141（c）所示为燕尾槽固定形式，用于较大型芯；型芯为薄片时，可用图 3-141（e）所示的通槽固定形式；对于多个型芯，可用图 3-141（f）所示的固定板固定形式。

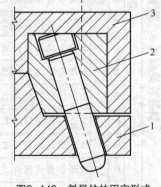

图3-140　斜导柱的固定形式

滑块材料一般采用 45 钢或 T8、T10，热处理硬度 40HRC 以上。

滑块与锁紧块接触面安装耐磨块（如图 3-142 所示）以减少磨损及磨损后方便更换。耐磨块要高于滑块斜面 0.5mm。耐磨块材料选用油钢（淬火至 54～56HRC）或 P20（表面渗氮）、2510（淬火至 52～56HRC）。

注意　　目前许多企业已将耐磨块做成标准件，广泛用于广泛用于斜滑块与锁紧块接触面、斜滑块底面的导滑面与模板的摩擦面；斜面和斜推杆底等摩擦面。

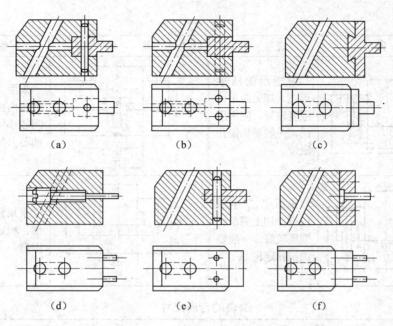

图3-141　型芯与滑块的连接形式

3. 导滑槽设计

侧抽芯过程中，滑块在导滑槽中滑动必须顺利、平稳，才能保证滑块在模具生产中不发生卡滞或跳动现象，否则会影响成品品质、模具寿命等。常用的导滑形式见表3-36。

常用 45 钢，调质热处理 28～32HRC。压板的材料用 T8A、T10A 或油钢，热处理硬度 50HRC 以上。滑块与导滑槽的尺寸可参考表3-37，滑块与导滑槽间的配合为 H8/f8、H7/f7，配合部分表面粗糙度 R_a≤ 0.8 μm，滑块长度应大于滑块宽度和高度；抽芯完毕，

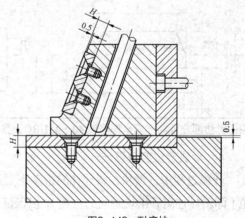

图3-142　耐磨块

滑块外侧面偏离导滑槽的长度应不大于滑块长度的 1/4（或 1/3）以保证滑块开合模时滑动的稳定顺畅。较大较高的滑块脱模后必须全部留在滑槽内，以保证复位安全可靠。

表 3-36　　　　　　　　　　滑块的导滑形式

简　图	说　明	简　图	说　明
	采用整体式加工困难，一般用在模具较小的场合		采用压板、中央导轨形式，一般用在滑块较长和模温较高的场合下

续表

简　图	说　明	简　图	说　明
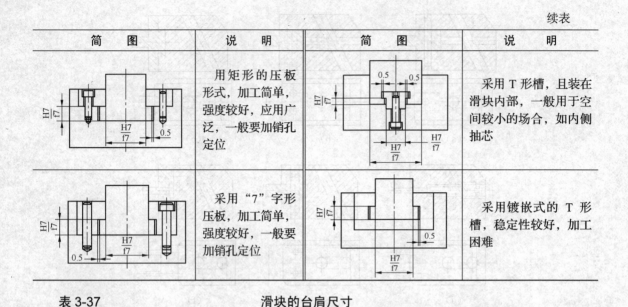	用矩形的压板形式，加工简单，强度较好，应用广泛，一般要加销孔定位		采用 T 形槽，且装在滑块内部，一般用于空间较小的场合，如内侧抽芯
	采用"7"字形压板，加工简单，强度较好，一般要加销孔定位		采用镶嵌式的 T 形槽，稳定性较好，加工困难

表 3-37　　　　　　　　　　　　滑块的台肩尺寸

简　图	尺寸（mm）			
	B	C	D	D_1
	<30	8	6	6.5
	30～40	10	8	8.5
	40～50	12	10	10.5
	50～65	15		
	65～100	20	12	12.5
	100～160	25	15	15.5

注：滑动部分可局部或全部淬硬 40～45HRC。其他尺寸按需要选择。

4．滑块定位装置设计

开模过程中，滑块在斜导柱的带动下要运动一定距离，当斜导柱离开滑块后，滑块必须保持原位（即斜导柱离开滑块瞬间的位置），以保证合模时斜导柱的工作端可靠地进入滑块的斜孔，在斜导柱作用下使滑块能够安全复位。为此，滑块必须安装稳定可靠的定位装置。当然，如果整个抽芯过程中，斜导柱与滑块一直不脱离就无需设置定位装置。

滑块定位装置的结构如图 3-143 所示。图 3-143（a）所示为靠弹簧力使滑块停留在挡块上，适用于各种抽芯的定位，定位比较可靠，经常采用；图 3-143（b）所示为滑块利用自重停靠在限位挡块上，结构简单，适用于向下方抽芯的模具；图 3-143（c～g）所示为弹簧、止动销、钢球或螺钉联合定位的形式，结构比较紧凑，适于水平抽芯。

另外，企业已开发出适于水平抽芯和向下抽芯的系列化 DME 侧向抽芯夹和 SUPERIOR 侧抽芯锁，设计时根据使用条件合理选择。

滑块的滑行方向取决于两个因素，即制品的结构和制品在模具中的摆放位置。从滑块定位的角度去看，抽芯方向应优先选朝两侧抽芯（而背向操作者滑行是更好的选择），其次朝下抽芯，不得已时，滑块才朝上抽芯，即"能左右不上下；能下不上；能后不前"，理由如下。

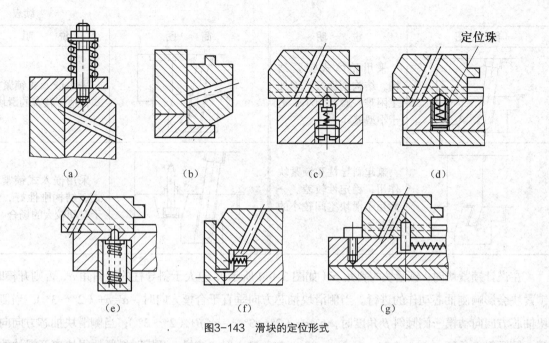

图3-143　滑块的定位形式

① 滑块向上滑行时，必须靠弹簧定位，但弹簧很容易疲劳失效，尤其是在弹簧压缩比选取不当的时候，弹簧的寿命会更短。而一旦弹簧失效，滑块在重力作用下，会在斜导柱离开后向下滑动，从而发生斜导柱撞滑块这样的恶性事件。因此向上行是最差的选择。

② 模具维修时，向下滑行的滑块难拆装，人又危险。另外，当成品或料头不慎刚好卡在滑块的滑槽上时，就很易发生损坏模具的事故。因此向下滑行也应尽量避免。

③ 滑块滑行方向的最佳选择是背向操作者的那一侧，这样不会影响操作者取出制品或喷射脱模剂等行为。

当然，以上是一般情形下的选择，如果碰到抽芯距离大于 60mm，需要采用液压抽芯时，则让滑块向上滑行就是最佳选择了，这样可以使模具安装方便。

5. 锁紧块设计

锁紧块又叫楔紧块，其作用是模具注射时锁紧滑块，阻止滑块在熔体胀型力的作用下而产生位移，避免斜导柱受力弯曲变形。在很多情况下它还起到合模时将滑块推回原位、恢复型腔原状的作用。常用的锁紧块形式及固定见表 3-38。

表 3-38　　　　　　　　　　　常用的锁紧块形式及固定

简　图	说　明	简　图	说　明
	采用拼块式锁紧方式，通常可用标准件。结构刚性好，适于锁紧力较大的场合		采用嵌入式锁紧方式，适于较宽的滑块

续表

简　图	说　明	简　图	说　明
	采用整体式锁紧结构，结构刚性好，但加工困难，脱模距小，适于小型模具		采用嵌入式锁紧方式，适于较宽的滑块
	兼起斜导柱和锁紧块作用，稳定性较差。一般用于滑块空间较小的情况下		采用嵌入式锁紧方式，结构刚性好，适于空间较大的场合

　　在设计锁紧块时，锁紧块的斜角 α'（如图 3-144 所示），应大于斜导柱的倾斜角 α，否则开模时，锁紧块会影响侧抽芯动作的进行。当侧滑块抽芯方向垂直于合模方向时，$\alpha'=\alpha+$（2°～3°）；当侧滑块抽芯方向向动模一侧倾斜 β 角度时，$\alpha'=\alpha+$（2°～3°）$=\alpha_1-\beta+$（2°～3°）；当侧滑块抽芯方向向定模一侧倾斜 β 角度，$\alpha'=\alpha+$（2°～3°）$=\alpha_2+\beta+$（2°～3°）时。这样，开模时锁紧块很快离开滑块的压紧面，避免楔紧块与滑块间产生摩擦。合模时，在接近合模终点时，锁紧块才接触侧滑块并最终压紧侧滑块，使斜导柱与侧滑块上的斜导孔壁脱离接触，以避免注射时斜导柱受力弯曲变形。

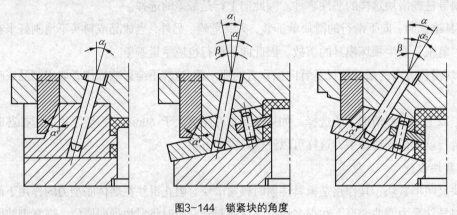

图3-144　锁紧块的角度

（四）常见侧向分型与抽芯机构

　　侧向分型与抽芯机构按照结构形式不同又可分为斜导柱侧向分型与抽芯机构、弯销侧向分型与抽芯机构、斜滑块侧向分型与抽芯机构和齿轮齿条侧向分型与抽芯机构等。

　　1. 斜导柱侧向分型与抽芯机构

　　斜导柱和侧滑块在模具上的不同安装位置，组成了侧向分型与抽芯机构的不同应用形式。各种不同的应用形式具有不同的特点和需要注意的问题，在设计时应根据塑件的具体情况和要求合理选用。

　　（1）斜导柱固定在定模、侧滑块安装在动模

　　斜导柱固定在定模、侧滑块安装在动模的结构如图 3-145 所示，是应用最广泛的形式。图 3-145

（a）所示为注射结束的合模状态。开模时，动模部分向后移动，塑件包在凸模上随着动模一起移动，在斜导柱 7 的作用下，侧滑块 5 带动侧型芯 8 在导滑槽内向上侧作侧向抽芯。与此同时，在斜导柱 11 的作用下，侧向成型块 12 在导滑槽内向下侧作侧向分型。侧向分型与抽芯结束，斜导柱脱离侧滑块，如图 3-145（b）所示。此时侧滑块 5 在弹簧 3 的作用下拉紧在限位挡块 2 上；侧向成型块 12 由于自身的重力紧靠在挡块 14 上，以便再次合模时斜导柱能准确地插入侧滑块的斜导孔中，迫使其复位。

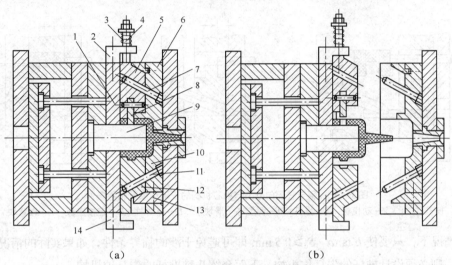

（a）　　　　　　　　　　（b）

图3-145　斜导柱侧向分型与抽芯机构

1—推件板　2、14—挡块　3—弹簧　4—拉杆　5—侧滑块　6、13—锁紧块
7、11—斜导柱　8—侧型芯　9—凸模　10—定模板　12—侧向成型块

这类结构中，如果采用推杆（推管）推出机构并依靠复位杆使推出机构复位，则很可能产生滑块复位先于推出机构复位的现象，将导致滑块上的侧型芯与模具中的推出元件发生碰撞，造成活动侧型芯或推杆损坏的事故，这种情况称为干涉现象。图 3-146（a）所示的推杆在侧型芯投影面下，图 3-146（b）所示为侧型芯复位时，推杆还未完全退回，则会发生侧滑块与推杆的碰撞。

在模具结构允许时，应尽量避免侧型芯在分型面的投影范围内设置推杆。如果受到模具结构的限制，必须在侧型芯下设置推杆时，应首先考虑能否使推杆推出塑件后端面仍低于侧型芯的最低面。当以上两种措施都不能实现时，就必须满足避免干涉的临界条件或采取措施使推出机构先复位，然后才允许侧型芯滑块的复位，这样才能避免干涉。

① 避免侧型芯与推杆（推管）干涉的条件。图 3-146（c）、图 3-146（d）和图 3-146（e）所示为分析发生干涉临界条件的示意图。在不发生干涉的临界状态下，侧型芯已经复位了 S'，还需复位的长度为 $S-S'=S_c$，而推杆需复位的长度为 h_c，如果完全复位，应有如下关系：

$$h_c \tan\alpha \geqslant S_c$$

式中：h_c——在完全合模状态下推杆端面离侧型芯的最近距离；

　　　S_c——在垂直于开模方向的平面上，侧型芯与推杆在分型面投影范围内的重合长度；

　　　α——斜导柱倾斜角。

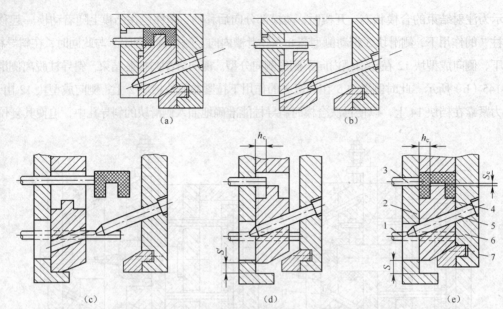

图3-146　斜导柱侧向分型与抽芯机构的干涉现象及临界条件
1—复位杆　2—动模板　3—推杆　4—侧型芯（滑块）　5—斜导柱　6—定模座板　7—锁紧块

一般情况下，只要使 $h_c\tan\alpha-S_c\geqslant0.5\,\text{mm}$ 即可避免干涉的临界条件，如果实际的情况无法满足这个条件，则必须设计推杆的先复位机构。下面介绍几种推杆的先复位机构。

② 推杆的先复位机构。

a. 弹簧式先复位机构。弹簧式先复位机构是利用弹簧的弹力使推出机构在合模之前进行复位，弹簧安装在推杆固定板和动模垫板之间。图3-147（a）所示弹簧安装在复位杆上；图3-147（b）所示弹簧安装在另外设置的簧柱上；图3-147（c）所示弹簧安装在推杆上。一般情况设置4根弹簧，均匀分布在推杆固定板的四周，以便让推杆固定板受到均匀的弹力而使推杆顺利复位。开模推出塑件时，塑件包在凸模上一起随动模部分后退，完成开模运动。注射机顶杆推动模具推板1，弹簧被压缩。推出动作完成，注射机顶杆回程后，在弹簧回复力的作用下推杆迅速复位，即在斜导柱还未驱动侧型芯滑块复位时，推杆便复位结束，从而避免了与侧型芯的干涉。

弹簧先复位机构具有结构简单、安装方便等优点，但弹簧的力量较小且容易疲劳失效，可靠性差，一般只适用于复位力不大的场合，并需要定期更换弹簧。

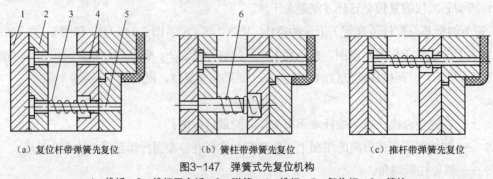

（a）复位杆带弹簧先复位　　　（b）簧柱带弹簧先复位　　　（c）推杆带弹簧先复位
图3-147　弹簧式先复位机构
1—推板　2—推杆固定板　3—弹簧　4—推杆　5—复位杆　6—簧柱

b. 楔杆三角滑块式先复位机构。楔杆三角滑块式先复位机构如图 3-148 所示,三角滑块 4 两面均有 45° 斜面。合模时,在固定于定模板上的楔杆 1 的作用下,三角滑块 4 在推管固定板 6 的滑槽内向下移动的同时迫使推管固定板 6 向左移动,使推管 5 先于侧型芯滑块 3 复位,从而避免两者发生干涉。

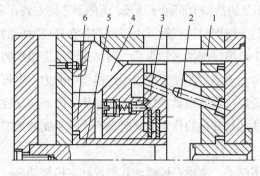
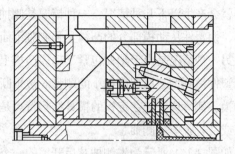

（a）楔杆接触三角滑块初始状态　　　　　　　　（b）合模状态

图3-148　楔杆三角滑块式先复位机构
1—楔杆　2—斜导柱　3—侧型芯滑块　4—三角滑块　5—推管　6—推管固定板

c. 楔杆摆杆式先复位机构。如图 3-149 所示,合模时楔杆 1 压迫摆杆 4 上的滚轮,迫使摆杆逆时针旋转,并同时压迫推杆固定板 5 带动推杆 2 先于侧型芯滑块进行复位,从而避免两者发生干涉。

d. 连杆式先复位机构。如图 3-150 所示,连杆 4 以固定在动模板 10 上的圆柱销 5 为支点,连杆一端用转销 6 安装在侧型芯滑块 7 上,另一端与推杆固定板 2 接触。合模时,斜导柱 8 一旦开始驱动侧型芯滑块 7 复位,则连杆 4 必须绕圆柱销 5 做顺时针方向旋转,迫使推杆固定板 2 带动推杆 3 迅速复位,从而避免两者发生干涉。

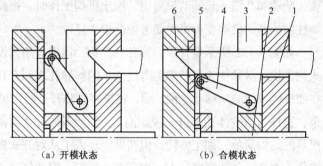

（a）开模状态　　　　　　（b）合模状态

图3-149　楔杆摆杆式先复位机构
1—楔杆　2—推杆　3—支承板　4—摆杆　5—推杆固定板　6—推板

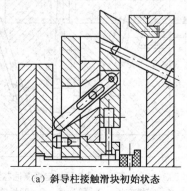
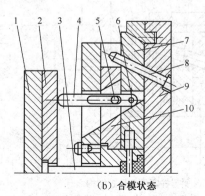

（a）斜导柱接触滑块初始状态　　　　　　（b）合模状态

图3-150　连杆式先复位机构
1—推板　2—推杆固定板　3—推杆　4—连杆　5—圆柱销　6—转销
7—侧型芯滑块　8—斜导柱　9—定模块　10—动模板

（2）斜导柱固定在动模、侧滑块在定模

斜导柱固定在动模、侧滑块安装在定模的结构看似与斜导柱固定在定模、侧滑块安装在动模的结构相似，可以随着开模动作的进行使斜导柱与侧滑块之间发生相对运动而实现侧向分型与抽芯。其实不然，由于开模时一般要求塑件包紧在动模部分的凸模上而留于动模，而侧型芯则安装在定模，这样就会产生以下几种情况，一种情况是侧抽芯与开模同时进行时，由于侧型芯在开模方向的阻碍作用，使塑件从动模部分的凸模上强制脱下而留于定模，侧抽芯结束后，塑件无法从定模型腔中取出；另一种情况是由于塑件包紧于动模凸模上的力大于侧型芯使塑件留于定模型腔的力，则可能会出现塑件被侧型芯撕裂或细小的侧型芯被折断的现象，导致模具损坏或无法工作。因而斜导柱固定在动模、侧滑块安装在定模的模具结构特点是侧抽芯与开模动作不能同时进行，或是先侧抽芯后开模，或是先脱模后侧抽芯。

如图 3-151 所示为先侧抽芯后开模的一个典型例子，亦称凸模浮动式斜导柱定模侧抽芯。凸模 3 以 H8/f8 的配合安装在动模板 2 内，并且其底端与动模支承板有 h 的距离。开模时，由于塑件对凸模 3 具有足够的包紧力，致使凸模在开模 h 距离内动模后退的过程中保持静止不动，即凸模浮动了 h 距离，使侧型芯滑块 7 在斜导柱 6 作用下进行侧向抽芯，侧向抽芯结束，即 $h > S_c/\sin\alpha$ 继续开模，塑件和凸模一起随动模后退，推出机构工作时，推件板 4 将塑件从凸模上推出。凸模浮动式斜导柱侧抽芯的机构在合模时要考虑凸模 3 复位。

如图 3-152 所示是开模后抽芯的结构。该模具不需设置推出机构，凹模制成可侧向移动的对开式侧滑块，斜导柱 5 与凹模侧滑块 3 上的斜导孔之间存在着较大的间隙 c（$c = 2 \sim 4$ mm），开模时，在凹模侧滑块侧向移动之前，动、定模将先分开一段距离 h（$h = c/\sin\alpha$），同时由于凹模侧滑块的约束，塑件与凸模 4 也脱开一段距离 h，然后斜导柱才与侧滑块接触，侧向分型抽芯动作开始。这样模具的结构简单，加工方便，但塑件需要人工从对开式侧滑块之间取出，包括要从浇口套中拔出，操作不方便，劳动强度较大，生产率也较低，因此仅适合于小批量的简单模具。

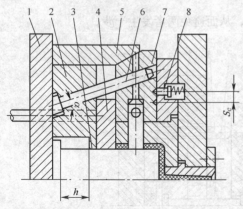

图3-151 斜导柱定模侧抽芯结构之一
1—支承板 2—动模板 3—凸模 4—推件板
5—锁紧块 6—斜导柱 7—侧型芯
滑块 8—限位销

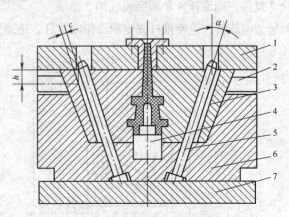

图3-152 延迟分模斜导柱定模侧抽芯结构之二
1—定模座板 2—导滑槽 3—凹模侧滑块
4—凸模 5—斜导柱 6—动模板
7—动模座板

（3）斜导柱与侧滑块同时安装在定模

在斜导柱与侧滑块同时安装在定模的结构中，一般情况下斜导柱固定在定模座板上，侧滑块安装在定模板上的导滑槽内。为了形成斜导柱与侧滑块两者之间的相对运动，必须在定模座板与定模板之间增加一个分型面，因此，这类模具通常选用点洗口模具，模具有多个分型面，需要采用定距顺序分型机构。开模时主分型面暂不分型，而让定模部分增加的分型面先定距分型，让斜导柱驱动侧滑块进行侧抽芯，抽芯结束，主分型面再分型。由于斜导柱与侧型芯同时设置在定模部分，设计时斜导柱可适当加长，侧抽芯时让侧滑块始终不脱离斜导柱，所以不需设置侧滑块的定位装置。

如图3-153所示是弹簧分型螺钉定距式顺序分型的斜导柱侧抽芯机构，定距螺钉6固定在定模座板上。合模时，弹簧被压缩。弹簧的设计应考虑到弹簧压缩后的回复力要大于由斜导柱驱动侧型芯滑块侧向抽芯所需要的开模力（忽略摩擦力时）。开模时，在弹簧 7 的作用下，A—A分型面首先分型，斜导柱2驱动侧型芯滑块1作侧向抽芯，侧抽芯结束，定距螺钉6限位，动模继续向后移动，B—B分型面分型，最后推出机构工作，推杆8推动推件板4将塑件从凸模3上脱出。

如图3-154所示是摆钩定距顺序分型的斜导柱抽芯机构，合模时，在弹簧 7 的作用下，由转轴6固定于定模板10上的摆钩8钩住固定在动模板11上的挡块12。开模时，由于摆钩8钩住挡块12，模具首先从 A—A 分型面先分型，同时在斜导柱2的作用下，侧型芯滑块1开始侧向抽芯，侧抽芯结束后，固定在定模座板上的压块9的斜面压迫摆钩8作逆时针方向摆动而脱离挡块12，在定距螺钉5的限制下 A—A 分型面分型结束。动模继续后退，B—B 分型面分型，塑件随凸模3保持在动模一侧，然后推件板4在推杆13的作用下使塑件脱模。

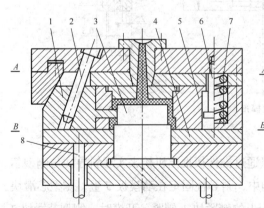

图3-153　斜导柱与侧滑块同在定模的结构之一
1—侧型芯滑块　2—斜导柱　3—凸模　4—推件板
5—定模板　6—定距螺钉　7—弹簧　8—推杆

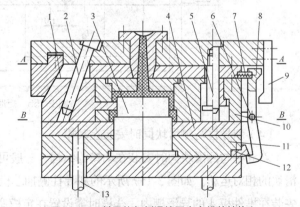

图3-154　斜导柱与侧滑块同在定模的结构之二
1—侧型芯滑块　2—斜导柱　3—凸模　4—推件板
5—定模板6—转轴　7—弹簧　8—摆钩　9—压块
10—定模板　11—动模板　12—挡块　13—推杆

　　另外，顺序分型机构广泛应用于模具中多个分型面需要按顺序依次打开的模具结构中，如双分型面模具、二次推出结构、顺序推出结构及侧抽芯结构。图1-19使用弹簧先分型拉板定距的顺序分型机构，图3-122、图3-158均为使用弹簧先分型螺钉定距顺序分型机构，图3-124（a）、图3-154、图3-165等均为使用摆钩先分型螺钉定距的顺序分型机构。这些结构都相对比较复杂。许多企业广泛使用拉模扣（已标准化）实现顺序分型。标准圆形拉模扣（GB/T 4169.22—2006）如图3-155所示；标准矩形拉模扣（GB/T 4169.23—2006）如图3-156所示。安装拉模扣后模面打开的阻力增大，从而具有顺序分型的功能。

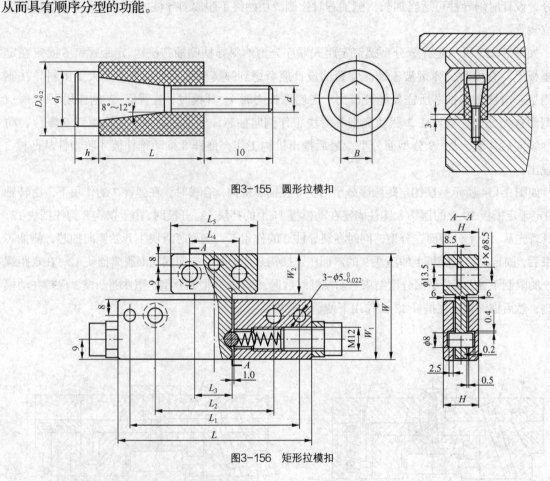

图3-155　圆形拉模扣

图3-156　矩形拉模扣

（4）斜导柱与侧滑块同时安装在动模

　　斜导柱与侧滑块同时安装在动模的结构，一般可以通过推件板推出机构来实现斜导柱与侧型芯滑块的相对运动。如图3-157所示的斜导柱侧抽芯机构中，斜导柱固定在动模板5上，侧型芯滑块安装在推件板4的导滑槽内，合模时靠设置在定模座板上的锁紧块1锁紧。开模时，侧型芯滑块2和斜导柱3一起随动模部分后退，当推出机构工作时，推杆6推动推件板4使塑件脱模的同时，侧型芯滑块2在斜导柱的作用下在推件板4的导滑槽内向两侧滑动而侧向抽芯。这种结构的模具，由于斜导柱与侧滑块同在动模的一侧，设计时同样可适当加长斜导柱，使侧抽芯的整个过程中斜滑块不脱离斜导柱，因此也就不需设置侧滑块定位装置。另外，这种利用推件板推出机构造成斜导柱与

侧滑块相对运动的侧抽芯机构，主要适合于抽拔距和抽芯力均不太大的场合。

（5）斜导柱的内侧抽芯

如图 3-158 所示为靠弹簧的弹力进行定模内侧抽芯。开模后，在压缩弹簧 5 的弹性作用下，定模部分从 A—A 分型面先分型，同时斜导柱 3 驱动侧型芯滑块 2 运动，实现内侧抽芯，内侧抽芯结束，侧型芯滑块在小弹簧 4 的作用下靠在型芯 1 上而定位，同时限位螺钉 6 限位；继续开模，B—B 分型面分型，塑件被带到动模，推出机构工作时，推杆将塑件推出模外。

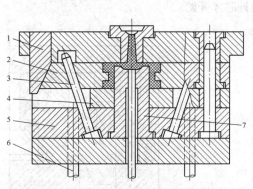

图3-157　斜导柱与滑块同在动模的结构
1—锁紧块　2—侧型芯滑块　3—斜导柱　4—推件板
5—动模板　6—推杆　7—凸模

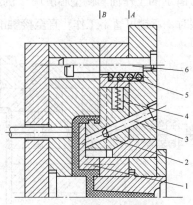

图3-158　斜导柱定模内侧抽芯
1—型芯　2—侧型芯滑块　3—斜导柱
4—小弹簧　5—弹簧　6—限位螺钉

如图 3-159 所示为斜导柱动模内侧抽芯。斜导柱 2 固定在定模板 1 上，侧型芯滑块 3 安装在动模板 6 上。开模时，塑件包紧在凸模 4 上随动模部分向后移动，斜导柱驱动侧型芯滑块在动模板的导滑槽内移动而进行内侧抽芯，最后推杆 5 将塑件从凸模 4 上推出。这类模具设计时重点考虑侧型芯滑块脱离斜导柱时的定位问题。图 3-159 是将侧型芯滑块 3 设置在模具位置的上方，利用侧滑块的重力定位。

2．弯销侧向抽芯机构

（1）弯销侧向抽芯机构的工作原理

弯销侧向抽芯机构的工作原理和斜导柱侧向抽芯机构相似，所不同的是在结构上以矩形截面的弯销代替了斜导柱，因此，弯销侧向抽芯机构仍然离不开滑块的导滑、注射时侧型芯的锁紧和侧向抽芯结束时滑块的定位等设计要素。

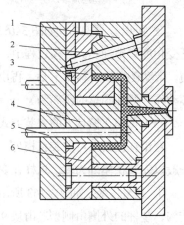

图3-159　斜导柱动模内侧抽芯
1—定模板　2—斜导柱　3—侧型芯滑块
4—凸摸　5—推杆　6—动模板

如图 3-160 所示为弯销侧向抽芯的典型结构，合模后，由锁紧块 3 将侧型芯滑块 5 锁紧。侧向抽芯时，侧型芯滑块 5 在弯销 4 的驱动下在动模板 6 的导滑槽内侧向抽芯，抽芯结束，侧型芯滑块由限位装置定位。

（2）弯销侧向抽芯机构的结构特点

① 强度高，可采用较大的倾斜角α。弯销一般采用矩形截面，抗弯截面系数比斜导柱大，因此抗弯强度较高，可以采用较大的倾斜角α，在开模距相同的条件下，使用弯销可比斜导柱获得较大的抽芯距。由于弯销的抗弯强度较高，与滑块为面接触，所以弯销本身即可对侧型芯滑块起锁紧作用，这样有利于简化模具结构。但在熔料对侧型芯总压力比较大时，仍应考虑设置锁紧块，用来锁紧弯销或直接锁紧滑块。

② 可以延时抽芯。由于塑件特殊或模具结构的需要，弯销还可以延时侧向抽芯。如图 3-161 所示，弯销 1 的工作面与侧型芯滑块 2 的斜面可设计成离开一段较长的距离 l，这样根据需要，在开模分型时，弯销可暂不工作，直至接触滑块，侧向抽芯才开始。

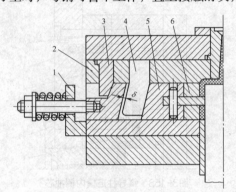

图3-160　弯销侧向抽芯机构
1—挡块　2—定模板　3—锁紧块　4—弯销
5—侧型芯滑块　6—动模板

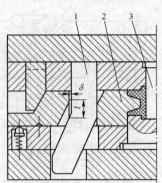

图3-161　弯销延时抽芯
1—弯销　2—侧型芯滑块
3—型芯

③ 可以分段抽芯。如图 3-162 所示，被抽的侧型芯 3 较长，且塑件的包紧力也较大，因此采用了变角度弯销抽芯。开模过程中，弯销 1 首先由较小的倾斜角 α_1 起作用，以便具有较大的起始抽芯力，带动侧滑块 2 移动 s_1 后，再由侧斜角 α_2 起作用，以抽拔较长的抽芯距离 s_2，从而完成整个侧抽芯动作，侧抽芯总的距离为 $s = s_1 + s_2$。

（3）弯销在模具上的安装方式

弯销在模具上可安装在模外，也可安装在模内，但一般以安装在模外为多，这样在安装配置时方便可见。

① 模外安装。如图 3-163 所示为弯销安装在模外的结构，塑件的外侧由侧型芯滑块 9 成型，滑块抽芯结束时的定位由固定在动模板 5 上的挡块 6 完成，固定在定模座板 10 上的止动销 8 在合模状态时对侧型芯滑块起锁紧作用，止动销的斜角（锥度的一半）应大于弯销倾斜角 1°～2°。弯销安装在模外的优点是在安装配合时能够看得清楚，便于安装时操作。

② 模内安装。弯销安装在模内的结构如图 3-164 所

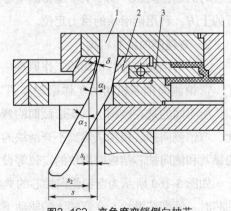

图3-162　变角度弯销侧向抽芯
1—弯销　2—侧滑块　3—侧型芯

示，弯销 4 和锁紧块 7 用过渡配合固定于定模板 8 上，并用螺钉与定模座板 9 连接。开模时，由于

弯销 4 尚未与侧型芯滑块 5 上的斜方孔侧面接触，因而滑块保持静止。与此同时，型芯 1 与塑件分离，开模至一定距离后，弯销 4 与滑块接触，驱动滑块在动模板 6 的导滑槽内做侧向抽芯，由于此时型芯的延伸部分尚未从塑件中抽出，因而塑件不会随滑块产生侧向移动。当弯销 4 脱离滑块完成侧向抽芯动作时，滑块被定位（图中定位装置未画出），此时，型芯 1 与塑件完全脱离，即可取出塑件，模具不需设置推出机构。合模时，型芯 1 插入动模镶块 2 中，弯销 4 带动滑块复位，锁紧块 7 将滑块锁紧。

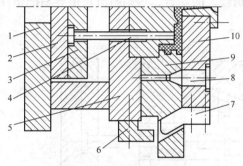

图3-163　弯销在模外的结构
1—动模座板　2—推板　3—推杆固定板　4—推杆
5—动模板　6—挡块　7—弯销　8—止动销
9—侧型芯滑块　10—定模座板

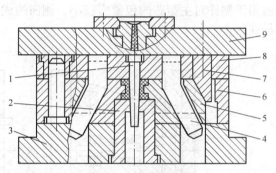

图3-164　弯销在模内的结构
1—型芯　2—动模镶块　3—动模座板　4—弯销
5—侧型芯滑块　6—动模板　7—锁紧块
8—定模板　9—定模座板

弯销安装在模内时，还可以进行内侧抽芯，如图 3-165 所示。图中的塑件内壁有侧凹，模具采用摆钩式顺序分型机构。组合凸模 1、弯销 3、导柱 6 均用螺钉固定于动模垫板上。开模时，由于摆钩 12 钩住定模板 14 上的挡块 13，使 A—A 分型面首先分型；接着弯销 3 的右侧斜面驱动侧型芯滑块 2 向右移动进行内侧抽芯；内侧抽芯结束后，摆钩 12 在滚轮 8 的作用下脱钩，限位螺钉 7 限制 A—A 分型距离。A—A 分型停止，B—B 分型面分型；最后推出机构开始工作，推件板 11 在推杆 5 的推动下将塑件脱出组合凸模 1。合模时，弯销 3 的左侧驱动侧型芯滑块复位，摆钩 12 的头部斜面越过挡块 13，在弹簧 9 的作用下将其钩住。

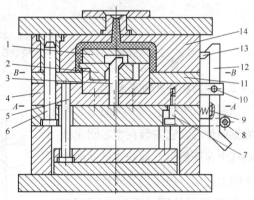

图3-165　弯销的内侧抽芯
1—组合凸模　2—侧型芯滑块　3—弯销
4—动模板　5—推杆　6—导柱　7—限位螺钉
8—滚轮　9—弹簧　10—转轴　11—推件板
12—摆钩　13—挡块　14—定模板

这种形式的内侧抽芯，如果抽芯结束时弯销的端部仍留在滑块中，就不需设计滑块定位装置。另外，由于不便于设置锁紧装置，而是依靠弯销本身的弯曲强度来克服注射时熔料对侧型芯的侧向压力，所以只适用于侧型芯截面积比较小的场合，同时，还应适当增大弯销的截面积。

3. 斜滑块侧向抽芯机构

当塑件的侧凹较浅，所需的抽芯距不大、而抽芯力较大时，可以采用斜滑块机构进行侧向抽芯。它的特点是利用推出机构的推力，驱动滑块斜向运动，在塑件被推出的同时，由滑块完成侧向抽芯动作。斜滑块侧向抽芯机构比斜导柱式简单，通常可分为外侧分型（或抽芯）和内侧抽芯两种类型。

（1）斜滑块外侧分型机构

如图 3-166 所示，塑件是一个线圈骨架，斜滑块本身就是瓣合式凹模镶块，型腔由两个斜滑块组成。开模后，在推杆 3 的作用下斜滑块 2 向右运动的同时实现侧向分型。与此同时，塑件也从主型芯上脱出，其中限位螺钉 6 是为了防止斜滑块从模套中脱出而设置的。这种机构主要适用于塑件对主型芯的包紧力较小、侧凹的成型面积较大的场合，否则斜滑块很容易把塑件的侧凹拉坏。

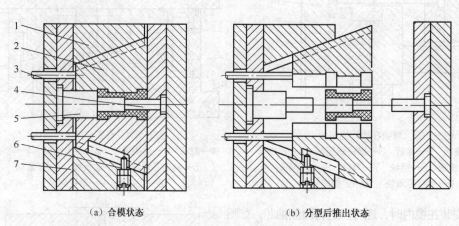

（a）合模状态　　　　　　　　（b）分型后推出状态

图3-166　斜滑块外侧分型机构

1—模套　2—斜滑块　3—推杆　4—定模型芯　5—动模型芯　6—限位螺钉　7—动模型芯固定板

（2）斜滑块内侧抽芯机构

如图 3-167 所示，滑块型芯 2 的上端为侧向型芯，它安装在型芯固定板 3 的斜孔中，开模后，推杆 4 推动滑块型芯 2 向上运动，由于型芯固定板 3 上的斜孔作用，斜滑块同时还会向内侧移动，从而在推杆推出塑件的同时，滑块型芯完成内侧抽芯动作。

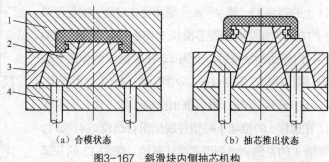

（a）合模状态　　　　（b）抽芯推出状态

图3-167　斜滑块内侧抽芯机构

1—型腔　2—滑块型芯　3—型芯固定板　4—推杆

（3）设计要点

① 主型芯的位置。主型芯的位置选择恰当与否直接关系到塑件能否顺利脱模。如图 3-168（a）所示，将主型芯设置在定模一侧，开模后主型芯立即从塑件中抽出，然后斜滑块才能分型，所以塑件很容易粘附于某一斜滑块上，从而不能顺利脱模。如果将主型芯位置改设在动模上，如图 3-168（b）所示，则主型芯在塑件脱模过程中具有导向作用，所以在分型过程中不会随斜滑块侧向移动，脱模顺利。

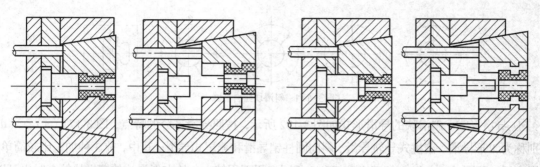

(a) 主型芯在定模，脱模不利 (b) 主型芯在动模，脱模顺利

图3-168 主型芯位置的选择

② 斜滑块止动方法。斜滑块通常设置在动模部分，并要求塑件对动模部分的包紧力大于对定模部分的包紧力。但有时因为塑件的结构特殊，定模部分的包紧力大于动模部分，此时如果没有止动装置，则斜滑块在开模动作刚刚开始之时便有可能与动模产生相对运动，导致塑件损坏或滞留在定模内而无法取出。为了避免这种现象发生，可参照图 3-169 所示设置弹簧顶销止动装置，开模后，弹簧顶销 6 压紧斜滑块 4，迫使斜滑块 4 随动模后移，使定模型芯 5 先从塑件中抽出；继续开模时，塑件留在动模上，然后由推杆 1 推动斜滑块侧向分型并推出塑件。

斜滑块止动还可采用图 3-170 所示的导销止动机构，即在斜滑块与固定在定模上的导销间隙配合。开模后，在导销 3 的约束下，斜滑块不能进行侧向运动，所以开模动作也就无法使斜滑块与动模之间产生相对运动；继续开模时，导销与斜滑块上的圆孔脱离接触，动模内的推出机构将推动斜滑块侧向分型并推出塑件。

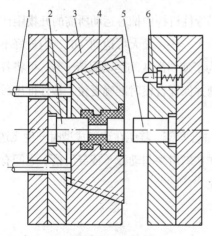

图3-169 弹簧顶销止动装置
1—推杆 2—动模型芯 3—动模模套
4—斜滑块 5—定模型芯 6—弹簧顶销

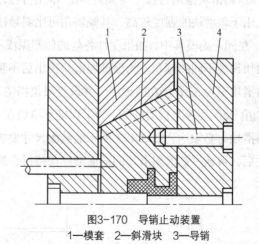

图3-170 导销止动装置
1—模套 2—斜滑块 3—导销
4—定模板

③ 斜滑块组合形式。根据塑件需要，斜滑块通常由 2～6 块组合而成，在某些特殊情况下，斜滑块还可以分成更多的块。设计时应考虑分型与抽芯方向的要求，并尽量保证塑件具有较好的外观质量，不要使塑件表面留有明显的镶拼痕迹。另外，还应使斜滑块的组合部分具有足够的强度。常用的斜滑块组合形式如图 3-171 所示。

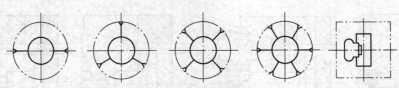

图3-171　斜滑块组合形式

④ 导滑形式。斜滑块的导滑形式如图 3-172 所示，按照导滑部分的特点，图 3-172（a）～（d）分别称为 T 形导滑、镶拼式导轨导滑、斜向圆柱销导滑和燕尾式导滑。其中，前 3 种加工比较简单，应用广泛，而图 3-172（d）加工比较复杂，但因占用面积较小，故在斜滑块的镶拼块较多时也可以使用。图 3-172（e）所示为用型芯的拼块作为斜滑块的导轨，在内侧抽芯时常采用。

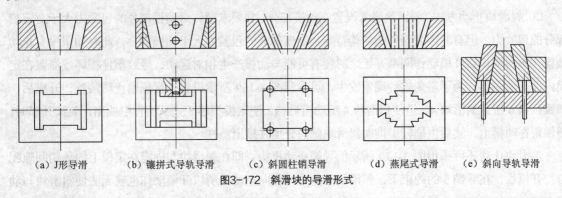

（a）J形导滑　　　（b）镶拼式导轨导滑　　　（c）斜圆柱销导滑　　　（d）燕尾式导滑　　　（e）斜向导轨导滑

图3-172　斜滑块的导滑形式

斜滑块导滑部位均应采用间隙配合，配合间隙可参考斜导柱式机构中滑块与滑槽的配合间隙（H8/f7 或 H8/h8）进行设计。

⑤ 斜滑块推出行程 L 与倾斜角 α。推出行程计算与斜导柱机构中抽芯运动所需的开模距计算相似。由于斜滑块的强度较高，其倾斜角可比斜导柱倾斜角大一些，最大可达到 40°，但最好不超过 30°。在同一副模具中，如果塑件各处的侧凹深浅不同，为了使斜滑块间运动保持一致，可将各处的斜滑块设成不同的倾角。为保证斜滑块推出后不脱离滑槽并保证合模时准确复位，塑件推出后，要求斜滑块至少 2/3L 仍在滑槽内，并设置限位挡销。

⑥ 装配要求及推力问题。为了保证斜滑块在合模时拼合紧密，避免在注射成型时产生飞边，装配斜滑块时必须达到图 3-173 所示的装配尺寸要求。这样在斜滑块与动模（或导滑槽）之间有了磨损之后，可通过修磨斜滑块的端面继续保持拼合的紧密性。

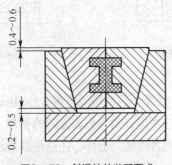

图3-173　斜滑块的装配要求

采用推杆直接推动斜滑块运动时，由于有加工制造误差，往往会出现推力不均匀现象，严重时能使塑件损坏。解决这一问题的办法是在推杆与斜滑块之间加设一个推板，使斜滑块推力均匀。

4. 斜导槽侧向抽芯机构

斜导槽侧向抽芯机构是由固定于模外的斜导槽板与固定于侧型芯滑块上的圆柱销连接所形成的，如图3-174所示。斜导槽板用4个螺钉和2个销钉安装在定模外侧，开模时，侧型芯滑块的侧向移动是受固定在它上面的圆柱销在斜导槽内的运动轨迹所限制的。当槽与开模方向没有斜度时，滑块无侧向抽芯动作；当槽与开模方向成一定角度时，滑块可以侧向抽芯；当槽与开模方向角度越大时，侧向抽芯的速度越大，槽越长，侧向抽芯的抽芯距也就越大。由此可以看出，斜导槽侧向抽芯机构设计时比较灵活。

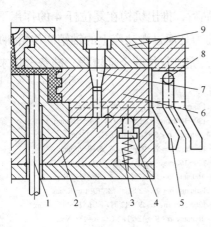
（a）合模状态

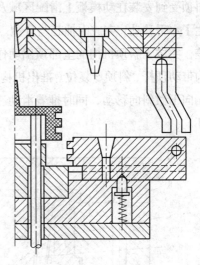
（b）抽芯后推出状态

图3-174 斜导槽侧向抽芯机构
1—推杆 2—动模板 3—弹簧 4—顶销 5—斜导槽板
6—侧型芯滑块 7—止动销 8—滑销 9—定模板

斜导槽侧向抽芯机构抽芯动作的整个过程，实际上是受斜导槽的形状所控制的。如图3-175所示为斜导槽的3种不同形式。

如图3-175（a）所示的形式，开模便开始侧向抽芯，但这时斜导槽倾斜角α应小于25°。

如图3-175（b）所示的形式，开模后，滑销先在直槽内运动，因此有一段延时抽芯动作，直至滑销进入斜槽部分，侧向抽芯才开始。

如图3-175（c）所示的形式，先在倾斜角α_1较小的斜导槽内侧向抽芯，然后进入倾斜角α_2较大的斜导槽内侧向抽芯，这种形式适用于抽芯距较大的场合。由于起始抽芯力较大，第一段的倾斜角一般在$12° < \alpha_1 < 25°$内选取，一旦侧型芯与塑件松动，以后的抽芯力就比较小，因此第二

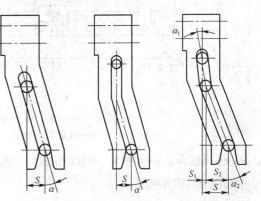
（a）开模即抽芯 （b）延迟抽芯 （c）抽芯力逐渐增大
图3-175 斜导槽侧向抽芯机构的形式

段的倾斜角可适当增大，但仍应为 $\alpha_2 < 40°$。图 3-172（c）中第一段抽芯距为 S_1，第二段抽芯距为 S_2，总的抽芯距为 $S = S_1 + S_2$。斜导槽的宽度一般比圆柱销直径大 0.2 mm。

斜导槽板与滑销通常用 T8、T10 钢等材料制造，热处理要求与斜导柱相同，一般硬度多为 55HRC，表面粗糙度 $R_a \leqslant 0.8\mu m$。

5．斜顶侧向分型与抽芯

斜顶（斜导杆）侧向分型与抽芯也称为斜推杆式侧抽芯机构，是一种特殊的斜滑块抽芯机构。斜顶与动模板上的斜导向孔（常常是矩形截面）进行导滑。斜顶基本结构工如图 3-176 所示，图 3-176 的状态为模具合模状态，注塑成型完毕，定、动模板开模，推出机构带动顶杆、斜顶 6 顶出产品，斜顶受到安装在动模板上滑配区域及导向块 5 的限制而只能做斜向上移运动，在水平方向上也产生了水平移动，完成内抽芯与分型。与此同时，斜顶下端的轴销 2 带动滑动座 1 强行左移，弥补位差，完成了斜顶机构的全部顶出动作。取出产品后，推出机构在复位杆 4 的作用下复位，推出机构带动顶杆、斜顶 5 复位。推出机构向下复位的力是通过滑动座上的轴销 2 传给斜顶 6 的，斜顶下端向下做斜向移动，同时推着滑动座右移复位，完成复位的全部过程，准备合模来进行下一次循环。

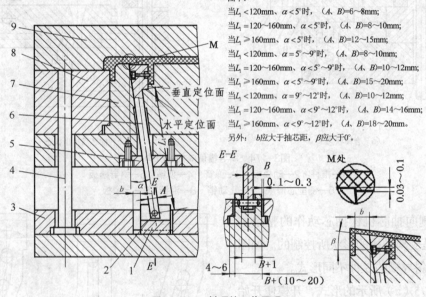

图中：

当 $L_1 < 120mm$、$\alpha < 5°$时，$(A、B) = 6 \sim 8mm$；
当 $L_1 = 120 \sim 160mm$、$\alpha < 5°$时，$(A、B) = 8 \sim 10mm$；
当 $L_1 \geqslant 160mm$、$\alpha < 5°$时，$(A、B) = 12 \sim 15mm$；
当 $L_1 < 120mm$、$\alpha = 5° \sim 9°$时，$(A、B) = 8 \sim 10mm$；
当 $L_1 = 120 \sim 160mm$、$\alpha < 5° \sim 9°$时，$(A、B) = 10 \sim 12mm$；
当 $L_1 \geqslant 160mm$、$\alpha < 5° \sim 9°$时，$(A、B) = 15 \sim 20mm$；
当 $L_1 < 120mm$、$\alpha = 9° \sim 12°$时，$(A、B) = 10 \sim 12mm$；
当 $L_1 = 120 \sim 160mm$、$\alpha < 9° \sim 12°$时，$(A、B) = 14 \sim 16mm$；
当 $L_1 \geqslant 160mm$、$\alpha < 9° \sim 12°$时，$(A、B) = 18 \sim 20mm$。

另外：b 应大于抽芯距，β 应大于0°。

图3-176　斜顶的工作原理
1—滑座　2—轴销　3—推杆固定板　4—复位杆　5—导向块
6—斜顶　7—型芯　8—动模板　9—定模板

斜顶机构通常由斜顶主体、垂直定位设计、水平定位设计、运动导向件（或导向块）、轴销或连接机构、滑动座或滑槽等组成。

设计要点如下。

① 斜顶断面通常为长方形，长、宽一般 6～20mm。

② 斜顶的斜角角度用 α 是一个非常重要的参数，其值与抽芯距 S 和推出距离 H 有关（$\tan\alpha = H/S$）角度越小摩擦阻力越小，作用在斜顶杆上的弯曲力也越小，斜顶滑动得越顺畅，但抽芯量也越小。α 的

值尽量不要选大于12°（斜顶的"死亡"区），斜顶机构随时都会发生"卡模"现象。

③ 为便于斜顶的加工、定位，斜顶工作端一般都设置垂直定位面和水平定位面，位置可设计在斜顶工作端的正面、侧面或背面，一般垂直定位面常用8～12mm，水平定位面常用2～5mm。

④ 斜顶导向块的作用是对斜顶进行斜向导向，通常在动模板对斜顶杆避空的情况下使用，导向件材料常用耐磨材料或青铜来制造，加工时先把导向件固定在动模板的下面，再把型芯或动模镶件固定在动模板上，然后再一起进行线切割加工，确保导向件和动模镶件上的斜向导向同一中心，使斜顶能更好、更顺畅地工作。

⑤ 斜顶抽芯时在分型面方向要产生平移。为了避免干涉，后侧预留足够的空间 b（大于抽芯距），并且斜顶抽芯方向夹角 $\beta \geqslant 0$；斜顶工作端面低于塑件内表面0.03～0.1mm（图3-176中M处）。同样，斜顶工作时与推出机构做相对滑动，为减少阻力通常设置滑动座，滑动座与斜顶之间连接方式种类较多，如图3-177所示。另外图中滑座兼起复位的功能，斜顶结构设计中，解决斜顶的定位、复位和平移是关键。

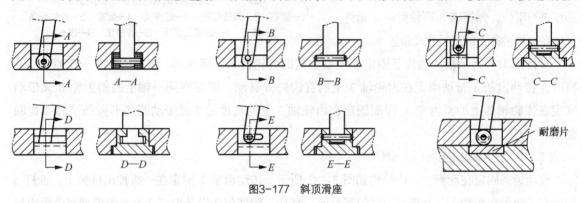

图3-177 斜顶滑座

以上斜顶较长，且单薄，或倾斜角度较大的情况下，通常采用图3-178所示缩短斜顶的方法，以提高寿命。

为了使斜顶的固定端结构简单，复位可靠，有时将侧型芯在分型面上向塑件的外侧延伸，如图3-179（a）所示的 A 处。合模时，定模板压着侧型芯4的 A 处使其复位。斜顶用螺纹与侧型芯连接。也有采用连杆等形式使斜顶复位的，如图 3-179（b）所示。

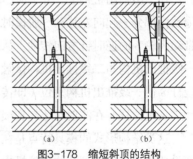

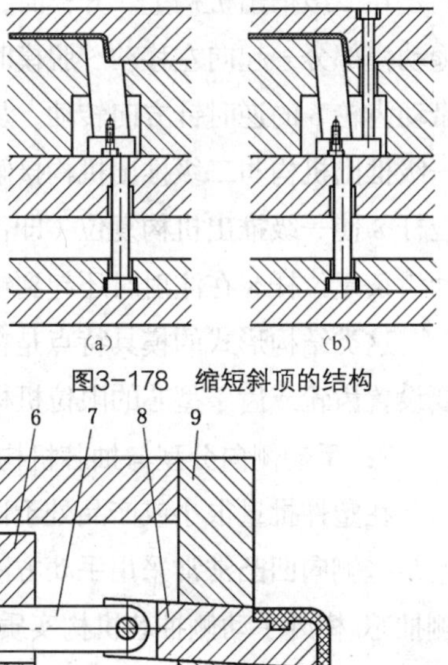

图3-178 缩短斜顶的结构

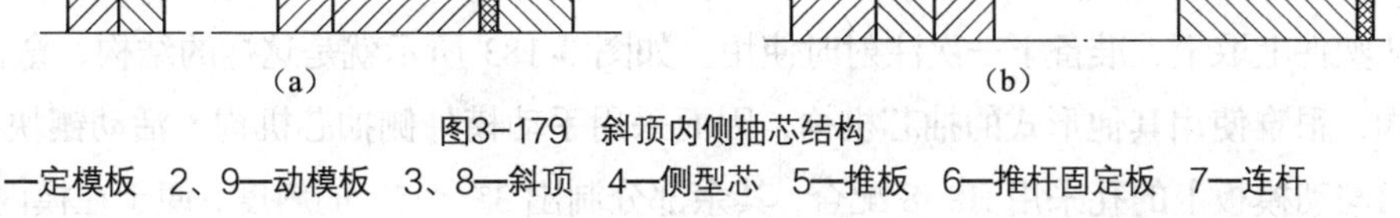

图3-179 斜顶内侧抽芯结构

1—定模板 2、9—动模板 3、8—斜顶 4—侧型芯 5—推板 6—推杆固定板 7—连杆

6．齿轮齿条侧向抽芯机构

齿轮齿条侧向抽芯机构可以获得较大的抽芯距和抽芯力，可满足斜向抽芯的要求，但制造成本较高，一般不用于中小型模具。

（1）传动齿条固定在定模一侧

如图 3-180 所示为传动齿条固定在定模上的侧向抽芯机构。塑件上的斜孔由齿轮型芯 2 成型。开模时，固定在定模板 3 上的导柱齿条 5 通过齿轮 4 带动齿轮型芯 2 实现抽芯动作。开模至最终位置时，导柱齿条 5 与齿轮 4 脱开。为了保证齿轮型芯 2 的准确复位，齿轮型芯 2 的最终脱离位置必须进行限位，弹簧销 8 可使齿轮 4 始终保持在导柱齿条 5 的最后脱离位置上。

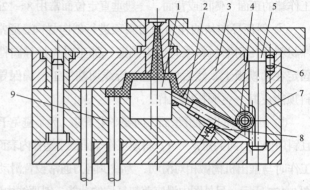

图3-180　传动齿条固定在定模一侧的结构
1—型芯　2—齿轮型芯　3—定模板　4—齿轮　5—导柱齿条
6—销子　7—动模固定板　8—弹簧销　9—推杆

如图 3-181 所示是传动齿条固定在定模一侧的齿轮齿条圆弧抽芯，模具设计有一定难度。开模时，传动齿条 1 带动固定在齿轮轴 7 上的直齿轮 6 转动，固定在同一轴上的斜齿轮 8 又带动固定在齿轮轴 3 上的斜齿轮 4，因而固定在齿轮轴 3 上的直齿轮 2 就带动圆弧形齿条型芯 5 作圆弧抽芯。

（2）传动齿条固定在动模一侧

传动齿条固定在动模一侧的结构如图 3-182 所示。传动齿条 1 固定在一级推出机构上，推杆 5 固定在二级推出机构上。开模时，动模部分向左移动，塑件包在齿条型芯 7 上从定模型腔中脱出后随动模部分一起向左移动。脱模时，注射机上的顶杆推动一级推板 2，传动齿条 1 随之向右移动，带动齿轮 6 的逆时针方向转动，从而使与齿轮 6 啮合的齿条型芯 7 作斜侧方向抽芯。当抽芯完毕，一级推出机构与二级推出机构接触，二者同步右移，推动推杆 5 将塑件推出。合模时，传动齿条复位杆 8 使一级推出机构复位（即传动齿条 1 复位），模具复位杆 11 使一级推出机构复位。另外，传动齿条复位杆 8 在注射时还起到锁紧块的作用。

这类结构形式的模具特点是在工作过程中，传动齿条与齿轮始终保持着啮合关系，这样就不需要设置齿轮或齿条型芯的限位机构。

7．手动侧向分型与抽芯机构

在塑件批量很小或产品处于试制状态，或者采用机动抽芯十分复杂难以实现的情况下，塑件上的某些侧向凹凸常常采用手动方法进行侧抽芯。手动侧向分型机构可分模内手动侧抽芯和模外手动侧抽芯。模外手动侧抽芯机构实质上就是带有活动镶件的注射模结构。注射前，先将活动镶件以 H8/f8 的配合在模具内安放定位，注射后脱模，活动镶块随塑件一起被推出模外，然后用手工的方法将活动镶块从塑件上取下，准备下一次注射时使用。如图 3-183 所示就是这样的结构，塑件内侧有一球状的结构，很难使用其他形式的抽芯机构，因而采用手动模外侧抽芯机构。活动镶块在 5～10 mm 的长度内与动模板上的孔采用 H8/f8 配合，其余部分制出 3°～5° 的斜度，便于在模内的安放定位。

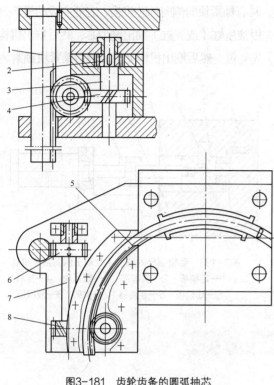

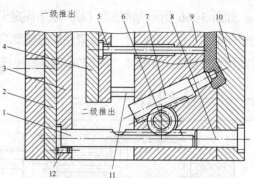

图3-182 传动齿条固定在动模一侧的结构
1—传动齿条 2——级推板 3—固定板
4—二级推板 5—推杆 6—齿轮 7—齿条型芯
8—传动齿条复位杆 9—动模板 10—定模板
11—复位杆 12—防转销

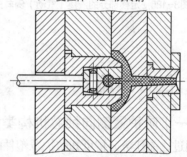

图3-181 齿轮齿条的圆弧抽芯
1—传动齿条 2、6—直齿轮 3、7—齿轮轴
4、8—斜齿轮 5—圆弧形齿条型芯

图3-183 模外手动侧向分型与抽芯机构

模内手动侧向分型与抽芯机构是指在开模前或开模后尚未推出塑件以前用手工方式完成模具上的侧向分型与抽芯动作，然后把塑件推出模外。如图 3-184 所示是利用螺纹或丝杠转动使侧型芯退出与复位的手动侧抽芯机构。

8. 液压（或气动）侧向抽芯机构

液压（或气动）侧向抽芯是通过液压缸（或气缸）活塞及控制系统来实现的，当塑件侧向有很深的三通管时，侧向抽芯力和抽芯距很大，用斜导柱、斜滑块等侧向抽芯机构无法解决，往往优先考虑采用液压（或气动）侧向抽芯（在有液压或气动源时）。

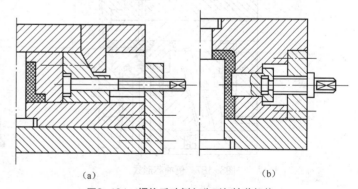

（a）　　　　　　　　　　　（b）

图3-184 螺纹手动侧向分型与抽芯机构

如图 3-185 所示为液压缸（或气缸）固定于定模省去锁紧块的侧向抽芯机构，它能完成定模部分的侧向抽芯工作。液压缸（或气缸）在控制系统控制下于开模前必须将侧向型芯抽出，然后再开模，而合模结束后，液压缸（或气缸）才能驱使侧型芯复位。

如图 3-186 所示为液压缸（或气缸）固定于动模，具有锁紧块的侧向抽芯机构，它能完成动模部分的侧向抽芯工作。开模后，当锁紧块脱离侧型芯后首先由液压缸（或气缸）抽出侧型芯，然后推出机构才能使塑件脱模。合模时，侧型芯由液压缸（或气缸）先复位，然后推出机构复位，最后锁紧块锁紧。

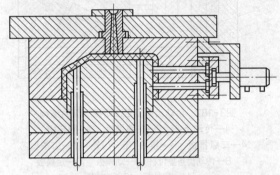

图3-185　定模部分的液压（气动）侧向抽芯机构

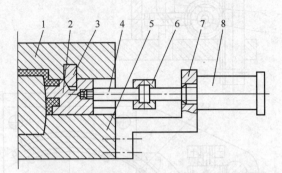

图3-186　动模部分的液压（气动）侧向抽芯机构
1—定模板　2—侧型芯　3—锁紧块　4—拉杆
5—动模板　6—连接器　7—支架　8—液压缸

三、任务实施

（一）防护罩侧向抽芯机构类型选择

通过之前任务分析可知防护罩塑件结构简单，但侧孔需要用侧型芯成型，因此选择比较常用的斜导柱安装在定模、滑块安装在动模结构，如图 3-187 所示，滑块如图 3-188 所示。

（二）防护罩侧向抽芯机构设计计算

1. 抽芯力的计算

用公式 $F_c = pA(\mu\cos\alpha - \sin\alpha)$ 进行计算，用以设计斜导柱尺寸或校核斜导柱的强度。

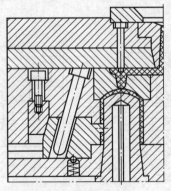

图3-187　侧抽芯形式

图3-188　滑块

由于防护罩侧孔壁厚较薄（仅 1.6mm），尺寸小，可知其抽拔力很小。斜导柱强度足够。故抽芯力及斜导柱无须计算。

2. 抽芯距的确定

侧向抽芯距一般比塑件上侧凹、侧孔的深度或侧向凸台的高度大 2~3 mm，即

$$S = S' + (2 \sim 3) = 2 + (2 \sim 3) = 4 \sim 5 \text{mm}$$

式中：S——抽芯距；

$\quad S'$——塑件上孔的深度；mm。

但是也不必拘泥于上式，有时在结构需要和尺寸允许的情况下，侧向抽芯距比塑件上的侧孔（侧凹、凸台）深度大 5～8mm 也可，故侧向抽芯距取 7～10mm 均可。此处选 8mm。

3. 确定斜导柱倾斜角

斜导柱倾斜角是斜导柱抽芯机构的主要技术参数之一，它与抽拔力以及抽芯距有直接关系，倾斜角 α 值一般不得大于 25°。一般取 $\alpha = 12° \sim 22°$，本例中选取 $\alpha = 15°$。在这种情况下，锁紧块 $\alpha' = \alpha + (2° \sim 3°)$，本例中选取 $\alpha' = 18°$。

4. 确定斜导柱的尺寸

斜导柱的直径取决于抽拔力及其倾斜角度，可按设计资料的有关公式进行计算，本例抽芯力过小，采用经验估值，取斜导柱的直径 $d = 15 \text{mm}$。斜导柱的长度根据抽芯距、固定端模板的厚度、斜销直径及斜角大小确定（如图 3-139 及其相关的斜导柱长度计算公式）。

$$L_Z = L_1 + L_2 + L_3 + L_4 + L_5$$

L_4 的计算：$L_4 = S / \sin \alpha = 8 / \sin 15° = 31 \text{mm}$。

$L_1 + L_2 + L_3$ 的确定：$L_1 + L_2 + L_3$ 主要由模板厚度、侧向抽芯形式和斜导柱规格决定。该例中由于凹模采用局部镶拼，制品又较高，斜导柱直接安装在模板上，所以斜导柱安装部分长度需要 60mm。

综合以上计算，斜导柱长度 $L_Z = L_1 + L_2 + L_3 + L_4 + L_5 = 60 + 31 + 4 = 95 \text{mm}$ 左右（斜导柱球头长度 L_5 取 4mm）。

5. 滑块与导槽设计

① 滑块与侧型芯（孔）的连接方式设计。侧向抽芯机构主要是用于成型零件的侧向孔和侧向凸台，由于侧向孔和侧向凸台的尺寸较小，考虑到型芯强度和装配问题，采用整体式结构。其结构如图 3-187 所示。

② 滑块的导滑方式。为使模具结构紧凑，降低模具装配复杂程度，拟采用整体式滑块和整体导向槽的形式，其结构如图 3-187 所示。为提高滑块的导向精度，装配时可对导向槽或滑块采用配磨、配研的装配方法。

③ 滑块的尺寸。滑块高度主要由制品决定，本例滑块高 40mm。

一般来说，为使滑块运动平稳，滑块宽度长度应大于宽度和高度，斜导柱孔设置在滑块上表面中心位置，倾角 15°，直径 15mm。滑块宽度和长度按图 3-189 中 A 和 B 确定，A 和 B 都选择 10mm 左右，并进行规整。

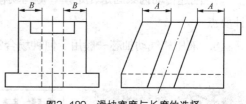

图3-189　滑块宽度与长度的选择

滑块压紧角要比斜导柱倾斜角大，这样才不会卡死滑块。本例选择 18°。滑块导轨高度查表 3-37，初步选择导轨厚度选择 7mm，导轨宽度 4mm。

根据以上计算和选择，侧滑块尺寸可以确定，如图 3-190 所示。

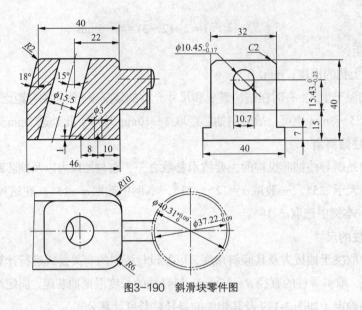

图3-190　斜滑块零件图

在以上的计算和尺寸选取基础上，可以设计出相应的模具结构。

1. 斜导柱侧抽芯机构由哪几部分组成？各部分的作用是什么？请绘草图加以说明，并注明配合精度。

2. 侧滑块脱离斜导柱时的定位装置有哪几种形式？说明各自的使用场合。

3. 什么是侧抽芯时的干涉现象？如何避免侧抽芯时发生干涉现象？讲述各类先复位机构的工作原理。

4. 弯销侧向抽芯机构的特点是什么？

5. 指出斜导槽侧抽芯机构的特点，画出斜导槽的3种形式，并分别指出其侧抽芯特点。

6. 指出斜滑块侧抽芯时的设计注意事项。

7. 阐述传动齿条固定在定模一侧与动模一侧两种形式的齿条齿轮抽芯机构工作原理，并说明设计要点。

8. 液压和气动抽芯一般用于何种场合？

任务七　模具工程图绘制及材料选择

【能力目标】

1. 具有初步绘制模具工程图的能力。

2. 具有绘制非标模具零件图的能力。

3. 能够合理选用模具零件材料。

【知识目标】

1. 了解模具行业工程图绘制习惯。

2. 熟悉模具工程图绘制要求。

3. 掌握模具零件的选择依据。

一、任务引入

模具工程图是由总装图、零件图两部分组成的。所绘制总装图应能清楚地表达各零件之间的相互关系，应有足够说明模具结构的投影图及必要的剖面、剖视图。还应画出工件图，确定模具材料、填写零件明细表和提出技术要求等。

本项目将以塑件——灯座（如图 2-1 所示）为例完成塑料成型模具的模具工程图绘制及材料选择。

二、相关知识

（一）模具工程图的绘制

1. 模具总装图的绘制

注射模总装图要求按照国家制图标准绘制，见表 3-39。

表 3-39 模具总装图的绘制要求

内　容	要　求
模具总装图的布置	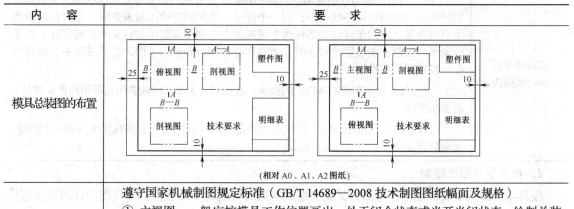 （相对 A0、A1、A2 图纸）
模具总装图绘图要求	遵守国家机械制图规定标准（GB/T 14689—2008 技术制图图纸幅面及规格） 　① 主视图。一般应按模具工作位置画出，处于闭合状态或半开半闭状态。绘制总装图时，若选用标准模架，应先绘制模架。主视图上尽可能将模具的所有不同规格的零件全部画出，可采用全剖视或阶梯剖视补充表示，如果还表达不清，可以考虑添加侧视图 　② 俯视图。"去掉"定模，根据在垂直于主分型面方向的动模的投影绘制俯视图，俯视图和主视图的投影关系一一对应。俯视图也可以半开半闭绘制 　③ 在剖视图中剖切到凸模推杆、导柱、销钉等最小一级旋转体（旋转体内部没有镶件）时，其剖面不画剖面线；有时为了图面结构清晰，非旋转形的凸模也可不画剖面线

内　　容	要　　求
工件图	① 塑件图一般画在总图的右上角（复杂的塑件图可绘制在另一张图纸上），并注明名称、材料、材料收缩率、绘图比例、厚度、精度等级、生产批量及必要的尺寸等主要技术指标 ② 工件图的比例一般与模具图上的一致，特殊情况可以缩小或放大。工件图的方向应与模塑成型方向一致（即与工件在模具中的位置一致），若特殊情况下不一致时，必须用箭头注明模塑成型方向
模具总装图中的技术要求	① 对于模具某些系统的性能要求，如对顶出系统、滑块抽芯机构的装配要求 ② 对模具装配工艺要求，如模具装配后分型面的贴合面的间隙应不大于 0.05mm，模具上、下面的平行度要求，并指出自由装配决定的尺寸和对该尺寸的要求 ③ 模具使用、装拆方法 ④ 防氧化处理、模具编号、刻字、标记、油封、保管等要求 ⑤ 有关试模及检验方面的要求 ⑥ 模具闭合高度（当主视图为非闭合状态时）、所选模架型号、所选设备型号等，模具结构特点及工作时的特殊要求等
模具总装图上应标注的尺寸	模具闭合尺寸、外形尺寸、特征尺寸（与成型设备配合的定位尺寸）、装配尺寸（安装在成型设备上螺钉孔中心距）、极限尺寸（活动零件移动起止点）
标题栏和明细表	标题栏和明细表放在总图右下角，若图面不够，可另立一页，其格式应符合国家标准（标题栏 GB/T 10609.1—2008、明细表 GB/T 10609.2—2009）
模具图常见的习惯画法	① 内六角螺钉和圆柱销的画法。同一规格、尺寸的内六角螺钉和圆柱销，在模具总装图中的剖视图中可各画一个，引一个件号，当剖视图中不易表达时，也可从俯视图中引出件号。内六角螺钉和圆柱销在俯视图中分别用双圆（螺钉头外径和窝孔）及单圆表示，当剖视图位置比较小时，螺钉和圆柱销可各画一半图。在总装图中，螺钉过孔一般情况下要画出 ② 直径尺寸大小不同的各组孔的画法。直径尺寸大小不同的各组孔可用涂色、符号、阴影线区别 ③ 弹簧大多采用简化画法，用双点划线表示。弹簧较多时，在俯视图中只画一个弹簧，其余只画窝座

2．模具零件图的绘制

模具零件图既要反映出设计意图，又要考虑到制造的可能性及合理性，零件图设计的质量直接影响模具的制造周期及造价。因此，设计出工艺性好的零件图可以减少出废品，方便制造，降低模具成本，提高模具使用的寿命。

目前大部分模具零件已标准化，供设计时选用，这对简化模具设计，缩短设计及制造周期，集中精力设计非标零件，无疑会收到良好的效果。在生产中，标准件不需绘制，模具总装图中的非标准零件均需绘制零件图。有些标准零件（如上、下模座）需补加工的地方太多时，也要求画出，并标注加工部位的尺寸公差。非标准零件图应标注全部尺寸、公差、表面粗糙度、材料及热处理、技术要求等。模具零件图是模具零件加工的唯一依据，它应包括制造和检验零件的全部内容，因而设计时必须满足绘制模具零件图的要求。模具总装图拆画零件图的顺序应为先内后外，先复杂后简单，先成型零件，后结构零件。模具零件图绘制要求见表 3-40。

表 3-40　　　　　　　　　　　模具零件图的绘制要求

内容	要　求
图形要求	① 零件图应充分而准确地表示出零件内部和外部的结构形式和尺寸大小，而且视图及剖视图等数量应为最少 ② 一般按 1:1 比例绘制，必要时可以放大或缩小 ③ 视图的选择尽可能与模具零件在总装图中的方位一致或者尽量与零件的加工位置一致
标注加工尺寸公差及表面粗糙度	① 标注尺寸要求统一、集中、有序、完整。标注尺寸的顺序为先标主要零件尺寸和出模斜度，再标注配合尺寸。在非主要零件图上先标注配合尺寸 ② 所有的配合尺寸或精度要求较高的尺寸都应标注公差（包括表面形状及位置公差），未注尺寸公差按 IT14 级制造。模具的工作零件（如凸模、凹模、镶块等）的工作部分尺寸按计算、校核后的结果标注 ③ 模具零件在装配过程中的加工尺寸应标注在装配图上，如必须标注在零件图上时，则应标在有关尺寸旁边注明出"配做"、"装配后加工"等字样，或在技术要求中说明 ④ 因装配需要留有一定的装配余量时，可在零件图上标注出装配链补偿量及装配后所要求的配合尺寸、公差和表面粗糙度等。两个相互对称的模具零件，一般应分别绘制图样，如绘在一张图样上，必须标明两个图样代号 ⑤ 模具零件的整体加工，分切后成对或成组使用的零件，只要分切后各部分形状相同，则视为一个零件，编一个图样代号，绘在一张图样上，有利于加工和管理 ⑥ 模具零件的整体加工，分切后尺寸不同的零件，也可绘在一张图样上，但应用引出线标明不同的代号，并用表格列出代号、数量及质量 ⑦ 一般来说，零件表面粗糙度等级可根据对各个表面工作要求及精度等级来决定。把应用最多的一种粗糙度标于图样右上角，如标注"其余"，其他粗糙度符号在零件各表面分别标出
技术要求	凡是图样或符号不便于表示，而在制造时又必须保证的条件和要求都应注明在技术条件中。它的内容随着零件的不同、要求的不同及加工方法的不同而不同。其中主要应注明： ① 对材质的要求，如热处理方法及热处理表面所应达到的硬度等 ② 表面处理，表面涂层以及表面修饰（如锐边倒钝、清砂）等要求 ③ 未注倒圆半径的说明，个别部位的修饰加工要求 ④ 其他特殊要求

（二）模具材料选用

塑料注射模结构复杂，其组成零件多种多样，各个零件在模具中所处的位置、作用不同，对材料的性能要求就有所不同。选择优质、合理的材料是生产高质量模具的保证。

1. 模具零件的失效形式

（1）表面磨损失效

① 模具型腔表面粗糙度恶化、模具尺寸磨损失效。长期生产对模具形成磨损，模具表面粗糙度恶化、模具表面拉毛，使被制品的外观不合要求，因此，模具应定期卸下抛光。经多次抛光后，型

腔尺寸由于超差而失效。

② 模具表面腐蚀失效。由于塑料中存在氯、氟等元素，受热分解析出 HCl、HF 等强腐蚀性气体，侵蚀模具表面，加剧其磨损失效。

（2）塑性变形失效

模具在持续受热、周期受压的作用下，在棱角处易产生塑件变形，表面出现橘皮、凹陷、麻点、棱角堆塌等缺陷，最终导致局部塑性变形而失效。产生这种失效，主要是由于模具表面硬化层过薄，变形抗力不足或是模具回火不足。在使用过程中工作温度高于回火温度，使模具发生组织转变所致。

（3）断裂失效

断裂失效是危害性最大的一种失效形式。塑料模具形状复杂，存在许多凹角、薄边，应力集中，因而塑料模必须具有足够的韧性。为此，对于大型、中型、复杂型腔塑料模具，应优先采用高韧性钢（渗碳钢或专用塑料模具用钢），尽量避免采用高碳工具钢。

2. 成型零件材料选用的要求

① 材料高度纯净。组织均匀致密，无网状及带状碳化物，无孔洞疏松及白点等缺陷。

② 良好的冷、热加工性能。要选用易于冷加工，且在加工后得到高精度零件的钢种，因此，以中碳钢和中碳合金钢最常用，这对大型模架尤为重要。应具有良好的热加工工艺性能，热处理变形少，尺寸稳定。另外，对需要电火花加工的零件，还要求该钢种的烧伤硬化层较浅。

③ 抛光性能优良。注射模成型零件的工作表面，多需抛光达到镜面，$R_a \leqslant 0.05\text{mm}$，要求钢材硬度 35～40HRC 为宜，过硬表面会使抛光困难。这种特性主要取决于钢的硬度、纯净度、晶粒度、夹杂物形态、组织致密性和均匀性等因素。其中高的硬度及细的晶粒，均有利于镜面抛光。

④ 淬透性高。热处理后应具有高的强韧性、高的硬度和更好的等向性能。

⑤ 耐磨性和抗疲劳性能好。注射模型腔不仅受高压塑料熔体冲刷，而且还受冷热交变的热应力作用。一般的高碳合金钢，可经热处理获得高硬度，但因韧性差易形成表面裂纹，不宜采用。所选钢种应使注射模能减少抛光修模的次数，长期保持型腔的尺寸精度，达到批量生产的使用寿命期限。这对注射次数 30 万次以上和纤维增强塑料的注射成型生产尤其重要。

⑥ 具有耐蚀性和一定的耐热性。对有些塑料品种，如聚氯乙烯和阻燃型塑料，必须考虑选用有耐蚀性能的钢种。另外还可以采用镀镍、铬等方法提高模具型腔表面的抗腐蚀能力。

3. 注射模钢种的选用

我国过去无专用的塑料模具钢，一般塑料模用正火的 45 和 40Cr 经调质后制造，因而模具硬度低、耐磨性差，表面粗糙度值高，加工出来的塑料产品外观质量较差，而且模具使用寿命低；精密塑料模具及硬度高塑料模具采用 CrWMo、Cr12MoV 等合金工具钢制造，不仅机械加工性能差，而且难以加工复杂的型腔，更无法解决热处理变形问题。

20 世纪 80 年代，我国开始引进国外生产的钢种来制造注射模。主要是美国 P 系列的塑料模钢种和 H 系列的热锻模钢种，如 P20、H13、P20S 和 H13S。同时，国内并对专用塑料模具用钢进行了研制，并获得了一定的进展。目前已纳入国家标准的有两种，即 3Cr2Mo 和 3Cr2MnNiMo，纳入行业标准的已有 20 多种，已在生产中推广应用十多种新型塑料模具钢，初步形成了我国塑料模具用钢体系。

下面介绍国内常用塑料模具钢的种类。

① 非合金型。碳素钢具有价格便宜，加工性能好，原料来源方便等特点，因此对于制造形状简单的小型塑料模具或精度要求不高、使用寿命不需要很长的塑料模具，多采用这类钢制造。我国常用牌号有 45、50 等，国际上较广泛使用的有 S45C、S48C、S50C、S53C、S55C、S58C 等。

对于形状较简单、尺寸小的热固性塑料模具，耐磨性要求较高，一般用 T7～T12 等碳素工具钢或 T7A～T12A 等高级优质碳素工具钢制造。

② 渗碳型。渗碳型塑料模具钢的含碳量一般为 0.1%～0.25%，退火后硬度较低，具有良好的切削加工性能，切削加工后的模具渗碳淬火加低温回火，不仅具有较高的强度，而且具有较好的韧性，表面硬度高，耐磨性好，同时还具有良好的抛光性能。另一优点是塑性好，可以用冷挤压成型法制造模具，无需切削加工。缺点是模具热处理工艺较复杂，变形大。中国常用牌号有 20Cr、12CrNi2、20Cr2Ni4、20CrMnTi 等。国际上较广泛使用的有美国牌号 P2～P6；德国牌号 X9NiCrMo4、X6CrMo4；日本牌号 CH1、CH2、CH4 等。

③ 预硬型。预硬型塑料模具钢是指将热加工的模块，预先进行调质处理，以获得所要求的使用性能，再进行切削加工，不再进行最终热处理就可直接使用，从而避免由于热处理而引起的模具变形和裂纹问题。预硬型钢最适宜制作形状复杂的大、中型精密模具，使用硬度一般为 30～42HRC，尤其是在高硬度区（36～42HRC），可切削性能较差。中国常用牌号有 3Cr2Mo（同 P20）、3Cr2MnNiMo（同 P4410）、5CrNiMnMoVSCa、5CrMnMo 等；瑞典一胜百（ASSAB）公司的 718H（33～34HRC）、718（34～38HRC）；日本大同（DAIDO）钢厂的 NAK80 和 NAK55；奥地利百禄（BOHLER）的 M461（38～42HRC）、M238（36～42HRC）等。

④ 时效硬化型。对于复杂、精密、高寿命的塑料模具钢要保持其高寿命，模具材料的使用状态必须有较高的综合力学性能，为此，必须采用最终热处理。但是，采用一般的最终热处理工艺（淬火、回火）往往导致模具热处理变形，即模具的精度很难达到要求。

时效硬化塑料模具钢在固溶后变软（一般为 28～34HRC）可进行切削加工，待冷加工成型后进行时效处理（工件经固溶热处理后在室温或稍高于室温保温，以达到沉淀硬化目的），可获得很高的综合力学性能，时效热处理变形很小，而且这类钢一般具有焊接性能好以及可以进行表面氮化等优点，适于制造复杂、精密、高寿命的塑料模具。

时效硬化塑料模具钢主要包括两个类型，即马氏体时效钢和析出硬化钢。马氏体时效钢具有高的比强度，良好的可加工性和可焊接性以及简单的热处理工艺等优点，但其价格较高，常见的有 18Ni（200）、18Ni（250）、18Ni（300）、18Ni（350）等。析出硬化钢是比较新型的钢种之一，它所含的合金元素比马氏体时效钢少，特别是 Ni 含量少得多。材料在固溶处理状态下硬度为 30HRC 左右，可进行切削加工，制成模具后再进行时效处理，使硬度达到 40HRC 左右，而且时效变形很小（0.01% 左右），适宜制造高硬度、高强度和高韧性的精密塑料模具。常见的时效硬化型模具钢有 25CrNi3MoAl、P20、NAK55 等。

⑤ 整体淬硬型。用于压制热固性塑料、强化塑料（如尼龙型强化或玻璃纤维强化塑料）产品的模具，以及生产批量很大，要求模具使用寿命很长的塑料模具，一般选用高淬透性的冷作模具钢和热作模具钢材料制造，这些材料通过最终热处理，可保证使用状态具有高硬度、高耐磨性和长的使用寿命。我国牌号常用有 CrWMn、9CrWMn、Cr12MoVC、4Cr5MoSiV1 等，国际上较常用的有美国的牌号 O1、A2、D1、D3、6F2、S1、H11、H13，德国牌号 X9NiCrV8、X155CrVMo121、X38CrMoV51，日本牌号 SKS31、SKD11、SKD12、SKD1、SKD61、SKD6 等。

⑥ 耐腐蚀型。耐蚀钢主要用在生产以化学性腐蚀塑料（如聚氯乙烯或聚苯乙烯添加抗烯剂等）为原料的塑料制品的模具。耐腐蚀型塑料模具钢分高碳高铬型耐蚀钢、中碳高铬型耐蚀钢、低碳铬镍型耐蚀钢。高碳高铬型耐蚀钢有 9Cr8、Cr18MoV、Cr14Mo、Cr14Mo4V 等；中碳高铬型耐蚀钢有 4Cr13、420、168、S136、M300、M310、HPM38、PAK90 等；低碳铬镍型耐蚀钢有 1Cr17Ni2 等。国际上常用的瑞典一胜百 S-36ESR、S-136H，德国得胜 GS083ESR、GS083VAR、GS316、GS316ESR、GS083M、GS128H 等，日本大同 PAK90。

⑦ 镜面钢。生产透明塑料制品，尤其光学仪器镜片等，对于成型模具的镜面加工性能要求很高。但严格地讲，由于钢材的冶金质量、钢中组织不均匀度、硬度以及抛光技术等各方面的原因，没有专用牌号的镜面加工用塑料模具钢。

镜面钢多数属于析出硬化钢，也称为时效硬化钢，用真空熔炼方法生产。国产 PMS（10Ni3CuAlVS）供货 HRC30，具有优异的镜面加工性能和良好的切削加工性能，热处理工艺简单，变形小，适用于制造工作温度 300℃，使用硬度 30～45HRC，要求高镜面、高精度的各种塑料模具，并能够腐蚀精细图案，还有较好的电加工及抗锈蚀性能。另一种析出硬化钢是 SM2（20CrNi3AlMnMo）预硬化后加工，再经时效硬化后可达硬度 40～45HRC。

还有两种镜面钢各有其特点。一种是高强度的 8CrMn（8Cr5MnWMoVS），预硬化后硬度为 33～35HRC，易于切削，淬火时空冷，硬度可达 42～60HRC，可用于大型注射模具以减小模具体积；另一种是可氮化高硬度钢 25CrNi3MoAl 调质后硬度为 23～25HRC，时效后硬度为 38～42HRC，氮化处理后表层硬度可达 70HRC 以上，用于玻璃纤维增强塑料的注射模。

⑧ 铍铜。铍铜一般用在塑料模具难于做冷却的位置上，尤其适用于需快速冷却的模芯及镶件，因为铜的散热效果比钢快很多。牌号有美国 MOLDMAX30/40，硬度分别为 26～32HRC 及 36～42HRC，德国得胜（B2）出厂硬度为 35HRC。

4. 塑料模具钢材料的选用及热处理要求

① 根据模具各零件的功用合理选择材料和正确确定热处理要求，见表 3-41。

② 成型零件的材料应根据塑料特性，制件大小与复杂性，尺寸精度、表面质量要求，产量大小，模具加工工艺性要求等选择，见表 3-42。塑料模具主要零件热处理工序安排见表 3-43。

表 3-41　　　　　　　　　塑料模各类零件常用材料及热处理

零件类别	零件名称	材料牌号	热处理方法	硬度	说明
成型零件	凹模型芯（凸模）、螺纹型芯、螺纹型环、成型镶件、成型推杆	T8A、T10A	淬火	54～58HRC	用于形状简单的小型芯、型腔
		CrWMn、9Mn2V、Cr2Mn2SiWMoV	淬火	54～58HRC	用于形状复杂，要求热处理变形小的型腔、型芯或镶件和增强塑料的成型模具
		Crl2、Cr4W2MoV			
		20CrMnMo、20CrMnTi	渗碳、淬火		
		5CrMnMo、40CrMnMo	渗碳、淬火	54～58HRC	用于高耐磨、高强度和高韧性的大型芯、型腔等
		3Cr2W8V、38CrMoAi	调质、渗碳	1000HV	用于形状复杂，要求耐腐蚀的高精度型腔、型芯等
		45	调质	22～26HRC	用于形状简单、要求不高的型腔、型芯
			淬火	43～48HRC	
		20、15	渗碳、淬火	54～58HRC	用于冷压加工的型腔
模体零件	垫板（支撑板）、浇口板、锥模套	45	淬火	43～48HRC	
	动、定模板，动、定模座板	45	调质	230～270HB	
	固定板	45	调质	230～270HB	
		Q235			
	推件板	T8A、T10A	淬火	54～58HRC	
		45	调质	230～270HB	
浇注系统零件	主流道衬套、拉料杆、分流锥	T8A、T10A	淬火	50～55HRC	
导向零件	导柱	20	渗碳、淬火	56～60HRC	
	导套	T8A、T10A	淬火	50～55HRC	
	限位导柱、推板导柱、推板导套、导钉	T8A、T10A	淬火	50～55HRC	
抽芯机构零件	斜导柱、滑块、斜滑块	T8A、T10A	淬火	54～58HRC	
	楔紧块	T8A、T10A	淬火	54～58HRC	
		45		43～48HRC	

续表

零件类别	零件名称	材料牌号	热处理方法	硬　　度	说　　明
推出机构零件	推杆、推管	T8A、T10A	淬火	54～58HRC	
	推块、复位杆	45	淬火	43～48HRC	
	推料板	45	淬火	43～48HRC	或不淬火
	推杆固定板、卸模杆固定板	45、Q235			
推杆定位零件	圆锥定位杆	T10A	淬火	58～62HRC	
	定位圈	45	淬火		
	定距螺钉、限位钉、限制块	45	淬火	43～48HRC	
支承零件	支承柱	45	淬火	43～48HRC	
	垫块	45、Q235			
其他零件	加料腔、柱塞	T8A、T10A	淬火	50～55HRC	
	手柄、套筒	Q235			
	喷嘴、水嘴	45、黄铜			
	吊钩	45			

注：螺纹型芯的热处理硬度也可以取 40～45HRC

表 3-42　　　　　　　　　　塑料成型零件模具钢的选用

工　作　条　件	推　荐　钢　号
塑件产品批量小、精度要求不高、尺寸不大的模具	45、55 钢或用 10、20 钢进行渗碳
在使用过程中有较大的动载荷，塑件生产批量较大，受磨损较严重的塑料模具	12CrNi3A、20Cr、20CrMnMo、20Cr2Ni4A 钢进行渗碳
大型、复杂、塑件生产批量较大的注射成型模或挤压成型模	3Cr2Mo、4Cr3Mo3SiV、SCrNiMo、5CrMnMo、4Cr5MoSiV、4Cr5MoSiV1
热固性成型塑料模具及要求高耐磨高强度的塑料模具	9Mn2V、7CrMn2WMo、CrWMn、MnCrWV、GCr15、4C12MnWMoVS、Cr2Mn2SiWMoV、Cr6WV、Cr12MoV、Cr12
耐腐蚀和高精度的塑料	4Cr13、9Cr18、Cr18MnV、Cr14Mo、Cr14Mo4V
模具复杂、精密、高耐磨塑料模具	25CrNiMoAl、18Ni（250）、18Ni（300）、18Ni（350）

表 3-43   塑料模具主要零件热处理工序

零件加工方法	材　料	工　序　安　排
冷挤压成型模具	10、20、20Cr	锻造—正火或退火—粗加工—冷挤压成型（多次挤压时，中间需退火）—机械加工成型—渗碳或碳氮共渗—淬火及回火—钳修抛光—钳工装配
直接淬硬	T7、T10A、CrWMn、5CrMnMo	锻造—退火—机械粗加工—调质或高温回火—精加工—淬火及回火—钳修抛光—钳工装配
精加工在调质后进行	各种钢材	锻造—退火—机械粗加工—调质—精加工成型—钳修抛光—镀铬（或其他表面硬化处理）—钳工装配
采用合金渗碳钢制作模具	12CrNi3A、18CrMnTi	锻造—正火+高温回火—精加工成型—渗碳—淬火及回火—钳修抛光—镀铬—钳工装配

选用钢种时应按塑件的生产批量、塑料品种及塑件精度与表面质量要求确定，见表 3-44。为了方便查阅，表 3-45 列出国外部分牌号的钢种对照表。

表 3-44   注射模具钢种选用

塑料与塑件	型腔注射次数（次）	适用钢种	塑料与塑件	型腔注射次数（次）	适用钢种
PP、HDPE 等一般塑件	10 万左右	50、55 正火	精密塑件	20 万以上	PMS、SM1、5NiSCa
	20 万左右	50、55 调质	玻纤增强塑料	10 万左右 20 万以下	PMS、SM2 25CrNi3MoAl 氮化、H13 氮化
	30 万左右	P20			
	50 万左右	SM1、5NiSCa	PC、PMMA，PS 透明塑料		PMS、SM2
工程塑料	10 万左右	P20	PVC 和阻燃塑料		PCR

表 3-45   部分国外塑料模具钢材对照表

名称	供应商	注释	出厂硬度	碳 C%	硅 Si%	铬 Cr%	镍 Ni%	锰 Mn%	钼 Mo%	钒 V%	钨 W%	相似于各国牌号 奥地利	日本	瑞典	德国	美国
P20	FINKL	塑料模具钢	预硬至 280～320HB	0.34	0.8	1.8	0.5	1.56	0.5	0.07		M202	MUP	618	1.2311	M202
NAK80	DADIO	P21 真空重熔	预硬至 40HRC	0.13	—	0.1	3.0	1.6	0.28	Cu1.0	Al1.1	—	—	—	—	—
NAK55	DADIO	P21+硫真空重熔	预硬至 370～400HB	0.15	0.3	—	3.0	1.5	0.3	Cu1.0	Al1.0	—	—	—	—	—

续表

名称	供应商	注释	出厂硬度	碳	硅	铬	镍	锰	钼	钒	钨	相似于各国牌号				
				C%	Si%	Cr%	Ni%	Mn%	Mo%	V%	W%	奥地利	日本	瑞典	德国	美国
P20HH	FINKL	P20改良型	预硬至330~370HB	0.33	0.3	1.85	0.6	0.9	0.5	—	—	—	—			
718H	ASSAB	P20改良型	预硬至330~380HB	0.38	0.3	2.0	1.0	1.4	0.2	—	—	—	—	—	—	—
718	ASSAB	预硬塑料模具钢	预硬至290~330HB	0.33	0.3	1.8	0.9	0.8	0.2	—	—	M238	PDS58		1.2738	P20+Ni
H13	FINKL	热作模具钢	预硬至40HRC	0.4	1.0	5.0	—	0.4	1.1	1.0	—		SKD61	8407	1.2344	W302
DC53	DADIO	冷作钢（铬钢）	退火至255HB	0.85	0.9	8.0	—	0.5	2.4	0.5	—		SKD11		1.2579	D2
DC11	DADIO	冷作钢（铬钢）	退火至255HB	1.6	0.4	11.00~13.00	0.5	0.6	1.2	0.5	—		SKD11			D2
S50C	HITACHI	黄牌钢	退火至241HB	0.5	0.37	0.25	0.25	0.8							CK50	AISI1050
S136	ASSAB	抗腐蚀塑料模具钢	退火至215HB	0.38	0.8	13.6	—	0.5		0.3	—	M310	SUS420J2	—	1.2083	420
S136H	ASSAB	抗腐蚀塑料模具钢	预硬至31~35HRC	0.38	0.8	13.6		0.5		0.3	—	M300			1.2316	
8407	ASSAB	热作模具钢	退火至185HB	0.37	1.0	5.3	—	0.4	1.4	0.1	—	M302	SKD61		1.2344	H13
DF-2	ASSAB	耐磨油钢	退火至185HB	0.95	—	0.6		1.1		0.1	0.6	K460	SKS3	—	1.2510	0.1

三、任务实施

（一）灯座模具总装图

根据前面任务所确定的模架、模具零件结构及模具总装图要求（见表3-39）绘制模具总装图，如图3-191所示。（教材采用简略格式，正常绘图标题栏遵循 GB/T 10609.1—2008、明细表遵循 GB/T 10609.2—2009）。

（二）灯座明细表及模具材料

根据表3-41常用模具零件材料的适用范围与热处理方法或其他设计资料，结合塑件生产批量确定模具各零件所用材料及热处理要求。

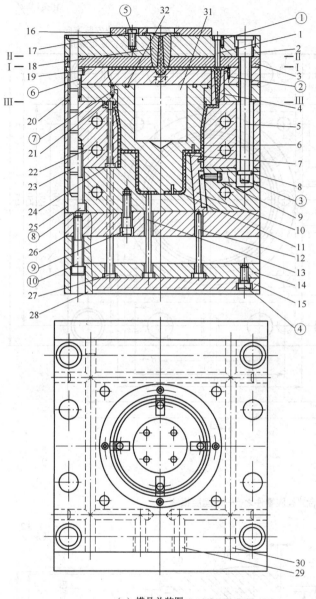

图号	名称	材料	数量
⑩	螺钉 M12×75		6
⑨	螺钉 M12×50		8
⑧	螺钉 M12×80		8
⑦	销 4×15		1
⑥	螺钉 M10×35		8
⑤	螺钉 M10×25		4
④	螺钉 M10×25		10
③	螺钉 M12×20		4
②	销 4×15		4
①	螺钉 M5×12		4
32	O 形密封圈 0100×3.1		1
31	隔水板	45	1
30	水堵	45	24
29	水嘴	45	8
28	模足	45	2
27	复位杆	45	4
26	支承板	45	1
25	导滑板	CrWMn	1
24	型芯	CrWMn	4
23	导柱	45	4
22	型腔板	P20	1
21	固定板	45	1
20	导套	ZQSn6-6-3	8
19	压板	45	1
18	浇口套	CrWMn	1
17	定位圈	45	1
16	镶圈	45	1
15	推板	45	1
14	推杆固定板	45	1
13	推杆	45	4
12	推杆	45	4
11	小型芯	CrWMn	2
10	滑块	T10A	4
9	限位钉	M6 螺钉改制	4
8	垫圈	45	4
7	大型芯	P20	1
6	型芯	CrWMn	4
5	限位杆	45	4
4	浇口套	CrWMn	4
3	推料板	45	1
2	定模板	45	1
1	拉料杆	55	1
图号	名称	材料	数量

（a）模具总装图 （b）明细表及模具材料

图3-191 灯座模具装配图

（三）灯座模具零件图

查看图 3-192 型腔板、图 3-193 大型芯和图 3-194~图 3-200 部分零件图。

（四）绝缘胶架模具工程图范例

一副模具的理论设计完成之后，在装配图上要完全正确清楚地表达各零件的装配关系，对学生来说是一个难点。一是零件的结构设计，即结构尺寸的确定；二是要在比较少的视图上表达各类零件的装配关系，反复优化视图剖切位置。

本例引入某企业生产绝缘胶架的注射模具装配图（如图 3-201 所示），以便参考。

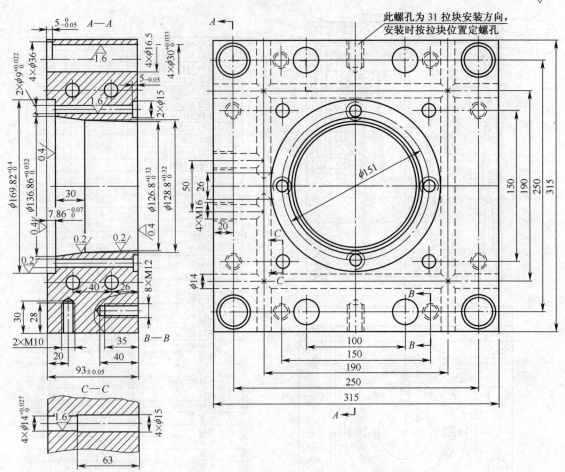

图3-192 组合式型腔零件之一——型腔板

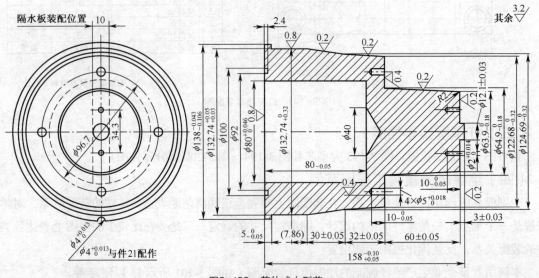

图3-193 整体式大型芯

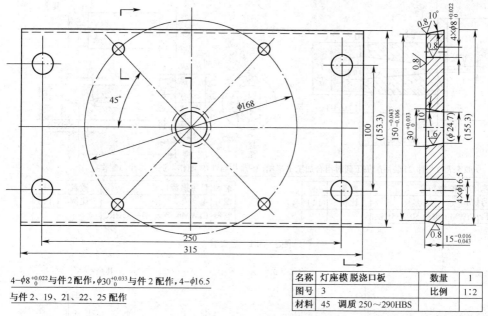

$4-\phi 8^{+0.022}_{0}$ 与件2配作,$\phi 30^{+0.033}_{0}$ 与件2配作,$4-\phi 16.5$
与件2、19、21、22、25配作

名称	灯座模 脱浇口板		数量	1
图号	3		比例	1:2
材料	45 调质 250～290HBS			

图3-194 脱浇口板

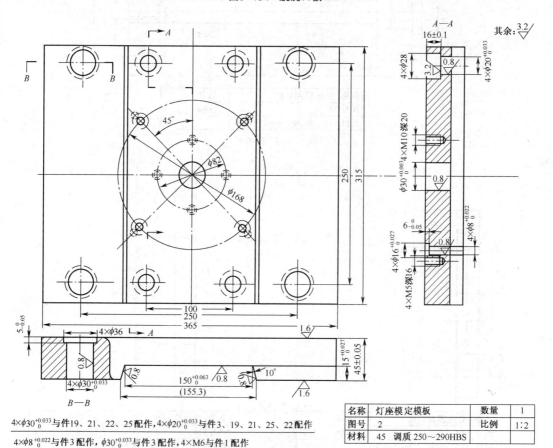

$4\times\phi 30^{+0.033}_{0}$ 与件19、21、22、25配作,$4\times\phi 20^{+0.033}_{0}$ 与件3、19、21、25、22配作

$4\times\phi 8^{+0.022}_{0}$ 与件3配作,$\phi 30^{+0.033}_{0}$ 与件3配作,$4\times M6$与件1配作

名称	灯座模定模板		数量	1
图号	2		比例	1:2
材料	45 调质 250～290HBS			

图3-195 定模板

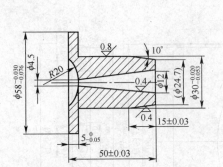
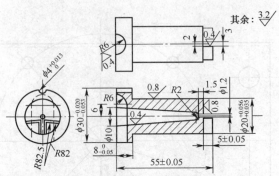

R82.5、R82 与件 21 装后配加工同时组合加工 T 形槽，$\phi 4^{+0.013}_{0}$ 与件19 配作，浇口与件19配作

名称	灯座模 浇口套	数量	1
图号	18	比例	1:1
材料	CrWMn 淬火 50~55HRC		

名称	灯座模 浇口套	数量	4
图号	4	比例	1:1
材料	CrWMn 淬火 50~55HRC		

图3-196　浇口套

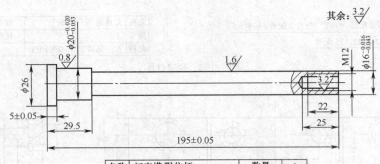

名称	灯座模 限位杆	数量	4
图号	5	比例	1:2
材料	45　调质 250~290HBS		

图3-197　限位杆

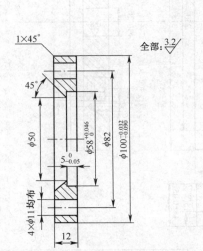

名称	灯座模 定位圈	数量	1
图号	17	比例	1:2
材料	45　调质 250~290HBS		

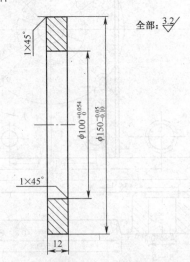

名称	灯座模 镶圈	数量	1
图号	16	比例	1:2
材料	45　调质 250~290HBS		

图3-198　定位圈

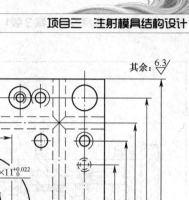
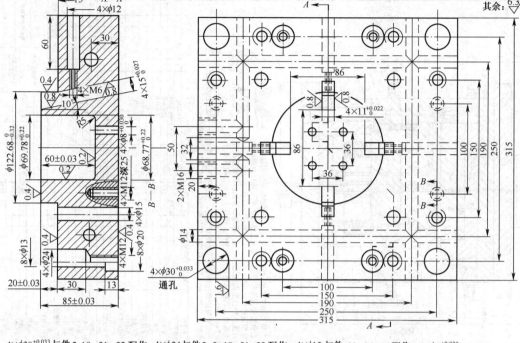

$4\times\phi30_0^{+0.033}$ 与件 2、19、21、22 配作，$4\times\phi24$ 与件 2、3、19、21、22 配作，$4\times\phi15$ 与件 22、26、14 配作，$4\times\phi8_0^{+0.030}$ 与件 26、14 配作

先加工 15×11 呈 $10°$ 的方孔，待件 10 与本件配合固定后配加工 $\phi122.68_{-0.32}^{\ 0}$ 深 20 ± 0.03（用线切割加工方斜孔 15×11）

名称	灯座模导滑板（型腔 1）	数量	1
图号	25	比例	1:2
材料	CrWMn	热处理	58~60HRC

图3-199　导滑板

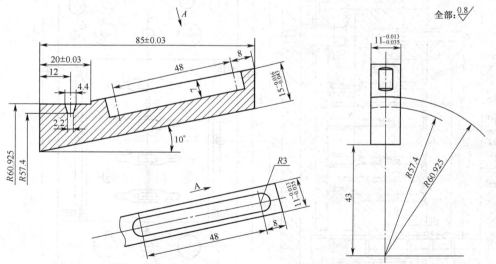

此件先加工 $15_{-0.043}^{-0.016}\times11_{-0.035}^{-0.013}$ 方条，再装进件 25 方孔内（线切割加工），配切两头并固定在件 25 内，可点焊等，再与件 25 配加工 $R60.925$（即 $\phi122.68_{-0.32}^{\ 0}$）

名称	灯座模滑块	数量	4
图号	10 .	比例	1:1
材料	T10A	热处理	58~60HRC

图3-200　滑块

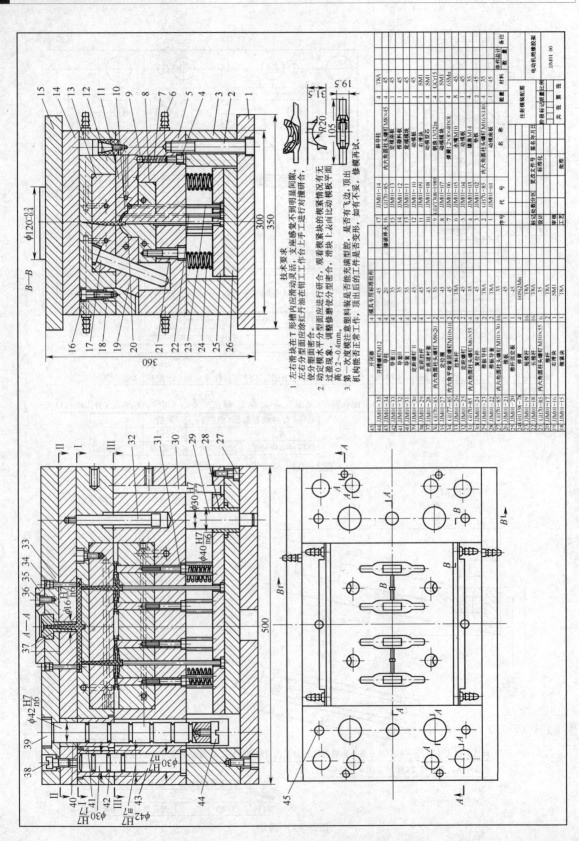

技术要求

1. 左右滑块在T形槽内应滑动灵活，支座感觉不到明显间隙。左右分型面应涂红丹油在钳工工作台上手工进行对研磨合，使分型面密合。

2. 动定模水平分型面应进行研合，观看模紧块的模紧情况有无过盈现象，调整修磨使分型面密合。滑块下表面对动模板平面高 0.2～0.4mm。

3. 第一次装模注意塑料装是否能充满型腔，顶出是否有飞边，是否有变形，顶出后的工件是否正常工作，如有不妥，修模再试。机构能否正常工作，顶出后的工件是否变形。

图3-201　点浇口转直浇口绝缘胶架的注射模具装配图

1. 模具总装图绘制有何要求？

2. 注射成型对模具材料有哪些要求？

3. 连续作业：试绘制成型塑料制件连接座（如图 2-32 所示）的模具工程图及成型零件零件图。

Chapter 4

项目四

| 其他塑料成型模具设计 |

【能力目标】

1. 能读懂压缩模、压注模及机头的典型结构图和工作原理。
2. 具有设计简单热固性塑料成型模具的能力。
3. 能够正确计算压缩模、压注模成型零件工作尺寸及加料腔尺寸。
4. 能正确选择相应成型工艺所需设备。

【知识目标】

1. 掌握各类成型模具的结构特点、应用场合。
2. 掌握压缩模、压注模的设计要点。
3. 了解管材成型机头和定型模的设计要点。
4. 了解气动成型工艺特点。
5. 了解各类塑料成型新技术。

　　本项目针对压缩和压注工艺分别选取端盖（如图 4-1 所示）和罩壳（如图 4-34 所示）塑件为载体，在学习相应工艺设计和模具设计的相关知识的同时完成一整套模具整体结构设计。同时对于其他塑料成型方法及模具设计要点也做了相应介绍。

任务一　设计压缩成型模具

【能力目标】

1. 能读懂压缩模的典型结构图和工作原理。
2. 具有确定压缩成型工艺参数和设计简单压缩模具的能力。
3. 能够正确计算压缩成型零件工作尺寸及加料腔尺寸。
4. 能正确选择压缩成型设备。

【知识目标】

1. 掌握压缩模结构特点、应用场合。

2. 了解压缩成型工艺参数的含义。

3. 掌握压机与压缩模具有关工艺参数的校核。

4. 掌握压缩模的设计要点。

5. 了解压塑成型设备工作原理、规格。

一、任务引入

【案例6】 某企业计划中等批量生产塑料端盖（如图 4-1 所示），采用以木粉为填料的热固性酚醛塑料压制而成，端面要求平整光洁。试为其设计一套生产用模具。

压缩成型又称压塑成型或压制成型。压缩成型原理是将塑料原料直接放在经过加热的模具型腔（加料室）内，模具闭合，在热和压力的作用下，塑料呈熔融状态并充满型腔，然后再固化成型获得塑件的一种成型方式。成型所使用的设备是塑料成型压力机，压缩成型是热固性塑料通常采用的成型方法之一。

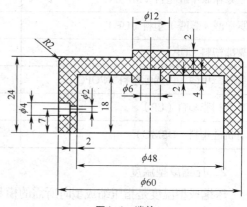

图4-1 端盖

压缩成型也可以成型热塑性塑料制件。用压缩模成型热塑性塑件时，模具必须交替地进行加热和冷却，才能使塑料塑化和固化，故成型周期长，生产效率低，因此，它仅适用于成型光学性能要求高的有机玻璃镜片、不宜用于高温注射成型的硝酸纤维汽车方向盘以及一些流动性很差的热塑性塑料（如聚酰亚胺等塑料）制件。

对于热固性塑料的使用性能和成型工艺性能、成型工艺过程以及塑件结构工艺性分析的相关知识见项目二，其余有关压缩模设计的相关知识如下。

二、相关知识

（一）压缩成型的工艺参数

压缩成型的工艺参数主要是指压缩成型压力、压缩成型温度和压缩时间。

1. 压缩成型压力

压缩成型压力是指压缩时压力机通过凸模对塑料熔体在充满型腔和固化时在分型面单位投影面积上施加的压力。

施加成型压力的目的是促使物料流动充模，提高塑件的密度和内在质量，克服塑料树脂在成型过程中的胀模力，使模具闭合，保证塑件具有稳定的尺寸、形状，减少飞边，防止变形，但过大的成型压力会降低模具寿命。

压缩成型压力的大小与塑料种类、塑件结构以及模具温度等因素有关，一般情况下，塑料的流动性越小，塑件越厚以及形状越复杂，塑料固化速度和压缩比越大，所需的成型压力也越大。常用热固性塑料的压缩成型压力见表 4-1。

表 4-1　　　　　　　　常用热固性塑料的压缩成型温度和成型压力

塑 料 类 型	压缩成型温度（℃）	压缩成型压力（MPa）
酚醛塑料（PF）	146～180	7～42
三聚氰胺甲醛塑料（MF）	140～180	14～56
脲甲醛（脲醛）塑料（UF）	135～155	14～56
聚酯塑料（UP）	85～150	0.35～3.5
邻苯二甲酸二丙烯酯塑料（POPO）	120～160	3.5～14
环氧树脂塑料（EP）	145～200	0.7～14
有机硅塑料（DSMC）	150～190	7～56

2．压缩成型温度

压缩成型温度是指压缩成型时所需的模具温度。压缩成型温度的高低影响模内塑料熔体的充模是否顺利，也影响成型时的硬化速度，进而影响塑件质量。随着温度的升高，塑料固体粉末逐渐熔融，黏度由大到小，开始交联反应，当其流动性随温度的升高而出现峰值时，迅速增大成型压力，使塑料在温度还不很高而流动性又较大时，充满型腔的各部分。在一定温度范围内，模具温度升高，成型周期缩短，生产效率提高。如果模具温度太高，将使树脂和有机物分解，塑件表面颜色就会暗淡，并且温度会引起外层塑料硬化，影响物料的流动，将引起充模不满，特别是压缩形状复杂、薄壁、深度大的塑件最为明显。同时，由于水分和挥发物难以排除，塑件应力大，模具开启时，塑件易发生肿胀、开裂、翘曲等；如果模具温度过低，硬化周期过长，硬化不足，塑件表面将会无光，其物理性能和力学性能下降。常见热固性塑料的压缩成型温度见表 4-1。

3．压缩时间

热固性塑料压缩成型时，在一定温度和一定压力下保持一定时间，才能使其充满型腔、充分交联而固化，成为性能优良的塑件，这一时间称为压缩时间。

压缩时间与塑料种类（树脂种类、挥发物含量等）、塑件形状、压缩成型的工艺条件（温度、压力）以及操作步骤（是否排气、预压、预热）等有关。压缩成型温度升高，塑料固化速度加快，所需压缩时间减少；压缩成型压力增大，压缩时间也会略有减少。由于预热减少了塑料充模和开模时间，所以压缩时间比不预热时要短，通常压缩时间还会随塑件厚度的增加而增加。

压缩时间的长短对塑件的性能影响很大。压缩时间过短，塑料硬化不足，将使塑件的外观质量变差，力学性能下降，易变形。适当增加压缩时间，可以减少塑件收缩率，提高其耐热性能和其他物理、力学性能。但如果压缩时间过长，不仅降低生产率，而且会使树脂交联过度使塑件收缩率增加、产生应力，导致塑件力学性能下降，严重时会使塑件破裂。一般的酚醛塑料，压缩时间为 1～2min/mm，有机硅塑料达 2～7min/mm。表 4-2 列出了部分热固性塑料的压缩成型工艺参数。

表 4-2　　　　　　　　　　部分热固性塑料压缩成型的工艺参数

塑料类型	酚 醛 塑 料			氨 基 塑 料
	一般工业用[1]	高电绝缘用[2]	耐高频电绝缘用[3]	
压缩成型温度（℃）	150～165	150～170	180～190	145～1155
压缩成型压力（MPa）	25～35	25～35	>30	25～35
压缩时间（min/mm）	0.8～1.2	1.5～2.5	2.5	0.7～1.0

注：1. 以苯酚—甲醛线型树脂和粉末为基础的压缩粉。

　　2. 以甲酚—甲醛可溶性树脂的粉末为基础的压缩粉。

　　3. 以苯酚—苯胺—甲醛树脂和无机矿物为基础的压缩粉。

（二）压缩模分类及应用

1. 按模具在压力机上的固定方式分类

压缩模按模具在压力机上的固定形式可分为移动式压缩模、半固定式压缩模和固定式压缩模。

① 移动式压缩模。移动式压缩模如图 4-2 所示，模具不固定在压力机上。压缩成型前，打开模具把塑料原料加入型腔，然后将上模放入下模，把压缩模送入压力机工作台上对塑料进行加热，之后再加压固化成型。成型后将模具移出压力机，使用专门卸模工具开模脱出塑件。这种模具结构简单，制造周期短，但因加料、开模、取件等工序均手工操作，劳动强度大、生产率低、模具易磨损，适用于压缩成型批量不大的中小型塑件以及形状复杂、嵌件较多、加料困难及带有螺纹的塑件。

② 半固定式压缩模。半固定式压缩模如图 4-3 所示，一般将上模固定在压力机上，下模可沿导轨移进压力机进行压缩或移出压力机外进行加料并在卸模架上脱出塑件。下模移进时用定位块定位，合模时靠导向机构定位。这种模具结构便于安放嵌件和加料，且上模不移出机外，从而减轻了劳动强度。若塑料留在上模，也可按需要采用下模固定的形式，工作时移出上模，用手工或卸模架取件。

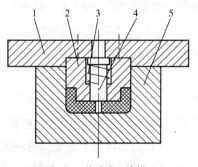

图4-2　移动式压缩模
1—凸模固定板　2—凸模　3—弹簧
4—小型芯　5—凹模

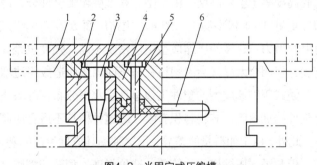

图4-3　半固定式压缩模
1—上模座板　2—凹模（加料室）　3—导柱
4—凸模　5—型芯　6—手柄

③ 固定式压缩模。固定式压缩模如图 4-4 所示，模具的上模和下模分别安装在压力机的上、下工作台上，上下模通过导柱、导套导向定位。上工作台下降，使上凸模 5 进入下模加料室 4 与塑料

接触并对其加热。当塑料成为熔融状态后，上工作台继续下降，熔料在受热受压的作用下充满型腔并发生固化交联反应。塑件固化成型后，上工作台上升，模具分型，同时压力机下面的辅助液压缸开始工作，推出机构的推杆 12 将塑件从下凸模 7 上脱出。固定式压缩模开合模及塑件的脱出均在压力机上完成，因此生产率较高，操作简单，劳动强度小，模具振动小，寿命长；缺点是模具结构复杂，成本高，且安放嵌件不如移动式压缩模方便，适用于成型批量较大或形状较大的塑件。

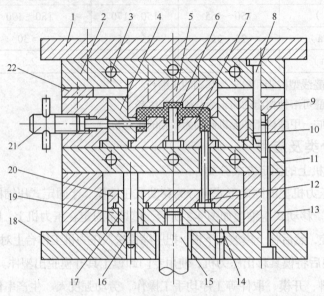

图4-4　固定式压缩模

1—上模座板　2—上模板　3—加热孔　4—加料室（凹模）　5—上凸模　6—型芯　7—下凸模　8—导柱
9—下模板　10—导套　11—支承板（加热板）　12—推杆　13—垫块　14—支承钉　15—推出机构连接杆
16—推板导柱　17—推板导套　18—下模座板　19—推板　20—推杆固定板　21—侧型芯　22—承压块

2．根据模具加料室形式分类

① 溢式压缩模。溢式压缩模如图 4-5 所示。这种模具无单独的加料室，型腔本身作为加料室，型腔高度等于塑件高度。由于型芯和型腔无配合部分，故成型塑件时多余塑料（加料量一般约大于塑件重量 5%）极易溢出。图 4-5 中挤压面 B 在合模终点才密合，因此挤压面在压缩阶段仅能产生有限的阻力，这样使压缩成型塑件密度不高，强度也差。模具闭合太快会造成溢料量增加，降低致密度，但闭合太慢又会因塑料在挤压面固化而造成飞边增厚。

溢式压缩模成型的塑件飞边总是呈水平分布，除去飞边后常会影响塑件外观，加之这种模具没有延伸的加料腔，装料容积有限，故这种模具不适合压制有布质或纤维状填料的体积疏松的塑料原料。此外，由于加料量的差异，用这种模具成批生产的塑件在外形尺寸和力学性能上很难保持一致。

但是溢式压缩模结构简单，造价低廉，型芯、型腔之间无摩擦，适合于压制扁平盘形塑件，特别是对强度和尺寸无严格要求的塑件，如纽扣、装饰品等各种零件。

② 不溢式压缩模。不溢式压缩模如图 4-6 所示。这种模具的加料室在型腔上部延续，成型时的全部压力均作用在塑件上，塑料的溢出量很少。塑件会在垂直方向形成很薄的飞边，极易清除。这种模具的优点是塑件承受压力大，密实性好，机械强度高，适合压制形状复杂、壁薄、长流程、大

比容的塑件以及压制棉布、玻璃布或长纤维状填料的塑件。

不溢式压缩模的凹、凸模配合单面间隙为 0.025～0.075mm，凸模与加料室的侧壁摩擦，将不可避免地会擦伤加料室侧壁，同时，塑件推出模腔时经过有划痕的加料室也会损伤塑件外表面，并造成脱模困难，故固定式压缩模一般设有推出机构。另外加料量直接影响塑件高度尺寸，故每次加料都必须准确称量。加料稍不均衡就会造成各个型腔压力不等，从而导致一些塑件欠压。因此这种模具一般不采用多型腔设计。

③ 半溢式压缩模。半溢式压缩模如图 4-7 所示。这种模具在型腔上方设有加料室，其截面尺寸大于型腔截面尺寸，两者分界处有一环形挤压面，其宽度为 4～5mm。在工作时，型芯可以运动到与挤压面接触为止。加料时加料量不必严格控制，只需简单地按体积计量即可。每次加料略有过量，过量的原料通过配合间隙或通过型芯上开设的溢料槽排出。其塑件致密度比溢式压缩模好。每次加料仅需进行简单计量，塑件高度尺寸由型腔高度决定，且型芯不会划伤型腔内表面。

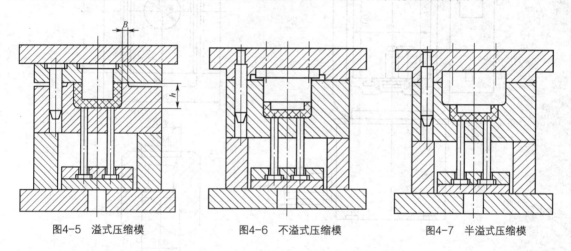

图4-5 溢式压缩模　　　　　　　图4-6 不溢式压缩模　　　　　　　图4-7 半溢式压缩模

因此，半溢式压缩模适用于压缩流动性较好的塑件以及形状较复杂的塑件，由于有挤压边缘，因而不适压缩以布片或长纤维作填料的塑件。

（三）压缩模用压力机的选用与校核

压缩成型用压力机按其传动方式可分为机械式压力机和液压机。机械式压力机常见的有螺旋式压力机，因压力不准确，噪声大，工厂已极少使用。液压机按其结构可分为上压式、下压式以及带有两个互相垂直液压缸的角式液压机和压制板材用的层压机；按动力来源可分为水压机和油压机；按机架结构又可分为柱式和框式两种。目前用来生产塑料制件的多为上压式的油压机（如图 4-8 所示）。

压力机的成型总压力、开模力、推出力、合模高度和开模行程等技术参数与压缩模设计有直接关系，所以在设计压缩模时应首先对压力机作下述几方面的计算和校核。

1. 成型压力

压制塑件时所需的压力叫做成型压力。理论成型压力可用计算法或查图法求得。由于实际成型压力受各种因素影响，所以选用压机时必须保证

$$F_压 > F_成$$

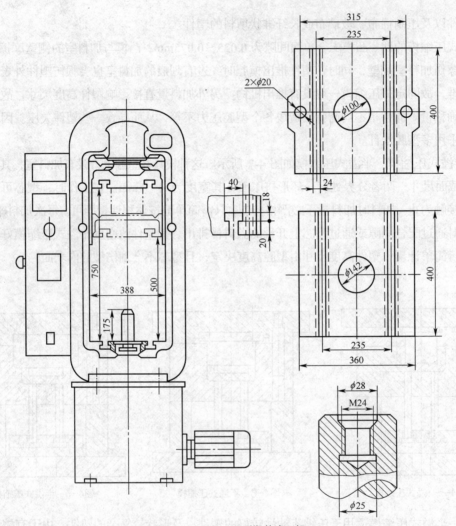

图4-8　SY71—45型塑件液压机

① 计算法确定成型总压力 $F_{成}$。

$$F_{成} = \frac{1}{1\,000} p A n K$$

$$F_{压} = F_{成} / K_1$$

式中：$F_{压}$——选定压力机的额定压力，kN；

p——根据塑件形状、型腔结构、压制工艺及使用的塑料所选用的单位面积上的压力，MPa，可查表4-3；

A——单个型腔的投影面积，mm²；对于溢式或不溢式模具，水平投影面积等于塑件最大轮廓的水平投影面积，对于半溢式模具等于加料室的水平投影面积；

n——型腔的数量；

K——压力系数，一般取 1.1～1.2；

K_1——压力机的机械效率，根据压力机的新旧程度不同而定，一般为 0.75～0.9。

表 4-3 压制成型时的单位压力 p（MPa）

塑件简图	塑件特征	粉状酚醛塑料		布基塑料	氨基塑料
		不预热	预热		
	扁平厚壁塑件	12.5～17.5	10.0～15.0	30.0～40.0	12.5～17.5
	高 20～40mm，厚壁 4～6mm 塑件	12.5～17.5	10.0～15.0	35.0～45.0	12.5～17.5
	高 20～40mm，薄壁 2～4mm 塑件	15.0～20.0	12.5～17.5	40.0～50.0	12.5～20.0
	高 40～50mm，厚壁 4～6mm 塑件	17.5～22.5	12.5～17.5	50.0～70.0	12.5～17.5
	高 40～60mm，薄壁 2～4mm 塑件	22.5～27.5	15.0～20.0	60.0～80.0	22.5～27.5
	高 60～100mm，厚壁 4～6mm 塑件	25.0～30.0	15.0～20.0	—	25.0～30.0
	薄壁、物料难充填的塑件	25.0～30.0	15.0～20.0	40.0～60.0	25.0～30.0
	高 40mm 以下，薄壁 2～4mm 塑件	25.0～30.0	15.0～20.0	—	25.0～30.0
	高 40mm 以上，厚壁 4～6mm 塑件	30.0～35.0	17.5～22.5	—	30.0～35.0
	滑轮型塑件，高度不大，有侧凹	12.5～17.5	10.0～15.0	40.0～60.0	12.5～17.5
	线轴型塑件，高度大，有侧凹	22.5～27.5	15.0～25.0	80.0～100	22.5～27.5

② 查图法确定成型总压力。

压制外形轮廓较简单的塑件时，其成型压力可以查图 4-9 和图 4-10。

2. 开模力

压缩模所需要的开模力 $F_{开}$ 可按下式计算：

$$F_{开} = KF_{成} \leqslant F_{回}$$

式中：K —— 压力系数，当塑件形状简单配合环不高时，K 取 0.1，配合环较高时，K 取 0.15，当塑件形状复杂，配合环又高时，K 取 0.2；

$F_{回}$ —— 压力机液压缸的回程力，kN。

若要保证压缩模可靠开模，必须使开模力小于压力机液压缸的回程力。另外开模力的大小与确定压缩模连接螺钉的数目及大小有关。可通过查图 4-11 确定螺钉个数、大小。

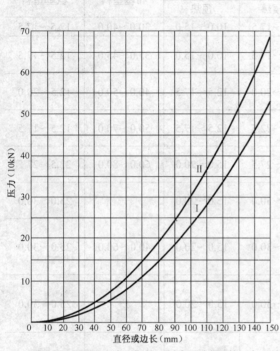

图4-9　圆形及正方形塑件压制成型时所需的压力
Ⅰ—用于圆形塑件　　Ⅱ—用于正方形塑件

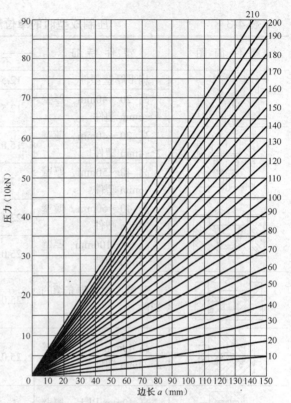

图4-10　矩形塑件压制成型时所需压力

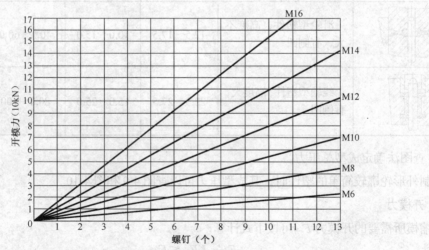

图4-11　开模力与螺钉数量的关系（螺钉材料为35钢）

3．脱模力

使塑件从模具内脱出所需要的力叫脱模力 $F_{脱}$。为此，要求压机的顶出力 $F_{顶}$ 应大于脱模力，可按下式计算：

$$F_{脱} = \frac{1}{1\,000} A_{侧} \mu_{结} \leqslant F_{顶}$$

式中：$A_侧$ —— 塑件侧面积之和，mm^2；

$\mu_结$ —— 塑件与金属的单位结合力，一般木纤维和砂物填料取 0.49MPa，玻璃纤维取 1.47MPa。

4. 模具闭合高度

压力机行程是指压力机上下工作台面之间的最大、最小开距之差，它关系到模具能否放进上下工作台面之间，并能否顺利取出塑件，从而决定了模具所允许的最大最小闭合高度。为了使模具正常工作，必须使模具的闭合高度和开模行程与压力机上下工作台之间的最大和最小开距以及压力机的工作行程相适应，如图 4-12 所示。即

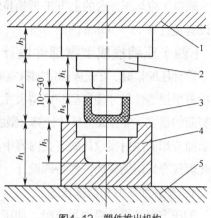

图4-12 塑件推出机构
1—上下工作台 2—凸模 3—塑件 4—凹模

$$(10\sim15)+H_{min}\leqslant H$$

$$H+L\leqslant H_{max}$$

式中：H_{min} —— 压力机上下工作台之间的最小距离；

H —— 模具闭合高度，$H=h_1+h_2$；

L —— 模具最小开模距离，$L=h_t+h_s+(10\sim30)$；

H_{max} —— 压力机上下工作台之间的最大距离；

h_1 —— 下模高度；

h_2 —— 上模高度；

h_s —— 塑件高度；

h_t —— 凸模高度。

如果 $H<H_{min}$，上下模不能闭合，模具无法工作，这时在模具与工作台之间必须加垫板，要求 H 和垫板厚度之和应大于压力机上下工作台之间的最小距离 H_{min}。

5. 推杆行程

塑件的推出一般是由压力机的推出机构（手动式、机械式和液压式）通过中间接头或拉杆等零件带动模具的推出机构来完成的。因此，压力机的推杆行程必须保证将塑件推出型腔，并应高出型腔表面 10mm 以上以便取出塑件，如图 4-12 所示，推杆行程可用下式进行计算。

$$L_d=h_3+(10\sim15)\text{ mm}\leqslant L_n$$

式中：L_d —— 压缩模需要的脱模行程，mm；

h_3 —— 塑件需推出高度；

L_n —— 压力机推顶机构的最大工作行程，mm。

6. 压力机工作台有关尺寸的校核

压缩模设计时应根据压力机工作台面规格和结构来确定模具的相应尺寸。模具的宽度尺寸应小于压力机立柱（四柱式压力机）或框架（框架式压力机）之间的净距离，使压缩模能顺利安装在压力机的工作台上，模具的最大外形尺寸不应超过压力机工作台面尺寸，同时还要注意上下工作台面上的 T 形槽的位置。模具可以直接用螺钉分别固定在上下工作台上，但模具上的固定螺钉孔（或长

槽、缺口）应与工作台的上下T形槽位置相符合。模具也可用螺钉压板压紧固定，这时上下模座板应设有宽度为15～30mm的凸台阶。

（四）压缩模成型零部件设计

设计压缩模时，首先应确定加料室的总体结构、凸凹模之间的配合形式以及成型零部件的结构，然后再根据塑件尺寸确定型腔成型尺寸，根据塑件重量和塑料品种确定加料室尺寸。有些内容，如分型面的确定、型腔成型尺寸计算、型腔底板厚度及壁厚尺寸计算、凸模的结构和加热系统设计等，在前面介绍的注射模设计的有关内容中已讲述过，这些内容同样也适用于热固性塑料压缩模的设计，因此现仅介绍压缩模的一些特殊设计。

1. 塑件加压方向的选择

加压方向是指凸模作用方向。加压方向对塑件的质量、模具结构和脱模的难易程度都有重要影响，因此在决定施压方向时应考虑下述因素。

① 便于加料。塑件大端在上时便于加料。如图4-13（a）所示加料室较窄，不利于加料；如图4-13（b）所示加料室大而浅，便于加料。

② 有利于压力传递。塑件在模具内的加压方向应使压力传递距离尽量短，以减少压力损失，并使塑件组织均匀。圆筒形塑件一般情况下应顺着其轴向施压，但对于轴线长的杆类、管类等塑件，可改垂直方向加压为水平方向加压。如图4-14（a）所示的圆筒形塑件，由于塑件过长，若从上端加压，压力损失大，则塑件底部压力小，会使底部产生疏松或角落处填充不足

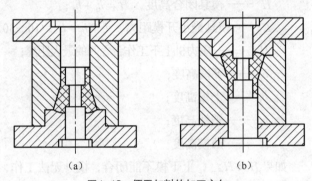

图4-13　便于加料的加压方向

的现象；若采用如图4-14（b）所示上下凸模同时加压，则塑料中部会出现疏松现象；也可以将塑件横放，采用如图4-14（c）所示的横向加压形式，这种形式不但便于加料，而且利于压力传递，但在塑件外圆上将产生两条飞边而影响外观质量。

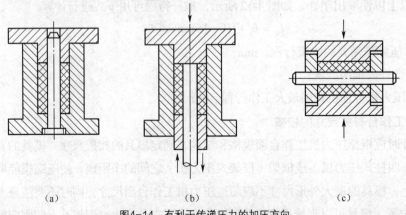

图4-14　有利于传递压力的加压方向

③ 便于安放和固定嵌件。当塑件上有嵌件时，应优先考虑将嵌件安放在下模。如将嵌件安放在上模，如图4-15（a）所示，既费事又可能使嵌件不慎落下压坏模具；如图4-15（b）所示，将嵌件安放在下模，不但操作方便，而且还可利用嵌件推出塑件而不留下推出痕迹。

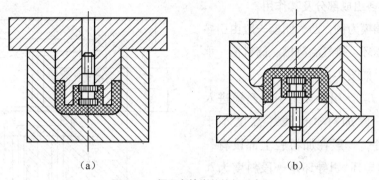

（a）　　　　　　　　　　（b）

图4-15　便于安放嵌件的加压方向

④ 便于塑料流动。加压方向与塑料流动方向一致时，有利于塑料流动。如图4-16（a）所示，型腔设在上模，凸模位于下模，加压时，塑料逆着加压方向流动，而且削弱凹模强度；而图4-16（b）中，型腔设在下模，凸模位于上模，加压方向与塑料流动方向一致，有利于塑料充满整个型腔。

⑤ 保证凸模强度。加压的上凸模受力较大，复杂的型面一般宜置于下模，使上凸模简化，有利于加工，提高寿命，有利于塑件成型，并使塑件留在下模，便于推出。如图4-17（b）所示的凸模作为加压的上凸模比图4-17（a）中的更恰当。

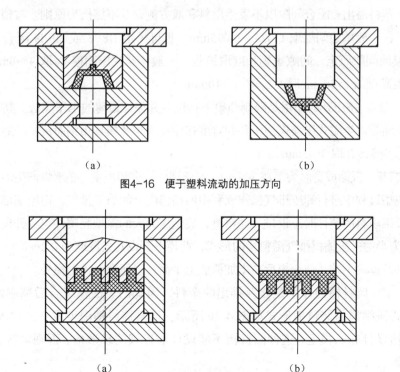

（a）　　　　　　　　　　（b）

图4-16　便于塑料流动的加压方向

（a）　　　　　　　　　　（b）

图4-17　保证凸模强度的加压方向

⑥ 保证重要尺寸的精度。沿加压方向的塑件高度尺寸不仅与加料量有关，而且还受飞边厚度变化的影响，故对塑件精度要求高的尺寸不宜与加压方向相同。

此外，设计时要注意细长型芯轴线尽量不放置在模具的侧向。

2. 凸、凹模各组成部分及其作用

以半溢式压缩模为例，凸、凹模一般由引导环、配合环、挤压环、排气溢料槽、储料槽、承压面等部分组成，如图 4-18 所示。

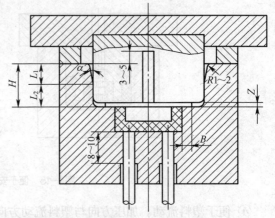

① 引导环（L_1）。引导环是引导凸模进入加料室的部分，除加料室极浅（高度小于 10mm）的凹模外，一般在加料腔上部设有一段长度为 L_1 的引导环。引导环是一段斜度为 α 的锥面，并设有圆角 R，其作用是使凸模顺利进入凹模，减少凸凹模之间的摩擦，避免在推出塑件时擦伤表面，增加模具使用寿命，减少

图4-18 压缩模凸模、凹模各部分的组成

开模阻力，并可以进行排气。移动式压缩模 α 取 $20' \sim 1°30'$，固定式压缩模 α 取 $20' \sim 1°$，圆角尺寸 R 通常取 $1 \sim 2$mm，引导环长度 L_1 取 $5 \sim 10$mm，当加料腔高度 $H \geqslant 30$mm 时，L_1 取 $10 \sim 20$mm。

② 配合环（L_2）。配合环是凸模与加料腔的配合部分，它的作用是保证凸模与凹模定位准确，排气通畅，阻止塑料溢出。配合间隙以不发生溢料和双方侧壁互不擦伤为原则。与塑件流动性及塑件尺寸大小有关，一般单边间隙取 $0.025 \sim 0.075$mm，也可采用 H8/f8 或 H9/f9 配合。配合环长度 L_2 应根据凹凸模的间隙而定，间隙小则长度取短些。一般移动式压缩模 L_2 取 $4 \sim 6$mm，固定式压缩模，若加料腔高度 $H \geqslant 30$mm 时，L_2 取 $8 \sim 10$mm。

③ 挤压环（B）。挤压环的作用是限制凸模下行位置并保证最薄的水平飞边。挤压环主要用于半溢式和溢式压缩模。半溢式压缩模挤压环的宽度按塑件大小及模具用钢而定。一般中小型模具 B 取 $2 \sim 4$mm，大型模具 B 取 $3 \sim 5$mm。

④ 排气溢料槽。压缩成型时为了减少飞边，保证塑件精度和质量，必须将产生的气体和余料排出。一般可在成型过程中进行卸压排气操作或利用凹凸模配合间隙来排气，但压缩形状复杂塑件及流动性较差的纤维填料的塑件时应设排气溢料槽，成型压力大的深型腔塑件也应开设排气溢料槽。如图 4-19 所示为半溢式压缩模排气溢料槽的形式，凸模上开设几条深度为 $0.2 \sim 0.3$mm 的凹槽。排气溢料槽应开到凸模的上端，使合模后高出加料腔上平面，以便余料排出模外。

⑤ 储料槽 Z。储料槽的作用是储存排出的余料，因此凸、凹模配合后端应留出小空间作储料槽。半溢式压缩模的储料槽形式如图 4-20 所示，通常储料槽深度取 $0.5 \sim 1.5$mm；不溢式压缩模的储料槽设计在凸模上，这种储料槽不能设计成连续的环形槽，否则余料会牢固地包在凸模上难以清理。

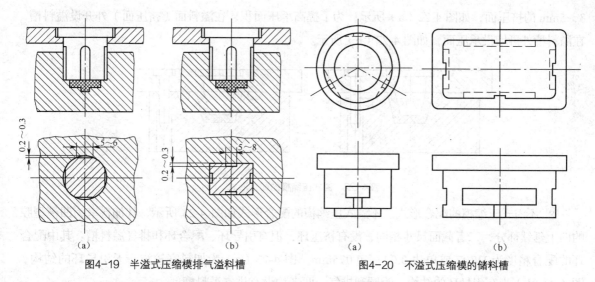

图4-19　半溢式压缩模排气溢料槽　　　图4-20　不溢式压缩模的储料槽

⑥ 承压面。承压面的作用是减轻挤压环的载荷，延长模具的使用寿命。图 4-21 是承压面结构的几种形式。图 4-21（a）是用挤压环作承压面，模具容易损坏，但飞边较薄；图 4-21（b）是由凸模台肩与凹模上端面作承压面，凸、凹模之间留有 0.03～0.05mm 的间隙，可防止挤压边变形损坏，延长模具寿命，但飞边较厚，主要用于移动式压缩模；图 4-21（c）是用承压块作挤压面，挤压边不易损坏，通过调节承压块的厚度来控制凸模进入凹模的深度或控制凸模与挤压边缘的间隙，减少飞边厚度，主要用于固定式压缩模。

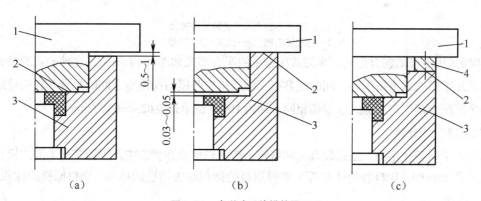

图4-21　半溢式压缩模的承压面
1—凸模　2—承压面　3—凹模　4—承压块

根据模具加料室形状的不同，承压块的形式有长条形、圆形等。承压块厚度一般为 8～10mm，承压块材料可用 T7、T8 或 45 钢，硬度为 35～40HRC。

3. 凹凸模的配合形式

① 溢式压缩模的配合形式。溢式压缩模的配合形式如图 4-22 所示，它没有加料室，仅利用凹模型腔装料，凸模和凹模没有引导环和配合环，而是依靠导柱和导套进行定位和导向，凸、凹模接触面既是分型面又是承压面。为了使飞边变薄，凹凸模接触面积不宜太大，一般设计成单边宽度为

3～5mm 的挤压面，如图 4-22（a）所示；为了提高承压面积，在溢料面（挤压面）外开设溢料槽，在溢料槽外再增设承压面，如图 4-22（b）所示。

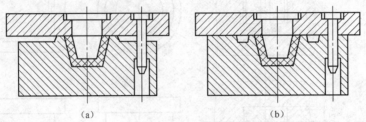

（a）　　　　　　　　　　　（b）

图4-22　溢式压缩模的配合形式

② 不溢式压缩模的配合形式。不溢式压缩模的配合形式如图 4-23 所示，其加料室为凹模型腔的向上延续部分，二者截面尺寸相同，没有挤压环，但有引导环、配合环和排气溢料槽。其中配合环的配合精度为 H8/f7 或单边 0.025～0.075mm。图 4-23（a）为加料室较浅、无引导环的结构，图 4-23（b）为有引导环的结构。为顺利排气，两者均设有排气溢料槽。

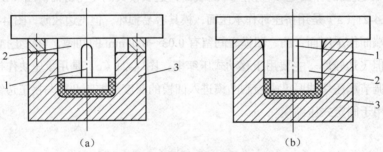

（a）　　　　　　　　　　　（b）

图4-23　不溢式压缩模的配合形式
1—排气溢料槽　2—凸模　3—凹模

③ 半溢式压缩模的配合形式。半溢式压缩模的配合形式如图 4-18 所示。这种形式的最大特点是具有溢式压缩模的水平挤压环，同时还具有不溢式压缩凸模与加料室之间的配合环和引导环。加料室与凸模的配合精度与不溢式压缩模相同，即为 H8/f7 或单边 0.025～0.075mm。

4．加料腔尺寸计算

加料腔用于填装塑压粉。溢式模具无加料腔，塑压粉堆放在型腔中。不溢式和半溢式模具在型腔以上有一段加料腔。加料腔的体积等于塑料原料的体积减去型腔的体积。塑料原料的体积 $V_{料}$ 可按下式进行计算：

$$V_{料} = V_{件}\nu(1+k) = \frac{m}{\rho}\nu(1+k)$$

式中：　$V_{件}$——塑件的体积，cm^3；

　　　　ν——塑料压缩比，见表 4-4；

　　　　K——飞边溢料重量系数，根据塑件分型面大小选取，通常取塑件净重的 5%～10%；

　　　　m——塑料质量，g；

　　　　ρ——塑料的密度，g/cm^3，见表 4-4。

表 4-4　　　　　　　　　　　　常用热固性塑料的密度和压缩比

塑 料 种 类		密度 ρ（g·cm^{-3}）	压 缩 比
酚醛塑料	木粉填充	1.34～1.45	2.00～3.00
	石棉填充	1.50～2.00	2.00～3.00
	布屑填充	1.36～1.50	3.50～5.50
	玻璃纤维填充	1.70～1.90	3.50～6.00
尿醛塑料		1.45～1.55	2.00～3.00
氨基塑料（粉状）		1.50～2.10	2.20～3.00
三聚氰氨甲醛塑料	石棉填充	1.70～1.80	3.00～4.00
	布屑填充	1.50～1.55	3.50～5.50
	玻璃纤维填充	≤2.00	3.50～6.00

加料腔断面尺寸（水平投影面）可根据模具类型确定。不溢式压缩模，加料腔断面尺寸与型腔断面尺寸相等而其变化形式则稍大于型腔断面尺寸。半溢式压缩模的加料腔由于有挤压面，加料腔断面尺寸应等于型腔断面加上挤压面，挤压边宽度为 2～5mm。当计算出加料腔体积和断面面积后即可决定加料腔高度。通常可以按下式计算：

$$H = \frac{V_{料} - V_{型}}{A} + (0.5 \sim 1.0)$$

式中：H —— 加料腔高度，cm；

　　$V_{型}$ —— 型腔体积，cm^3；

　　$V_{料}$ —— 料腔体积，cm^3；

　　A —— 加料腔断面面积，cm^2。

（五）压缩模脱模机构设计

压缩模推出脱模机构与注射模相似，常见的有推杆脱模机构、推管脱模机构、推件板脱模机构等。

1. 固定式压缩模的脱模机构

压缩模推出脱模机构按动力来源可分为气动式、机动式两种。

（1）气动式脱模

气动式脱模如图 4-24 所示，利用压缩空气直接将塑件吹出模具。当采用溢式压缩模或少数半溢式压缩模时，如果塑件对型腔的黏附力不大，则可采用气吹脱模。气吹脱模适用于薄壁壳形塑件。当薄壁壳形塑件对凸模包紧力很小或凸模斜度较大时，开模后塑件会留在凹模中，这时压缩空气吹

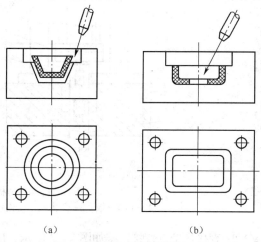

（a）　　　　　　　　（b）

图4-24　气动式脱模

入塑件与模壁之间因收缩而产生的间隙里，将使塑件升起，如图4-24（a）所示。图4-24（b）为一矩形塑件，其中心有一孔，脱模时压缩空气吹破孔内的溢边，便会钻入塑件与模壁之间，使塑件脱出。

（2）机动式脱模

机动式脱模如图4-25所示。图4-25（a）是利用压力机下工作台下方的液压顶出装置推出脱模，图4-25（b）是利用上横梁中的拉杆1随上横梁（上工作台）上升带动托板4向上移动而驱动推杆6推出脱模。

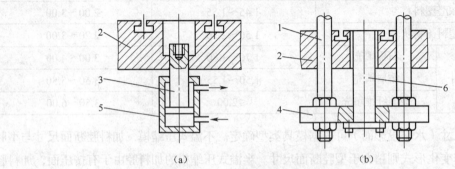

图4-25　机动式脱模
1—拉杆　2—压力机下工作台　3—活塞杆（顶杆）　4—托板　5—液压缸　6—推杆

（3）脱模机构与压力机的连接方式

压力机有的带顶出装置，有的不带顶出装置，不带顶出装置的压力机适用于移动式压缩模。

当必须采用固定式压缩模和机动顶出时，可利用压力机上的顶出装置使模具上的推出机构推出塑件。当压力机带有液压顶出装置时，液压缸的活塞杆即为压力机的顶杆。一般活塞杆上升的极限位置是其端部与下工作台上表面相平齐的位置。压力机的顶杆与压缩模脱模机构之间应有连接杆，连接方式有两种。

① 间接连接。当压力机顶杆端部上升的极限位置只能与工作台面平齐时，必须在顶杆端部旋入一适当长度的尾轴，尾轴的另一端与压缩模脱模机构无固定连接，如图4-26（a）所示；尾轴也可以反过来利用螺纹与模具推板连接，如图4-26（b）所示。这两种形式都要设计复位杆等复位机构。

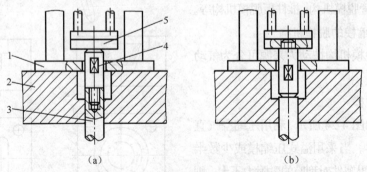

图4-26　与压力机顶杆不相连的推出机构
1—下模座板　2—压力机下工作台　3—压力机顶杆　4—尾轴　5—推板

② 直接连接。直接连接如图4-27所示，压力机的顶出机构与压缩模脱模机构通过尾轴固定连接在一起。这种方式在压力机顶出液压缸回程过程中能带动脱模机构复位，故不必再另设复位机构。

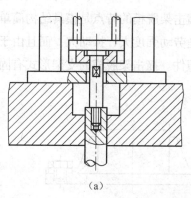
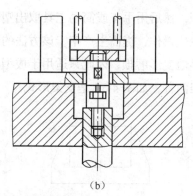

（a）   （b）

图4-27 与压力机顶杆相连的推出机构

机动脱模一般应尽量让塑件在分型后留在压力机上有顶出装置的模具一边，然后采用推出机构将塑件从模具中推出。为了保证塑件准确地留在有顶出装置的一边，在满足使用要求的前提下可适当地改变塑件的结构特征，如图 4-28 所示。为使塑件留在凹模内，如图 4-28（a）所示的薄壁件可增加凸模的脱模斜度，减少凹模的脱模斜度；有时将凹模制成轻微的反斜度（3′～5′），如图 4-28（b）所示；图 4-28（c）是在凹模型腔内开设 0.1～0.2mm 的侧凹槽，使塑件留在凹模，开模后塑件从凹模内被强制推出；为了使塑件留在凸模上，可采取与上述相反的方法，如图 4-28（d）所示是在凸模上开出环形浅凹槽，开模后塑件留在凸模上由上推杆强制脱出。

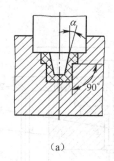
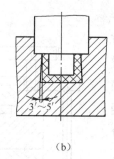
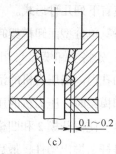
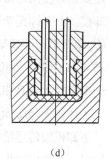

（a）   （b）   （c）   （d）

图4-28 塑件的留模方法

固定式压缩模的推出机构如图 4-4 所示，模具的脱模机构与压力机液压缸的活塞杆可采用间接连接或直接连接的方式，它的工作原理与注射模具推出机构相同，这里不再重复。

2. 半固定式、移动式压缩模脱模机构

半固定式、移动式压缩模脱模方式分为撞击架脱模和卸模架脱模两种形式。

（1）撞击架脱模

撞击架脱模如图 4-29 所示。压缩成型后，将模具移至压力机外，在特定的支架上撞击，

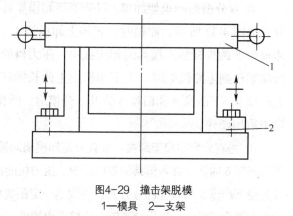

图4-29 撞击架脱模
1—模具 2—支架

使上下模分开，然后用手工或简易工具取出塑件。撞击架脱模的特点是模具结构简单，成本低，可几副模具轮流操作，提高生产率。该方法的缺点是劳动强度大，振动大，而且由于不断撞击，易使模具过早地变形磨损，因此只适用于成型小型塑件。撞击架脱模的支架形式有固定式支架和可调节式支架两种，如图4-30是支架形式。

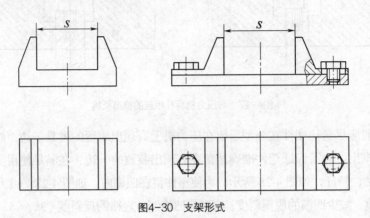

图4-30　支架形式

（2）卸模架卸模

移动式压缩模可在特制的卸模架上利用压力机的压力进行开模和卸模。这种方法可减轻劳动强度，提高模具使用寿命。对开模力不大的模具可采用单向卸模，对于开模力大的模具要采用上下卸模架卸模。上下卸模架卸模有下列几种形式。

① 单分型面卸模架卸模。单分型面卸模架卸模方式如图4-31所示。卸模时，先将上卸模架1、下卸模架5的推杆插入模具相应的孔内。当压力机的活动横梁即上工作台下降压到上卸模架时，压力机的压力通过上、下卸模架传递给模具，使得凸模2和凹模4分开，同时，下卸模架推动推杆3推出塑件，最后由人工将塑件取出。

② 双分型面卸模架卸模。双分型面卸模架卸模方式如图4-32所示。卸模时，先将上卸模架1、下卸模架5的推杆插入模具的相应孔中。压力机的活动横梁压到上卸模架时，上下卸模架上的长推杆使

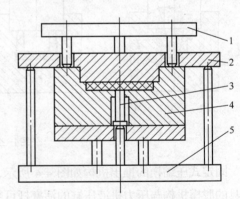

图4-31　单分型面卸模架
1—上卸模架　2—凸模　3—推杆
4—凹模　5—下卸模架

上凸模2、下凸模4和凹模3分开。分模后，凹模3留在上、下卸模架的短推杆之间，最后从凹模中取出塑件。

③ 垂直分型卸模架卸模。垂直分型卸模架卸模方式如图4-33所示。卸模时，先将上卸模架1、下卸模架6的推杆插入模具的相应孔中。压力机的活动横梁压到上卸模架时，上、下卸模架的长推杆首先使下凸模5和其他部分分开，当到达一定距离后，再使上凸模2、模套4和瓣合凹模3分开。塑件留在瓣合凹模中，最后打开瓣合凹模取出塑件。

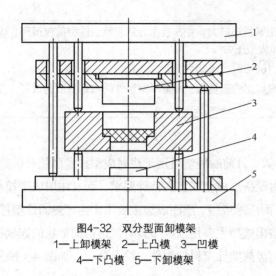

图4-32　双分型面卸模架

1—上卸模架　2—上凸模　3—凹模
4—下凸模　5—下卸模架

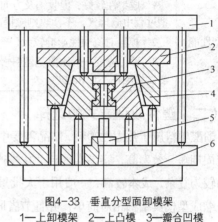

图4-33　垂直分型面卸模架

1—上卸模架　2—上凸模　3—瓣合凹模
4—模套　5—下凸模　6—下卸模架

三、任务实施

（一）分析制件材料使用性能

根据任务要求，塑料端盖选用以木粉为填料的热固性酚醛塑料（Phenol-Formaldehy，PF）。通过项目二相关知识的学习和任务训练，对 PF 的成型工艺性能有一定的了解。查表 2-2 及相关塑料模具设计资料可知以下内容。

酚醛塑料是以酚醛树脂为基础而制得的，酚醛树脂通常由酚类化合物和醛类化合物缩聚而成；酚醛树脂本身很脆，呈琥珀玻璃态，必须加入各种纤维或粉末状填料后才能获得具有一定性能要求的酚醛塑料。

将酚醛树脂和锯木粉、滑石粉（填料）等充分混合，并在混炼机中加热混炼，即得电木粉。电木具有较高的机械强度、良好的绝缘性，耐热、耐腐蚀，因此常用于制造电器材料，"电木"由此而得名。

酚醛塑料与一般热塑性塑料相比，刚性好，变形小，耐热耐磨，绝缘性、耐热性、耐蚀性也都很好。能在 150℃~200℃的温度范围内长期使用。在水润滑条件下，有极低的摩擦系数，其电绝缘性能优良。缺点是质脆，冲击强度差，不耐碱。酚醛塑料广泛用于制作各种电信器材和电木制品，如线圈架、接线板、电动工具外壳、风扇叶子、耐酸泵叶轮、齿轮、插头、开关、电话机、仪表盒等。在日用工业中可作各种用具，但注意不宜作装食物的器皿。将酚醛塑料的性能特点归类可得表 4-5 内容。

表 4-5　　　　　　　　　　　　　原材料酚醛塑料性能分析

物料性能	酚醛塑料是一种硬而脆的热固性塑料，俗称电木粉。机械强度高，坚韧耐磨，尺寸稳定，耐腐蚀，电绝缘性能优异。密度：1.5~2.0g/cm³；成型收缩率：0.5%~1.0%；成型温度：150℃~170℃ 适于制作电器、仪表的绝缘机构件，可在湿热条件下使用

续表

成型性能	1. 成型性较好，但收缩及方向性一般比氨基塑料大，并含有水分挥发物。成型前应预热，成型过程中应排气，不预热则应提高模温和成型压力 2. 模温对流动性影响较大，一般超过160℃时，流动性会迅速下降 3. 硬化速度一般比氨基塑料慢，硬化时放出的热量大。大型厚壁塑件的内部温度易过高，容易发生硬化不均和过热

（二）塑件成型方式的选择

酚醛塑料属于热固性塑料，制品需要中批量生产。目前酚醛塑料用于注射成型技术已相对成熟，生产周期短、效率高，容易实现自动化生产，但对设备、成型工艺有特殊要求，而且注射成型模具结构较为复杂，成本较高，一般用于大批量生产。而压缩成型、压注成型主要用于生产热固性塑料，且压缩成型模具结构相对简单，并且节省原料；挤出成型主要用以成型具有恒定截面形状的连续型材；气动成型用于生产中空的塑料瓶、罐、盒、箱类热塑性塑料的制件。综上分析，如图4-1所示端盖塑件应选择压缩成型工艺生产。

（三）成型工艺过程及工艺参数

一个完整的压缩成型工艺过程包括成型前准备、压缩过程及塑件的后处理3个过程。

1. 压缩成型前的准备

酚醛塑料含有水分挥发物，在成型前应对塑料进行预热，以便对压缩模提供具有一定温度的热料，使塑料在模内受热均匀，缩短模压成型周期；同时对塑料进行干燥，防止塑料中带有过多的水分和低分子挥发物，确保塑料制件的成型质量。选用设备是烘箱，温度100℃～125℃，时间10～20min。

2. 压缩成型过程

模具装上压力机后要进行预热。热固性塑料的压缩过程一般可分为加料、合模、排气、固化和脱模等几个阶段。加料采用操作简便的容积法，用带有容积标度的容器向模具内加料。加料完成后进行合模，当凸模尚未接触物料之前，应尽量使闭模速度加快，以缩短模塑周期、防止塑料过早固化和过多降解。而在凸模接触物料以后，合模速度应放慢，避免模具中嵌件和成型杆件的位移和损坏，合模时间一般为几秒至几十秒不等。排气的次数和时间初步确定为2～3次，每次时间为5～10s，在生产过程中调整。酚醛塑料硬化速度为0.8～1.0min/mm，而塑件平均壁厚为6mm，所以固化时间初步选定为5～6min。

3. 压后处理

塑件脱模以后的后处理主要是指退火处理，主要作用是消除应力，提高稳定性，减少塑件的变形与开裂，进一步交联固化，可以提高塑件电性能和力学性能。酚醛塑料退火温度80℃～100℃，保温时间4～24h。

结合上述分析，查表4-1、表4-2确定塑料压缩工艺参数，端盖塑件压缩成型工艺参数如表4-6所示。

表4-6　　　　　端盖压缩成型工艺

预热条件		模塑条件			压后处理	
温度（℃）	时间（min）	温度（℃）	压力（MPa）	固化时间（min）	退火温度（℃）	保温时间（h）
100～125	10～20	160～170	25～40	5～6	80～100	4～24

（四）分析塑件结构工艺性

该工件外形简单，为扁圆形结构，平均厚度 6mm，所有尺寸均为无公差要求的自由尺寸，材料为酚醛塑料，便于进行压制成型。

（五）压缩模用压力机的选用

1．成型压力

根据表 4-1，塑件为扁平厚壁塑件，结构较为简单，压制成型时的单位压力取 P 为 15MPa；所设计的模具为单型腔模具，$n=1$；压力系数取为 $K=1.2$。则成型压力为

$$F_{成} = \frac{1}{1\,000} pAnK = \frac{1}{1\,000} \times \frac{1}{4} \pi d^2 pnK = \frac{1}{1\,000} \times \frac{1}{4} \times 3.14 \times 60^2 \times 15 \times 1 \times 1.2 = 50.868\,(\text{kN})$$

2．开模力

开模力的压力系数 K，取 0.15，则

$$F_{开} = KF_{成} = 0.15 \times 50.868 = 7.63\,(\text{kN})$$

3．脱模力

塑件侧面积之和近似为

$$A_{侧} = \pi d_1 h_1 + \pi d_2 h_2 = 3.14 \times 60 \times 22 + 3.14 \times 48 \times 18 = 6\,858\,(\text{mm}^2)$$

塑件与金属的单位结合力取 0.5MPa，则脱模力为

$$F_{脱} = \frac{1}{1\,000} A_{侧} F_{结} = \frac{1}{1\,000} \times 6\,858 \times 0.5 = 3.429\,(\text{kN})$$

4．压力机选择

根据成型压力、开模力和脱模力的大小，可以选择型号为 Y32 — 50 的压力机，为上压式、下顶出、框架结构，公称压力 500 kN，工作台最大开距 600 mm，工作台最小开距 200 mm，推杆最大行程 150 mm。

（六）设计方案确定

因为不带嵌件，可以采用固定式压注模具，下顶杆推出，这样开模、闭模、推出等工序均在机内进行，生产率较高，操作简单，劳动强度小。

加料腔结构采用单型腔半溢式结构，形状简单，易于加工。

加压方向采用上压式，分型面采用水平分型面。

侧孔由侧向型芯成型，端面盲孔由固定于下凸模上的型芯成型。

模具总体结构如图 4-4 所示。

（七）工艺计算及主要零部件设计

1．加料腔的尺寸计算

加料腔结构采用单型腔半溢式结构，挤压边宽度取 5mm，则加料腔直径为

$$d = 60 + 2 \times 5 = 70\,\text{mm}$$

根据塑件尺寸，计算塑件体积得：$V_{件} = 35.51\,\text{cm}^3$

由表 4-4 查得以木粉为填料的热固性酚醛塑料参数：$\rho = 1.34 \sim 1.45\,\text{g/cm}^3$，$\nu = 2.00 \sim 3.00$。

$$V_料 = V_件 \nu(1+k)=35.51×2.5×(1+0.1)=97.7(\text{cm}^3)$$

则加料腔高度为

$$H = \frac{V_料 - V_型}{A} + (0.5\sim1.0) = \frac{97.7-35.51}{3.14×\frac{1}{4}(6+0.5×2)^2} + (0.5\sim1.0) = 2.1\sim2.6\ (\text{cm})$$

此处加料腔高度取为 H = 25mm。

2．成型零件成型尺寸的计算

压缩模具零件成型尺寸计算方法与注射模成型零件计算相同（具体参考项目三相关内容）。

3．导向机构设计

导向机构采用导柱和导套构成，3 个直径相同的导柱通过加热板固定于上模板，导套安装于模套上，使凸、凹模准确合模、导向和承受侧压力。

4．开模和推出机构设计

此套模具属于固定式模具，根据塑件结构形状，把塑件留在下模，采用下推出机构。下推出机构使用可靠，结构简单，应用很广。

5．抽芯机构设计

该塑件批量不大，采用手动抽芯机构，这样模具结构简单可靠，但劳动强度大，效率低。

6．模具加热系统设计

压缩模具加热系统与注射模加热系统方法相同。

（八）模具总装图和零件图绘制

在模具的总体结构及相应的零部件结构形式确定后，便可以绘制模具的总装图和零件图。首先绘制模具的总装图（参见图 4-4），要清楚地表达各零件之间的装配关系以及固定连接方式，然后根据总装图拆绘零件图，绘制出所有非标准件的零件图。具体图形略。

（九）模具与压力机适应性校核

模具图设计完毕后，必须对总装图和零件图进行校核。校核内容主要包括模具总体结构是否合理，装配的难易程度，选用的压力机是否合适，模具的闭合高度是否合适，导向方式、定位方式及卸料方式是否合理，零件结构是否合理，视图表达是否正确，尺寸标注是否完整、正确，材料选用是否合适等。

习题与思考

1．溢式、不溢式、半溢式压缩模在模具的结构、压缩产品的性能及塑料原材料的适应性方面各有什么特点与要求？

2．绘出溢式、不溢式、半溢式的凸模与加料室的配合结构简图，并标出典型的结构尺寸与配合精度。

3. 压缩模加料室的高度是如何计算的?

4. 固定式压缩模的脱模机构与压力机辅助液压缸活塞杆的连接方式有哪几种?

设计压注成型模具

【能力目标】

1. 能读懂压注模的典型结构图和工作原理。

2. 具有确定压注成型工艺参数和设计简单压注模具的能力。

3. 能够正确计算压注模成型零件工作尺寸及加料腔尺寸。

4. 能区分各类压注成型设备。

【知识目标】

1. 掌握压注模的结构特点、应用场合。

2. 了解合理选择压注成型工艺参数的意义。

3. 掌握压力机有关工艺参数的校核。

4. 掌握压注模的设计要点。

5. 了解压注成型设备工作原理、规格。

一、任务引入

压注成型又称传递成型,它是在压缩成型基础上发展起来的一种热固性塑料成型方法。压注成型原理与压缩成型略有区别。压注模设有单独的加料室,通过浇注系统与型腔相连。

【案例6】 某企业计划大批量生产圆形塑料罩壳(如图 4-34 所示),选用以木粉为填料的热固性酚醛塑料制成,要求具有优良的电气性能和较高的机械强度、中等精度。试为其设计一套生产用模具。

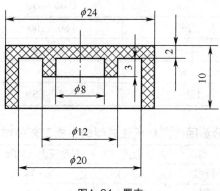

图4-34 罩壳

二、相关知识

（一）压注成型的工艺参数

压注成型的主要工艺参数包括成型压力、成型温度和成型时间等，它们均与塑料品种、模具结构、塑件的复杂程度等因素有关。

1. 压注成型压力

压注成型压力是指压力机通过压柱或柱塞对加料室内熔体施加的压力。由于熔体通过浇注系统时会有压力损失，故压注时的成型压力一般为压缩成型时的2～3倍。酚醛塑料粉和氨基塑料粉的成型压力通常为50～80MPa，纤维填料的塑料为80～160MPa，环氧树脂、硅酮等低压封装塑料为2～10MPa。

2. 压注成型温度

压注成型温度包括加料室内的物料温度和模具本身的温度。为了保证物料具有良好的流动性，料温必须适当地低于交联温度10℃～20℃。由于塑料通过浇注系统时又吸收一部分热量，故加料室和模具的温度可低一些。压注成型的模具温度通常比压缩成型的模具温度低15℃～30℃，一般为130℃～190℃。

3. 压注成型时间

压注成型时间包括加料时间、充模时间、交联固化时间、脱模取出塑件时间和清模时间等。压注成型的充模时间通常为5～50s，保压时间与压缩成型相比可短些，这是因为经浇注系统进入型腔的物料温度均匀，且高速流过浇注系统的塑料温度会更高，塑料在型腔中固化需要时间更短所致。

压注成型要求塑料在未达到硬化温度以前应具有较大的流动性，而达到硬化温度后，又要具有较快的硬化速度。常用压注成型的材料有酚醛塑料、三聚氰胺和环氧树脂等塑料。表4-7是酚醛塑料压注成型的主要工艺参数，部分热固性塑料压注成型的主要工艺参数见表4-8。

表4-7　　　　　　　　　酚醛塑料压注成型的主要工艺参数

模具工艺参数	罐　　式		柱　塞　式
	未预热	高频预热	高频预热
预热温度（℃）	—	100～110	100～110
成型压力（MPa）	160	80～100	80～100
充模时间（min）	4～5	1～1.5	0.25～0.33
固化时间（min）	8	3	3
成型周期（min）	12～13	4～4.5	3.5

表4-8　　　　　　　　部分热固性塑料压注成型的主要工艺参数

塑　　料	填　　料	成型温度（℃）	成型压力（MPa）	压缩率	成型收缩率
环氧双酚A塑料	玻璃纤维	138～193	7～34	3.0～7.0	0.001～0.008
	矿物填料	121～193	0.7～21	2.0～3.0	0.001～0.002

续表

塑 料	填 料	成型温度（℃）	成型压力（MPa）	压缩率	成型收缩率
环氧酚醛塑料	矿物和玻纤	121～193	1.7～21	—	0.004～0.008
	矿物和玻纤	190～196	2～17.2	1.5～2.5	0.003～0.006
	玻璃纤维	143～165	17～34	6～7	0.002
三聚氰胺	纤维素	149	55～138	2.1～3.1	0.005～0.15
酚醛	织物和回收料	149～182	13.8～138	1.0～1.5	0.003～0.009
聚脂（BMC、TMC[①]）	玻璃纤维	138～160			0.004～0.005
聚酯（BMC、TMC）	导电护套料[②]	138～160	3.4～1.4	1.0	0.000 2～0.001
聚酯（BMC）	导电护套料	138～160			0.000 5～0.004
醇酸树脂	矿物质	160～182	13.8～138	1.8～2.5	0.003～0.003
聚酰亚胺	50%玻纤	199	20.7～69		0.002
脲醛塑料	α—纤维素	132～182	13.8～138	2.2～3.0	0.006～0.014

注：① TMC 指黏稠状模塑料；

② 在聚酯中添加导电性填料和增强材料的电子材料，用于工业用护套料。

（二）压注模分类及应用

1. 按固定方式分类

按模具在压力机上的固定形式可分为移动式压注模和固定式压注模。

① 移动式压注模。移动式压注模结构如图 4-35 所示，加料室与模具本体可分离。工作时，模具闭合后放上加料室 2，将塑料加入到加料室后把压柱放入其中，然后把模具推入压力机的工作台加热，接着利用压力机的压力，

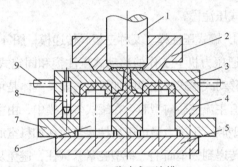

图4-35 移动式压注模
1—压柱 2—加料室 3—凹模板 4—下模板 5—下模座板
6—凸模 7—凸模固定板 8—导柱 9—手柄

将塑化好的物料通过浇注系统高速挤入型腔，硬化定型后，取下加料室和压柱，用手工或专用工具（卸模架）将塑件取出。

② 固定式压注模。如图 4-36 所示是固定式压注模，工作时，上模部分和下模部分分别固定在压力机的上工作台和下工作台，分型和脱模随着压力机液压缸的动作自动进行。加料室在模具的内部，与模具不能分离，在普通的压力机上就可以成型。塑化后合模，压力机上工作台带动上模座板使压柱 4 下移，将熔料通过浇注系统压入型腔后硬化定型。开模时，压柱随上模座板向上移动，A 分型面分型，加料室敞开，压柱把浇注系统的凝料从浇口套中拉出，当上模座板上升到一定高度时，拉杆 16 上的螺母迫使拉钩 17 转动，使其与下模部分脱开，接着定距导柱 15 起作用，使 B 分型面分型，最后压力机下部的液压顶出缸开始工作，顶动推出机构将塑件推出模外，然后再将塑料加入到加料室内进行下一次的压注成型。

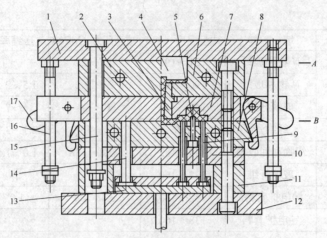

图4-36　固定式压注模

1—上模座板　2—加热孔　3—浇口套　4—压柱　5—型芯　6—加料室　7—上模板　8—下模板　9—推杆
10—支承板　11—垫块　12—下模座板　13—推板　14—复位杆　15—定距导柱　16—拉杆　17—拉钩

2．根据模具加料室形式分类

压注模按加料室的机构特征可分为罐式压注模、活板式压注模和柱塞式压注模。

① 罐式压注模。又称三板式传递模，图4-35、图4-36 所介绍的在普通压力机上工作的移动式压注模和固定式压注模都是罐式压注模。移动式罐式压注模的加料室与模具本体是可以分离的。在加料室下方有主流道通向型腔，在罐式多腔模中，由主流道再经分流道浇口通向型腔。压注力通过压料柱塞作用在加料室底上，然后再通过上模将力传递到分型面上，将型腔紧紧锁住，避免从型腔分型面上溢料，因此要求作用在加料室底部的总压力（锁模力）必须大于型腔内压力所产生的将分型面顶开的力。无论是移动式还是固定式的罐式压注模，都可以在普通压机上压注，对设备无特殊要求，所以被广泛采用。

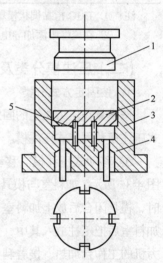

图4-37　活板式压注模
1—压柱　2—活板　3—凹模
4—顶杆　5—嵌件

② 活板式压注模。模具的加料室和型腔之间通过活板分开，活板以上为加料室，活板以下为型腔，流道浇口开设在活板边缘，如图 4-37 所示。这种模具结构简单，通常适用于手工操作（移动式），在普通压力机上进行压注，多用于生产中、小型制件，特别适用于嵌件两端都伸出制品表面的制件，这时嵌件的一端固定在凹模底部的孔中，另一端固定于活板上。

当制件在型腔内硬化定型后，通过顶杆将制件连同活板一道顶出，随后清理活板及残留在活板上部的硬化废料后装回模具。为提高生产率，每副模具可制作两块活板轮流使用。

③ 柱塞式压注模。柱塞式压注模用专用压力机成型，与罐式压注模相比，柱塞式压注模没有主流道，成型时，柱塞所施加的挤压力对模具不起锁模的作用，锁模靠机械结构或专用的压力机实现，专用压力机有主液压缸（锁模）和辅助液压缸（成型）两个液压缸，主液缸起锁

模作用，辅助液压缸起压注成型作用。此类模具既可以是单型腔，也可以一模多腔。

如图4-38所示为压注齿轮的模具，它能像压缩模一样得到完全无浇道的制品，与压缩模的区别是加料室截面小于制品截面。此处压注模的锁紧是靠螺纹连接来完成的，因此可在普通压力机上压注。

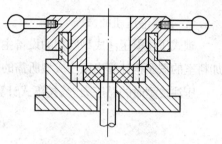

图4-38 单型腔柱塞式压注模

多型腔柱塞式压注模，采用很短的浇道进入型腔，如图4-39所示。压力机的锁模液压缸在压力机的下方，自下而上合模；辅助液压缸在压力机的上方，自上而下将物料挤入模腔。合模加料后，当加入加料室内的塑料受热成熔融状态时，压力机辅助液压缸工作，柱塞将熔融物料挤入型腔，固化成型后，辅助液压缸带动柱塞上移，锁模液压缸带动下工作台将模具分型开模，塑件与浇注系统凝料留在下模，推出机构将塑件从型芯4、凹模镶块5上推出。此结构成型所需的挤压力小，成型质量好。

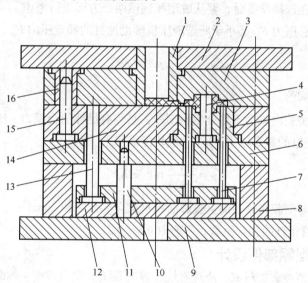

图4-39 多型腔柱塞式压注模
1—加料室 2—上模座板 3—上模板 4—型芯 5—凹模镶块 6—支承板 7—推杆 8—垫块 9—下模座板
10—推板导柱 11—推杆固定板 12—推板 13—复位杆 14—下模板 15—导柱 16—导套

柱塞式压注模不但可以采用较低的总压力进行压注，而且消除了主流道废料，因此降低了原料损耗。对于单腔模来讲，由于塑料不通过狭小的流道，可用来压注流动性很差的塑料，如碎屑状塑料等。与罐式压注模相比，少一个分型面，制品、分流道以及残留在加料室中的废料是作为一个整体从塑模中脱出的，生产率较高。

（三）压注模用压力机的选用

压注模必须装配在液压机上才能进行压注成型生产，设计模具时必须了解液压机的技术规范和使用性能，才能使模具顺利地安装在设备上。选择液压机时应从以下几方面进行工艺参数的校核。

1. 普通液压机的选择

罐式压注模压注成型所用的设备主要是塑料成型用液压机。选择液压机时，要根据所用塑料及加料室的截面积计算出压注成型所需的总压力，然后再选择液压机。

压注成型时的总压力 $F_成$ 按下式计算：

$$F_成 = \frac{1}{1\,000}pA \leqslant KF_压$$

式中：p——压注成型时所需的成型压力，单位 MPa，按表 4-8 选择；

　　A——加料室的截面积，mm^2；

　　K——液压机的折旧系数，一般取 0.6～0.8；

　　$F_压$——液压机的额定压力，kN。

2. 专用液压机的选择

柱塞式压注模成型时，若用专用的液压机，专用液压机有主液压缸（锁模）和辅助液压缸（成型）两个液压缸，因此在选择设备时，要从成型和锁模两个方面进行考虑。

压注成型时所需的总压力 $F_成$ 要小于所选液压机辅助油缸的额定压力 $F'_辅$，即

$$F_成 = \frac{1}{1\,000}pA \leqslant KF'_辅$$

式中其余符号含义同前。

锁模时，为了保证型腔内压力不将分型面顶开，必须有足够的合模力，压注成型所需的锁模力 $F_锁$ 应小于液压机主液压缸的额定压力 $F'_主$（一般均能满足），即

$$F_锁 = \frac{1}{1\,000}pA_1 \leqslant KF'_主$$

式中：A_1——浇注系统与型腔在分型面上投影面积不重合部分之和，mm^2；

　　K——液压机主液压缸的损耗系数，一般取 0.6～0.8。

（四）压注模成型零部件设计

压注模的结构包括型腔、加料室、浇注系统、导向系统、推出系统、侧向抽芯机构、加热系统等。压注模的结构设计原则与注射模、压缩模基本是相似的。设计时可以参照上述两类模具的设计方法进行设计，这里仅介绍压注模特有的结构设计。

1. 加料室的结构设计

压注模与注射模不同之处在于它有加料室，压注成型之前塑料必须加入到加料室内进行预热、加压，才能压注成型。由于压注模的结构不同，加料室的形式也不相同。压注模加料室截面大多为圆形，也有矩形及椭圆形结构，主要取决于模腔结构及数量。加料室的定位及固定形式取决于所选设备。

① 移动式压注模加料室。移动压注模的加料室可单独取下，有一定的通用性，其结构如图 4-40 所示。它是一种比较常见的结构，加料室的底部为一带有 40°～45° 斜角的台阶。当压柱向加料室内的塑料施压时，压力也同时作用在台阶上，使加料室与模具的模板贴紧，防止塑料从加料室的底部溢出，能防止溢料飞边的产生。加料室在模具上的定位方式有以下几种，如图 4-40（a）所示，加料室与模板之间没有定位，加料室的下表面和模板的上表面均为平面，这种结构的特点是制造简单，清理

方便，适用于小批量生产；如图 4-40（b）所示为用定位销定位的加料室，定位销采用过渡配合，可以固定在模板上，也可以固定在加料室上，定位销与配合端采用间隙配合，此结构的加料室与模板能精确配合，缺点是拆卸和清理不方便；如图 4-40（c）所示采用 4 个圆柱销定位，圆柱销与加料室的配合间隙较大，此结构的特点是制造和使用都比较方便；如图 4-40（d）所示采用在模板上加工出一个 4~6mm 的凸台，与加料室进行配合，其特点是既可以准确定位又可防止溢料，应用比较广泛。

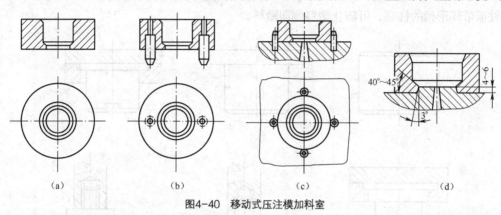

（a） （b） （c） （d）

图4-40 移动式压注模加料室

② 固定式压注模加料室。固定式罐式压注模的加料室与上模连成一体，如图 4-36 所示。在加料室的底部开设浇注系统的流道通向型腔。由于罐式压注模在没有专门锁模油缸的普通压力机上操作，作用在加料室底部的总压力担负着锁模的作用，为此加料室需要较大的横截面积，加料室直径往往大于其高度。当加料室和上模分别在两块模板上加工时，应设置浇口套。

柱塞式压注模加料室断面为圆形，由于采用专用液压机，而液压机上有锁模液压缸，所以加料室的截面尺寸与锁模无关，加料室的截面尺寸较小，高度较大。图 4-41 为柱塞式压注模加料室在模具上的几种固定方法，分别为如图 4-41（a）所示的用螺母锁紧，如图 4-41（b）所示的轴肩连接和图 4-41（c）所示的对剖的两个半环锁紧。

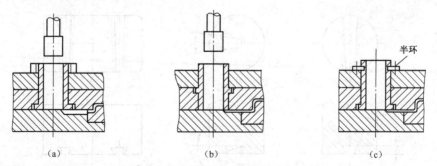

（a） （b） （c）

图4-41 柱塞式压注模加料室的固定方式

加料室的材料一般选用 T8A、T10A、CrWMn、Cr12 等材料制造，热处理硬度为 52~56HRC，加料室内腔应抛光镀铬，表面粗糙度 R_a 低于 0.4 μm。

2．压柱的结构

压柱的作用是将塑料从加料室中压入型腔，常见的移动式压注模的压柱结构形式如图 4-42（a）所示，其顶部与底部是带倒角的圆柱形，结构十分简单。图 4-42（b）为带凸缘结构的压柱，承压面积大，压注时平稳，既可用于移动式压注模，又可用于普通的固定式压注模。图 4-42（c）和图 4-42（d）为组合式压柱，用于普通的固定式压注模，以便固定在液压机上，模板的面积大时，常用这种结构。图 4-42（d）为带环形槽的压柱，在压注成型时环型槽被溢出的塑料充满并固化在槽中，可以防止塑料从间隙中溢料，工作时起活塞环的作用，头部的球形凹面有使料流集中的作用。图 4-42（e）和图 4-42（f）所示为柱塞式压注模压柱（称为柱塞）的结构，前者为柱塞的一般形式，后者为柱面带环形槽的柱塞，可防止塑料侧面溢料。

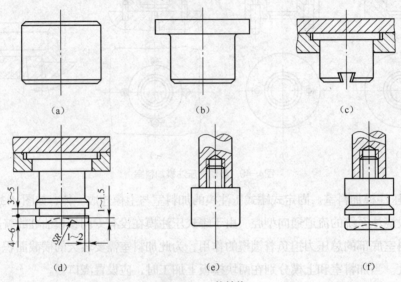

图4-42　压柱结构

如图 4-43 所示为头部带有楔形沟槽的压柱，用于倒锥形主流道，成型后可以拉出主流道凝料。图 4-43（a）用于直径较小的压柱或柱塞；图 4-43（b）用于直径大于 75mm 的压柱或柱塞；图 4-43（c）用于拉出几个主流道凝料的方形加料室的场合。

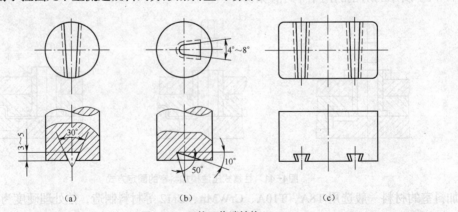

图4-43　压柱工作端结构

压柱或柱塞是承受压力的主要零件，压柱材料的选择和热处理要求与加料室相同。

3．加料室与压柱的配合

加料室与压柱的配合关系如图 4-44 所示。加料室与压柱的配合通常取 H9/f9，或采用 0.05～0.1mm

的单边间隙配合。压柱的高度 H_1 应比加料室的高度 H 小 $0.5\sim1mm$，避免压柱直接压到加料室上。加料室与定位凸台的配合高度之差为 $0\sim0.1mm$，加料腔底部倾角 $\alpha = 40°\sim45°$。加料室经验尺寸见表 4-9，柱塞尺寸见表 4-10，定位凸台尺寸见表 4-11。

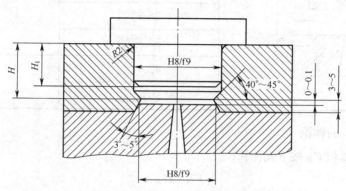

图4-44　加料室与柱塞的配合关系

4．加料室尺寸计算

加料室的尺寸计算包括截面积尺寸和高度尺寸计算。加料室的形式不同，尺寸计算方法也不同。加料室分为罐式和柱塞式两种形式。

表 4-9　　　　　　　　　　加料室经验尺寸　　　　　　　　　　（mm）

简　图	D	d	d_1	h	H
	100	$30^{+0.052}_{0}$	$24^{+0.033}_{0}$	$3^{+0.05}_{0}$	30 ± 0.2
		$35^{+0.062}_{0}$	$28^{+0.033}_{0}$		35 ± 0.2
		$40^{+0.062}_{0}$	$32^{+0.039}_{0}$		40 ± 0.2
	120	$50^{+0.074}_{0}$	$42^{+0.039}_{0}$	$4^{+0.05}_{0}$	40 ± 0.2
		$60^{+0.074}_{0}$	$50^{+0.039}_{0}$		40 ± 0.2

表 4-10　　　　　　　　　　柱塞尺寸　　　　　　　　　　（mm）

简　图	D	d	d_1	h	H
	100	$30^{-0.020}_{-0.072}$	$23^{0}_{-0.1}$	20	26.5 ± 0.1
		$35^{-0.025}_{-0.087}$	$27^{0}_{-0.1}$		31.5 ± 0.1
		$40^{-0.025}_{-0.087}$	$31^{0}_{-0.1}$		36.5 ± 0.1
	120	$50^{-0.030}_{-0.104}$	$41^{0}_{-0.1}$	25	35.5 ± 0.1
		$60^{-0.030}_{-0.104}$	$49^{0}_{-0.1}$		35.5 ± 0.1

表 4-11　　　　　　　　　　　定位凸台尺寸　　　　　　　　　　（mm）

简　图	d	h
	$24.3_{-0.053}^{-0.023}$	$3_{-0.25}^{0}$
	$28.3_{-0.053}^{-0.023}$	
	$32.3_{-0.064}^{-0.025}$	
	$42.4_{-0.064}^{-0.025}$	$4_{-0.25}^{0}$
	$50.4_{-0.064}^{-0.025}$	

（1）塑料原材料的体积

塑料原材料的体积 $V_料$ 按下式计算：

$$V_料 = kV_s$$

式中：k——塑料的压缩比，见表 4-4；

V_s——塑件的体积，mm^3。

（2）加料室截面积

① 罐式压注模加料室截面尺寸计算。压注模加料室截面尺寸的计算从加热面积和锁模力两个方面考虑。

从塑料加热面积考虑，加料腔的加热面积取决于加料量。根据经验，每克未经预热的热固性塑料约需 $140mm^2$ 的加热面积，加料室总表面积为加料室内腔投影面积的 2 倍与加料室装料部分侧壁面积之和。由于罐式加料室的高度较低，可将侧壁面积略去不计，因此，加料室截面积为所需加热面积的一半，即

$$A = 70M$$

式中：A——加料室的截面积，mm^2；

M——成型塑件所需加料量，g。

从锁模力角度考虑，罐式压注模要求作用在加料室底部的总压力（锁模力）必须大于型腔内压力所产生的将分型面顶开的力。成型时为了保证型腔分型面密合，不发生因型腔内塑料熔体成型压力将分型面顶开而产生溢料的现象，加料室的截面积必须比浇注系统与型腔在分型面上投影面积之和大 1.10~1.25 倍，即

$$A = (1.10 \sim 1.25)A_1$$

式中：A——加料室的截面积，mm^2；

A_1——浇注系统与型腔在分型面上投影面积不重合部分之和，mm^2。

从以上分析可知，罐式压注模加料室截面面积要满足上述两个条件。

② 柱塞式压注模加料室截面尺寸计算。柱塞式压注模的加料室截面积与成型压力及辅助液压缸额定压力 F_n 有关，即

$$A \leqslant KF_n / p$$

式中：p——压注成型时所需的成型压力，MPa，按表 4-7、表 4-8 选择；

A ——加料室的截面积，mm^2；

K ——系数，取 $0.70\sim0.80$。

（3）加料室的高度尺寸

加料室的高度 H 按下式计算：

$$H = V_{料} / A + (10\sim15)$$

式中符号含义同前。

（五）压注模浇注系统与排溢系统设计

1. 浇注系统设计

压注模浇注系统与注射模浇注系统相似，也是由主流道、分流道及浇口几部分组成。但二者也有不同之处。在注射模成型过程中，希望熔体与流道的热交换越少越好，压力损失要少；但压注模成型过程中，为了使塑料在型腔中的硬化速度加快，反而希望塑料与流道有一定的热交换，使塑料熔体的温度升高，进一步塑化，以理想的状态进入型腔。如图 4-45 所示为压注模的典型浇注系统。

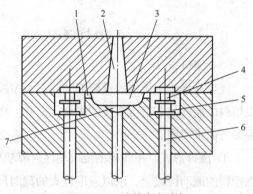

图4-45　压注模浇注系统
1—浇口　2—主流道　3—分流道　4—嵌件
5—型腔　6—推杆　7—冷料穴

浇注系统设计时要注意浇注系统的流道应光滑、平直，减少弯折，流道总长要满足塑料流动性的要求；主流道应位于模具的压力中心，保证型腔受力均匀，多型腔的模具要对称布置；分流道设计时，要有利于使塑料加热，增大摩擦热，使塑料升温；浇口的设计应使塑件美观，清除方便。

（1）主流道

主流道的截面形状一般为圆形，有正圆锥形主流道和倒圆锥形主流道两种形式，如图 4-46 所示。图 4-46（a）所示为正圆锥形主流道，主流道的对面可设置拉料钩，将主流道凝料拉出。由于热固性塑料塑性差，截面尺寸不宜太小，否则会使料流的阻力增大，不容易充满型腔，造成欠压。正圆锥形主流道常用于多型腔模具，有时也设计成直接浇口的形式，用于流动性较差的塑料。主流道有 $6°\sim10°$ 的锥度，与分流道的连接处应有半径为 2mm 以上的圆弧过渡。图 4-46（b）所示为倒圆锥形主流道，它常与端面带楔形槽的压柱配合使用，开模时，主流道与加料室中的残余废料由压柱带出便于清理。这种流道既可用于一模多腔，又可用于单型腔模具或同一塑件有几个浇口的模具。

（2）分流道设计

压注模分流道的结构如图 4-47 所示。压注模的分流道比注射模的分流道浅而宽，一般小型塑件深度取 $2\sim4mm$，大型塑件深度取 $4\sim6mm$，最浅不小于 2mm。如果过浅会使塑料提前硬化，流动性降低，分流道的宽度取深度的 $1.5\sim2$ 倍。常用的分流道截面为梯形或半圆形。梯形截面分流道的压注模截面积应取浇口截面积的 $5\sim10$ 倍。分流道多采用平衡式布置，流道应光滑、平直，尽量避免弯折。

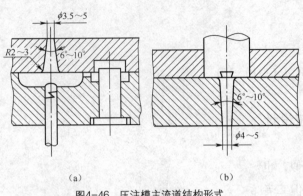

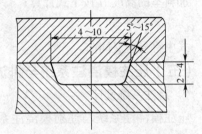

（a）　　　　　　　　　　　　　（b）

图4-46　压注模主流道结构形式　　　　　　　图4-47　压注模分流道结构形式

（3）浇口设计

浇口是浇注系统中的重要部分，它与型腔直接接触，对塑料能否顺利地充满型腔、塑件质量以及熔料的流动状态有很重要的影响。因此，浇口设计应根据塑料的特性、塑件质量要求及模具结构等多方面来考虑。

① 浇口形式。压注模的浇口与注射模基本相同，可以参照注射模的浇口进行设计，但由于热固性塑料的流动性较差，所以应取较大的截面尺寸。压注模常用的浇口有圆形点浇口、侧浇口、扇形浇口、环形浇口以及轮辐式浇口等几种形式。

② 浇口尺寸。浇口截面形状有圆形、半圆形及梯形3种形式。圆形浇口加工困难，导热性不好，不便去除，适用于流动性较差的塑料，浇口直径一般大于3mm；半圆形浇口的导热性比圆形好，机械加工方便，但流动阻力较大，浇口较厚；梯形浇口的导热性好，机械加工方便，是最常用的浇口形式，梯形浇口一般深度取0.5～0.7mm，宽度不大于8mm。浇口过薄、太小，压力损失较大，硬化提前，造成填充成型性不好；过厚、过大造成流速降低，易产生熔接不良，表面质量不佳，去除浇道困难。但适当增厚浇口则有利于保压补料，排除气体，降低塑件表面粗糙度值及提高熔接质量。所以，浇口尺寸应考虑塑料性能，塑件形状、尺寸、壁厚和浇口形式以及流程等因素，凭经验确定。在实际设计时一般取较小值，经试模后修正到适当尺寸。梯形截面浇口的常用宽、厚比例可参见表4-12。

表 4-12　　　　　　　　　　　　　　梯形浇口宽、厚比例

浇口截面积（mm²）	2.5	2.5～3.5	3.5～5.0	5.0～6.0	6.0～8.0	8.0～10	10～15	15～20
宽×厚（mm×mm）	5×0.5	5×0.7	7×0.7	6×1	8×1	10×1	10×1.5	10×2

③ 浇口位置的选择。由于热固性塑料流动性较差，为了减小流动阻力，有助于补缩，浇口应开设在塑件壁厚最大处。塑料在型腔内的最大流动距离应尽可能限制在100mm内，对大型塑件应多开设几个浇口以减小流动距离，浇口间距应不大于120～140mm。热固性塑料在流动中会产生填料定向作用，造成塑件变形、翘曲甚至开裂，特别是长纤维填充的塑件，定向更为严重，应注意浇口位置。浇口应开设在塑件的非重要表面，不影响塑件的使用及美观。

2. 排气槽和溢料槽的设计

① 溢料槽。压注成型时，为了防止产生熔接缝并避免熔料渗入模具的配合孔内，一般在产生接缝处及其他适当位置开设溢料槽，使少量前锋冷料溢出，有利于提高塑料熔接强度。开设溢料槽的尺寸要适当，溢料槽过大时，溢料过多，使塑料制品内部组织疏松，或者塑料制品填充不满；过小时溢料不足，起不到排出冷料的作用。通常溢料槽的宽度取 3~4mm，深度取 0.1~0.2mm，制造模具时宜先取小些，经试模后再修正到合适的尺寸。

② 排气槽。压注成型时塑料进入型腔，不但需要排除型腔内原有空气，而且需要排除由于交联反应产生的气体。通常利用模具零件间的配合间隙及分型面来排气，如不能满足时，应开设排气槽。

排气槽应开在远离浇口的流动末端；靠近嵌件或壁厚最薄处，这些地方最容易形成熔接缝；最好开设在分型面上，分型面上排气槽产生的溢边很容易随制件脱出。

排气槽形状一般为矩形或梯形，对中小型制件，分型面上排气槽的尺寸为槽深 0.04~0.13mm，槽宽 3.2~6.4mm。排气槽截面积尺寸见表 4-13。

表 4-13 矩形、梯形排气槽截面尺寸

排气槽截面积（mm²）	槽宽×槽深（mm）	排气槽截面积（mm²）	槽宽×槽深（mm）
<0.2	5×0.04	0.8~1.0	10×0.1
0.2~0.4	5×0.08	1.0~1.5	10×0.15
0.4~0.6	6×0.1	1.5~2.0	10×0.2
0.6~0.8	8×0.1		

三、任务实施

（一）分析制件材料使用性能

根据任务要求，圆形塑料罩壳（如图 4-34 所示）选用以木粉为填料的热固性酚醛塑料（PF），同塑料端盖（如图 4-1 所示）选用塑料相同。

（二）塑件成型方式的选择

酚醛塑料（PF）属于热固性塑料，制品需要大批量生产。根据上一任务分析可知选用压注成型效率较高。

（三）塑件成型工艺过程及工艺参数

压注成型工艺过程和压缩成型基本相同，它们的主要区别在于压缩成型过程是先加料后闭模，而压注成型则一般要求先闭模后加料。

查表 4-7、表 4-8 确定塑料罩壳塑件压注成型工艺参数见表 4-14。

表 4-14 罩壳压注成型工艺

预 热 条 件		模 塑 条 件			压 后 处 理	
温度（℃）	时间（min）	温度（℃）	压力（MPa）	固化时间（min）	退火温度（℃）	保温时间（h）
100~125	10~20	100~110	80~100	3~4	80~100	2~4

（四）分析塑件结构工艺性

该工件外形简单，为扁圆形结构，平均厚度2mm，所有尺寸均为无公差要求的自由尺寸，查国标 GB/T 14486—2008 常用塑件材料分类和公差等级选用，添加有机填料的酚醛塑料未注公差按 MT6 制造。塑件精度低、结构简单，便于进行压注成型。

（五）压注模用压力机的选用

计算方法与压缩成型基本相同。

（六）设计方案确定

由于制件批量不大，并且形状简单，要求不高，采用移动式压注模可以使模具结构简单，节省模具制作材料，生产费用降低；对设备无特殊要求，可以采用普通压力机进行生产。

塑件结构较小，可采用多型腔模具，此处采用一模两件方式。

采用罐形压注模，把加料室设计成形状简单、易于加工的圆形结构。采用水平分型面。

浇注系统中主流道采用正圆锥结构，分流道采用梯形截面，浇口采用矩形截面。

成型后，把模具移出机外，去除加料室，手动分型后取出塑件及浇注系统。

模具总体结构如图 4-48 所示。

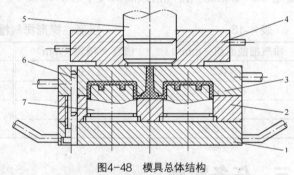

图4-48　模具总体结构
1—下模板　2—固定板　3—模套　4—加料腔
5—柱塞　6—导柱　7—型芯

（七）工艺计算及主要零部件设计

1. 浇注系统设计

① 主流道。主流道采用正圆锥形结构。小端直径通常取 $\phi 2.5 \sim 5$mm，此处取为 $\phi 4$mm；主流道一般具有 $6° \sim 10°$ 的锥角，此处取中间值 $8°$；主流道长度等于模套长度，在此取为 30mm，则大端直径为 $\phi 8.2$mm。

② 分流道。分流道采用梯形截面。小型塑件的分流道槽深一般为 $2 \sim 4$mm，为便于以后修模，此处为 2.5mm；底边宽度通常为 $4 \sim 8$mm，此处取为 6mm；梯形斜角取 $10°$；分流道长度应尽量短，一般取主流道大端直径的 $1 \sim 2.5$ 倍，此处取为 10mm。

③ 浇口。每个型腔设一个侧向浇口，浇口采用矩形截面。用普通热固性塑料压注中小型制品时，浇口尺寸为深 $0.4 \sim 1.6$mm，宽 $1.6 \sim 3.2$mm。此处浇口深度取为 0.5mm，宽度取为 2mm，长度取为 1.5mm。

2. 加料室设计

所设计的移动式罐式压注模的加料室可以单独取下，采用圆形结构，如图 4-48 所示。

① 加料室的横截面积。塑件、浇注系统投影面积之和为

$$S = 2\left(\frac{1}{4}\pi \times 24^2 + 2 \times 1.5 + 6 \times 10\right) + \frac{1}{4}\pi \times 8.2^2 = 1\,083.6\,(\text{mm}^2)$$

根据经验公式，移动式加料室的横截面积为

$$A = (1.1 \sim 1.25)S = (1.1 \sim 1.25) \times 1\,083.6 = 1192 \sim 1354.5\,(\text{mm}^2)$$

取加料室的横截面积为 $A = 1\,300\ \text{mm}^2$。

② 加料室容积

塑件的体积为

$$V_{件} = \frac{1}{4}\pi\left[d_1^2 h_1 + (d_1^2 - d_2^2)h_2 + (d_3^2 - d_4^2)h_3\right] = \frac{1}{4}\pi\left[24^2 \times 2 + (24^2 - 20^2) \times 8 + (12^2 - 8^2) \times 3\right] = 2\,199\ (\text{mm}^3)$$

浇注系统的体积为

$$V_{浇} = V_{主} + 2V_{分} + 2V_{浇口} = \frac{1}{3}\pi\left[4.1^2 \times (30 + 2\cot 4^\circ) - 2^2 \times 2\cot 4^\circ\right] + 2 \times \frac{6 + 6 - 2 \times 2.5\tan 10^\circ}{2}$$
$$\times 2.5 \times 10 + 2 \times 1.5 \times 2 \times 0.5 = 1\,192.72\ (\text{mm}^3)$$

由表 4-8 查得酚醛塑料的压缩比 $K = 2 \sim 3$，取 $K = 2.5$。

则加料室容积为

$$V = V_1 K = 2.5(2V_{件} + V_{浇}) = 2.5 \times (2 \times 2\,199 + 1192.72) = 13\,976.8\ (\text{mm}^3)$$

③ 加料室高度。加料室高度可以为

$$h = \frac{V}{A} + (8 \sim 15) = \frac{13976.8}{1\,300} + (8 \sim 15) = 18.75 \sim 25.75\ (\text{mm})$$

故取加料室高度 $h = 20\ \text{mm}$。

3. 成型结构设计与尺寸计算

首先根据成型尺寸计算公式确定各个成型零件中的成型尺寸，然后再确定各零件结构及其相关尺寸。此处结构设计和尺寸计算省略。

4. 导向机构设计

导向机构采用导柱和导向孔构成，两个直径相同的导柱通过过盈配合安装在下模板上，型芯固定板和模套上加工出导向孔，使上、下模准确合模、导向和承受侧压力。导柱尺寸可通过查表选取。

（八）模具总装图和零件图绘制

在模具的总体结构及相应的零部件结构形式确定后，便可以绘制模具的总装图和零件图。首先绘制模具的总装图，要清楚地表达各零件之间的装配关系以及固定连接方式，然后根据总装图拆绘零件图，绘制出所有非标准件的零件图。

1. 压注模按加料室的结构可分成哪几类？

2. 罐式压注模的加料室截面积是如何选择的？柱塞式呢？

3. 绘出移动罐式压注模的加料室与压柱的配合结构简图，并标上典型的结构尺寸与配合精度。

4. 压注模加料室的高度是如何计算的？

任务三 其他塑料成型技术及模具设计

【能力目标】

1. 能够正确阐述其他各类塑料成型工艺的工作原理
2. 会设计管材成型机头
3. 会设计各类塑料成型简易模具

【知识目标】

1. 了解各类其他塑料成型工艺方法
2. 掌握挤出成型和气动成型模具的设计要点
3. 了解各类塑料成型新技术

一、挤出成型

挤出成型即是固态塑料在一定温度和一定压力条件下熔融、塑化，利用挤出机的螺杆旋转（或柱塞）加压，使其通过特定形状的口模而成为截面与口模形状相仿的连续型材。挤出成型方法几乎适用于所有的热塑性塑料及部分热固性塑料，挤出法加工的塑料制品种类也很多。挤出型材的截面形状取决于挤出模具。挤出模具设计合理与否，不仅影响产品的质量，而且在技术上也是保证良好的成型工艺条件和稳定的成型质量的决定性因素。

（一）挤出模的组成

一般塑料型材挤出成型模具应包括两部分：机头（口模）和定型模（套）。机头是挤出塑料制件成型的主要部件，其作用是将来自挤出机的熔融塑料由螺旋运动变为直线运动，并进一步塑化，产生一定的压力，保证塑件密实，从而获得截面形状相似的连续型材。定型模的作用是将从口模中挤出的塑料的既定形状稳定下来，并对其进行精整，从而得到截面尺寸更为精确、表面更为光亮的塑料制件，通常采用冷却、加压或抽真空的方法。

以典型的管材挤出成型机头为例（见图4-49），挤出成型模具的结构可分为如下几个部分。

① 口模和芯棒。口模是成型制品的外表面，芯棒是成型制品的内表面，故口模和芯棒的定型部分决定制品的横截面形状和尺寸。

② 过滤板。过滤板的作用是将物料由螺旋运动变为直线运动，同时还能阻止未塑化的塑料和机械杂质进入机头，并形成一定的机头压力，使制品更加密实。过滤板又称多孔板，同时还起支承过滤网的作用。

③ 分流器和分流器支架。分流器又叫鱼雷头。塑料通过分流器变成薄环状，便于进一步加热和

塑化。大型挤出机的分流器内部还装有加热装置。分流器支架主要用来支撑分流器和芯棒。小型机头的分流器支架可与分流器设计成整体。

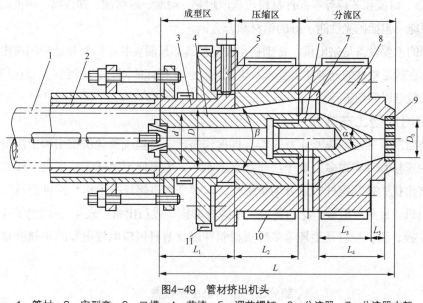

图4-49 管材挤出机头

1—管材 2—定型套 3—口模 4—芯棒 5—调节螺钉 6—分流器 7—分流器支架
8—机头体 9—过滤板（多孔板） 10、11—电加热圈（加热器）

④ 机头体。机头体相当于模架，用来组装并支承机头的各零部件。机头体需与挤出机筒连接，连接处应密封以防塑料熔体泄漏。

⑤ 温度调节系统。为了保证塑料熔体在机头中正常流动及挤出成型质量，机头上一般设有可以加热的温度调节系统，如图4-49所示的电加热圈10、11。

⑥ 调节螺钉。用来调节口模与芯棒之间的间隙，保证制品壁厚均匀。

⑦ 定型套。离开成型区后的塑料熔体虽已具有给定的截面形状，但因其温度较高不能抵抗自重变形，故需用定型套进行冷却定型，以使塑件获得良好的表面质量、准确的尺寸和形状。

（二）挤出成型机头的设计原则

① 正确选用机头形式。应按照所成型的塑件的原料和要求以及成型产品的特点选用机头。

② 应能将塑料熔体的旋转运动转变成直线运动，并产生适当压力。在机筒和机头的联接处设置的过滤板和过滤网，既能将熔体的旋转运动转换成直线运动，也是增大熔体流动阻力或螺杆挤压力的主要零件。

③ 机头内的流道应呈光滑的流线型以使物料均匀地充满机头内腔并被挤出。

④ 机头应有足够的压缩比，保证熔体压实、塑件组织致密。

⑤ 机头成型区应有正确的截面形状。由于离模膨胀效应将导致塑件长度收缩和截面形状尺寸发生变化，使得机头的成型区截面形状和尺寸与塑件所要求的截面形状和尺寸之间有一定的差异。因此设计机头时，一方面要对口模进行适当的形状和尺寸补偿，另一方面要合理确定流道尺寸，控制口模成型长度（塑件截面形状的变化与成型时间有关），从而保证塑件正确的截面形状和尺寸。

⑥ 机头中最好设置一些能够控制熔体流量、口模和芯棒的侧隙以及挤出成型温度的调节装置，有效地保证塑件的形状、尺寸、性能和质量。

⑦ 机头体、口模和芯棒等零部件材料应选取耐热、耐磨、耐腐蚀、韧性高、硬度高、热处理变形小及加工性能（包括抛光性能）好的钢材和合金钢。

挤出成型的主要设备是挤出机，每副挤出成型模具都只能安装在与其相适应的挤出机上进行生产。机头设计在满足塑件的外观质量要求及保证塑件强度指标的同时，应能够安装在相应的挤出机上，否则挤出就难以顺利进行。

（三）挤出成型工艺方法

塑料的挤出按其工艺方法可分为 3 类，即湿法挤出、抽丝或喷丝法挤出和干法挤出，这也就导致挤出机的规格和种类很多。就干法连续挤出而言，主要使用螺杆式挤出机，按其安装方式分立式和卧式挤出机；按其螺杆数量分为单螺杆、双螺杆和多螺杆挤出机；按可否排气分排气式和非排气式挤出机。目前应用最广泛的是卧式单螺杆非排气式挤出机。表 4-15 列出了我国生产的适用于加工管、板、膜、型材及型坯等多种塑料制件以及塑料包覆电线电缆的单螺杆挤出机的主要参数。

表 4-15　　　　　　　　　部分国产挤出机主要参数

螺杆直径（mm）	螺杆转数（r·min^{-1}）	长径比	电动机功率（kW）	中心高（mm）	产量（kg·h）	
					硬聚氯乙烯	软聚氯乙烯
30	20～120	15、20、25	3/1	1 000	2～6	2～6
45	17～102	15、20、25	5/1.67	1 000	7～18	7～18
65	15～90	15、20、25	15/5	1 000	15～33	16～50
90	12～72	15、20、25	22/7.3	1 000	35～70	40～100
120	8～48	15、20、25	55/18.3	1 100	56～112	70～160
150	7～42	15、20、25	75/25	1 100	95～190	120～280
200	7～30	15、20、25	100/333	1 100	160～320	200～480

（四）典型挤出机头及设计

常见挤出机头有管材挤出机头、吹管膜机头、电线电缆包覆机头和异形材料挤出机头等。

1．管材挤出机头结构形式及设计

（1）管材挤出机头的结构形式

常见的管材挤出机头结构形式有以下几种。

① 直管式机头。图 4-50 为直管式机头，其结构简单，具有分流器支架，芯模加热困难，定型长度较长。适用于 PVC、PA、PC、PE、PP 等塑料的薄壁小口径的管材挤出。

② 弯管式机头。图 4-51 为弯管式机头，没有分流器支架，芯模容易加热，定型长度不长，大小口径管材均适用，特别适用于定内径的 PE、PP、PA 等塑料管材成型。

③ 旁侧式机头。图 4-52 为旁侧式机头，没有分流器支架，芯模可以加热，定型长度也不长，大小口径管材均适用。

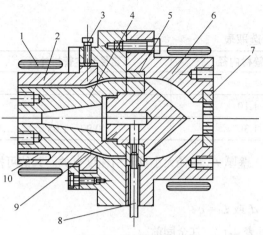

图4-50　直管式机头

1—电加热器　2—口模　3—调节螺钉　4—芯棒
5—分流器支架　6—机体　7—过滤板　8—进气管
9—分流器　10—测温孔

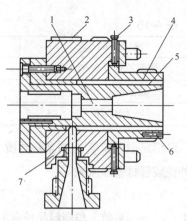

图4-51　弯管式机头

1—进气口　2—电加热器　3—调节螺钉
4—口棒　5—芯模　6—测温孔　7—机体

④　微孔流道挤管机头。如图4-53所示。其出管方向与螺杆轴线一致，也不用分流器支架，塑料熔体通过微孔管上的众多微孔口进入口模的定型段，没有分流痕迹，强度较高，尤其适用于生产口径较大的聚烯烃类塑料管材（如聚乙烯、聚丙烯等）。机头体积小、结构紧凑、料流稳定且流速可控制。设计这类机头应多考虑大管材因厚壁自重作用而引起壁厚不均的影响，一般应调整口模偏心，口模与芯棒的间隙下面比上面小10%～18%为宜。

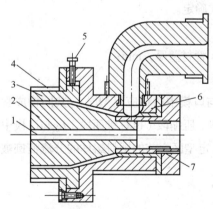

图4-52　旁侧式机头

1—进气口　2—芯棒　3—口模　4—电加热器
5—调节螺钉　6—机体　7—测温孔

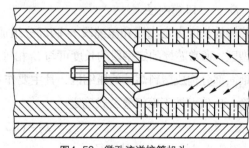

图4-53　微孔流道挤管机头

（2）管材挤出机头零件的设计

①　口模。口模是成型管材外表面的零件。主要尺寸为口模内径和定型段长度。管材的外径 d_s 由口模内径 D 决定，但由于受离模膨胀效应及冷却收缩的影响，口模的内径只能根据经验而定，并通过调节螺钉（见图4-49中5）调节口模与芯棒间的环隙，使其达到合理值。

$$D = kd_s$$

式中：k—— 系数，参考表 4-16。

表 4-16   系数 k 值选取表

塑 料 种 类	定径套定管材内径	定径套定管材外径
聚氯乙烯（PVC）		0.95～1.05
聚酰胺（PA）	1.05～1.10	
聚烯烃	1.20～1.30	0.90～1.05

口模定型段长度 L_1 与塑料性质，管材的形状、壁厚 t、直径大小及牵引速度有关。其值可按管材外径或管材壁厚来确定：

$$L_1 = （0.5～3）d_s 或 L_1 = c\,t$$

式中：c—— 系数，与塑料品种有关，具体数值见表 4-17；其余同前。

表 4-17   定型段长度 L_1 的计算系数 c

塑料品种	硬聚氯乙烯（HPVC）	软聚氯乙烯（SPVC）	聚酰胺（PA）	聚乙烯（PE）	聚丙烯（PP）
系数 c	18～33	15～25	13～23	14～22	14～22

② 芯棒。芯棒是成型管材内部表面形状的机头零件，其结构如图 4-49 中的 4 所示，通过螺纹与分流器连接，其中心孔用来通入压缩空气，以便对管材产生内压，实现外径定径，其主要尺寸为芯棒外径、压缩段长度和压缩角。

芯棒外径指定型段的直径，由它决定管材的内径，但由于与口模结构设计同样的原因，即离模膨胀和冷却收缩效应，根据生产经验，芯模直径 d_1 可按下式确定。

$$d_1 = D - 2\delta$$

式中：δ—— 芯模与口模之间间隙，通常取（0.83～0.94）× 管材壁厚，mm；

　　　D—— 口模内径。

芯棒的长度由定型段和压缩段 L_2 两部分组成，定型段与口模中的相应定型段 L_1 共同构成管材的定型区，通常芯棒的定型段的长度可与 L_1 相等或稍长一些。压缩段（也称锥面段）L_2 与口模中相应的锥面部分构成塑料熔体的压缩区，其主要作用是使进入定型区之前的塑料熔体的分流痕迹被熔合消除。L_2 值可按下面经验公式确定：

$$L_2 = (1.5～2.5)D_0$$

式中：D_0—— 过滤板出口处直径。

压缩区的锥角 β 称为压缩角，一般取 $30° ～ 60°$；β 过大时表面会较粗糙，对于低黏度塑料可取较大值，反之取较小值。

③ 拉伸比和压缩比。两者均是与口模和芯棒尺寸相关的挤出成型工艺参数。

拉伸比是指口模和芯棒在定型区的环隙截面积与挤出管材截面积之比值，它反映了在牵引力或牵引速度作用下，管材从高温型坯到冷却定型后的截面变形状况，以及纵向取向程度和拉伸强度，它的影响因素很多，一般通过实验确定。其值见表 4-18。

表 4-18 常用塑料挤出所允许的拉伸比

塑料	硬聚氯乙烯（HPVC）	软聚氯乙烯（SPVC）	ABS	高压聚乙烯 PE	低压聚乙烯 PE	聚酰胺 PA	聚碳酸酯 PC
拉伸比	1.00～1.08	1.10～1.35	1.00～1.10	1.20～1.50	1.10～1.20	1.40～3.00	0.90～1.05

拉伸比 I 的计算公式：

$$I = \frac{D^2 - d^2}{D_s^{\,2} - d_s^{\,2}}$$

式中：D_s、d_s——管材的外径、内径；

D、d——口模的外径、芯棒的内径。

压缩比是指机头和多孔板相接处最大料流截面积（通常为机头和多孔板相接处的流道截面积）与口模和芯模在成型区的环形间隙面积之比，它可反映挤出成型过程中塑料熔体的压实程度。对于低黏度塑料，压缩比 4～10；对于高黏度塑料，压缩比 2.5～6.0。

④ 分流器。分流器的作用是使熔体料层变薄，以便均匀加热，使之进一步塑化。

分流器的扩张角 α 值取决于塑料黏度，扩张角 α 的大小选取与塑料黏度有关，通常取 30°～90°。α 过大时料流的熔体易过热分解；α 过小时不利于机头对其内的塑料熔体均匀加热，机头体积也会增大。分流器的扩张角 α 应大于芯棒压缩段的压缩角 β。

分流锥的长度 L_3 一般按下式确定：

$$L_3 = (0.6～1.5)D_0$$

式中：D_0——机头与过滤板相联处的流道直径

分流器与过滤板之间的距离一般取 10～20mm，分流器头部圆角 R 一般取 0.5～2mm。也不宜过大，否则熔体容易在此处发生滞留。分流器表面粗糙度 R_a 0.4～0.2 μm。安装分流器时，应保证它与机头体的同轴度在 0.02mm 之内，并且与过滤板之间应有一定长度的空腔（如图 4-49 所示 L_5），L_5 通常取 10～20mm 或稍小于 $0.1D_1$（D_1 为螺杆直径），过小料流不匀，过大则停料时间长。

⑤ 分流器支架。分流器支架主要用于支承分流器及芯棒，并起着搅拌物料的作用，一般三者分开加工再组合而成，对于中小型机头可把分流器与支架作成一整体。支架上的分流肋应做成流线型，在满足强度要求的前提下，其宽度和长度尽可能小些，出料端角度应小于进料端角度，分流肋尽可能少些，以免产生过多的分流痕迹，一般小型机头 3 根，中型的 3 根，大型的 6～8 根。

（3）定型套的设计

流出口模的管材型坯温度仍较高，没有足够的强度和刚度来承受自重变形，同时受离模膨胀和长度收缩效应的影响，因此应采取一定的冷却定型措施，保证挤出管材准确的形状及尺寸和良好的表面质量，一般用内径定型和外径定型的两种方法。由于我国塑料管材标准大多规定外径为基本尺寸，故国内较常用外径定型法。

① 外径定型。外径定型有两种定径方法，如图 4-54（a）为内压法定径，图 4-54（b）为真空吸附法定径。

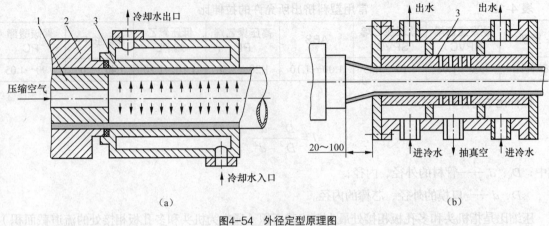

图4-54　外径定型原理图
1—芯棒　2—口模　3—定径套

图4-54（a）中，在管子内部通入压缩空气（0.02～0.28MPa），为保持压力，可用堵塞防止漏气。定径套内径和长度目前一般根据经验和管材壁厚来确定，见表4-19。

表4-19　内压定径套尺寸

塑　　料	定径套内径	定径套长度
聚烯烃	（1.02～1.04）d_s	≈10d_s
聚氯乙烯（PVC）	（1.00～1.02）d_s	≈10d_s

注：d_s为管材外径（mm），应用此表时d_s应小于35mm。

图4-54（b）中，真空定径套生产时与机头口模不能连接在一起，应有20～100mm的距离，这样做是为了使口模中流出的管材先行离模膨胀和一定程度的空冷收缩后，再进入定径套中冷却定型。定径套内的真空度通常取53.3～66.7kPa，抽真空孔径可0.6～1.2mm。

当挤出管材外径不大时，定径套内径可按下面经验公式确定

$$d_0=（1+C_s）d_s$$

式中：d_0——真空定径套内径；

　　　d_s——真空定径套内径；

　　　C_s——计算系数，硬聚氯乙烯（HPVC）取0.007～001，聚乙烯（PE）取0.02～0.04；聚丙烯（PP）取0.02～005。

真空定径套的长度一般应大于其他类型定径套的，例如对于直径大于100mm的管材，真空定径套的长度可取4～6倍的管材外径。这样有助于更好地改善或控制离模膨胀和长度收缩效应对管材尺寸的影响。

② 内径定型。管材的内径定型如图4-55所示，通过定径套内的循环水冷却定型挤出管材，其主要优点在于能保证管材内孔的形状且操作方便。但只适用于结构比较复杂的直角式机头，同时不适于挤出成型聚氯乙烯、聚甲醛等热敏性塑料管材，目前多用于挤出成型聚乙烯、聚丙烯和聚酰胺等塑料管材，尤其适用于内径公差要求比较严格的聚乙烯和聚丙烯管材。

定径套应沿其长度方向带有一定锥度，可在 0.6:100～1.0:100 范围内选取，基本原则为不得因锥度而影响管材内孔尺寸精度。定径套外径一般取［1+（2%～4%）］D_s（D_s 为管材内径），既利于通过修磨来保证管材内径 D_s 的尺寸公差，又可以使管材内壁紧贴在定径套上，使管壁获得较低的表面粗糙度。定径套的长度与管材壁厚及牵引速度有关，一般取 80～300mm，牵引速度较大或管材壁厚较大时取大值，反之则取较小值。

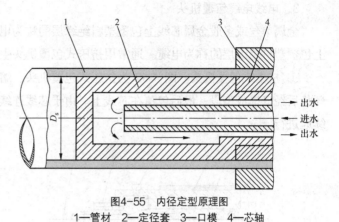

图4-55　内径定型原理图
1—管材　2—定径套　3—口模　4—芯轴

2. 吹塑薄膜机头的结构及设计

吹塑成型可以生产聚氯乙烯、聚乙烯、聚丙烯、聚苯乙烯、聚酰胺等各种塑料薄膜，是塑料薄膜生产中应用最广泛的一种方法。普遍使用的平挤上吹法芯棒式机头（见图 4-56）。塑料熔体自挤出机过滤板挤出，通过机颈 5 到达芯棒 7 时，被分成两股并沿芯棒分料线流动，然后在芯棒尖处重新汇合，汇合后的熔体沿机头环隙挤成管坯，芯棒中通入压缩空气将管坯吹胀成管膜。

芯棒式机头内部通道空腔小，存料少，塑料不容易分解，适用于加工聚氯乙烯塑料。但熔体经直角拐弯，各处流速不等，同时由于熔体长时间单向作用于芯棒，使芯棒中心线偏移，即产生"偏中"现象，因而容易导致薄膜厚度不均匀。

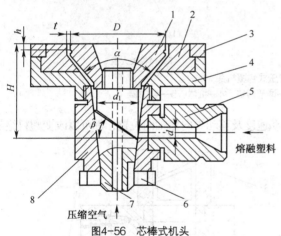

图4-56　芯棒式机头
1—芯棒（芯模）　2—口模　3—压紧圈　4—上模体
5—机颈　6—螺母　7—芯棒　8—下模体

如图 4-56 所示的芯棒式机头，环形缝隙宽度 t 一般在 0.4～1.2mm 范围内。如果 t 太小，则机头内反压力很大，影响产量；如果 t 太大，则管膜较厚，必须加大吹胀比和拉伸比。机头定型区高度 h 应比 t 大 15 倍以上，以便控制薄膜的厚度。

为了避免制品产生接合缝，芯棒尖处到模口处的距离应不小于芯棒轴直径 d_1 的两倍（即 $H > 2d_1$），并在芯棒头部设 1～2 个缓冲区，以利于熔体很好汇合。应尽量使塑料熔体自分流到达机头出口处流动的距离相等，流道畅通、无死角。芯棒扩张角 α 一般取 80°～90°，也可达到 100°，但 α 过大，会增大熔体流动阻力。芯棒分流线斜角 β 不能太小，一般取 30°～60°，必要时应经过试验确定，以免影响产品质量。

机头进口部分的横截面积与出口部分的横截面积之比（压缩比）至少为 2。但压缩比过大，熔体流动阻力大。对于聚氯乙烯等塑料，这种压缩比不宜过大。

3. 电线电缆包覆机头

金属单丝或多股金属芯线上包覆塑料绝缘层的称为电线，一束彼此绝缘的导线上或不规则芯线上包覆塑料绝缘层的称为电缆。通常用挤压式包覆机头生产电线，用套管式包覆机头生产电缆。

① 挤压式包覆机头。图 4-57 为挤压式包覆机头。熔体进入机头体，绕过芯线导向棒，汇集成环状后经口模成型段，最后包覆在芯线上。由于芯线连续不断地通过导向棒，因而电线生产过程连续地进行。

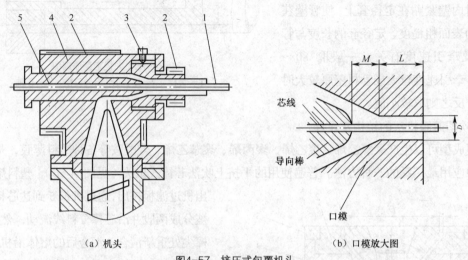

(a) 机头　　　　　　　　　　　　　(b) 口模放大图

图4-57　挤压式包覆机头
1—包覆制品　2—电热圈　3—调节螺钉　4—机体　5—导向棒

改变（或更换）口模尺寸、挤出速度、芯线移动速度及移动导向棒轴向位置，都可以改变塑料绝缘层厚度。图 4-57（b）为口模局部放大图，其成型段长度 $L = (1.0 \sim 1.5)D$，$M = (1.0 \sim 1.5)D$。这种机头结构简单，调整方便，但芯线与塑料绝缘层同心度不够好。

② 套管式包覆机头。图 4-58 为套管式包覆机头。它与挤压式包覆机头不同之处是，挤压式包覆机头是在口模内将塑料包覆在芯线上，而套管式包覆机头则是将塑料挤成管，在口模外靠塑料管收缩包覆在芯线上，有时借助真空使塑料管更紧密地包覆在芯线上。

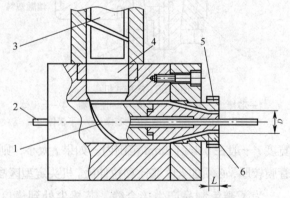

图4-58　套管式包覆机头
1—导向棒螺旋面　2—芯线　3—挤出机螺杆
4—过滤板　5—电热圈　6—口模

包覆层厚度随口模与导向棒（芯模）间隙值、挤出速度、芯线移动速度等的变化而变化。口模定型段长度不宜太长（$L < 0.5D$），否则，机头背压过大，影响生产率和制品表面质量。

4. 异型材挤出成型机头

塑料异型材具有优良的使用性能，用途广泛。按异型材截面各式各样，如图 4-59 所示。

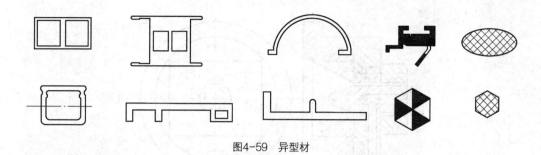

图4-59 异型材

为使挤出工艺顺利进行和保证制品质量，必须认真设计异型材的结构形状及尺寸。常用的异型材挤出成型机头有如下几种。

① 流线型挤出机头。如图 4-60 所示，这种机头截面变化特征是，从圆形逐渐变为所需要的异形截面。当异型材截面高度小于机筒内径而宽度大于机筒内径时，机头体内腔扩张角小于 70°，收缩角取 25°～50°。

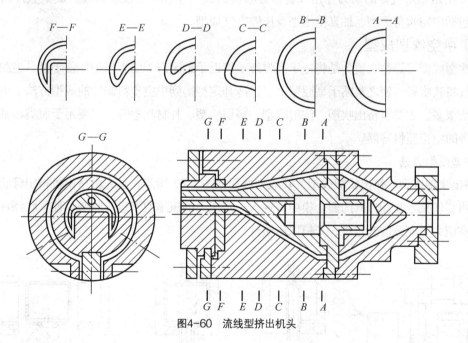

图4-60 流线型挤出机头

这种挤出机头挤出的制品质量好，但机头加工难度大，成本高。为了改善加工性，口模和芯模可采用拼合结构，或将机头沿轴线分段后组合而成。

② 板式机头。图 4-61 所示是典型的板式异型材机头的结构。板式异型材机头的特点是结构简单、制造方便、成本低、安装调整容易。在结构上，板式异型材机头内的流道截面变化急剧，从进口的圆形突变为塑件截面的形状，物料的流动状态不好，容易造成物料滞留现象，对于热敏性（如 HPVC）等塑料，则容易产生热分解，一般用于熔融黏度低而热稳定性高的塑料（如 PE、PP、PS 等）异型材挤出成型。对于硬聚氯乙烯，在形状简单、生产批量小时才使用板式异型材机头。

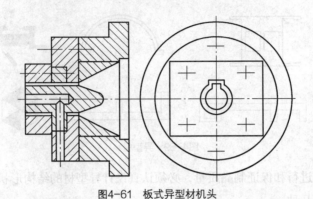

图4-61　板式异型材机头

二、气动成型

气动成型是利用气体的动力作用代替部分模具的成型零件（凸模或凹模）成型塑件的一种方法，主要包括中空吹塑成型、抽真空成型及压缩空气成型。

（一）中空吹塑成型

中空吹塑成型（简称吹塑）是将处于高弹态（接近于黏流态）的塑料型坯置于模具型腔内，借助压缩空气将其吹胀，使之紧贴于型腔壁上，经冷却定型得到中空塑料制件的成型方法。中空吹塑成型的方法很多，主要有挤出吹塑、注射吹塑、多层吹塑、片材吹塑等。主要用于瓶类、桶类、罐类、箱类等的中空塑料容器。

1. 吹塑成型方法

① 挤出吹塑成型。挤出吹塑成型，其成型过程如图 4-62 所示。首先由挤出机挤出管状型坯，而后趁热将型坯夹入吹塑模具的瓣合模中，通入一定压力的压缩空气进行吹胀，使管状型坯扩张紧贴模腔。在压力下充分冷却定型，开模取出塑件。

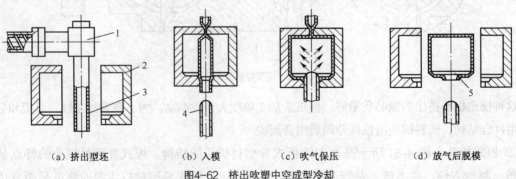

（a）挤出型坯　　　（b）入模　　　（c）吹气保压　　　（d）放气后脱模

图4-62　挤出吹塑中空成型冷却

1—挤出机头　2—吹塑模具　3—管状坯料　4—压缩空气吹管　5—塑件

挤出吹塑成型方法的优点是模具结构简单，投资少，操作容易，适用于多种热塑性塑料的中空制件的吹塑成型；缺点是成型的制件壁厚不均匀，需要后加工以去除底部、口部的飞边和余料。

② 注射吹塑成型。这种方法是用注射机在注射模具中制成吹塑型坯，然后把热型坯移入吹塑

模具中进行吹塑成型。注射吹塑成型可以分为热坯注射吹塑成型和冷坯注射吹塑成型两种。

热坯注射吹塑成型工艺过程如图4-63所示，注射机将熔融塑料注入注射模内形成型坯，型坯成型用的芯棒（型芯）3是壁部带微孔的空心零件，如图4-63（a）所示；趁热将型坯连同芯棒转位至吹塑模内，如图 4-63（b）所示；向芯棒的内孔通入压缩空气，压缩空气经过芯棒壁微孔进入型坯内，使型坯吹胀并贴于吹塑模的型腔壁上，如图 4-63（c）所示；这种成型方式的优点是壁厚均匀无飞边，不需后加工。由于注射型坯有底，故塑件底部没有拼合缝，强度高，生产率高，但设备与模具的投资较大，多用于小型塑件的大批量生产。

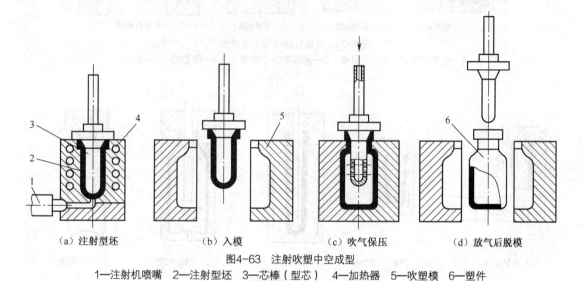

（a）注射型坯　　　（b）入模　　　（c）吹气保压　　　（d）放气后脱模

图4-63　注射吹塑中空成型

1—注射机喷嘴　2—注射型坯　3—芯棒（型芯）　4—加热器　5—吹塑模　6—塑件

③ 注射拉伸吹塑成型。注射拉伸吹塑是将注射成型的有底型坯加热到熔点以下适当温度后置于模具内，先用拉伸杆进行轴向拉伸后再通入压缩空气吹胀成型的加工方法。经过拉伸吹塑的塑件其透明度、抗冲击强度、表面硬度、刚度和气体阻透性能都有很大提高。成型的制件避厚较均匀，塑件底部有圆形浇口痕迹。

典型注射拉伸吹塑产品是线性聚酯饮料瓶。

注射拉伸吹塑成型可分为热坯法和冷坯法两种成型方法。

热坯法注射拉伸吹塑成型工艺过程如图 4-64所示。首先在注射工位注射成空心带底型坯，如图 4-64（a）所示；然后打开注射模将型坯迅速移到拉伸和吹塑工位，进行拉伸和吹塑成型，如图 4-64（b）、图 4-64（c）所示；最后经保压、冷却后开模取出塑件，如图 4-64（d）所示。这种成型方法省去了冷型坯的再加热，所以节省能量，同时由于型坯的制取和拉伸吹塑在同一台设备上进行，占地面积小，生产易于连续进行，自动化程度高。

冷坯法是将注射好的型坯加热到合适的温度后再将其置于吹塑模中进行拉伸吹塑的成型方法。采用冷坯成型法时，型坯的注射和塑件的拉伸吹塑成型分别在不同设备上进行，在拉伸吹塑之前，为了补偿型坯冷却散发的热量，需要进行二次加热，以确保型坯的拉伸吹塑成型温度，这种方法的主要特点是设备结构相对简单，如图 4-65所示。

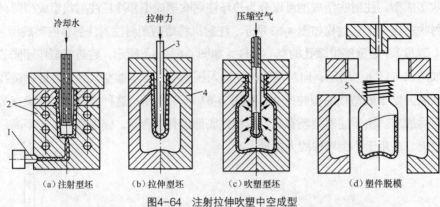

（a）注射型坯　　　　（b）拉伸型坯　　　　（c）吹塑型坯　　　　（d）塑件脱模
图4-64　注射拉伸吹塑中空成型
1—注射机喷嘴　2—注射模　3—拉伸芯棒（吹管）　4—吹塑模　5—塑件

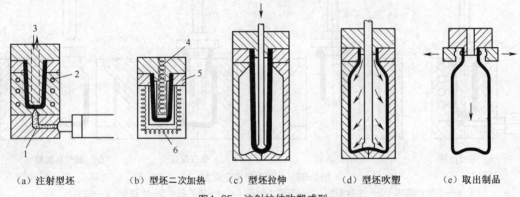

（a）注射型坯　　（b）型坯二次加热　　（c）型坯拉伸　　（d）型坯吹塑　　（e）取出制品
图4-65　注射拉伸吹塑成型
1—分流道　2—冷却水孔　3—冷却水　4—中心加热　5—螺纹成型部分　6—电热丝

④ 多层吹塑。多层吹塑是指不同种类的塑料，经特定的挤出机头形成一个坯壁分层而又黏合在一起的型坯，再经吹塑制得多层中空塑件的成型方法。

发展多层吹塑的主要目的是解决单独使用一种塑料不能满足使用要求的问题。如单独使用PE，虽然无毒，但它的气密性较差，所以其容器不能盛装带有气味的食品，而PVC的气密性优于PE，可以采用外层为PVC内层为PE的容器，气密性好且无毒。

应用多层吹塑一般是为了提高气密性、着色装饰、回料应用、立体效应等，为此分别采用气体低透过率材料的复合、发泡层与非发泡层的复合、着色层与本色层的复合、回料层与新料层的复合以及透明层与非透明层的复合。

多层吹塑的主要问题在于层间的熔接与接缝的强度问题，除了选择塑料的种类外，还要求有严格的工艺条件控制与挤出型坯的质量技术。由于多种塑料的复合，塑料的回收利用比较困难，机头结构复杂，设备投资大，成本高。

⑤ 片材吹塑成型。材吹塑成型如图4-66所示。将压延或挤出成型的片材再加热，使之软化，放入型腔，闭模后在片材之间吹入压缩空气而成型出中空塑件，制件周界对分处有去飞边和余料的痕迹。

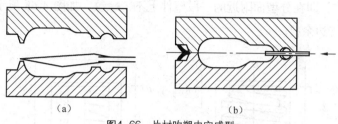

（a）　　　　　　　　　　（b）

图4-66　片材吹塑中空成型

2．吹塑成型的工艺参数

影响吹塑成型工艺主要因素有温度、吹胀空气压力及速率、吹胀比、冷却方式及时间，对于拉伸吹塑还有拉伸比和速率等。

① 型坯温度和模具温度。挤出型坯温度一般控制在树脂的 $T_g \sim T_f（T_m）$（其中 T_g 为玻璃态温度，T_f 为黏流化温度，T_m 为结晶型塑料的熔点），并略偏 $T_f（T_m）$ 一侧。对于注塑型坯，由于其内外温差较大，更难控制型坯温度的均匀一致，为此，应使用温度调节装置。

吹塑模具的模温一般控制在20℃～50℃，并要求均匀一致。模温过低，型坯过早冷却，吹胀困难，轮廓不清，甚至出现橘皮状；模温过高，冷却时间延长，生产率低，易引起塑件脱模困难、收缩率大和表面无光泽等缺陷。

② 吹塑压力。吹塑压力系指吹塑成型所用的压缩空气压力，其数值通常为：吹塑成型时取0.2～0.7MPa，注射拉伸吹塑成型时吹塑压力要比普通吹塑压力大一些，常取 0.3～1.0MPa。对于薄壁、大容积中空塑件或表面带有花纹、图案、螺纹的中空塑件，对于黏度和弹性模量较大的塑件，吹塑压力应尽量取大值。

③ 吹胀比。制品尺寸 D 和型坯尺寸 d 之比，亦即型坯吹胀的倍数，称为吹胀比。型坯尺寸和质量一定时，制品尺寸愈大，型坯吹胀比愈大。虽然增大吹胀比可以节约材料，但制品壁厚变薄，成型困难，制品的强度和刚度降低；吹胀比过小，塑料消耗增加，制品有效容积减少，壁厚，冷却时间延长，成本增高。一般吹胀比为2～4倍。吹胀比过大易使塑料制件壁厚不均匀，加工工艺条件不易掌握。

型坯截面形状一般要求与制件外形轮廓形状大体一致，如吹塑圆形截面瓶子，型坯截面应为圆形，若吹塑方形截面塑料桶，则型坯最好为方形截面，以获得壁厚均匀的方形截面桶。

④ 拉伸比。在注射拉伸吹塑中，受到拉伸部分的塑料制件长度 c 与型坯长度 b 之比称为拉伸比。如图 4-67 中塑料制件的拉伸比为 c/b。拉伸比确定后，型坯长度就可以确定。一般情况下，拉伸比大的制件，其纵向和横向强度较高。为保证制件的刚度和壁厚，生产中吹胀比与拉伸比之积一般取4～6。

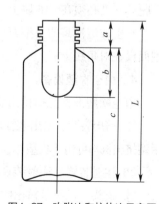

图4-67　吹胀比和拉伸比示意图

3．塑件结构设计

① 螺纹。吹塑成型的螺纹通常采用梯形或半圆形的截面，一般不采用三角螺纹，这是因为后者难以成型。为了便于塑件上飞边的处理，在不影响使用的前提下，

螺纹可制成断续状的，即在分型面附近的一段塑件上不带螺纹，如图 4-68 所示，图 4-68（b）比图 4-68（a）易清理飞边余料。

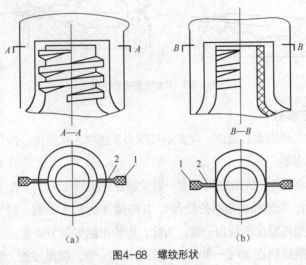

图4-68 螺纹形状
1—余料 2—夹坯口（切口）

② 圆角。吹塑塑件的侧壁与底部的交接及壁与把手交接等处，不宜设计成尖角，尖角难以成型，这种交接处应采用圆弧过渡。在不影响造型及使用的前提下，圆角以大为好，圆角大壁厚则均匀，对于有造型要求的产品，圆角可以减小。

③ 塑件的支承面。在设计塑料容器时，应减少容器底部的支承表面，特别要减少结合缝与支承面的重合部分，因为切口的存在将影响塑件放置平稳，如图 4-69（a）为不合理设计，图 4-69（b）为合理设计。

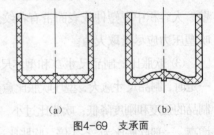

图4-69 支承面

④ 脱模料度和分型面。由于吹塑成型不需凸模，且收缩大，故脱模斜度即使为零也能脱模。但表面带有皮革纹的塑件脱模斜度必须在 1/15 以上。

吹塑成型模具的分型面一般设在塑件的侧面，对矩形截面的容器，为避免壁厚不均，有时将分型面设在对角线上。

4．中空吹塑设备

中空吹塑设备包括挤出装置或注射装置、挤出型坯用的机头、模具、合模装置及供气装置等。

① 挤出装置。挤出装置是挤出吹塑中最主要的设备。吹塑用的挤出装置并无特殊之处，一般的通用型挤出机均可用于吹塑。

② 注射装置。注射装置即注射机，普通注射机即可注射型坯。

③ 机头。机头是挤出吹塑成型的重要装备，其可以根据所需型坯直径、壁厚的不同予以更换。机头的结构形式、参数选择等直接影响塑件的质量。常用的挤出机头有芯棒式机头和直接供料式机头两种。图 4-70 和图 4-71 为这两种机头的结构。

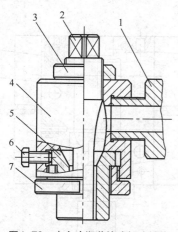

图4-70　中空吹塑芯棒式机头结构

1—与主机连接体　2—芯棒　3—锁母　4—机头体
5—口模　6—调节螺栓　7—法兰

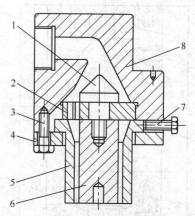

图4-71　中空吹塑直接供料式机头结构

1—分流芯棒　2—过滤板　3—螺栓　4—法兰
5—口模　6—芯棒　7—调节螺栓　8—机头体

芯棒式机头通常用于聚烯烃塑料的加工，直接供料式机头用于聚氯乙烯塑料的加工。

机头体型腔最大环形截面积与芯棒、口模间的环形截面和之比称作压缩比。机头的压缩比一般选择在2.5～4。口模、定型段长度可参考表4-20。

表 4-20　　　　　　　　　　中空吹塑机头定型尺寸　　　　　　　　　（mm）

	口模间隙（D−d）	定型段长度 L
	< 0.76	< 25.4
	0.76～2.5	25.4
	> 2.5	> 25.4

5．吹塑模具的设计

吹塑模具通常由两瓣合成（即对开式），对于大型吹塑模可以设冷却水通道。模口部分做成较窄的切口，以便切断型坯。由于吹塑过程中模腔压力不大，一般压缩空气的压力为 0.2～0.7MPa，故可供选择做模具的材料较多，最常用的材料有铝合金、锌合金等。由于锌合金易于铸造和机械加工，多用它来制造形状不规则的容器。对于大批量生产硬质塑料制件的模具，可选用钢材制造，淬火硬度为40～44HRC，模腔可抛光镀铬，使容器具有光泽的表面。

从模具结构和工艺方法上看，吹塑模可分为上吹口和下吹口两类。图 4-72 所示是典型的上吹口模具结构，压缩空气由模具上端吹入模腔。图 4-73 所示是典型的下吹口模具，使用时料坯套在底部芯轴上，压缩空气自芯轴吹入。

吹塑模具设计要点如下。

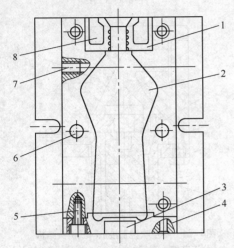

图4-72　上吹口模具结构
1—口部镶块　2—型腔　3、8—余料槽　4—底部镶块
5—紧固螺栓　6—导柱（孔）　7—冷却水道

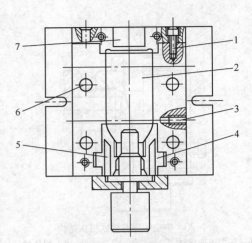

图4-73　下吹口模具结构
1—螺钉　2—型腔　3—冷却水道　4—底部镶块
5—余料槽　6—导柱（孔）

① 夹坯口。夹坯口亦称切口。在挤出吹塑成型过程中，模具在闭合的同时需将型坯封口并将余料切除。因此，在模具的相应部位要设置夹坯口。如图 4-74 所示，夹料区的深度 h 可选择型坯厚度的 2～3 倍。切口的倾斜角 α 选择 15°～45°。切口宽度 L 对于小型吹塑件取 1～2mm，对于大型吹塑件取 2～4mm。如果夹坯口角度太大，宽度太小，会造成塑件的接缝质量不高，甚至会出现裂缝。

② 余料槽。型坯在夹坯口的切断作用下，会

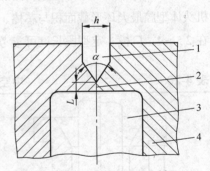

图4-74　中空吹塑模具夹料区
1—夹料区　2—夹坯口（切口）　3—型腔　4—模具

有多余的塑料被切除下来，它们将容纳在余料槽内。余料槽通常设置在夹坯口的两侧，如图 4-72 和图 4-73 所示。其大小应依型坯夹持后余料的宽度和厚度来确定，以模具能严密闭合为准。

③ 排气孔槽。模具闭合后，型腔呈封闭状态，应考虑在型坯吹胀时，模具内原有空气的排除问题。排气不良会使塑件表面出现斑纹、麻坑和成型不完整等缺陷。为此，吹塑模还要考虑设置一定数量的排气孔。排气孔一般在模具型腔的凹坑、尖角处，以及最后贴模的地方。排气孔直径常取 0.5～1mm。此外，分型面上开设宽度为 10～20mm、深度为 0.03～0.05mm 的排气槽也是排气的主要方法。

④ 模具的冷却。模具冷却是保证中空吹塑工艺正常进行、保证产品外观质量和提高生产率的重要因素。对于大型模具，可以采用箱式冷却，即在型腔背后铣一个空槽，再用一块板盖上，中间加上密封件。对于小型模具可以开设冷却水道，通水冷却。

（二）抽真空成型

1. 抽真空成型工艺

① 凹模抽真空成型。凹模抽真空成型是一种最常用、最简单的成型方法，如图 4-75 所示。把塑料板材固定并密封在凹模型腔上方，将加热器移到板材上方加热至软化，如图 4-75（a）所示；

然后移开加热器，在型腔内抽真空，板材就贴在凹模型腔上，如图 4-75（b）所示；冷却后由抽气孔通入压缩空气将成型好的塑件吹出，如图 4-75（c）所示。

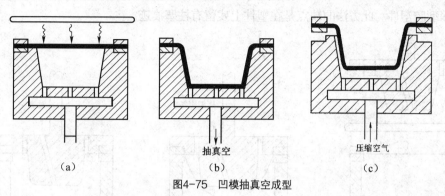

图4-75　凹模抽真空成型

②　凸模抽真空成型。凸模抽真空成型如图 4-76 所示。被夹紧的塑料板在加热器下方加热软化，如图 4-76（a）所示；软化后塑料板下移，覆盖在凸模上，如图 4-76（b）所示；最后抽真空，塑料板紧贴在凸模上成型，如图 4-76（c）所示。成型后通入压缩空气将成型好的塑件吹出。

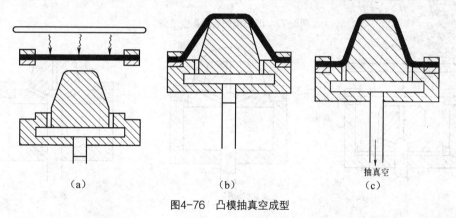

图4-76　凸模抽真空成型

③　凹凸模先后抽真空成型。凹凸模先后抽真空成型如图 4-77 所示。首先把塑料板紧固在凹模框上加热，如图 4-77（a）所示；塑料板软化后将加热器移开，一方面凸模缓慢下移并且通过凸模吹入压缩空气，另一方面在凹模框抽真空使塑料板鼓起，如图 4-77（b）所示；最后凸模向下插入鼓起的塑料板中并且从中抽真空，同时凹模框通入压缩空气，使塑料板紧紧贴附在凸模的外表面而成型，如图 4-77（c）所示。这种成型方法，由于将软化了的塑料板吹鼓，使板材延伸后再成型，故壁厚比较均匀，可用于成型深型腔塑件。凹凸模先后抽真空成型的实质，实际上最终还是凸模抽真空成型。

④　吹泡真空成型。吹泡真空成型如图 4-78 所示。首先将塑料板紧固在模框上，并用加热器对其加热，如图 4-78（a）所示；待塑料板加热软化后移开加热器，压缩空气通过模框吹入，将塑料板吹鼓后把凸模顶起来，如图 4-78（b）所示；停止吹气，凸模抽真空，塑料板贴附在凸模上成型，如图 4-78（c）所示。这种成型方法的特点与凹凸模先后抽真空成型基本类似。

⑤　柱塞推下真空成型。柱塞推下真空成型如图 4-79 所示。首先将固定于凹模的塑料板加热至软化状态，如图 4-79（a）所示；接着移开加热器，用柱塞将塑料板推下，这时凹模里的空气被压

缩，软化的塑料板由于柱塞的推力和型腔内封闭的空气移动而延伸，如图 4-79（b）所示；然后凹模抽真空而成型，如图 4-79（c）所示。此成型方法使塑料板在成型前先延伸，壁厚变形均匀，主要用于成型深型腔塑件。此方法的缺点是在塑件上残留有柱塞痕迹。

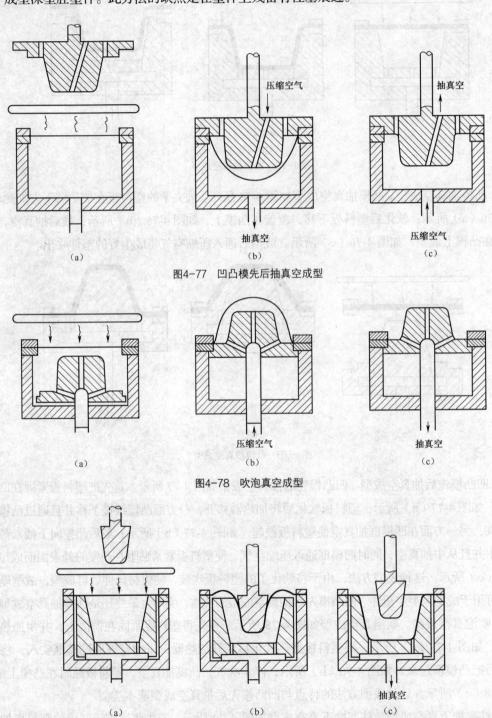

（a）　　　　　　　　（b）　　　　　　　　（c）

图4-77　凹凸模先后抽真空成型

（a）　　　　　　　　（b）　　　　　　　　（c）

图4-78　吹泡真空成型

（a）　　　　　　　　（b）　　　　　　　　（c）

图4-79　柱塞推下真空成型

2．真空成型塑件设计

真空成型对于塑件的几何形状、尺寸精度、塑件的深度与宽度之比、圆角、脱模斜度、加强肋等都有具体要求。

① 塑件的几何形状和尺寸精度。用真空成型方法成型塑件，塑料处于高弹态，成型冷却后收缩率较大，很难得到较高的尺寸精度。塑件通常也不应有过多的凸起和深的沟槽，因为这些地方成型后会使壁厚太薄而影响强度。

② 塑件深度与宽度（或直径）之比。塑件深度与宽度之比称为引伸比，引伸比在很大程度上反映了塑件成型的难易程度。引伸比越大，成型越难。引伸比和塑件的均匀程度有关，引伸比过大会使最小壁厚处变得非常薄，这时应选用较厚的塑料来成型。引伸比还和塑料的品种有关，成型方法对引伸比也有很大影响。一般采用的引伸比为 0.5～1，最大也不超过 1.5。

③ 圆角。真空成型塑件的转角部分应以圆角过渡，并且圆弧半径应尽可能大，最小不能小于板材的厚度，否则塑件在转角处容易发生厚度减薄以及应力集中的现象。

④ 斜度。和普通模具一样，真空成型也需要有脱模斜度，斜度范围在 1°～4°，斜度大不仅脱模容易，也可使壁厚的不均匀程度得到改善。

⑤ 加强肋。真空成型件通常是大面积的盒形件，成型过程中板材还要受到引伸作用，底角部分变薄，因此为了保证塑件的刚度，应在塑件的适当部位设计加强肋。

3．真空成型模具设计

真空成型模具设计包括：恰当地选择真空成型的方法和设备；确定模具的形状和尺寸；了解成型塑件的性能和生产批量，选择合适的模具材料。

（1）模具的结构设计

① 抽气孔的设计。一般常用的抽气孔直径是 0.5～1mm，最大不超过板材厚度的 50%。抽气孔的位置应位于板材最后贴模的地方，孔间距可视塑件大小而定。对于小型塑件，孔间距可在 20～300mm 之间选取，大型塑件则应适当增加距离。轮廓复杂处，抽气孔应适当密一些。

② 型腔尺寸。真空成型模具的型腔尺寸同样要考虑塑料的收缩率，其计算方法与注射模型腔尺寸计算相同。真空成型塑件的收缩量，大约有 50% 是塑件从模具中取出时产生的，25% 是取出后保持在室温下 1h 内产生的，其余的 25% 是在以后的 8～24h 内产生的。用凹模成型的塑件比用凸模成型的塑件，其收缩量要大 25%～50%。

如果生产批量比较大，尺寸精度要求又较高，最好先用石膏模型试出产品，测得其收缩率，以此为设计模具型腔的依据。

③ 型腔表面粗糙度。一般真空成型的模具都没有顶出装置，靠压缩空气脱模。如果表面粗糙度值太大，塑料板黏附在型腔表面上不易脱模，因此真空成型模具的表面粗糙度值较小。其表面加工后，最好进行喷砂处理。

④ 边缘密封结构。为了使型腔外面的空气不进入真空室，因此在塑料板与模具接触的边缘应设置密封装置。

⑤ 加热、冷却装置。对于板材的加热，通常采用电阻丝或红外线。电阻丝温度可达 350～

450℃，对于不同塑料板材所需的不同的成型温度，一般是通过调节加热器和板材之间的距离来实现。通常采用的距离为80～120mm。

模具温度对塑件的质量及生产率都有影响。如果模温过低，塑料板和型腔一接触就会产生冷斑或内应力以致产生裂纹；而模温太高时，塑料板可能黏附在型腔上，塑件脱模时会变形，而且延长了生产周期。因此模温应控制在一定范围内，一般在50℃左右。各种塑料板板材真空成型加热温度与模具温度见表4-21。塑件的冷却一般不单靠接触模具后的自然冷却，要增设风冷或水冷装置加速冷却。风冷设备简单，只要压缩空气喷即可。水冷可用喷雾式，或在模内开冷却水道。冷却水道应距型腔表面8mm以上，以避免产生冷斑。冷却水道的开设有不同的方法，可以将铜管或钢管铸入模具内，也可在模具上打孔或铣槽，用铣槽的方法必须使用密封元件并加盖板。

表4-21　　　　　　　　　　真空成型所用板材加热温度与模具温度　　　　　　　　　　（℃）

温度＼塑料	低密度聚乙烯（HDPE）	聚丙烯（PP）	聚氯乙烯（PVC）	聚苯乙烯（PS）	ABS	有机玻璃（PMMA）	聚碳酸酯（PC）	聚酰胺-6（PA-6）	醋酸纤维素（CA）
加热温度	121～191	149～202	135～180	182～193	149～177	110～160	227～246	216～221	132～163
模具温度	49～77	—	41～46	49～60	72～85	—	77～93	—	52～60

（2）模具材料

抽真空成型和其他成型方法相比，其主要特点是成型压力极低，通常压缩空气的压力为0.3～0.4MPa，故模具材料的选择范围较宽，既可选择金属材料，又可选择非金属材料，但必须根据成型的塑料片片材的厚度、材质、成型方法、生产批量、模具成本等进行比较，选择合适的模具材料。

① 非金属材料。对于试制或小批量生产，可选用木材或石膏作为模具材料。木材易于加工，缺点是易变形，表面粗糙度差，一般用木纹较细的木材。石膏制作方便，价格便宜，但其强度较差，为提高石膏模具的强度，可在其中混入10%～30%的水泥。用环氧树脂制作抽真空成型模具，有加工容易、生产周期短、修整方便等特点，而且强度较高，相对于木材和石膏而言，适合数量较多的塑件生产。非金属材料导热性差，对于塑件质量而言，可以防止出现冷斑。但散热慢，所需冷却时间长，生产效率低，而且模具寿命短，不适合大批量生产。

② 金属材料。适用于大批量高效率生产的抽真空模具是金属材料。目前作为抽真空成型模具材料的金属材料有铝合金、锌合金等。铜虽有导热性好、易加工、强度高、耐腐蚀等诸多优点，但由于其成本高，一般不采用。铝的导热性好、容易加工、耐用、成本低、耐腐蚀性较好，故抽真空成型模具多用铝合金制造。

（三）压缩空气成型

压缩空气成型有很多地方与真空成型相同，如塑件的几何形状和尺寸精度、塑件的引伸比圆角、斜度和加强肋等。下面主要介绍压缩空气成型工艺过程及模具。

1. 压缩空气成型工艺

压缩空气成型是借助于压缩空气的压力，将加热软化后的塑料片材压入模具型腔并贴合在其表面成型的方法。其工艺过程如图4-80所示，图4-80（a）是开模状态；图4-80（b）是闭模后的加热过程，从型腔通入微压空气，使塑料板直接接触加热板加热；图4-80（c）为塑料板加热后，由模具上方通入预热的压缩空气，使已经软化的塑料板贴在模具型腔的内表面成型；图 4-80（d）是塑件在型腔内冷却定型后，加热板下降一小段距离，切除余料；图 4-80（e）为加热板上升，最后借助压缩空气取出塑件。

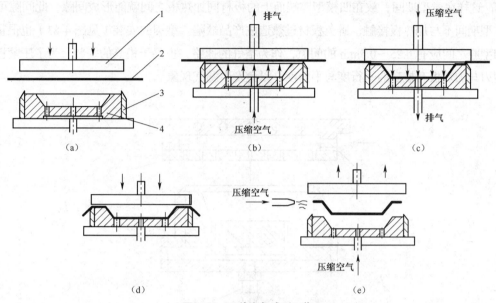

图4-80　压缩空气成型工艺
1—加热板　2—塑料板　3—型刃　4—凹模

　　一般情况下，压缩空气成型压力为 0.3～0.8MPa，最大可达 3MPa。塑料片材的加热温度越高、片材厚度越小，则成型压力就越低，而结构复杂的塑件需用的压力比平面塑件需用的压力大。压缩空气成型塑件周期短，通常比抽真空成型快 3 倍以上。用压缩空气成型的塑件比抽真空成型的塑件尺寸精度高，细小部分结构的再现性好，光泽、透明性好。总之，压缩空气成型具有承受压力高、适应片材厚、塑件形状较复杂、加热速度快、成型周期短、重现性好，并在成型的同时一次性切除余边等一系列优点；其不足之处是需设置压缩空气站，噪声大，费用高。

　　压缩空气成型可分为凹模成型和凸模成型两大类。凸模成型耗费片材多且不易安装切边装置，故相对采用较少，所以，压缩空气成型主要采用凹模成型。

　　2．压缩空气成型模具设计

　　（1）压缩空气成型模具结构

　　压缩空气成型模具分为凹模压缩空气成型模具和凸模压缩空气成型模具，但通常采用凹模压缩空气成型。图 4-81 所示是凹模压缩空气成型用的模具结构，它与真空成型模具的不同点是增加了模具型刃，因此塑件成型后，在模具上就可将余料切除。另一不同点是加热板作为模具结构的一部分，塑料板直接接触加热板，因此加热速度快。压缩空气成型的塑件，其壁厚的不均一性随着成型方法不同而异。采用凸模成型时，塑件底部厚；而采用凹模成型时，塑件的底部薄。

　　（2）模具设计要点

　　压缩空气成型的模具型腔与真空成型模具型腔基本相同。压缩空气成型模具的主要特点是在模具边缘设置型刃，型刃的形状和尺寸如图 4-82 所示。型刃角度以 20°～30° 为宜，顶端削平 0.1～

0.15mm，两侧以 $R = 0.05$mm 的圆弧相连。型刃不可太锋利，避免与塑料板刚一接触就切断；型刃也不能太钝，造成余料切不下来。型刃的顶端须比型腔的端面高出的距离 h 为板材的厚度加上 0.1mm，这样在成型期间，放在凹模型腔端面上的板材同加热板之间就能形成间隙，此间隙可使板材在成型期间不与加热板接触，避免板材过热造成产品缺陷。型刃的安装（见图4-83）也很重要。型刃和型腔之间应有 0.25～0.5mm 的间隙，作为空气的通路，也易于模具的安装。为了压紧板材，要求型刃与加热板有极高的平行度与平面度，以免发生漏气现象。

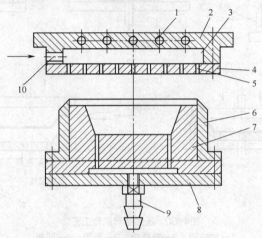

图4-81　凹模压缩空气成型

1—加热棒　2—加热板　3—热空气室　4—面板　5—空气孔
6—型刃　7—凹模　8—底板　9—通气孔　10—压缩空气孔

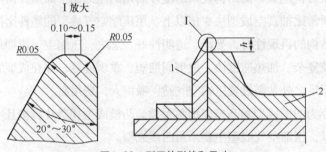

图4-82　型刃的形状和尺寸

1—型刃　2—凹模

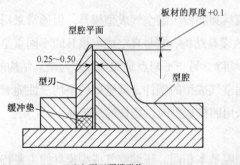

（a）型刃顶端形状

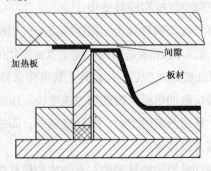

（b）模具工作状态

图4-83　型刃安装

三、热固性塑料注射成型技术

热固性塑料注射成型技术可简化操作工艺、缩短成型周期、提高生产效率（5～20倍）、降低劳动强度、提高产品质量、模具寿命较长（每副模具工作10万次～30万次）等优点。

（一）热固性塑料注射成型原理

热固性塑料注射成型时，将粉状或粒状成型物料加入专门的热固性塑料注射机的料斗内，螺杆推动原料进入料筒，料筒外通热油或热水进行加热并在螺杆的旋转作用下熔融塑化，使之成为均匀的黏流态熔体。在螺杆的高压推动下，熔体以很大的流速通过注射机喷嘴孔喷出并进入高温模腔，此时，产生剧烈摩擦，原料被进一步加热，料温可达110℃～130℃。经过一段时间的保压补缩和交联反应之后，固化成型为塑件形状，然后开模取出塑件。可见，从原理上讲，热固性和热塑性两种塑料的注射成型的主要差异表现在熔体注入模具后的固化成型阶段。热固性注射塑件的固化必须依赖于高温高压下发生交联的化学反应，而热塑性注射塑件的固化基本上是一个从高温液相到低温固相转变的物理过程。

（二）热固性塑料注射工艺

1. 压力

因热固性塑料中含有40%以上的填料，黏度与摩擦阻力较大，且在注射过程中对熔体有温升要求，所以注射压力一般要选择得大一些。注射压力常用范围为100～170MPa，少数物料也可取比此值范围较低或较高的数值。

与注射压力相关的注射速度原则上也应选大一些，这有利于缩短流动充型和硬化定型时间，同时还能避免熔体在流道中出现早期硬化，减少塑件表面出现熔接痕和流动纹。但注射速度过大时，容易将空气卷入模腔和熔体，导致塑件表面出现气泡等缺陷。根据目前的生产经验，热固性塑料的注射速度可取3～4.5m/min。

保压压力与保压时间直接影响模腔压力以及塑件的收缩和密度的大小。目前，热固性注射熔料的硬化速度较以前大有提高，并且大多采用点浇口，浇口冻结较迅速，保压压力通常可比注射压力稍低一些。热固性注射成型的型腔压力为30～70MPa。保压时间根据不同的物料以及塑件的厚度和浇口冻结速度而定，通常取5～20s。

热固性塑料注射成型时，为防止物料在螺杆中受到长距离压缩作用，使注射不准或导致熔体过早硬化，螺杆的背压力不宜太大，通常比注射热塑性塑料时小，取3.4～5.2MPa，并且在螺杆启动时可以接近于零。有时，甚至可以仅用注射螺杆后退时的摩擦阻力作为背压，而放松背压阀。但背压过小时，物料易充入空气，计量不稳定，塑化不均匀。

为避免物料在料筒内受热不均匀，产生塑化不良的后果，与背压相关的螺杆转速不宜取得过大，通常螺杆的转速在30～70r/min范围内选取。

2. 时间

热固性塑料注射成型周期与热塑性塑料注射成型基本上相同，仅将热塑性塑件冷却定型时间改为硬化定型时间即可。热固性塑料成型周期中最重要的是注射时间和硬化定型时间，而保压时间既可属于注射时间，亦可单独考虑。确定热固性塑件的硬化定型时间时，应考虑物料质量，塑件的结构形状、复杂程度和壁厚大小等因素。国产的热固性注射物料的注射时间通常为2~10s，保压时间在5~20s内选择，硬化定型时间在15~100s，成型周期通常为45~120s。

注射机每完成一次注射动作，螺杆的槽中总会留有一部分已被塑化好的熔体未能注射出去，这些熔体在以后的注射过程中被逐渐推出料筒。热固性塑料在料筒内的存留时间必须控制，因为塑料熔体很容易在料筒中因存留时间过长而发生交联硬化，从而影响塑件的成型质量，重则会导致注射机无法继续工作。

塑料熔体在料筒内的停留时间与成型周期，应在物料所允许的最长塑化时间内。当注射量很小时，生产时必须经常空注射以防止物料在料筒内过早发生硬化，这显然会造成很大的原材料浪费。

3．温度

与热塑性注射成型工艺一样，温度包括塑化温度和注射温度，它们分别取决于料筒和喷嘴两部分的温度。

由于料筒温度对塑化的影响不及物料内的剪切摩擦的影响，为了防止熔体在料筒内发生早期硬化，料筒温度倾向于取小值，但料筒温度过分低，物料熔融较慢，螺杆与生料（固体物料）之间会产生很大的摩擦热，这些热量反而会比料筒处于较高温度时更容易使熔体发生早期硬化。因此，生产中应对料筒温度进行严格控制。通常，料筒的温度分两段或三段设定。分两段设定时，对于不同的物料，后段温度可在20℃~70℃内选取，而前段（喷嘴侧）则在70℃~95℃内选取。

选取喷嘴的温度时应考虑熔体与喷孔之间的摩擦热，这部分热量一般也较大，能使熔体经过喷嘴后出现很高的温升。熔体经过喷嘴后，通常要求其温度一方面要能使熔体具有良好的流动性，同时又能接近于硬化温度的临界值，这样既可保证注射充型，又有利于硬化定型。喷嘴温度的取值一般高于料筒温度。对于不同的物料，喷嘴温度可在75℃~100℃内选择和控制，在此温度下，熔体通过喷嘴后，温度可达100℃~130℃。

模具温度是影响热固性塑件硬化定型的关键因素，直接关系到成型质量的好坏和生产效率的高低。模温太高，硬化速度过快，难于排出低相对分子质量挥发的气体，导致塑件出现组织疏松、起泡和颜色发暗等缺陷；而模温过低时，硬化时间长。模具温度因塑料品种不同而异，通常在150℃~220℃。另外，动模温度有时还需要比定模高出10℃~15℃，这样会有利于塑件硬化定型。

4．排气

排气问题对热固性物料注射就显得非常重要，因为在硬化定型过程中热固性注射塑件会有大量反应气体挥发。为避免注射制件表面留下气泡和流痕等缺陷，在模具中必须设计应有的排气系统，有时在注射成型操作时还采取卸压开模放气的措施，这对于厚壁塑件都是必需的，卸压开模时间可控制在0.2s。

（三）热固性塑料注射模

如图4-84所示为热固性塑料注射模的典型结构，其结构与热塑性注射模结构类似，包括成型零部件、浇注系统、导向机构、推出机构、侧向分型抽芯机构、温度调节系统、排气槽等。在注射机上的安装方法与热塑性注射模相同，采用定位固定位。热固性塑料注射模多采用电加热法。

这里仅简要介绍与热塑性注射模设计的不同之处。

1．浇注系统

热固性塑料注射模浇注系统的结构组成、类型和形状等与热塑性注射模相同，但由于热固性塑料熔体的流动行为与热塑性塑料熔体有较大的区别，其在成型过程中具有一定的化学性质，热固性塑料注射除要求熔体阻力小以外，还希望在流动过程中适当地升温，以加速物料在型腔的固化速度，缩短成型周期，因而两者的设计要求也有差异。

① 主流道。由于因热固性塑料成型时在料筒内没有加热到足够温度，因此希望使主流道断面积小一些以增加摩擦热。摩擦热能使经过主流道的熔体升温，黏度下降，这样有利于加热装置向熔体传热，增加单位体积的传热面积，同时也减少了不能回收的浇注系统凝料。与热塑性塑料注射模相同，角式注

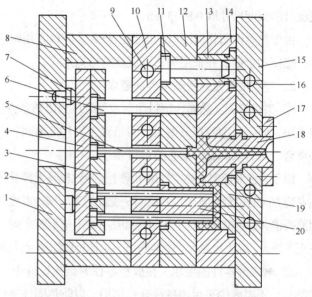

图4-84　热固性塑料注射模的典型结构
1—动模座板　2—推杆　3—推杆固定板　4—推板　5—主流道推杆
6—复位杆　7—支承钉　8—垫块　9—加热器安装孔　10—支承板
11—导柱　12—动模板　13—导套　14—定模板　15—定模座板
16—加热器安装孔　17—定位圈　18—浇口套
19—定模镶块　20—凸模

射模主流道采用圆柱形；卧式注射模主流道采用圆锥形，其小端直径应比喷嘴出料直径大 0.5～1mm，主流道的锥角略小于热塑性注射模主流道锥角，一般为 2°～4°。主流道衬套上的凹球面半径比喷嘴头部的球面半径大 0.5mm 左右，与分流道过渡处的圆角半径较大，可在 3～5mm 内选用。

② 拉料腔。主流道端部的拉料腔对应于热塑性注射模的冷料穴，起收集料流前端因局部过热而提前硬化的熔体的作用。拉料腔的设计类似于冷料穴，但热固性塑料较脆，用 Z 字形拉料杆很容易把塑料拉断，通常采用倒锥形拉料腔。设计时，反锥度不宜过大，否则难以推出硬料。另外，用推杆强行推出时，拉料腔附近的塑件容易产生变形。

③ 分流道。热固性塑料注射模的分流道截面也有圆形、T 形、U 形、半圆形和矩形等。其选用原则与热塑性塑料注射模不同，要求分流道的比表面积适当地取较大值，以促使模具内的热量比较容易地向分流道内的熔体传递。应结合分流道长度综合考虑其截面形状，分流道较长时，应选用圆形、梯形或 U 形截面，以减少流动阻力；分流道较短时，传热面积成为主要问题，为便于传热，应采用比表面积较大的半圆形或矩形截面。另外，还必须兼顾到加工方便。目前，大多数采用梯形和半圆形截面。

分流道的排布方式有平衡式与非平衡式两类，通常采用平衡式排布，并要求分流道尽可能短。

④ 浇口。热固性塑料的浇口类型、形状以及浇口位置的选择原则与热塑性塑料大多基本相同。由于热固性塑料较脆，容易去除浇口凝料，所以浇口的长度可适当取大一些。为防止熔体温度升高过大，加速化学反应，使黏度上升，导致充型困难，点浇口、潜伏浇口的截面积和侧浇口、扇形浇

口、平缝浇口的深度尺寸不宜过小。一般点浇口的直径应大于 1.2mm，通常在 1.2～2.5mm 内取，侧浇口的深度尺寸取 0.8～3mm。

由于热固性塑料对浇口的磨损比较大，浇口宜用耐热耐磨的特种钢材制造。国外通常采用钨、铬、铝硬质合金，并采用局部可更换的结构形式。

2．型腔位置及对成型零件的要求

① 型腔位置。热固性塑料注射成型时压力比热塑性塑料大，模具受力不平衡将会产生较大溢料和飞边，因而，型腔在分型面上的布置应使其投影面积的中心与注射机的合模力中心相重合，如无法重合，则力求两者的偏心距尽可能小。

由于自然对流时，热空气由下向上，导致模具上部受热多而下部受热少，因此，热固性注射模型腔在安装方向的位置对各个型腔或同一型腔的不同部位温度分布影响很大。上面部分受热量与下面部分可相差两倍。若对模具进行上下对称加热，则上下型腔或同一型腔的上下不同部位必然出现很大温差，上下距离越大，温差也越大。通常采用不对称布置加热元件的措施，另外，在对型腔的布置时应加以注意。

② 对成型零件的要求。在成型零件的结构设计中，与塑料熔体接触的零部件应尽量采用整体式结构，不要或少采用镶拼组合式结构，以防热固性塑料在较大的注射压力下向成型零部件的配合间隙或镶块的拼缝中溢料。

热固性塑件的收缩率与成型方法有关，注射成型收率最大，压缩和压注成型收缩率最小，在计算成型零件的尺寸时应予以注意。

热固性注射成型容易产生溢料飞边，对模具成型零件的磨损较大。另外，成型零部件是在高温和腐蚀条件下工作，所以，在选择较好的模具材料的同时，通常对塑料接触的成型零件表面进行抛光和镀硬铬，镀层 0.01～0.015mm。主要成型零件的硬度应达 53HRC 以上，表面粗糙度应在 0.2μm 以下。

3．脱模推出机构

热固性塑料注射模的推出机构设计方法与热塑性塑料注射模的推出机构完全相同。热固性塑料注射模的推出零件工作部分与模板的配合应尽量采用较小的间隙，这是因为热固性塑料经常使用较大的注射压力，塑料熔体很容易挤入 0.02mm 以上的缝隙，所以它们非常容易向推出零件和模腔的配合间隙中溢流，溢流出的废料凝固很难清理，破坏正常的配合，甚至损坏模具。因此，通常的间隙值可取 0.01～0.03mm。要提高模具分型面合模后的接触精度，尽量不采用或少采用推管和推件板形式，而采用推杆形式。当无法使用推杆，必须使用推件板脱模的塑件，应尽量不要设计成局部的封闭式，而采用整体的敞开式模具结构，否则，推件板与动模板间的废料碎屑不易清除。

4．排气槽

热固性塑料在交联硬化时要放出大量的气体挥发物，单靠配合间隙不能保证充分排气，因此，热固性塑料注射模在分型面上一般都要开设排气槽。排气槽深度通常可取 0.03～0.05mm，必要时深度可达 0.1～0.3mm。为了防止塑料堵塞排气槽，当上述深度向外延伸 6mm 后，深度可加到 0.8mm。排气槽宽度取 5～10mm。

5．加热系统

热固性塑料注射成型时，要求模具温度高于注射机喷嘴的温度，所以模具中必须配有加热装置。

通常加热装置安装在定模板和动模板，并对加热温度严格控制，以保证模腔表面的温差在5℃以内。必要时应能分别控制动模和定模的温度，减小凹模与型芯的温差。为避免散热过多，还应在注射模与注射机之间加设石棉垫板等绝热材料。加热元件一般用电热棒和加热套。

四、共注射成型技术

共注射成型技术指使用两个或两个以上的注射系统的注射机，让不同品种或不同颜色的塑料同时或顺序注射入模具的方法。使用该成型方法可以生产多种颜色或复合材料的塑料制品。共注射成型所用的注射机叫做多色注射机。共注射成型有两种典型的工艺方法：一种是双色注射，另一种是双层注射。夹层泡沫塑料注射也是一种工艺方法，通常列入低发泡塑料注射成型范畴。

（一）双色注射成型

双色注射成型的设备一般有两种形式。一种是两个注射系统共用一个喷嘴，如图4-85所示。喷嘴通路中装有启闭机构，调整启闭阀2的换向时间，就能生产出各种花纹的塑料制件。另一种是两个注射系统（料筒）和两副模具共用一个合模系统，如图4-86所示。模具固定在

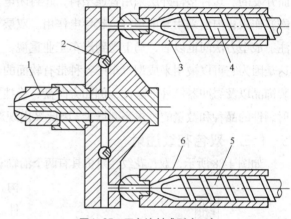

图4-85 双色注射成型（一）
1—喷嘴 2—启闭阀 3—注射系统A 4—螺杆
5—螺杆B 6—注射系统B

一个模具回转板6上，当其中一个注射系统4向模内注入一定数量的A种塑料之后（未充满型腔）回转板转动，将此模具送到另外一个注射系统2的工作位置上，这个注射系统马上向模内注入B种塑料，直到它们充满型腔为止，然后塑料经过保压和冷却定型后脱模，用这种形式可以生产分色明显的混合塑料制件。

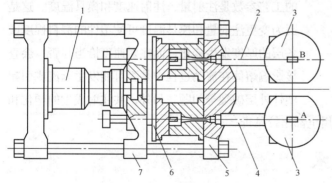

图4-86 双色注射成型（二）
1—合模液压缸 2—注射系统B 3—料斗 4—注射系统A
5—定模固定板 6—模具回转板 7—动模固定板

（二）双层注射成型

双层注射成型原理如图4-87所示，注射系统是由两个互相垂直安装的螺杆A和螺杆B组成，端部是一个交叉分配的喷嘴3。注射时，先由一个螺杆将第一种塑料注入模具型腔，当这些塑料与模具成型表壁接触的部分开始固化，而内部仍处于熔融状态时，另一个螺杆将第二种塑料注入型腔。后注入的塑料不断地把前一种塑料朝着模具成型表壁推压，而自己占据型腔的中间部分，冷却定型后就可得到先注入的塑料形成外层，后注入的塑料形成内层的包覆塑料制件。

双层注射成型可使用新旧不同的同一种塑料，成型具有新料性能的塑件。通常制件内部为旧料，外表则为一定厚度的新料，这样，塑料制件的冲击强度和弯曲强度几乎与全部用新料成型的塑件相同。此外，也可采用不同色泽或不同品种塑料相组合，而获得具有某些优点的塑料制件。双层注射方法最初是为了生产能够封闭电磁波的导电塑料制件而开发的。这种塑件外层采用普通塑料，起封闭电磁波作用；内层采用导电塑料，起导电作用。双层注射成型方法问世以后，马上受到汽车工业重视，这是因为它可以被用来成型汽车中各种带有软面的

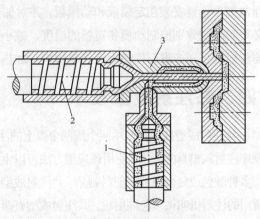

图4-87　双层注射成型原理
1—螺杆A　2—螺杆B　3—交叉喷嘴

装饰品以及缓冲器等外部零件，例如方向盘、换挡把手等。近年来，由于汽车工业对双层和双色注射制件的品种和数量的需求不断增大，因此又出现双色花纹，甚至多色花纹等新型共注射成型工艺。

（三）双色花纹注射

如图4-88所示，双色花纹注射机具有两个沿轴向平行设置的注射单元，喷嘴通路中还装有启闭机构。调整启闭阀的换向时间，就能制得各种花纹的塑件。还可采用不同的花纹成型喷嘴，如图4-88（b）所示，此时旋转喷嘴的通路，可得到从中心向四周辐射形成的不同颜色的花纹的塑件。

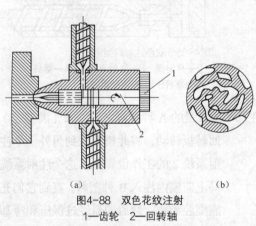

（a）　　　　　　　　　（b）

图4-88　双色花纹注射
1—齿轮　2—回转轴

采用共注射成型方法生产塑料制件时，最重要的工艺参数是注射量、注射速度和模具温度。这是因为变更注射量和模具温度可使塑件的混料程度或各层的厚度发生变化，而注射速度恰当与否，会直接影响熔体在流动过程中是否可能发生紊流或引起塑件外层破裂等问题。另外，共注射成型的塑化和喷嘴系统结构都比较复杂，设备及模具费用也都比较昂贵。

五、气体辅助注射成型技术

（一）气体辅助注射成型原理

气体辅助注射成型的主要过程如图4-89所示，可将其分为如下3个阶段。

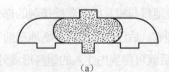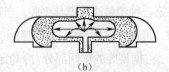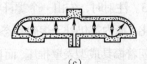

（a）　　　　　　　　　（b）　　　　　　　　　（c）

图4-89　气体辅助注射成型原理

①　熔体注射。熔体注射过程与传统的注射成型相同，但气辅注射为欠压注射，将聚合物熔体定量地注入型腔，只注入熔体充满型腔量的60%～70%，见图4-89（a）。

②　气体注射。把高压高纯氮气注入熔体芯部，熔体流动前端在高压气体驱动下继续向前流动，以至充满整个型腔，如图4-89（b）所示。

③　气体保压。如图4-89（c）所示，在保持气体压力情况下使制件冷却。在冷却过程中，气体由内向外施压，保证制品外表面紧贴模壁，并通过气体两次穿透从内部补充因熔体冷却凝固带来的体积收缩。

然后使气体泄压，并回收循环使用。最后，打开模腔，取出塑件。

（二）气体辅助成型特点

①　可在制品上设置中空的筋和凸台结构，从而提高其刚度和强度。

②　扩大了制件设计的自由度，可成型壁厚不均匀的制件。

③　气体从浇口至流动末端形成连续的气流通道，无压力损失，能够实现低压注射成型，从而获得低残余应力的制件，制件尺寸稳定，翘曲变形小。

④　有助于成型薄壁制件，减轻制件质量，因为气体能够起到辅助充模的作用，从而提高了制件的成型性能。

⑤　注射压力较低，可在锁模力较小的注射机上成型尺寸较大的制件。

⑥　可成型中空成型和注射成型所不能生产的三维中空制件。

⑦　对注射机的精度和控制系统有一定的要求。另外，需要增设供气装置和充气喷嘴，成型设备的成本较高，通常通过几台注射机共用一套供气装置来降低设备成本。

⑧　气体辅助成型会在制件的注入气体与未注入气体的表面产生不同的光泽，通常采用花纹装饰或遮盖。另外，通过模具设计和调整成型工艺条件可以加以改善。

（三）气体辅助成型技术的应用

气体辅助成型技术的应用包括汽车部件、大型家具、电器、办公用品、家庭及建材用品等方面，范围十分广阔。根据产品结构，主要有两类。一类是仪表盘、踏板、保险杠及桌面等大型平板制件，由于气体导入至厚壁或掏空制件内部，减小或完全消除了缩痕，甚至可节约材料高达50%；由于壁厚减小，制件生产时冷却时间减少，可缩短成型周期，大大提高劳动生产率。气体在气道中压力均匀传递，可降低制件的翘曲变形。另一类是手柄、方向盘、衣架、马桶、坐垫等厚壁、偏壁、管状制件，传统注射法容易发生翘曲缺陷。

（四）气体辅助注射成型制件与模具设计原则

①　为限定气体的流动，避免气体在壁薄处穿透，制件沿气体通道部位的壁厚应较厚。

②　应对塑料流入模具中的流动情况进行分析，适当选择浇口位置，通常只使用一个浇口。浇口的设置应保证熔料可以均匀地充满型腔，并实现欠料注射。

③　由气体所推动的塑料应将模腔充满。模具中应设置调节流动平衡的溢流空间，以得到理想的空心通道。

④　气体通道必须是连续的，其几何形状相对于浇口应是对称或单方向的。应避免通道自成环路。圆形截面气体通道最为有效。气体通道的体积通常应不超过整个制件体积的10%。

六、反应注射成型技术

　　反应注射一般都包括两组液料的供给系统和液料泵出、混合及注射系统，其实质是使能够起反应的两种液料进行混合注射，并在模具中进行反应固化成型的一种方法。

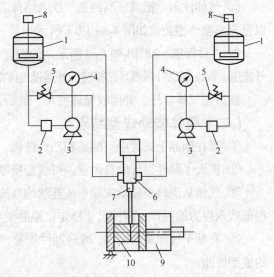

图4-90　反应注射成型设备原理
1—原料储藏　2—过滤器　3—计量表　4—压力表
5—安全阀6—注射器　7—混合头（能自动清洗）
8—搅拌器9—合模装置　10—模具

　　反应注射机也是一种广义的混合注射机。通常要求反应注射机流量及混合比率准确；能快速加热或冷却原料，以节省能源。如图4-90所示，储罐内不同物料按配比要求，经过计量泵送入混合头，各组分的料在混合头内流动过程中进行充分混合，混合后的料在 10～20MPa 的压力下注入模内，入模后立即进行化学反应。当一次计量完毕立即关闭混合头，各组分自行循环。

　　反应注射模属于一种热固性塑料注射模，其结构与一般热固性塑料注射模一样。另外，在模腔中发生了显著的化学变化，在考虑模具的排气设计的同时，还要对成型表面进行防护、强化等特殊设计。

　　反应注射成型技术的应用领域十分广泛，可用来成型发泡制品和增强制品，例如，用反应注射可以成型玻璃纤维增强聚氨酯发泡制品，用来做汽车的内壁材料或地板材料，以及汽车的仪表面板等。成型汽车工业的驾驶盘、坐垫、头部靠垫、手臂靠垫、阻流板、缓冲器、防震垫、遮光板、卡车身、冷藏车、冷藏库等的夹芯板，成型电视机、扩音器、计算机、控制台等外壳，在民用建筑中的仿木制品、家具、管道、冷藏器、热水锅炉、冰箱等的隔热材料，都可以用聚氨酯塑料反应注射成型技术来生产。

习题与思考

1. 何谓塑料挤出成型？
2. 挤出成型机头结构由哪几部分组成？各有哪些作用？
3. 管材挤出成型机头有哪些类型？各有何特点？用于何种场合？
4. 管材定径有哪些方法？怎样确定定径套的尺寸？
5. 气动成型有哪几种形式？分别叙述其成型工艺过程，并绘出简图。
6. 何谓吹塑成型，吹塑成型主要有哪几类？
7. 简述凹模抽真空成型、凸模抽真空成型、吹泡抽真空成型及压缩空气成型的工艺过程。
8. 简述共注射成型、气辅成型、反应注射成型的原理。

Chapter 5

项目五

| 塑料模具课程设计 |

【能力目标】

1. 具备分析塑料制品结构工艺性的能力。
2. 能借助设计资料和有关手册来设计塑料模具的能力。
3. 具备编写塑料模设计说明书等技术资料的能力。

【知识目标】

1. 掌握塑料成型工艺设计的内容。
2. 掌握塑料模具的设计基本步骤和方法。

| 一、任务引入 |

塑料模具课程设计是模具专业课程教学中最重要的实践教学环节。旨在培养学生掌握塑料成型设计工艺，塑料模具结构设计的基本知识；能借助设计资料和有关手册，分析塑料制品的结构工艺性，设计简单或中等难度的塑料模具，能正确选用模具标准件，绘制模具工程图，提高实际的动手能力，为缩短上岗适应期，奠定工程实践基础。

批量生产如图 5-1 所示外壳，设计一套侧向抽芯注射模具。材料为 ABS，生产批量为中批量，塑件外观美观，无斑点，未注公差取 MT5 级精度。要求完成外壳模塑注射工艺设计，绘制外壳注射模具总装配图及非标准模具零件图，并编写设计说明书一份。

下面就针对该项目训练，学习塑料模设计的基本要求和设计过程。

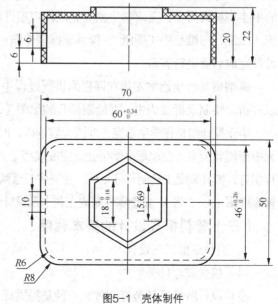

图5-1 壳体制件

二、相关知识

（一）塑料模具课程设计的基本要求

① 确定合理的塑料成型工艺。根据塑件的使用要求和结构特征能合理选择塑料原料的种类，确定成型工艺方法，分析塑件结构工艺性，选择适当成型设备、编制切实可行的模塑成型工艺卡。

② 合理地选择模具结构。根据塑件的图纸及技术要求和成型设备规格，初步确定模具结构方案，进行分析讨论，使得设计出的模具结构合理，质量可靠，操作方便。必要时可根据模具设计和加工的需要，提出修改塑件图纸的要求，但需征得用户同意后方可实施。

③ 正确地确定模具成型零件的尺寸。成型零件是确定制件形状、尺寸和表面质量的直接因素。计算成型零件尺寸时，一般可采用平均收缩率法，并进行校核修正。对精度较高并需控制修模余量的制件，可按公差带法计算，对于大型精密制件，最好能用类比法，实测塑件几何形状在不同方向上的收缩率进行计算，以弥补理论上难以考虑的某些因素的影响。

④ 模具零件制造工艺性良好。设计模具时，尽量做到使设计的模具制造容易，造价便宜。既要考虑零件加工方法的工艺性、加工设备的经济性，同时考虑模具的装配工艺和试模后的修模以及修模余量大小。

⑤ 充分考虑塑件设计特征并尽量减少后加工。尽量直接成型塑件各结构特征，包括孔、槽、凸、凹等部分，减少浇口、溢边的尺寸，避免不必要的后加工。综合考虑可行性与经济性，防止片面性。

⑥ 设计的模具应当高效、安全、可靠。

⑦ 根据模具零件的使用要求，选择恰当的模具材料。

（二）塑料模具课程相关实训及任务要求

塑料模具设计实训包括课程设计、典型模具拆绘以及毕业设计等几个实训环节。

课程设计通常在学完本课程后进行，时间为 1.5～2 周，一般以设计较为简单的、具有典型结构的中小型模具为主，要求学生独立完成特定塑件的成型工艺设计和模具结构设计，并绘制模具装配图（二维、三维及手工图纸），模具非标零件图（主要或型零件）3～5 个，设计计算说明书一份，设计完成后要进行答辩。

典型模具拆绘通常安排在课程的讲授过程中、课程设计之前或课程设计过程中，时间为 1 周，以分析、绘制及拆绘为主，并绘制模具装配图（二维、三维）。

毕业设计则是在学生学完全部课程后进行，时间一般为 7～12 周，以设计中等偏复杂程度以上的大中型模具为主，要求每个学生独立完成成型工艺设计，模具结构设计与计算，典型零件制造工艺规程制订，模具装配工艺制订等工作，并完成一至两套不同类型的模具总装配图（二维、三维）、模具非标零件图（3～5 张）、典型零件制造工艺卡及设计计算说明书一份。设计完成后要进行毕业答辩。

（三）塑料模具设计的基本程序

1. 塑料成型工艺设计

（1）接受设计任务

模具设计所接受任务有两种，一种是提供经审定的塑件图样及其技术要求，要求设计成型工艺及塑料模具；另一种是提供塑件样品及其技术要求，要求测绘塑件图样并设计成型工艺及塑料模具。需要特别注意塑件上有许多模具结构信息，仔细分析会给设计者提供大量有价值的信息。

（2）收集并分析必要的设计原始资料与数据

① 收集设计资料，如塑料模具设计手册、图册及相关标准件手册。

② 整理塑件信息，如产量、材料品种牌号、使用性能和成型工艺性能。

③ 确定塑件生产车间、设备型号及参数。

④ 掌握模具制造设备及制造技术水平。

⑤ 其他要求，包括认真分析、理解原始资料和数据及其与成型工艺、模具设计的关系等。

（3）塑料成型工艺设计

① 原料种类的选择与性能分析。根据塑件的用途、工作条件、使用要求选择原料种类，进而分析原料的成型工艺性能，包括流动性、收缩率、吸湿性、比容、热敏性、腐蚀性等。

② 确定成型方式和工艺流程。

③ 塑件结构工艺分析。

塑件的使用要求和外观要求，各部位的尺寸和公差、精度和装配要求。根据塑件的尺寸精度、表面粗糙度几何形状（壁厚、孔、加强筋、嵌件、螺纹等）分析是否满足成型工艺的要求。如发现塑件某些部位结构工艺性差，可提出修改意见，在取得相关人员的同意后方可修改。

（4）塑件基本参数的计算及成型设备的选用

根据塑件图样及产量等要求，初步确定模具的型腔数目；计算单件塑件的体积及质量；计算塑件、浇注系统在分型面上的投影面积；计算必要的锁模力或所需的成型压力等；进而初步选定成型设备类型及其参数。

（5）确定成型工艺参数、编制模塑成型工艺卡

2．模具类型及结构的设计

理想的模具结构应能充分发挥成型设备的能力（如合理的型腔数目和自动化水平等），在绝对可靠的条件下使模具最大限度地满足塑件的工艺技术要求（如塑件的几何形状、尺寸精度、表面光洁度等）和生产经济要求（成本低、效率高、使用寿命长、节省劳动力等），由于影响因素很多，可先从以下几方面做起。

① 型腔布置。根据塑件的形状大小、结构特点、尺寸精度、批量大小以及模具制造的难易、成本高低等确定型腔的数量与排列方式。分型面的位置要有利于模具加工、排气、脱气、脱模、塑件的表面质量及工艺操作等。浇注系统包括主流道、分流道、冷料穴（冷料井），浇口的形状、大小和位置，排气方法、排气槽的位置与尺寸大小等。

② 应根据塑件的结构确定型腔结构，根据塑件尺寸、精度确定成型零件工作部分尺寸、精度，同时考虑成型与安装的需要及制造与装配的可能。成型零件的工作尺寸和型腔、底板的尺寸要经过计算校核后才能确定。

③ 选择标准模架可以简化模具的设计与制造，提高模具质量，缩短模具制造周期，组织专业化生产。同时也提高了模具中易损零件的互换性，便于模具的维修，而且能在标准模架的基础上实现

模具制图的标准化、模具结构的标准化以及工艺规范的标准化，模架的选择参考国标 GB/T 12555—2006。

④ 模温调节包括模温控制方法的选择，冷却水孔道的形状、布局设计和必要的计算等。

⑤ 选择脱模方式应考虑开模、分型的方法与顺序，包括拉料杆、推杆、推管、推板等脱模零件的组合方式。

⑥ 当塑件侧面带有侧孔、侧凹或凸台时，可能需要侧向分型与抽芯机构的设计，包括抽芯距、斜导柱或斜滑块角度、定距分型距离等。

⑦ 绘制模具装配图（按表 3-39 要求绘制）。

⑧ 模具零件图的绘制（按表 3-40 要求绘制）。

⑨ 图纸审核。装配图和零件图绘制之后应认真进行全面审核，尤其应注意审定成型零件的结构工艺性与其他模具零件的配合关系；注意审核模具工作过程中各运动部件动作的协调性与稳定性。

（四）编写设计计算说明书

说明书的内容及顺序。

1. 封面

2. 设计任务书及产品图

3. 目录（标题及页码，电子稿目录自动生成）

4. 序言（可省略）

5. 正文

（1）选择与分析塑料原料

（2）确定塑料成型方式及工艺过程

（3）分析塑件结构工艺性

（4）初步选择注射成型设备

（5）确定塑件成型工艺参数

（6）分型面的确定与浇注系统的设计

（7）设计注射模具成型零件

（8）注射模具模架的选用

（9）设计注射模具调温系统

（10）设计注射模推出机构

（11）设计注射模侧向分型抽芯机构

（12）模具工程图（包括总装图及零件图）绘制及材料选择

6. 总结

7. 致谢

8. 参考资料

（五）塑料模具设计总结和答辩

总结与答辩是课程设计的最后环节，是对整个设计过程的系统总结和评价。学生在完成全部图样及编写设计计算说明书之后，应全面分析此次设计中存在的优缺点，找出设计中应该注意的问题，掌握通用模具设计的一般方法和步骤。通过总结，提高分析与解决实际工程设计的能力。

设计答辩工作应对每个学生单独进行，在进行的前一天，由教师拟定并公布答辩顺序。答辩小组的成员，应以设计指导教师为主，聘请与专业课有关的各门专业课教师，必要时可聘请1~2名工程技术人员组成。

答辩中所提问题一般以设计方法、方案及设计计算说明书和设计图样中所涉及的内容为限，可就计算过程、结构设计、查取数据、视图表达尺寸与公差配合、材料及热处理等方面提出问题让学生回答，也可要求学生当场查取数据等。通过学生系统地回顾、总结和教师的质疑、答辩，使学生能更进一步发现自己设计过程中存在的问题，清楚尚未弄懂的、不甚理解或未曾考虑到的问题。从而获得更大的收获，达到整个课程设计的目的及要求。

（六）考核方式及成绩评定

应以设计图形、计算说明书和在答辩中回答的情况为依据，并参考学生设计过程中的表现进行评定，具体所占分值可参考表 5-1。

表 5-1　　　　　　　　　　　课程设计评分标准

项　目		分　值	指　标
塑料成型工艺设计		20%	工艺是否可行
模具结构	装配图	30%	结构合理、图样绘制与技术要求符合国家标准、图面质量
	零件图	10%	结构正确、图样绘制与技术要求符合国家标准、图面质量、数量
说明书撰写质量		20%	条理清楚、文理通顺、语句符合技术规范、字迹工整、图表清楚
答辩		20%	回答问题准确度、流利程度

根据表 5-1 所列的评分标准，塑料模具课程设计的成绩分为以下 5 个等级。

1. 优秀

（1）塑料成型工艺设计与模具结构设计合理，内容准确，有独立见解或创造性。

（2）设计过程中能正确运用专业基础知识，设计计算方法正确，计算结果准确。

（3）全面完成规定的设计任务，图纸齐全，内容准确，图面整洁，且符合国家制图标准。

（4）零件图结构合理、标注规范、正确，加工工艺性好。

（5）计算说明书内容完整，书写工整清晰，条理清楚。

（6）在答辩规程中回答问题全面正确、深入。

2. 良好

（1）塑料成型工艺设计与模具结构设计合理，内容正确，有一定见解。

（2）设计过程中能正确运用本专业的基础知识，设计计算方法正确。

（3）能完成规定的全部设计任务，图纸齐全，内容准确，图面整洁，符合国家制图标准。

（4）零件图结构相对合理、规范、正确，加工工艺性良好。

（5）计算说明书内容较完整、正确，书写整洁。

（6）讲评中思路清晰，能正确回答教师提出的大部分问题。

（7）设计中有个别非原则性的缺点和小错误，但基本不影响设计的正确性。

3．中等

（1）塑料成型工艺设计与模具结构设计基本合理，分析问题基本正确，无原则性错误。

（2）设计过程中基本能运用本专业的基础知识进行模拟设计。

（3）能完成规定的设计任务，附有主要图纸，内容基本准确，图面清楚，符合国家制图标准。

（4）零件图结构比较合理、规范、正确，加工工艺符合实际生产情况。

（5）计算说明书中能进行基本分析，计算基本正确。

（5）计算说明书内容较完整、正确，书写整洁。

（6）讲评中回答主要问题基本正确。

（7）设计中有个别小原则性错误。

4．及格

（1）塑料成型工艺设计与模具结构设计基本合理，分析问题能力较差，但无原则性错误。

（2）设计过程中基本上能运用本专业的基础知识进行设计，考虑问题不够全面。

（3）基本上能完成规定的设计任务，附有主要图纸，内容基本正确，基本符合标准。

（4）零件图结构正确，零件基本可以加工，但工艺性不好。

（5）计算说明书的内容基本正确完整，书写较整洁。

（6）讲评中能回答教师提出的部分问题。

（7）设计中有一些原则性小错误。

5．不及格

（1）设计过程中不能运用所学知识解决工程问题，在整个设计中独立工作能力较差。

（2）塑料成型工艺设计与模具结构设计不合理，有严重的原则性错误。

（3）设计内容没有达到规定的基本要求，图纸不齐全或不符合标准。

（4）没有在规定的时间内完成设计。

（5）计算说明书文理不通，书写潦草，质量较差。

（6）讲评中自述不清楚，回答问题时错误较多。

三、任务实施

（一）分析塑件材料性能

原料性能分析包括使用性能和成型工艺性能两方面内容，根据任务要求外壳塑件所用材料为 ABS，同电池盒盖（如图 2-46 所示）所用原料相同，分析内容参考任务实施相应内容。

（二）注射成型工艺过程的确定

同上，工艺过程参考项目二任务五（P92～P97）中任务实施相应内容。

（三）塑件质量和结构分析

1. 塑件的尺寸精度分析

塑件如图 5-1 所示。此塑件上有三个尺寸有精度要求，分别是 $60_0^{+0.34}$、$46_0^{+0.26}$、$18_{-0.18}^0$，查塑件尺寸公差标准（GB/T 14486—2008）可知为 MT3 级精度，$60_0^{+0.34}$ $46_0^{+0.26}$、$18_{-0.18}^0$ 为 MT2 级精度，相对 ABS 塑料而言，MT2 精度属于高精度等级，在模具设计和制造过程中要严格保证这类尺寸精度的要求。

其余尺寸均无特殊要求，为自由尺寸，可按 MT5 级塑料件精度标注公差值。

2. 塑件表面质量分析

该塑件是某仪表外壳，要求外表美观，无斑点，无熔接痕，表面粗糙度可取 $R_a1.6$，而塑件内部没有较高的粗糙度要求。由于塑件外观不允许有浇注痕迹，浇口只能开设在内表面。

3. 塑件结构工艺性分析

此塑件外形为方形壳类零件，腔体为 8mm 深，壁厚均为 2mm，总体尺寸适中，塑件成型性能良好。

塑件上有一个中空的六边形凸台，要求成型后轮廓清晰。

塑件一侧有 6mm×8mm 一方孔，需设计侧抽芯机构。

（四）初步选择注射成型设备

计算过程参考前面相应任务内容。注射机选用如下。

根据注射量，查表 2-20，注射机应选用 XS-Z-30 或 XS-Z-60，但后续设计发现设备开模空间不足，经调整选用螺杆式注射成型机 SZ-125/630，有关参数见表 5-2。

表 5-2　　　　　　　　　　　注射机主要技术参数

设 备 规 格		设 备 参 数	设 备 规 格	设 备 参 数
结构形式		卧式	最大注射量（cm³）	125
注射方式		螺杆式	锁模力（kN）	630
喷嘴	球半径（mm）	15	注射压力（MPa）	126
	孔半径（mm）	ϕ4	最大注射面积（cm²）	320
定位圈直径（mm）		ϕ100	拉杆空间（mm）	370×320
中心顶出孔径（mm）		ϕ22	模具最大厚度（mm）	300
模板尺寸（mm×mm）		420×450	模具最小厚度（mm）	150
机器外形尺寸（mm×mm×mm）		3340×750×1550	最大开模行程（mm）	270

（五）确定塑件成型工艺参数、填写成型工艺卡

注射成型工艺条件的选择可查参考教材表 2-24 及相关塑料模具设计资料。确定成型工艺参数，如温度、压力、时间（成型周期）等，填入该制件的注射成型工艺卡片如表 5-3 所示。

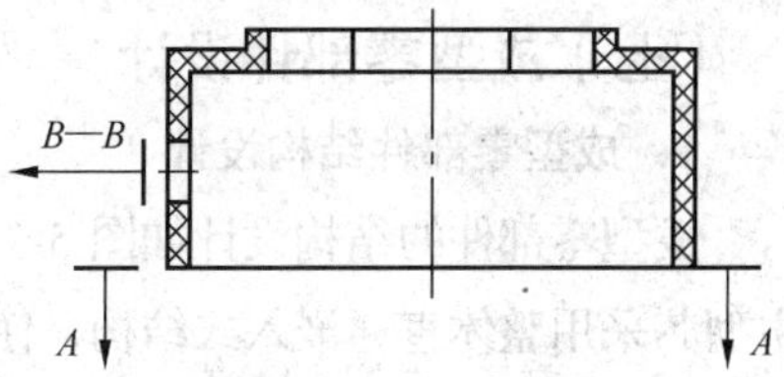

图5-2　外壳分型面

（六）选择分型面和浇注系统设计

本例中的零件并不复杂，为一普通方形壳体类零件，其中一个侧面有一方形孔，考虑到使塑件

顺利脱模，其分型面如图 5-2 外壳分型面所示。

表 5-3 外壳注射成型工艺卡片

（厂名）		塑料注射成型工艺卡片		资料编号		
车间				共 页		第 页
零件名称	外壳	材料牌号	ABS	设备型号		SZ-125/G30
装配图号		材料定额		每模制件数		1 件
零件图号		单件质量	11g	工装号		

			材料干燥	设备	红外线烘箱
				温度（℃）	85～95
				时间（h）	4～5
			料筒温度	料筒一区	150～170
				料筒二区	180～190
				料筒三区	200～210
				喷嘴（℃）	180～190
			模具温度（℃）		50～70
			时间	注射（s）	2～5
				保压（s）	5～10
				冷却（s）	5～15
			压力（MPa）	注射压力	60～100
				保压压力	40～60
				塑化压力	2～6

后处理	温度（℃）	红外线烘箱 80～100	时间定额	辅助/min	0.5
	时间(min)	30～40		单件/min	0.5～1

检验						
编制	校对	审核	组长	车间主任	检验组长	编制

根据塑件结构工艺性分析，该塑件外观不允许有浇注痕迹，浇口只能开设在内表面，可以考虑潜伏式浇口，但塑件上端有中空的六边形凸台，所以选用轮辐式浇口，从内侧六点进料，结构简单。

（七）成型零部件设计

1. 成型零部件结构设计

成型零部件的结构设计如图 5-3 所示。考虑到零件的加工工艺性以及塑件的大小，动模部分的主型芯采用整体直通嵌入式结构，使用螺钉（零件 3）拉紧固定。型腔部分设计的难点在于塑件上六边形突起的外形成型，本例中考虑采用组合式型腔，塑件的主体外形直接由定模板成型，而六边形的部分由镶入定模板上的一个小型芯来成型。小型芯采用台肩固定。

2. 成型零件尺寸计算与校核

该塑件结构简单，尺寸计算方法参考项目三。

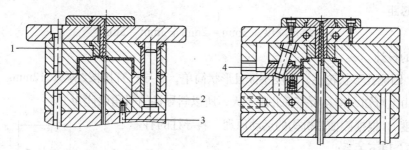

图5-3 成型零部件设计
1—定模小型芯 2—动模主型芯 3—拉紧螺钉 4—侧型芯

（八）注射模具结构类型及模架的选用

该塑件属薄壳类塑件，包紧力较大，采用推杆推出时塑件变形较大，甚至开裂。因此本案例模具的推出方式采用推件板推出；根据型腔的排布形式（一模一腔）和前面所确定的分型面、浇注系统特征，选用直浇口基本型 B 型模架（参考表 3-22），即动模、定模各自都有两模板组成，中间加装推件板。

塑件最大外形尺寸为50mm×70mm×22mm，按照项目三模架的选用步骤，初步确定模具长×宽为 150×200，即直浇口模架 B 1520 系列，具体 A、B、C 板厚度结合成型零件结构、凹模底板厚度等确定。初步选定如下。

模架 B 1520-50×35×40 GB/T 12555—2006

根据前面分析，塑件成型初选螺杆式注射成型机 SZ-125/630，设备主要技术参数见表 5-2。校核所选模架与注塑机之间的关系，见表 5-4。

表 5-4 模架与注塑机之间关系的校核

设 备 参 数		模 架 规 格		校 核 结 论
拉杆空间（mm）	370×320	模具外形尺寸（mm）	200×200	模具外形尺寸满足要求
模板尺寸（mm×mm）	420×450			
最大开合模行程（mm）	270	取件所需空间（mm）	52	取件空间满足要求
最大模厚（mm）	300	模具闭合高度（mm）	210	闭合高度满足要求
最小模厚（mm）	150			

结论：选用标准模板规格为模架 B 1520—50×35×40（GB/T 12555—2006）可以满足要求。

（九）设计注射模具调温系统

本例调温系统设计参考项目三相关内容。具体结构参见总装图。

（十）侧抽芯机构设计

塑件侧孔形状简单，成型侧孔尺寸为 6mm×10mm，塑件壁厚 2mm，所需侧向抽芯距、抽芯力小，所以直接选用最常用的斜导柱侧抽芯机构且选用斜导柱在定模、滑块在动模的形式来成型侧孔，侧抽芯机构的总体结构形式如图 5-3 所示。下面介绍本斜导柱侧抽芯机构的设计过程。

1. 确定抽芯距

$$s = 侧孔深度 + 3mm = 2mm + 3mm = 5mm$$

2. 斜导柱的设计

① 直径 d。因侧孔形状较小、深度不深且形状简单，斜导柱直接按经验取 12mm。

② 斜角。由上可知，模具所需抽芯距不大，所以斜导柱的斜角设计为 18°。

③ 有效长度 l。根据侧抽芯机构的运动原理，斜导柱的有效长度和斜角符合以下关系：

$$l = s / \sin\alpha = 5 / \sin 18° = 16.2mm$$

斜导柱其他部分的尺寸根据模架 A 板尺寸确定。最终得如图 5-4 所示结构尺寸。

④ 安装固定方式。因为本例的侧抽芯距很短，所以所需的斜导柱长度不长，自然斜导柱固定部分的长度也不需很长，可将斜导柱固定在定模板上。

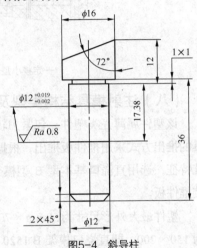

图5-4　斜导柱

3. 滑块的设计

滑块的结构形式及尺寸如图 5-5 所示。

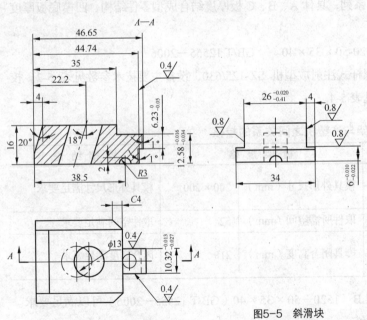

图5-5　斜滑块

因侧孔形状简单、深度较浅，所以将滑块和侧型芯设计成整体式。

4. 导滑装置的设计

设计两块 L 形压板，用螺钉和销钉固定在推件板上，形成 T 形导滑槽，压板结构形式如图 5-6 所示。

5. 限位装置的设计

直接选用标准结构形式的限位钉。因滑块尺寸较小，只设计一颗限位钉即可。设计时需要注意的一个问题是，模具合模后，限位钉和滑块上限位孔之间的距离应该等于抽芯距。

6. 楔紧块的设计

楔紧块与滑块配合斜面的斜角应比斜导柱安装斜度大 2°～3°，最终取值为 20°，单侧设计台肩，安装在定模板上，如图 5-7 所示。

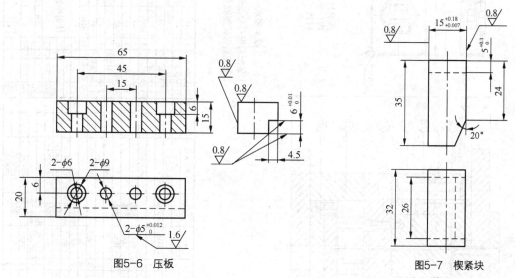

图5-6 压板　　　　　　　　　　　图5-7 楔紧块

（十一）推出机构设计

本例模具的主体型芯位于动模一侧，开模后，塑件包紧型芯留在动模一侧，所以只在动模部分设计推出机构即可。且塑件为壳类零件，表面不允许留有推出痕迹，所以采用推件板推出方式。既然使用推件板推出，就不存在干涉现象，也就不必设计先行复位机构。

（十二）绘制模具装配图

根据前面已确定的模架、模具零件结构及模具总装图要求（见表 3-39）绘制模具装配图，如图 5-8 所示。根据国标 GB/T 12555—2006 及表 3-41 常用模具零件材料的适用范围与热处理方法或其他设计资料，结合塑件生产批量确定模具各零件所用材料及热处理要求，并填入明细表中。零件图绘制方法查表 3-40。

（十三）注射模与注射机的相互适应性

注射模是安装在注射机上使用的，模具与注射机应当相互适应。注射量的大小、锁模力的大小、模具定位圈尺寸、模板的外围尺寸及推出机构的设置等必须参照注射机的类型及相关尺寸进行设计，否则，模具就无法与注射机合理匹配，注射过程也就无法正常进行。因此模具设计完毕应对表 5-2 初选设备的各个参数逐一进行校核。若不满足则需重新选定设备规格或修改模具相应结构尺寸。

特别注意，本例模具有侧向抽芯机构，需校核开模行程时，注射机活动模板的行程除能满足取出塑件和浇注系统凝料外，还需满足侧向分型抽芯的要求。参考图 2-45 相关内容，具体计算略。

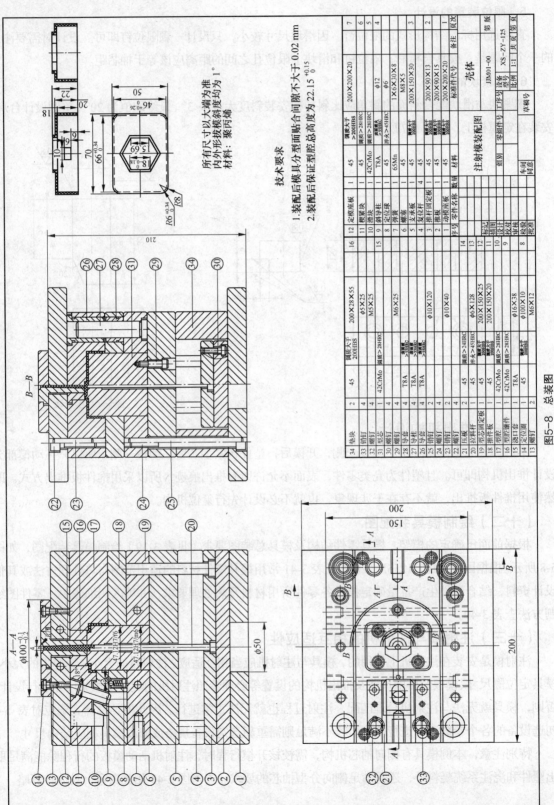

图5-8 总装图

技术要求

1. 装配后模具分型面贴合间隙不大于0.02 mm
2. 装配后保证型腔总高度为 $22.15^{+0.15}_{0}$

所有尺寸以大端为准

内外形拔模斜度均为1°

材料：聚丙烯

序号	零件名称	数量	材料	热处理	标准件号
12	定模座板	1	45	调质大于200HBS	200×200×20
11	定模镶块	4	45	淬火>28HRC	φ5×25
10	滑块	4	42CrMo	调质>28HRC	M5×25
9	斜导柱	4	T8A	淬火>55HRC	φ12
8	定位环	1	45		M6×25
7	弹簧	4	65Mn		φ6
6	滑块	1	45		1×6×30×8
5	支承板	1	45		M8×5
4	复位杆	4	45		200×150×30
3	推杆固定板	1	45		200×90×13
2	推板	1	45	调质>200HBS	200×90×15
1	动模座板	1	45	调质>200HBS	200×200×20

注射模装配图

			壳体		
组别	零件件号			标准代号	JJM01-00
设计				型号	XS-ZY-125
校对				比例 1:1	共 页 第 页
审核					
工艺					
批准					
车间	同意				序编号

34	镶块	2	45	调质大于200HBS	200×28×55
33	销钉	4			φ5×25
32	螺钉	4			M5×25
31	型芯	4	42CrMo	调质>28HRC	
30	螺钉	4			M6×25
29	导套	4	T8A	淬火>55HRC	
28	导柱	4	T8A	淬火>55HRC	φ10×120
27	导柱	4	T8A	淬火>55HRC	φ10×40
26	螺钉	4			
25	销钉	2			
24	螺钉	4			
23	销钉	2	45	调质>24HRC	φ6×128
22	螺钉	4			
21	压板	1	45	淬火>45HRC	200×150×25
20	拉料杆	1	45	调质>200HBS	200×150×20
19	凹模固定板	1			
18	推件板	1	42CrMo	调质>28HRC	
17	型腔	1	42CrMo	调质>28HRC	
16	型腔镶件	4			φ16×38
15	浇口套	1	45	淬火>45HRC	φ100×10
14	定位圈	1	45	调质>200HBS	M6×12
13	螺钉	2			

1. 塑料套管如图 5-9 所示，材料为 PA1010，大批量生产。

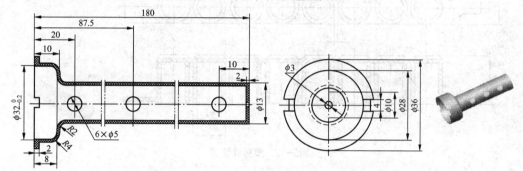

图5-9　塑料套管

2. 小模数双联圆柱直齿轮如图 5-10 所示，材料为 POM，大批量生产。

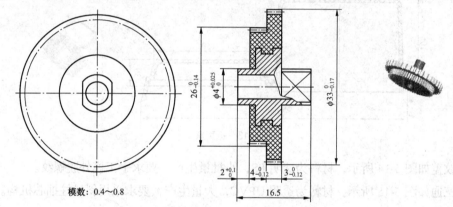

模数：0.4～0.8

图5-10　小模数双联圆柱直齿轮

3. 卡尺盒如图 5-11 所示，材料自己选择，铰链结构及未注尺寸自行设计，大批量生产，要求用斜定杆进行内侧抽芯。

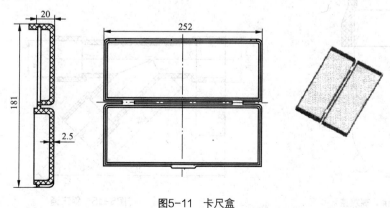

图5-11　卡尺盒

4. 透明塑料试管如图 5-12 所示，材料为 ABS，大批量生产，要求一模四腔。

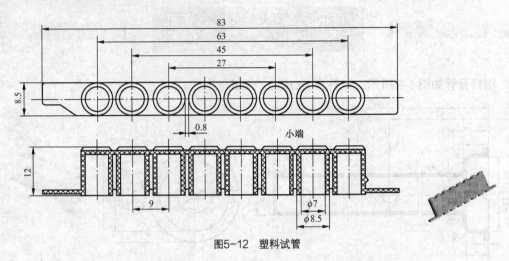

图5-12　塑料试管

5. 折页盒如图 5-13 所示，材料为透明 PS，大批量生产，要求全自动连续生产。

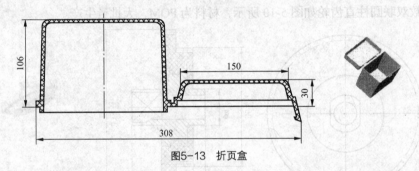

图5-13　折页盒

6. 螺纹盖如图 5-14 所示，材料为透明 PS，小批量生产，要求手工模外脱螺纹。

7. 斜三通如图 5-15 所示，材料为透明 UPVC，大量生产，要求采用斜导柱抽芯机构。

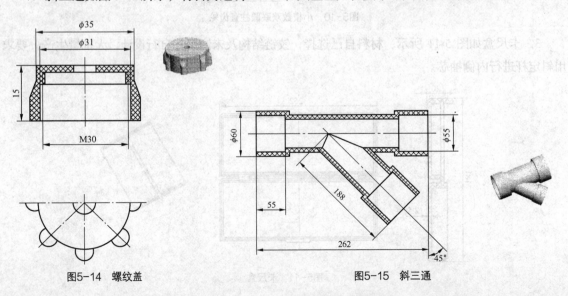

图5-14　螺纹盖　　　　　　　　图5-15　斜三通

8. 顺水三通如图 5-16 所示，材料为透明 HPVC，大批量生产，要求采用弧形抽芯机构。

9. 灭火器壳如图 5-17 所示，材料为透明 PP1340，大批量生产。

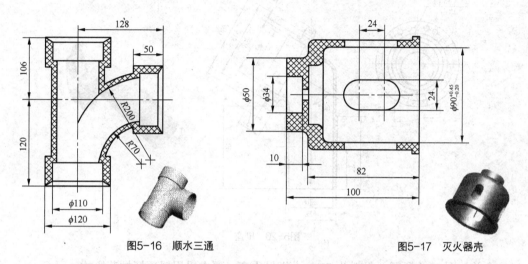

图5-16　顺水三通

图5-17　灭火器壳

10. 锥齿轮如图 5-18 所示，材料为透明 PC，大批量生产，要求采用二次分型机构。

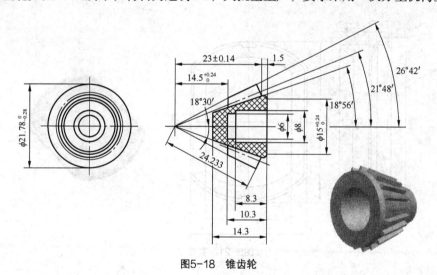

图5-18　锥齿轮

11. 螺母如图 5-19 所示，材料为 ABS，大批量生产，要求采用斜导柱抽芯、自动脱螺纹机构。

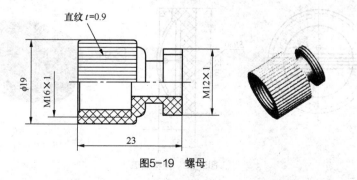

图5-19　螺母

12. 刷座如图 5-20 所示，材料为硬 PEC，大批量生产，要求采用齿轮齿条斜抽芯机构。

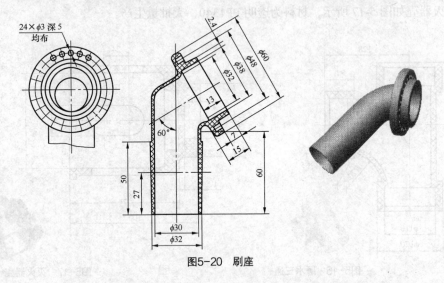

图5-20　刷座

13. 盒盖如图 5-21 所示，材料为 PE，大批量生产，要求采用斜顶杆抽芯机构。

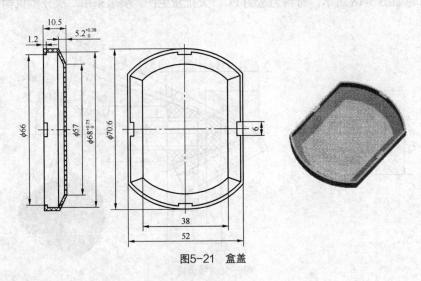

图5-21　盒盖

14. 塑料桶盖如图 5-22 所示，材料为 PE，大批量生产。

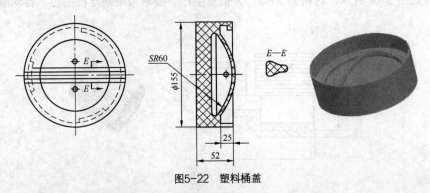

图5-22　塑料桶盖

15. 圆盒如图 5-23 所示，材料为 ABS，大批量生产，要求采用锥面自动定中心机构。

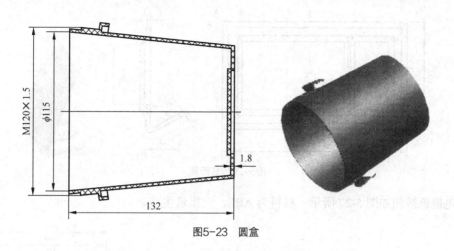

图5-23 圆盒

16. 线轮如图 5-24 所示，材料为 ABS，大批量生产，要求全自动生产。

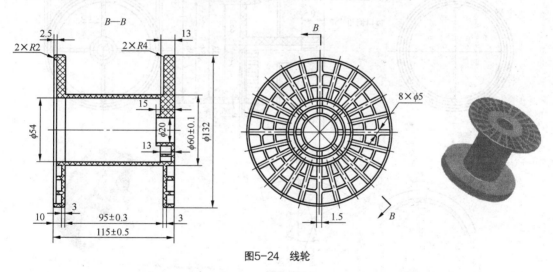

图5-24 线轮

17. 导向轮如图 5-25 所示，材料为 PS，大批量生产，要求采用模外抽芯机构。

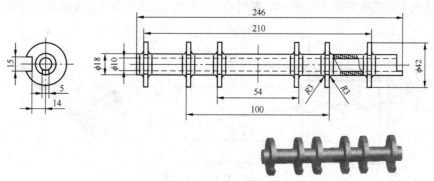

图5-25 导向轮

18. 台历架如图 5-26 所示，材料为 PS，大批量生产，要求采用斜导柱抽芯机构。

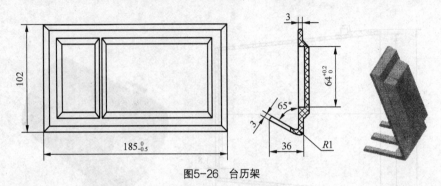

图5-26　台历架

19. 电视机按钮如图 5-27 所示，材料为 ABS，大批量生产。

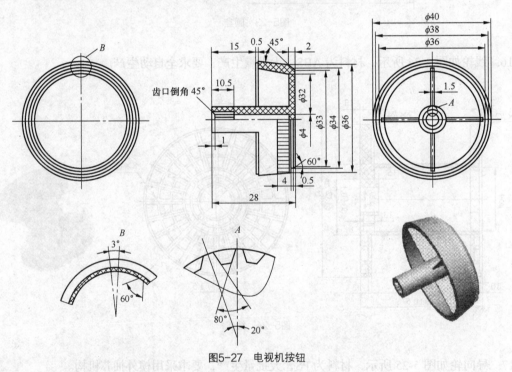

图5-27　电视机按钮

20. 泡沫灭火器喷嘴如图 5-28 所示，材料为 PA1010，大批量生产，要求采用哈夫式机构。

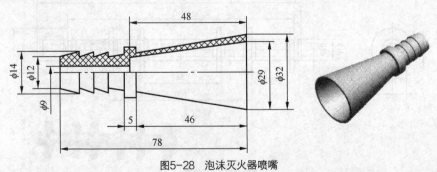

图5-28　泡沫灭火器喷嘴

21. 菜筐如图 5-29 所示，材料为 ABS，大批量生产。

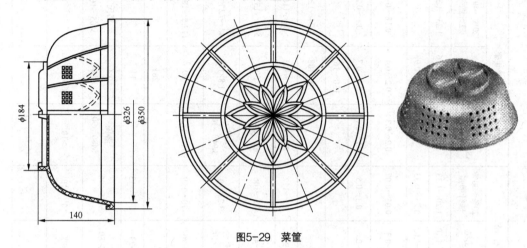

图5-29　菜筐

22. 分油套如图 5-30 所示，材料为 ABS，大批量生产。

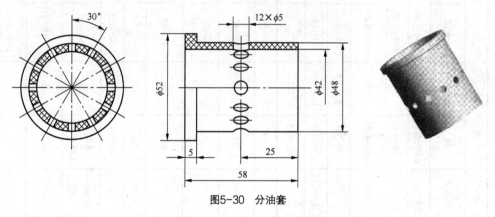

图5-30　分油套

23. 油管接头如图 5-31 所示，材料为 POM，大批量生产。

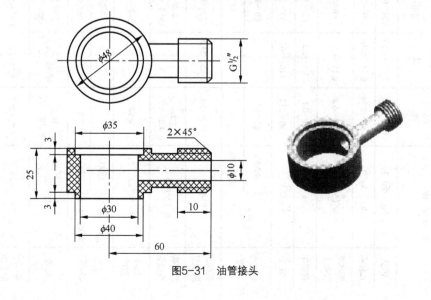

图5-31　油管接头

附表1　常用热塑性塑料的主要技术指标

塑料名称	聚氯乙烯 硬	聚氯乙烯 软	聚乙烯 高密度	聚乙烯 低密度	聚丙烯 纯	聚丙烯 玻纤增强	聚苯乙烯 一般型	聚苯乙烯 抗冲击型	聚苯乙烯 20%~30%玻纤增强	苯乙烯共聚 AS(无填料)	苯乙烯共聚 ABS	苯乙烯共聚 20%~40%玻纤增强
密度 ρ（kg·dm⁻³）	1.35~1.45	1.16~1.35	0.94~0.97	0.91~0.93	0.90~0.91	1.04~1.05	1.04~1.06	0.98~1.10	1.20~1.33	1.08~1.10	1.02~1.16	1.23~1.36
比体积 V（dm³·kg⁻¹）	0.69~0.74	0.74~0.86	1.03~1.06	1.08~1.10	1.10~1.11		0.94~0.96	0.91~1.02	0.75~0.83		0.86~0.98	
吸水率（24h） W（%）	0.07~0.4	0.15~0.75	<0.01	<0.01	0.01~0.03	0.05	0.03~0.05	0.1~0.3	0.05~0.07	0.2~0.3	0.2~0.4	0.18~0.4
收缩率 s	0.6~1.0	1.5~2.5	1.5~3.0		1.0~3.0	0.4~0.8	0.5~0.6	0.3~0.6	0.3~0.5	0.2~0.7	0.4~0.7	0.1~0.2
熔点 t（℃）	160~212	110~160	105~137	105~125	170~176	170~180	131~165				130~160	
热变形温度 t（℃） 0.46MPa	67~82		60~82		102~115	127	65~96	64~92.5	82~112	88~104	90~108	104~121
热变形温度 t（℃） 0.185MPa	54		48		56~67						83~103	99~116
抗拉屈服强度 δ_t（MPa）	35.2~50	10.5~24.6	22~39	7~19	37	78~90	35~63	14~48	77~106	63~84.4	50	59.8~133.6
拉伸弹性模量 E_t（MPa）	(2.4~4.2)×10³		(0.84~0.95)×10³				(2.8~3.5)×10³	(1.4~3.1)×10³	3.23×10³	(2.81~3.94)×10³	1.8×10³	(4.1~72)×10³
抗弯强度 δ_f（MPa）	≥90		20.8~40	25	67.5	132	61~98	35~70	70~119	98.5~133.6	80	112.5~189.9
冲击韧度 a_n（kJ·m⁻²）无缺口			不断	不断	78	51					261	
冲击韧度 a_k（kJ·m⁻²）缺口	58		65.5	48	3.5~4.8	14.1	0.54~0.86	1.1~23.6	0.75~13		11	
硬度 HB	16.2 R110~120	部96（A）	2.07部 D60~70	部D41~46	8.65 R95~105	9.1	M65~80	M20~80	M65~90	洛氏 M80~90	9.4 R121	洛氏 M65~100
体积电阻系数 P_v（Ω·cm）	6.71×10¹³	6.71×10¹³	10¹⁵~10¹⁶	>10¹⁶	>10¹⁶		>10¹⁶	>10¹⁶	10¹³~10¹⁷	>10¹⁶	6.9×10¹⁶	
击穿强度 E（kV·mm⁻¹）	26.5	26.5	17.7~19.7	18.1~27.5	30		19.7~27.5			15.7~19.7		

续表

注：表中"聚酰胺"栏包括尼龙1010、30%玻纤增强尼龙门1010、尼龙6、30%玻纤增强尼龙6、尼龙66、30%玻纤增强尼龙66、尼龙610、40%玻纤增强尼龙610、尼龙9、尼龙11各列。

塑料名称	符号(单位)	苯乙烯改性聚甲基丙烯酸甲酯(372)	尼龙1010	30%玻纤增强尼龙门1010	尼龙6	30%玻纤增强尼龙6	尼龙66	30%玻纤增强尼龙66	尼龙610	40%玻纤增强尼龙610	尼龙9	尼龙11	聚甲醛
密度	ρ(kg·dm^{-3})	1.12~1.16	1.04	1.19~1.30	1.10~1.15	1.21~1.35	1.10	1.35	1.07~1.13	1.38	1.05	1.04	1.41
比体积	V(dm^3·kg^{-1})	0.86~0.89	0.96	0.77~0.84	0.87~0.91	0.74~0.83	0.91	0.74	0.88~0.93	0.72	0.95	0.96	0.71
吸水率(24h)	W(%)	0.2	0.2~0.4	0.4~1.0	1.6~3.0	0.9~1.3	0.9~1.6	0.5~1.3	0.4~0.5	0.17~0.28	0.15	0.5	0.12~0.15
收缩率	s		1.3~2.3(纵向) 0.7~1.7(横向)	0.3~0.6	0.6~1.4	0.3~0.7	1.5	0.2~0.8	1.0~2.0	0.2~0.6	1.5~2.5	1.0~2.0	1.5~3.0
熔点	t(℃)		205		210~225	216~264	250~265	262~265	215~225	215~226	210~215	186~190	180~200
热变形温度 0.46MPa	t(℃)	85~99	148	174	140~176	204~259	149~176	245~262	149~185	200~225		68~150	158~174
热变形温度 0.185MPa	t(℃)		55		80~120		82~121		57~100			47~55	110~157
抗拉屈服强度	δ_1(MPa)	63	62	174	70	164	89.5	146.5	75.5	210	55.6	54	69
拉伸弹性模量	E_l(MPa)	3.5×10^3	1.8×10^3	8.7×10^3	2.6×10^3		$(1.25\sim2.88)\times10^3$	$(6.02\sim12.6)\times10^3$	2.3×10^3	11.4×10^3		1.4×10^3	2.5×10^3
抗弯强度	δ_f(MPa)	113~130	88	208	96.9	227	126	215	110	281	90.8	101	104
冲击韧度 无缺口	a_n(kJ·m^{-2})	0.71~1.1	不断	84	不断	80	49	76	82.6	103	不断	56	202
冲击韧度 缺口	a_k(kJ·m^{-2})		25.3	18	11.8	15.5	6.5	17.5	15.2	38	8.31	15	15
硬度	HB	M70~85	9.75	13.6	11.6 M85~114	14.5	12.2 R100~118	15.6 M94	9.52 M90~113	14.9		7.5 R100	11.2 M78
体积电阻系数	P_v(Ω·cm)	$>10^{14}$	1.5×10^{15}	6.7×10^{15}	1.7×10^{16}	4.77×10^{15}	4.2×10^{14}	5×10^{15}	3.7×10^{16}	$>10^{14}$	4.44×10^{15}	1.6×10^{15}	1.87×10^{14}
击穿强度	E(kV·mm^{-1})	15.7~17.7	20	>20	>20	>20	>15	16.4~20.2	15~25	23	>15	>15	18.6

续表

塑料名称		聚碳酸酯 纯	聚碳酸酯 20%~30%短玻璃纤增强	氯化聚醚	聚砜 纯	聚砜 30%玻璃纤增强	聚芳砜	聚苯醚	聚四氟乙烯	聚三氟氯乙烯	聚偏二氯乙烯	醋酸纤维素	聚酰亚胺（包封级）
密度	ρ (kg·dm⁻³)	1.20	1.34~1.35	1.4~1.41	1.24	1.34~1.40	1.37	1.06~1.07	2.1~2.2	2.11~2.3	1.76	1.23~1.34	1.55
比体积	V (dm³·kg⁻¹)	0.83	0.74~0.75	0.71	0.80	0.71~0.75	0.73	0.93~0.94	0.45~0.48	0.43~0.47	0.57	0.75~0.81	
吸水率（24h）	W (%)	0.15 23%,50% RH	0.09~0.15	<0.01	0.12~0.22	<0.1	1.8	0.06	0.005	0.005	0.04	1.9~6.5	0.11
收缩率	s	0.5~0.7	0.05~0.5	0.4~0.8	0.5~0.6	0.3~0.4	0.5~0.8	0.4~0.7	3.1~7.7	1~2.5	2.0	0.3~0.42	0.3
熔点	t (℃)	225~250	235~245	178~182	250~280			300	327	260~280	204~285		
热变形温度	t (℃) 0.46 MPa	132~141	146~149	141	132	191		186~204	121~126	130	150	49~76	288
	0.185 MPa	132~138	140~145	100	174	185		175~193	120	75	90	44~88	288
抗拉屈服强度	δ_t (MPa)	72	84	32	82.5	>103	98.3	87	14~25	32~40	46~49.2	13~59（断裂）	18.3
拉伸弹性模量	E_t (MPa)	2.3×10^3	6.5×10^3	1.1×10^3	2.5×10^3	3.0×10^3		2.5×10^3	0.4×10^3	$(1.1\sim1.3)\times10^3$	0.84×10^3	$(0.46\sim2.8)\times10^3$	
抗弯强度	δ_f (MPa)	113	134	49	104	>180	154	140	11~14	55~70	160	14~110	70.3
冲击韧度	α_n (kJ·m⁻²) 无缺口	不断	57.8	不断	202	46	102	100	不断	13~17	160		
	α_k (kJ·m⁻²) 缺口	55.8~90	10.7	10.7	15	10.1	17	13.5	16.4	13~17	20.3	0.86~11.7	
硬度	HB	11.4M75	13.5	4.2R100	12.7M69, M120	14	14R110	13.3R 118~123	R58 邵D50~65	9~13 邵D74~78	邵D80	R35~125	50（肖氏D）
体积电阻系数	P_v (Ω·cm)	3.06×10^{17}	10^{17}	1.56×10^{16}	9.46×10^{16}	$>10^{16}$	1.1×10^{17}	2.0×10^{17}	$>10^{18}$	$>10^{17}$	2×10^{14}	$1010\sim10^{14}$	8×10^{14}
击穿强度	E (kV·mm⁻¹)	17~22	22	16.4~20.2	16.1	20	29.7	16~20.5	25~40	19.7	10.2	11.8~23.6	28.5

氟塑料（聚四氟乙烯、聚三氟氯乙烯、聚偏二氯乙烯）

附表 2　　　　　　　　　　注射成型制件常见缺陷及解决办法

常 见 缺 陷	解 决 方 法 与 顺 序
主浇道粘模	（1）抛光主浇道→（2）喷嘴与模具中心重合→（3）降低模具温度→（4）缩短注射时间→（5）增加冷却时间→（6）检查喷嘴加热圈→（7）抛光模具表面→（8）检查材料是否污染
塑件脱模困难	（1）降低注射压力→（2）缩短注射时间→（3）增加冷却时间→（4）降低模具温度→（5）抛光模具表面→（6）增大脱模斜度→（7）减小镶块处间隙
尺寸稳定性差	（1）改变料筒温度→（2）增加注射时间→（3）增大注射压力→（4）改变螺杆背压→（5）升高模具温度→（6）降低模具温度→（7）调节供料量→（8）减小回料比例
表面波纹	（1）调节供料量→（2）升高模具温度→（3）增加注射时间→（4）增大注射压力→（5）提高物料温度→（6）增大注射速度→（7）增大浇道与浇口的尺寸
塑件翘曲和变形	（1）降低模具温度→（2）降低物料温度→（3）增加冷却时间→（4）降低注射速度→（5）降低注射压力→（6）增加螺杆背压→（7）缩短注射时间
塑件脱皮分层	（1）检查塑料种类和级别→（2）检查材料是否污染→（3）升高模具温度→（4）物料干燥处理→（5）提高物料温度→（6）降低注射速度→（7）缩短浇口长度→（8）减小注射压力→（9）改变浇口位置→（10）采用大孔喷嘴
银丝斑纹	（1）降低物料温度→（2）物料干燥处理→（3）增大注射压力→（4）增大浇口尺寸→（5）检查塑料的种类和级别→（6）检查塑料是否污染
表面光泽差	（1）物料干燥处理→（2）检查材料是否污染→（3）提高物料温度→（4）增大注射压力→（5）升高模具温度→（6）抛光模具表面→（7）增大浇道与浇口的尺寸
凹痕	（1）调节供料量→（2）增大注射压力→（3）增加注射时间→（4）降低物料速度→（5）降低模具温度→（6）增加排气孔→（7）增大浇道与浇口尺寸→（8）缩短浇道长度→（9）改变浇口位置→（10）降低注射压力→（11）增大螺杆背压
气泡	（1）物料干燥处理→（2）降低物料温度→（3）增大注射压力→（4）增加注射时间→（5）升高模具温度→（6）降低注射速度→（7）增大螺杆背压
塑料充填不足	（1）调节供料量→（2）增大注射压力→（3）增加冷却时间→（4）升高模具温度→（5）增加注射速度→（6）增加排气孔→（7）增大浇道与浇口尺寸→（8）增加冷却时间→（9）缩短浇道长度→（10）增加注射时间→（11）检查喷嘴是否堵塞
塑件溢料	（1）降低注射压力→（2）增大锁模力→（3）降低注射速度→（4）降低物料温度→（5）降低模具温度→（6）重新校正分型面→（7）降低螺杆背压→（8）检查塑件投影面积→（9）检查模板平直度→（10）检查模具分型面是否锁紧
熔接痕	（1）升高模具温度→（2）提高物料温度→（3）增加注射速度→（4）增大注射压力→（5）增加排气孔→（6）增大浇道与浇口尺寸→（7）减少脱模剂用量→（8）减少浇口个数
塑件强度下降	（1）物料干燥处理→（2）降低物料温度→（3）检查材料是否污染→（4）升高模具温度→（5）降低螺杆转速→（6）降低螺杆背压→（7）增加排气孔→（8）改变浇口位置→（9）降低注射速度
裂纹	（1）升高模具温度→（2）缩短冷却时间→（3）提高物料温度→（4）增加注射时间→（5）增大注射压力→（6）降低螺杆背压→（7）嵌件预热→（8）缩短注射时间
黑点及条纹	（1）降低物料温度→（2）喷嘴重新对正→（3）降低螺杆转速→（4）降低螺杆背压→（5）采用大孔喷嘴→（6）增加排气孔→（7）增大浇道与浇口尺寸→（8）降低注射压力→（9）改变浇口位置

附表 3

HTF/TJ 系列主要产品及其基本参数

注射装置	单位	HTF86/TJ			HTF120/TJ			HTF160/TJ			HTF200/TJ			HTF250/TJ			HTF/TJ			HTF360/TJ		
		A	B	C	A	B	C	A	B	C	A	B	C	A	B	C	A	B	C	A	B	C
螺杆直径	mm	34	36	40	36	40	45	40	45	48	45	50	55	50	55	60	260	65	70	65	70	75
螺杆长径比	L/D	21.2	20	18	23.3	21	18.7	22.5	20	18.8	22.2	20	18.2	22	20	18.3	21.7	20	18.6	21.5	20	18.7
理论容量	cm³	131	147	181	173	214	270	253	320	364	334	412	499	442	535	636	727	853	989	1068	1239	1423
注射重量	g	119	134	165	157	195	246	230	281	331	304	375	454	402	487	579	662	776	900	972	1127	1295
注射压力	MPa	206	183	149	197	160	126	202	159	140	210	170	141	205	169	142	213	182	157	208	180	156
螺杆转速	r/min	0～220			0～180			0～185			0～160			0～160			0～160			0～180		
合模装置																						
合模力	kN	860			1200			1600			2000			2500			3000			3600		
移模行程	mm	310			350			420			470			540			600			660		
拉杆内距	mm	360×360			410×410			455×455			510×510			570×570			600×600			710×710		
最大模厚	mm	360			430			500			510			570			660			710		
最小模厚	mm	150			150			180			200			220			250			250		
顶出行程	mm	100			120			140			130			130			160			160		
顶出力	kN	33			33			33			62			62			62			110		
顶出杆根数	根	5			5			5			9			9			13			13		
其他																						
最大泵压力	MPa	16			16			16			16			16			16			16		
液压马达功率	kW	11			13			15			18.5			22			30			37		
电热功率	kW	6.2			9.75			9.75			14.25			16.65			19.65			22.85		
外形尺寸	m	4.5×1.25×1.9			4.92×1.33×1.95			5.4×1.45×2.05			5.3×1.6×2.1			6.02×1.7×2.1			6.3×2.0×2.4			6.9×2.1×2.5		
重量	t	3.45			4			5			6.8			8.1			11			15		
料斗容量	kg	25			25			25			50			50			50			100		
油箱容积	L	230			240			320			390			630			670			900		

续表

注射装置	单位	HTF450/TJ			HTF530/TJ				HTF650/TJ				HTF780/TJ				HTF900/TJ				HTF1000TJ			
		A	B	C	A	B	C	D	A	B	C	D	A	B	C	D	A	B	C	D	A	B	C	D
螺杆直径	mm	70	80	84	80	84	90	100	80	90	100	110	90	100	110	120	90	100	110	120	100	110	120	130
螺杆长径比	L/D	22.9	20	19	22	21	19.6	17.6	24.8	22	19.8	18	24.4	22	20	18.3	24.4	22	20	18.3	24.2	22	20.2	18.6
理论容量	cm³	1424	1860	2050	2212	2438	2799	3456	2036	2576	3181	3849	2799	3456	4181	4976	2799	3456	4181	4976	3770	4562	5429	6371
注射重量	g	1276	1693	1866	2012	2218	2547	3145	1853	2344	2895	3503	2547	3145	3805	4528	2547	3145	3805	4528	3431	4151	4940	5798
注射压力	MPa	204	156	141	180	163	142	115	224	177	143	118	228	184	152	128	228	184	152	128	211	174	146	125
螺杆转速	r/min	0~160			0~130				0~125				0~110				0~120				0~110			
合模装置																								
合模力	kN	4500			5300				6500				7800				9000				10000			
移模行程	mm	740			825				900				980				1020				1100			
拉杆内距	mm	780×780			830×830				895×895				980×980				1060×1060				1090×1090			
最大模厚	mm	780			850				900				980				1020				1100			
最小模厚	mm	330			350				400				400				450				500			
顶出行程	mm	200			200				260				260				260				320			
顶出力	kN	110			158				175				186				186				215			
顶出杆根数	根	13			17				17				21				21				21			
其他																								
最大泵压力	MPa	16			16				16				16				16				16			
液压马达功率	kW	45			55				30+30				37+37				37+45				45+45			
电热功率	kW	27.45			44.65				49.25				60.85				62.75				68.45			
外形尺寸	m	7.9×2.3×3.2			9×2.3×3.6				9.9×2.4×3.8				10.5×2.6×3.8				11.3×2.8×4.0				11.9×2.8×4.0			
重量	t	19			26				31.3				37.2				46				49			
料斗容量	kg	100			200				200				200				200				200			
油箱容积	L	1170			1250				1420				1480				1480				1630			

参考文献

［1］赵龙志，赵明娟，付伟. 现代注塑模具设计实用技术手册[M]. 北京：机械工业出版社，2012.

［2］王鹏驹，张杰. 塑料模具设计师手册[M]. 北京：机械工业出版社，2008.

［3］谭雪松. 新编塑料模具设计手册[M]. 北京：人民邮电出版社，2007.

［4］杨占尧. 塑料模具标准件设计应用手册[M]. 北京：化学工业出版社，2008.

［5］刘朝福. 注塑模具设计师速查手册[M]. 北京：化学工业出版社，2010.

［6］李雪锋. 注射模具设计与制造[M]. 北京：高等教育出版社，2010.

［7］李奇. 塑料成型工艺与模具设计[M]. 北京：中国劳动社会保障出版社，2006.

［8］Douglas M. Bryce. Plastic Injection Molding[M]. Society Manufacturing Engineers Dearborn, Michigan.1989.

［9］A.B.Glanvill, E.N.Denton. Injection-mould Design Fundamentals[M].Industrial Press INC.,New York, 1995.

［10］刘彦国. 塑料成型工艺与模具设计（第 2 版）[M]. 北京：人民邮电出版社，2011.

［11］刘彦国. 注射模具设计与制造[M]. 北京：高等教育出版社，2008.